普通高等教育系列教材

有限元分析及 ANSYS 18.0 工程应用

主　编　田建辉
副主编　韩兴本　郁红陶

机 械 工 业 出 版 社

本书介绍了有限元法理论及ANSYS软件在有限元分析中的应用。全书主要内容包括：有限元法与ANSYS简介、有限元法理论、ANSYS几何建模、ANSYS网格划分、ANSYS加载及求解、ANSYS结果后处理、结构静力分析、模态分析、谐响应分析、瞬态动力学分析、非线性分析、接触分析和热分析等内容。

本书可作为工程力学专业和机械工程专业本科生的专业课教材，可作为机械设计制造及其自动化、机械设计及理论、机械电子工程等专业高年级本科生、研究生教材，也可作为高等职业学校、高等专科学校、成人高等学校的机电一体化、数控技术及应用、机械制造及自动化等专业的教材，还可作为相关工程技术人员的参考资料或培训教材。

图书在版编目（CIP）数据

有限元分析及ANSYS18.0工程应用/田建辉主编.—北京：机械工业出版社，2019.8（2025.1重印）
普通高等教育系列教材
ISBN 978-7-111-63412-6

Ⅰ.①有…　Ⅱ.①田…　Ⅲ.①有限元分析-应用软件-高等学校-教材
Ⅳ.①O241.82-39

中国版本图书馆CIP数据核字（2019）第166189号

机械工业出版社（北京市百万庄大街22号　邮政编码100037）
策划编辑：胡　静　李双磊　　责任编辑：胡　静
责任校对：张艳霞　　责任印制：单爱军
北京虎彩文化传播有限公司印刷

2025年1月第1版·第6次印刷
184mm×260mm·18.75印张·465千字
标准书号：ISBN 978-7-111-63412-6
定价：59.00元

电话服务
客服电话：010-88361066
010-88379833
010-68326294

网络服务
机　工　官　网：www.cmpbook.com
机　工　官　博：weibo.com/cmp1952
金　　书　　网：www.golden-book.com
机工教育服务网：www.cmpedu.com

前　言

计算机辅助分析是以多种学科的理论为基础，以 CAE 技术及其相应的软件为工具，通过有限元方法来分析和解决问题的一门综合性技术。仿真分析作为信息时代除理论推导和科学实验之外的第三类新型科研方法，其技术及相关成果广泛应用于工业产品的研究、设计、开发、测试、生产、培训、使用、维护等各个环节。

本书以有限元基本理论为核心，以 ANSYS 18.0 的建模、分网、加载、求解和结果处理为顺序讲解；以静力分析、模态分析、谐响应、瞬态动力学分析、接触分析、非线性分析、传热分析等几个专题为切入点，通过工程实例，对之进行了详细的介绍，它们是相辅相成、互相促进的，对于有限元的初学者和研发人员，具有较好的理论和实践操作指导意义。

本书为机械工程专业本科生的专业课教材，在编写上具有如下特色。

- 作为机械工程专业研究生的专业课教材，突出专业性，重点讲解与机械工程专业课相关的有限元高级理论、技术、工具和应用。内容选择尽量集中凝练，突出关键内容，以期以点带面，除了通过课程学习使研究生掌握核心的、必需的高级专业知识外，还能对以后的知识和学习起到辐射作用。
- 突出实用性和实践性，注重理论与实践的结合，将知识的阐述与功能强大专业工具以及工程应用结合在一起，使用户除了具有高级理论知识之外，更具有对工程问题的解决方法、手段和能力。
- 突出综合性，从工程应用的实际出发，从多个角度和层面分析工程问题，并注意内容组织的系统性。
- 突出先进性，体现专业领域的最新发展。
- 编写方式的渐进性，强调通俗易懂、由浅入深，并力求全面、系统和重点突出；除正文内容外，各章都附有思考与练习题。

本书可作为机械设计制造及其自动化专业、工程力学专业、数学专业的教材，也可作为高等职业学校、高等专科学校、成人高等院校的机电一体化、工程力学、机械制造及自动化等专业的教材，还可作为有限元分析工程技术人员和研发人员的参考资料或培训教材。

本书为陕西省 2022 年优秀教材，得到西安工业大学教务处教材建设项目立项支持。本书由西安工业大学田建辉教授主编，负责内容规划和统稿。第 1~6 章、8~11 章和 13 章由田建辉教授编写；第 7 章由韩兴本老师编写；第 12 章由郁红陶副教授编写；冯孝周、田太明老师参与了部分章节的编写。在本书的编写过程中，孙金绢博士对本书的内容进行了校对和审查，马轮轮、蒋科、王珂、程卓、张鸿睿等研究生参与了资料的收集、整理等工作，在此一并表示感谢。

由于编者水平和经验有限，疏漏在所难免，不当之处，恳请读者提出宝贵意见，我们会在适当时机进行修订和补充，在此深表谢意。

编　者

目 录

第1章　有限元法与ANSYS简介

【内容】

本章主要介绍了有限元法的发展历史及思想、有限元法分析步骤以及ANSYS软件的模块简介及分析步骤。

【目的】

熟悉有限元法的发展过程，了解ANSYS软件及相关模块。

1.1　有限元法概述

近几十年来，数值计算在各行业中发展迅猛，特别是有限元法（Finite Element Method）。理论方法虽然计算结果精确，但由于大多数复杂结构因无法求得理论解而受限；实验方法虽然能较好地测试产品的性能，但运行成本较高，有时由于条件的限制使实验无法进行。有限元法恰好弥补了理论方法和实验方法的不足，对于复杂工程问题能较好地求解。仿真实验成本低，能够较真实地反应产品的性能，所以，有限元法在各领域中得到了广泛的应用。

1.1.1　有限元法发展历史

有限元法是20世纪50年代在连续体力学领域发展起来的一种有效的数值计算方法，它是求取复杂微分方程近似解的一种非常有效的方法，是现代数字化科技的一种重要基础性的原理。有限元法的通用计算程序作为有限元研究的一个重要组成部分，也随着电子计算机的飞速发展而更加系统化和模块化。将它用于科学研究中，可成为探究物质客观规律的先进手段，将它应用于工程技术中，可成为工程设计和分析的可靠工具。

有限元法的思想最早可以追溯到古人的“化整为零”“化圆为直”的做法，如曹冲称象的典故。我国古代数学家刘徽采用割圆法来对圆周长进行计算，这些实际上都体现了离散逼近的思想，即采用大量的简单小物体来“充填”出复杂的大物体。

国外对有限元理论的研究较早。1870年，英国科学家Rayleigh就采用假想的“试函数”来求解复杂的微分方程，1909年Ritz将其发展成为完善的数值近似方法，为现代有限元法的建立打下了坚实的基础。20世纪40年代，由于航空事业的飞速发展，设计师需要对飞机结构进行精确的设计和计算，便逐渐在工程中产生了矩阵力学分析方法。1954年，德国的Argyris在航空工程杂志上发表了一组能量原理和结构分析的论文，并于1955年出版了第一本关于结构分析中的能量原理和矩阵方法的书，为后续的有限元法研究奠定了重要的基础。1960年，Clough在处理平面弹性问题时，第一次提出并使用了“有限元方法”的名称。在1963年前后，经过Besseling、Melosh、Jones、Gallaher、Pian等人的工作，人们认识到有限元法就是变分原理中Ritz近似法的一种变形，从而发展了使用各种不同变分原理导出的有限元计算公式。1965年Zienkiewicz和Cheung发现，对于所有的场问题，只要能将其转换为相应的变分形式，即可以用与固体力学有限元法的相同过程求解，并于1967年出版了第一本有关有限元分析的专著。20世纪70年代，有限元方法开始应用于处理非线性和大变形问题，特别是大型通用有限元分析软件的出现，由于其功能强大、计算可靠、工作效率高，逐步成为分析计算中不可替代的工具。

我国力学工作者也为有限元的发展做出了突出的贡献。1954年胡海昌提出了广义变分原理，钱伟长最先研究了拉格朗日乘子法与广义变分原理之间关系，20世纪50年代钱令希研究了力学分析的余能原理，20世纪60年代冯康独立地、先于西方奠定了有限元分析收敛性的理论基础。

目前，有限元方法已经成为高校和企业研发部门不可或缺的分析手段。基于有限元方法开发的有限元分析软件应用广泛，服务于产业链上游的硬件设备、开发工具和中间部件等行业，能够快速解决下游发电、建材、化工等领域的关键问题，涵盖了结构优化、强度分析、振动分析等多个方面。数据显示，全球工业软件市场规模从2019年的4107亿美元增至2023年的5027亿美元，年均复合增长率达5.18%。2023年，中国工业软件市场规模达到2824亿元，2019—2023年的年均复合增长率达13.20%。

然而，国外软件巨头长期占据工业软件八成以上市场，掌握着仿真设计、分析工具、企业管理和先进控制等核心技术。国内有限元软件大多集中在一些专用领域的二次开发和专业分析上，如何避免被国外卡脖子已经成为政府高度关注的问题。

基于有限元方法原理的软件在实际工程中发挥着越来越重要的作用。目前，专业的著名有限元分析软件公司有几十家，国际上著名的通用有限元分析软件有ANSYS、ABAQUS、MSC/NASTRAN、MSC/MARC、ADINA、ALGOR、PRO/MECHANICA、IDEAS，专业有限元分析软件有LS-DYNA、DEFORM、PAM-STAMP、AUTOFORM、SUPER-FORGE等。每年关于有限元分析的学术论文不计其数，相关的学术活动非常活跃。

为了达到通用并快速分析产品的功能，目前有限元法与计算机辅助设计（Computer Aided Design，CAD）软件的集成得到了较好的开发。通过CAD软件对产品进行设计，设计好的产品直接进入计算机辅助工程（Computer Aided Engineering，CAE）环境进行分析计算，如果计算结果不符合设计要求则重新造型计算，极大地提高了设计水平和效率。

1.1.2 有限元法基本思想

在机械产品的设计中需要解决两类问题：一类是强度问题，例如，在齿轮的结构设计中需要考虑齿轮的弯曲强度，疲劳强度以及接触强度；另一类是刚度问题，例如，车床在加工回转体时，机床由于切削力的作用而产生了变形，使得刀具和工件的相对位置发生变化，因此无法满足加工要求，如要满足一定的精度要求，就必须控制机床的零部件在受力之后的变形值，使其达到允许的范围。

在实际生产中，由于机械产品结构的复杂性，长期以来主要采用经验设计，对机床的动、静等问题只能做定性分析，导致有时材料的潜力无法充分发挥，产品的性能也难以把握，因此只有等到样机制成，进行各个环节的性能试验后才能了解产品的性能，然后再对薄弱环节进行方案的改进，这样必然导致产品设计和制造的周期变长。基于功能完善的有限元分析软件和高性能的计算机硬件对设计的结构进行详细的力学分析，以获得尽可能真实的结构力学性能，就可以在设计阶段对可能出现的各种问题进行安全评判和设计参数修改。据有关资料统计，一个新产品的问题有60%以上可以在设计阶段消除，有的产品甚至在结构施工过程中也需要进行精细设计，因此需要采用有限元分析计算产品的性能。例如，北京奥运场馆的鸟巢由纵横交错的钢铁枝蔓组成，它是鸟巢设计中最出彩的部分，也是鸟巢建设中最复杂的结构（图1-1），看似轻灵的枝蔓总重达42 000 t，其中顶盖以及周边悬空部位质量为

14 000 t。在施工时，采用了 78 根支柱进行支撑，即产生了 78 个受力区域，在钢结构焊接完成后，需将其缓慢平稳地卸去，使鸟巢完全靠自身结构支撑。因而，支撑架的卸载，实际上就是对整个钢结构的加载，如何卸载需要进行非常详细的数值化分析，以确定出最佳的卸载方案。建设者们在 2006 年 9 月 17 日成功地完成了整体钢结构的最后卸载。

图 1-1　鸟巢部分钢结构图

任何具有一定使用功能的构件都是由满足要求的材料所制造的，在设计阶段，就需要对该构件在可能的外力作用下的内部状态进行分析，以便核对所使用材料是否安全可靠，以避免造成重大安全事故。有限元分析针对具有任意复杂几何形状的变形体，完整获取在复杂外力作用下其内部准确的力学信息，即求取该变形体的三类力学信息（位移、应变、应力）。在准确进行力学分析的基础上，设计师就可以对所设计对象进行强度、刚度等方面的评判，并修改不合理的设计参数，优化设计方案，然后再次对修改后的方案进行有限元分析，以进行力学评判和校核，最终确定出最佳的设计方案。因为有限元法是基于“离散逼近”的基本思路，可以采用较多数量的简单函数的组合来“近似”代替复杂的原函数，所以采用有限元法就可以针对具有任意复杂几何形状的结构进行分析，从而得到准确的结果。

一个复杂的函数，可以通过一系列的基函数的组合来“近似”，对于函数的逼近，有两种典型的方式：基于全域的展开（如采用傅里叶级数展开）；基于子域的分段函数展开（如采用分段线性函数展开）。

设一维函数 $f(x)$，$x\in[x_0,x_L]$，以两种方式分析它的展开和逼近形式，如图 1-2 所示。

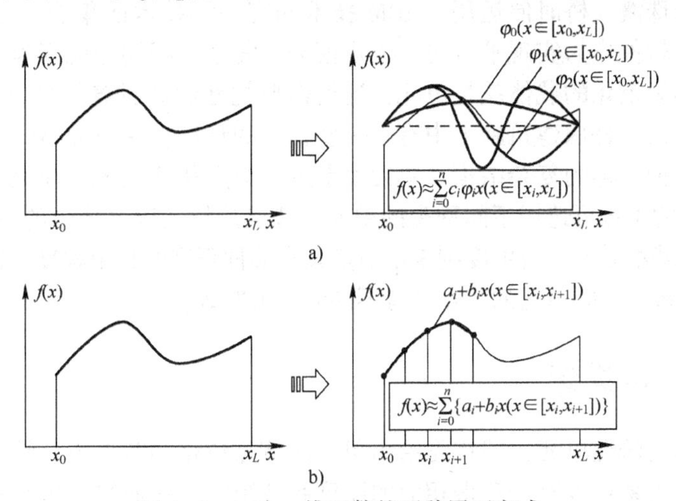

图 1-2　一个一维函数的两种展开方式

a）基于全域$[x_0,x_L]$的函数展开与逼近　b）基于子域$[x_i,x_{i+1}]$的函数展开与逼近

第一种方式考虑基于全域$[x_0,x_L]$上的展开形式。采用傅里叶级数展开，则有

$$\begin{aligned}f(x)&=c_0\varphi_0(x\in[x_0,x_L])+c_1\varphi_1(x\in[x_0,x_L])+\cdots+c_n\varphi_n(x\in[x_0,x_L])\\&=\sum_{i=0}^{n}c_i\varphi_i(x\in[x_0,x_L])\end{aligned}\tag{1-1}$$

式中，$\varphi_i(x\in[x_0,x_L])$为定义在全域上的基函数；c_0,c_1,c_n为展开系数。

第二种方式是基于子域$[x_i,x_{i+1}]$上的分段展开形式。采用线性函数，则有

$$\begin{aligned} f(x) &= \{a_0+b_0x(x\in[x_0,x_1])\}+\{a_1+b_1x(x\in[x_1,x_2])\}+\{\cdots\}+\{a_n+b_nx(x\in[x_n,x_{n+1}])\} \\ &= \sum_{i=0}^{n} a_i + b_ix(x\in[x_i,x_{i+1}]) \end{aligned} \tag{1-2}$$

式中，$a_i+b_ix(x\in[x_i,x_{i+1}])$为定义在子域上的基函数；$a_0,b_0,a_1,b_1,a_n,b_n$为展开系数。

比较以上两种方式的特点可以看出，第一种方法所采用的基函数$\varphi_i(x\in[x_0,x_L])$非常复杂，而且是在全域$[x_0,x_L]$上定义的，但它是高次连续函数，一般情况下，仅采用几个基函数就可以得到较高的逼近精度。而第二种方式所采用的基函数$a_i+b_ix(x\in[x_i,x_{i+1}])$非常简单，是在子域$[x_i,x_{i+1}]$上定义的，通过各个子域组合出全域$[x_0,x_L]$，但它是线性函数，函数的连续性阶次较低，因此需要使用较多的分段才能得到较好的逼近效果。对于第一种的函数逼近方式，就是力学分析中的经典瑞利-里兹方法的思想；而针对第二种的函数逼近方式，就是现代力学分析中的有限元方法的思想，其中的分段就是“单元”的概念。

基于分段的函数描述具有非常明显的优势：可以将原函数的复杂性“化繁为简”，使得描述和求解成为可能；所采用的简单函数可以人工选取，因此可取简单的线性函数，或取从低阶到高阶的多项式函数；可以将原始的微分求解变为线性代数方程。但分段的做法可能会带来一些问题，包括由于采用了“化繁为简”，所采用简单函数的描述能力和效率都较低；由于简单函数的描述能力较低，必然使用数量众多的分段来进行弥补，因此带来较多的工作量。综合分段函数描述的优势和问题，只要采用功能完善的软件以及能够进行高速处理的计算机，就可以完全发挥“化繁为简”策略的优势。

有限元分析的最大特点就是标准化和规范化，这种特点使得大规模分析和计算成为可能，比如在建设港珠澳大桥时便运用了 BIM 技术和有限元技术的集成。当采用了现代化的计算机及所编制的软件作为实现平台时，大规模分析复杂工程问题就变为了现实。而实现有限元分析标准化和规范化的载体就是单元，这就需要构建起各种各样的具有代表性的单元，一旦有了这些单元，就好像建筑施工中有了一些标准的预制构件（如梁、楼板等），可以按设计要求搭建出各种各样的复杂结构。单元由节点与节点相连而成，单元的组合由各节点相互连接，不同特性的工程可选用不同种类的单元。节点是指工程系统中的一个点的坐标位置，构成有限元系统的基本对象。自由度则表示节点具有某种程度的自由程度，以表示工程系统受到外力后的反应结果，不同单元的节点具有不同的自由度数。

1.2 有限元分析步骤

有限元分析就是研究单元，即首先给出单元的节点位移和节点力，然后基于单元节点位移与节点力的相互关系可以直接获得相应的刚度系数矩阵，进而得到单元的刚度方程，针对实际的复杂结构，根据实际的连接关系，将单元组装为整体刚度方程，这实际上也是得到整体结构的基于节点位移的整体平衡方程，因此，有限元法的主要任务就是针对常用的各种单元构造出相应的单元刚度矩阵。如果采用直接法来构造会非常烦琐，而采用能量原理（如虚功原理或最小势能原理）来建立相应的平衡关系则比较简单，这种方法可以针对任何类型的单元进行构造，以得到相应的刚度矩阵。

有限元分析主要包括六大步骤。

1. 结构离散化

对整个结构进行离散化，将其分割成若干个单元，单元间通过节点相连。通过离散化将实际结构划分为一系列单元的组合体，这也是一切数值方法求解过程的共同之处，即将连续问题离散化。对于杆件结构，由于结构本身存在着自然的节点连接关系，因此杆件结构是自然的离散系统。如图 1-3 所示的屋顶钢结构杆件图就是一个自然的离散系统。但是，对于实体结构来说，必须经过离散化的过程，将连续体划分为一系列的离散单元的组合体，才能够形成有限元分析模型；如图 1-4 所示的某流体管道有限元离散模型，就是采用了六面体单元进行了几何模型的网格划分。

图 1-3　屋顶钢结构杆件图

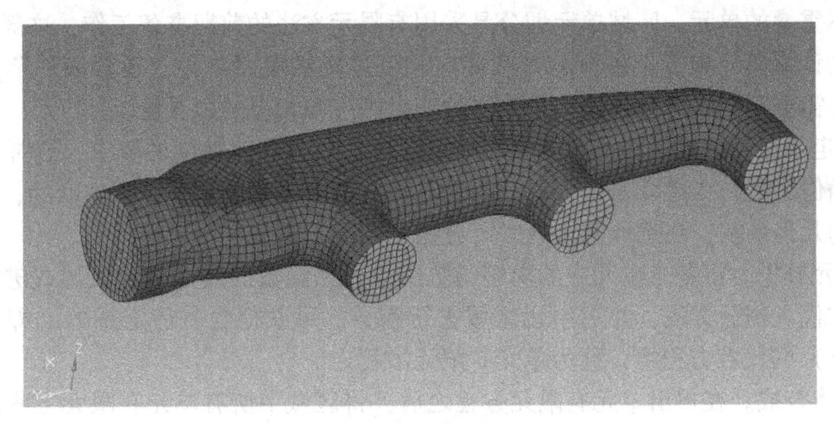

图 1-4　某流体管道有限元离散模型

2. 单元特性分析，求出各单元的刚度矩阵 $\boldsymbol{K}^e$

该步骤是有限元分析的基础，其目的在于通过分析得到单元节点的力与节点位移之间的关系，即计算单元的刚度矩阵 $\boldsymbol{K}^e$。$\boldsymbol{K}^e$ 是由单元节点位移量 $\boldsymbol{d}^e$ 求单元节点力向量 $\boldsymbol{F}^e$ 的转移矩阵，其关系式为 $\boldsymbol{F}^e=\boldsymbol{K}^e\boldsymbol{d}^e$。

对于力学特性和几何形状都相似的单元，通过单元分析得到其力学特性上的共性，于是这种单元就成了有限元模型的标准原件。

杆件单元的刚度矩阵可以直接通过直观的力学概念得到，而各种实际单元刚度矩阵需要先假设单元内部的位移插值模式，再通过变分原理得到。

3. 结构分析，集成总体刚度矩阵 $\boldsymbol{K}$，并写出总体平衡方程

有限元结构计算中的基本准则之一就是满足相邻单元在公共节点上的位移协调条件，于是相邻单元在公共节点对应位移自由度的刚度系数就被叠加到一起，共同抵抗公共节点的变形。

总体刚度矩阵 $\boldsymbol{K}$ 是由整体节点位移向量 $\boldsymbol{d}$ 求整体节点力向量的转移矩阵，其关系式为 $\boldsymbol{F}=\boldsymbol{K}\boldsymbol{d}$，即为总体平衡方程。

4. 引入边界条件，求出各节点的位移

在求解线性方程组之前必须在总体刚度方程中引入边界条件，通过边界约束条件的施加排除结构发生整体位移的可能性，使得在一定的载荷作用下可以唯一确定结构的位移。

5. 求解线性方程组，求出各结构节点位移

引入边界条件之后的方程组具有唯一的解，通过各种线性方程组的数值求解方法均可得到其解，即得到结构节点位移，单元内部任一点位移通过节点位移插值得到。

6. 后处理与计算结果的评价

得到节点位移之后，可进一步求解应变、应力等量并进行结果的可视化处理。目前，成熟的商用软件提供了功能强大的后处理程序，如 ANSYS 中包含了专门的后处理器，可以进行各种物理量的图形以及动画显示。

对于有限元方法，其基本思路和解题步骤可细化如下。

1）建立积分方程。根据变分原理或方程余量与权函数正交化原理，建立与微分方程初边值问题等价的积分表达式，这是有限元法的出发点。

2）区域单元划分。根据求解区域的形状及实际问题的物理特点，将区域划分为若干相互连接、不重叠的单元。区域单元划分是采用有限元方法的前期准备工作，这部分工作量较大，除了给计算单元和节点进行编号和确定相互之间的关系之外，还要表示节点的位置坐标，同时还需要列出自然边界和本质边界的节点序号和相应的边界值。

3）确定单元基函数。根据单元中的节点数目及对近似解精度的要求，选择满足一定插值条件的插值函数作为单元基函数。有限元方法中的基函数是在单元中选取的，由于各单元具有规则的几何形状，在选取基函数时可遵循一定的法则。

4）单元分析。将各个单元中的求解函数用单元基函数的线性组合表达式进行逼近，再将近似函数代入积分方程，并对单元区域进行积分，可获得含有待定系数（即单元中各节点的参数值）的代数方程组，称为单元有限元方程。

5）总体合成。在得出单元有限元方程之后，将区域中所有单元有限元方程按一定法则进行累加，形成总体有限元方程。

6）边界条件的处理。一般边界条件有 3 种形式，分为本质边界条件（狄里克雷边界条件）、自然边界条件（黎曼边界条件）和混合边界条件（柯西边界条件）。对于自然边界条件，一般在积分表达式中可自动得到满足；对于本质边界条件和混合边界条件，需按一定法则对总体有限元方程进行修正。

7）解有限元方程。根据边界条件修正的总体有限元方程组，它是包含所有待定未知量的封闭方程组，采用适当的数值计算方法求解，可求得各节点的函数值。

1.3 ANSYS 简介及分析步骤

本节主要介绍 ANSYS 软件的基本分析功能，包括结构分析、热分析、流体分析、电磁分析、声学分析、压电分析和耦合分析等；还将介绍 ANSYS 分析的主要步骤，即前处理、分析求解和后处理。

1.3.1 ANSYS 功能及模块简介

ANSYS 公司成立于 1970 年，总部位于美国宾夕法尼亚州的匹兹堡。ANSYS 公司致力于 CAE 的技术研究和发展，所开发的软件 ANSYS 是世界上著名的大型通用有限元计算软件，具有强大的求解器和前、后处理功能，为解决复杂、庞大的工程项目和致力于高水平的科研攻关提供了一个优良的工作环境，更使人们从烦琐、单调的常规有限元编程中解脱出来。该软件广泛应用于工业领域，如航空航天、汽车工业、生物医学、桥梁、建筑、电子产品、重型机械、微机电系统、运动器械等，并提供了不断改进的功能清单，包括结构高度非线性、电磁分析、计算流体力学分析、优化设计、接触分析、自适应网格划分及利用 ANSYS 参数设计扩展宏命令功能。此外，ANSYS 还提供较为灵活的图形接口及数据接口，利用这些功能，可以实现不同分析软件之间的模型转换。

1. ANSYS 主要功能

ANSYS 主要功能包括结构分析、热分析、流体分析、电磁分析、声学分析、压电分析和耦合分析等。

（1）结构分析

ANSYS 的结构分析有 7 种类型，结构分析的基本未知量是位移，其他未知量如应力、应变和反力等均通过位移量导出。7 种类型的结构分析功能如下。

1）静力分析。静力分析很适合求解惯性和阻尼对结构的影响并不显著的问题，用于求解静力载荷作用下结构的静态行为，可以考虑结构的线性与非线性特性。几何非线性、材料非线性、接触非线性和单元非线性是几种常见的非线性问题。几何非线性包括大变形、大应变、应力强化、旋转软化等。材料非线性包括塑性、黏弹性、粘塑性、超弹性、多线性弹性、蠕变、肿胀等。接触非线性包括面面/点面/点点接触、柔体-柔体/柔体-刚体接触、热接触等。单元非线性包括生/死单元、钢筋混凝土单元、非线性阻尼/弹簧元、预紧力单元等。

2）模态分析。计算线性结构的固有频率和振型，可采用多种模态提取方法。可计算自然模态、预应力模态、阻尼复模态、循环模态等。可计算线性结构的自振频率及振型。

3）谐响应分析。确定线性结构随时间正弦变化的载荷作用下的响应。

4）瞬态动力分析。计算结构随时间任意变化的载荷作用下的响应，可以考虑与静态分析相同的结构非线性特性，可以考虑非线性全瞬态和线性模态叠加法。

5）谱分析。模态分析的扩展，用于计算由于响应谱或 PSD 输入（随机振动）引起的结构应力和应变，可考虑单点谱和多点谱分析。

6）特征屈曲分析。用于计算线性屈曲载荷和屈曲模态。非线性屈曲分析和循环对称屈曲分析属于静力分析类型，不属于特征值屈曲分析类型。

7）显式动力分析。ANSYS/LS-DYNA 可用于计算高度非线性动力学和复杂的接触问题。

除上述 7 种分析类型外，还可进行特殊分析，包括断裂分析、复合材料分析、疲劳分析、P-方法、梁分析等。

（2）热分析

热分析程序可处理热传递的 3 种基本类型：传导、对流和辐射。热传递的 3 种类型均可进行稳态和瞬态分析、线性和非线性分析。热分析还具有可以模拟材料固化和熔解过程的相变分析能力以及模拟热与结构应力之间的热-结构耦合分析能力。

（3）电磁分析

电磁分析主要用于电磁场问题的分析，如电感、电容、磁通量密度、涡流、电场分布、磁力线分布、力、运动效应、电路和能量损失等，还可用于螺线管、调节器、发电机、变换器、磁体、加速器、电解槽及无损检测装置等的设计和分析领域。

(4) 流体动力学分析

流体动力学分析类型可以为瞬态或稳态。分析结果可以是每个节点的压力和通过每个单元的流率。并且可以利用后处理功能产生压力、流率和温度分布图形。还可以使用三维表面效应单元和热-流管单元模拟结构的流体绕流及对流传热效应。

(5) 声学分析

声学功能用来研究含有流体的介质中声波的传播，或分析浸在流体中的固体结构的动态特性。可用来确定音响话筒的频率响应，研究音乐大厅的声场强度分布，或预测水对振动船体的阻尼效应等。

(6) 压电分析

压电分析用于分析二维或三维结构对 AC（交流）、DC（直流）或任意随时间变化的电流或机械载荷的响应。可用于换热器、振荡器、谐振器、传声器等部件及其他电子设备的结构动态性能分析。

(7) 多场耦合分析

多场耦合分析包括热-结构、磁-热、磁-结构、流体-热、流体-结构、热-电、电-磁-热-流体-结构等的耦合。

(8) 优化设计及设计灵敏度分析

优化设计及设计灵敏度分析包括单一物理场优化、耦合场优化等。

(9) 二次开发功能

采用参数设计语言，用户可编程、自定义界面语言并通过外部命令进行开发设计。

(10) ANSYS 土木工程专用包

ANSYS 土木工程专用包 ANSYS/CivilFEM 用来研究钢结构、钢筋混凝土及岩土结构的特性，如房屋建筑、桥梁、大坝、硐室与隧道、地下建筑物等的受力、变形、稳定性及地震响应等情况，从力学计算、组合分析及规范验算与设计提出了全面的解决方案，为建筑及岩土工程师提供了功能强大且方便易用的分析手段。

2. ANSYS 主要模块

(1) ANSYS/Mechanical

该模块提供了范围广泛的工程设计分析与优化功能，包括完整的结构、热、压电及声学分析，是一个功能强大的设计校验工具，可用来确定位移、应力、作用力、温度、压力分布以及其他重要的设计标准。

(2) ANSYS/Structural

该模块通过利用其先进的非线性功能可进行高目标的结构分析，包括几何非线性、材料非线性、单元非线性及屈曲分析，可以使用户精确模拟大型复杂结构的性能。

(3) ANSYS/Linear plus

该模块是从 ANSYS/Structural 派生出来的一个线性结构分析选项，可用于线性的静态、动态及屈曲分析，非线性分析仅包括间隙元和板/梁大变形分析。

(4) ANSYS/Thermal

该模块是从 ANSYS/Mechanical 中派生出来的，是一个可单独运行的热分析程序，可用于稳态及瞬态热分析。

（5）ANSYS/Flotran

该模块是一个灵活的 CFD 软件，可求解各种流体流动问题，包括层流、紊流、可压缩流及不可压缩流等。通过与 ANSYS/Mechanical 耦合，ANSYS/Flotran 是唯一具有设计优化能力的 CFD 软件，并且能提供复杂的多物理场功能。

（6）ANSYS/Emag

该模块是一个独立的电磁分析软件包，可模拟电磁场、静电学、电路及电流传导分析。当该模块与其他 ANSYS 模块联合使用时，具有了多物理场分析功能，能够研究流场、电磁场及结构力学间的相互影响。

（7）ANSYS/PrepPost

该模块在前处理阶段为用户提供了强大的功能，使用户能够便捷地建立有限元模型，便于用户使用后处理器检查所有 ANSYS 分析的计算结果。

（8）ANSYS/ED

该模块是一个功能完整的设计模拟程序，它拥有 ANSYS 隐式产品的全部功能，只是解题规模受到了限制，可独立运行，是理想的培训教学软件。

（9）ANSYS/LS-DYNA

该模块是一个显式求解软件，可解决高度非线性结构动力问题，可模拟板料成形、碰撞分析，涉及大变形的冲击、非线性材料性能以及多物体接触分析，且可以加入到第一类软件包中运行，也可以单独运行。

（10）ANSYS/LS-DYNA/PrepPost

该模块具有所有 ANSYS/LS-DYNA 的前后处理功能，包括实体建模、网格划分、加载、边界条件、等值线显示、计算结果评价及动画，但没有求解功能。

（11）ANSYS/University

该模块是一个功能完整的设计模拟程序，它拥有 ANSYS 隐式产品的全部功能，只是解题规模受到了限制，可独立运行，适用于高校进行教学或科研。

（12）ANSYS/DesignSpace

该模块是 ANSYS 的低端产品，适用于设计工程师在产品概念设计初期对产品进行基本分析，以检验设计的合理性。其分析功能包括线性静力分析、模态分析、基本热分析、基本热力耦合分析和拓扑优化，还可以进行 CAD 模型读取、自动生成分析报告、自动生成 ANSYS 数据库文件和自动生成 ANSYS 分析模板等。

（13）ANSYS/Connection

该模块是 ANSYS 与 CAD 软件的接口产品，可以将 CAD 模型数据或国际标准格式 CAD 模型数据直接读入并进行任意 ANSYS 支持的分析。

1.3.2 ANSYS 分析步骤

ANSYS 分析步骤主要包括 3 个过程，即前处理、分析求解和后处理。

（1）前处理

前处理提供了一个强大的实体建模及网格划分工具，用户可以方便地建立有限元模型。ANSYS 软件中涉及两种模型，一种为实体模型，由点、线、面和体元素构成；另一种为有限元模型，由节点和单元构成。ANSYS 单元类型较多，一般都同时具有完全积分和缩减积分两种选项，不同选项会带来完全不同的结果。完全积分单元具有规则形状时，全部高斯积分点的数目足以对单元刚度矩阵中的多项式进行精确积分。只有四边形和六面体单元才能采用减缩积分，而所有三角形和四面体实体单元只能采用完全积分。减缩积分单元可以与减缩积分的四边形或六面体单元在同一网格中使用。

（2）分析求解

分析求解包括结构分析（可进行线性分析、非线性分析和高度非线性分析）、流体动力学分析、电磁场分析、声场分析、压电分析及多物理场的耦合分析等求解能力。进行求解时经常会遇到无法获得结果或出现错误的情况，出现这些问题的原因是多方面的，常见的原因有求解输入的模型不完整或存在错误，提供的约束不够等。不同的分析问题具有不同的错误原因，例如，当模型中有非线性单元（如缝隙 gaps、滑块 sliders、铰 hinges、索 cables 等）时，整体或部分结构会出现崩溃或“松脱”；材料性质参数有赋值的错误，如密度或瞬态热分析时的比热容值；未约束铰接结构的错误，如两个水平运动的梁单元在竖直方向没有约束；屈曲分析时，当应力刚化效应为负（压）时，在载荷作用下整个结构刚度弱化，如果刚度减小到零或更小时，求解存在奇异性，因为整个结构已发生屈曲。

（3）后处理

后处理可将计算结果以彩色等值线、梯度、矢量、粒子流迹、立体切片、透明及半透明（可看到结构内部）等图形方式显示出来，也可将计算结果以图表、曲线的形式显示或输出。钢筋混凝土单元可显示单元内的钢筋、开裂情况以及压碎部位。梁、管、板、复合材料单元及结果按实际形状显示，可显示横截面结果、梁单元弯矩图、优化灵敏度及优化变量曲线；提供对计算结果的加、减、积分和微分等计算，显示沿任意路径的结果曲线，并可进行沿路径的数学计算。

ANSYS 有两个后处理器：一个是通用后处理器（POST1），只能观看整个模型在某一时刻的结果（如结果的照相）；另一个是时间历程后处理器（POST26），可观看模型某部位在不同时间的结果，但此后处理器只能用于处理瞬态或动力分析结果。

1.4 本章小结

本章主要介绍了有限元法的发展历史和思想、有限元法分析步骤以及 ANSYS 软件的模块及分析步骤。

思考与练习

1. 简述有限元法的发展历史。
2. 简述有限元分析步骤。
3. ANSYS 的主要功能和模块有哪些？

第 2 章　有限元法理论

【内容】

本章主要讲述了弹性力学的基本概念，并以三角形单元为例，讲述了平面问题有限元法的求解过程，包括单元的形成、组装及求解，最后是有限元法求解计算的实例。

【目的】

通过有限元法理论的学习，使读者对本书后面将要采用的有限元法的建模及求解过程有一个较深的理论认识，从而更好地使用有限元软件。

【实例】

三角形单元刚度计算。

2.1　弹性力学基础

在日常生活当中，处处都涉及力学方面的问题，弹性力学作为力学学科的基础理论得到了广泛应用，而有限元法的建立也是以力学理论为基础的。

2.1.1　弹性力学的基本概念

对弹性力学来说，涉及 7 个基本概念，分别是体力、面力、应力、应变、主应力、主应变和位移。

1. 体力

体力是分布在物体体积内的力，作用在物体的每一个质点上，如重力、运动物体的惯性力和磁力等。为了定义物体内某点所受的体力的大小和方向，可以取包含该点的一个小体积 ΔV，设作用在 ΔV 上的体力为 $\Delta \boldsymbol{Q}$，当 ΔV 无限缩小趋近于该点时，则 $\Delta Q/\Delta V$ 将趋近于一个极限 $\boldsymbol{F}$，即

$$F=\lim_{\Delta V \to 0}\frac{\Delta \boldsymbol{Q}}{\Delta V} \tag{2-1}$$

此极限 $\boldsymbol{F}$ 就是物体在该点所受的体力。$\boldsymbol{F}$ 是一个矢量，可以用作用于其上的单位体积的体力沿坐标轴上的投影 X、Y、Z 表示，且规定沿坐标轴的正向为正，反之为负，这三个投影称为该点的体力分量。物体内某点体力的大小是以单位体积的作用力来衡量的。

2. 面力

面力是分布于物体表面上的力，可以是分布力，也可以是集中力，如一个物体对另一个物体表面作用的压力、静水压力等。为定义物体表面上某点所受的面力的大小和方向，可以取包含该点的一个小面积 ΔS，并设作用在 ΔS 上的面力为 $\Delta \boldsymbol{Q}$，当 ΔS 无限缩小趋近于该点时，$\Delta \boldsymbol{Q}/\Delta S$ 将趋近于一个极限 $\boldsymbol{F}$，即

$$\boldsymbol{F}=\lim_{\Delta S \to 0}\frac{\Delta \boldsymbol{Q}}{\Delta S} \tag{2-2}$$

此极限 $\boldsymbol{F}$ 就是物体表面在该点所受的面力。$\boldsymbol{F}$ 是一个矢量，可以用作用于其上的单位表面积上的面力沿坐标轴上的投影：$\bar{x}$、$\bar{y}$、$\bar{z}$ 表示，且规定沿坐标轴的正向为正，反之为负，这三个投影称为该点的面力分量。物体表面某点面力的大小是以单位面积的表面力来衡量的。

3. 应力

物体在外力作用下，处于平衡状态，此时物体内部将产生抵抗变形的内力，如图 2-1 所示。为研究物体内任意一点 P 的内力，假想一个平面 S 通过点 P 把该物体分成 A、B 两个部分，A 和 B 两个部分将产生相互作用力（即内力），它们大小相等、方向相反。在平面 S 上取一小面积 ΔA，设作用在 ΔA 上的内力为 $\Delta\boldsymbol{Q}$，并假设在截面 S 上是连续分布的，则在 ΔA 无限缩小趋近于 P 点时，比值 $\Delta\boldsymbol{Q}/\Delta A$ 将趋近于极限 $\boldsymbol{s}$，即

$$\boldsymbol{s}=\lim_{\Delta A\to 0}\frac{\Delta\boldsymbol{Q}}{\Delta A} \tag{2-3}$$

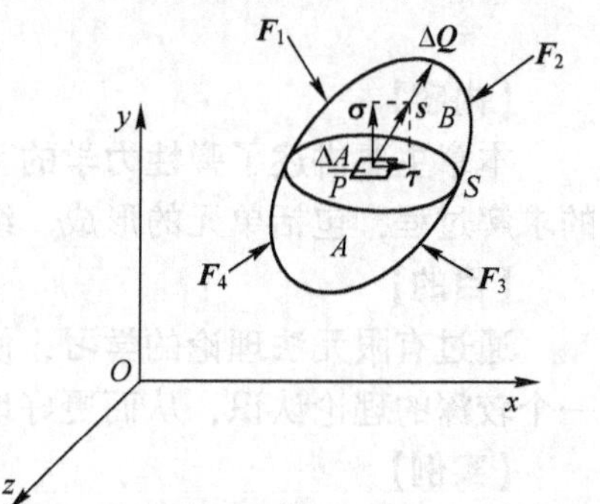

图 2-1　物体的受力图

此极限 $\boldsymbol{s}$ 就是物体在截面 S 上的 P 点所受的应力。$\boldsymbol{s}$ 为一个矢量，应力 $\boldsymbol{s}$ 并非均匀地分布在 S 上，并且 $\boldsymbol{s}$ 的方向倾斜于小面积，可将 $\boldsymbol{s}$ 分解为沿法线方向的分量 $\boldsymbol{\sigma}$ 和沿切线方向的分量 $\boldsymbol{\tau}$，称 $\boldsymbol{\sigma}$ 为正应力，称 $\boldsymbol{\tau}$ 为切应力。

如果有若干个平面经过物体的同一点 P，则不同截面在该点的应力是不同的，为了解物体内任意一点的应力状态，通常在这一点取出一个平行六面微元体研究，如图 2-2 所示。弹性体在载荷作用下，体内任意一点的应力状态可以由六个应力分量 $\boldsymbol{\sigma}_x$、$\boldsymbol{\sigma}_y$、$\boldsymbol{\sigma}_z$、$\boldsymbol{\tau}_{xy}$、$\boldsymbol{\tau}_{yz}$、$\boldsymbol{\tau}_{xz}$来表示，其中 $\boldsymbol{\sigma}_x$、$\boldsymbol{\sigma}_y$、$\boldsymbol{\sigma}_z$ 是正应力，$\boldsymbol{\tau}_{xy}$、$\boldsymbol{\tau}_{yz}$、$\boldsymbol{\tau}_{xz}$为切应力。应力分量的正负号规定为：如果某一个面的外法线方向与坐标轴的正方向一致，这个面的应力分量就以沿坐标轴正方向为正，反之为负；相反，如果某个面的外法线方向与坐标轴负方向一致，这个面上的应力分量就以沿坐标轴负方向为正，反之为负。

在数值计算时，常把一点的六个应力分量用矩阵来表示

$$\boldsymbol{\sigma}=(\boldsymbol{\sigma}_x\quad \boldsymbol{\sigma}_y\quad \boldsymbol{\sigma}_z\quad \boldsymbol{\tau}_{xy}\quad \boldsymbol{\tau}_{yz}\quad \boldsymbol{\tau}_{zx})^{\mathrm{T}} \tag{2-4}$$

4. 应变

物体在受到外力和温度的作用下将发生变形。为研究物体内部一点 P 的变形情况，从 P 处取一平行六面微元体。由于 d_x、d_y、d_z 三个棱的边长为无穷小量，所以在物体变形后，仍然是直边，但是三个边的长度和边与边之间的夹角将发生变化。各边的单位伸长或缩短量，称为线应变，用 ε 表示，边与边之间的夹角的改变，称为切应变，用 γ 表示，如图 2-3 所示。一个点的变形可以由 d_x、d_y、d_z 三个边的线应变 ε_x、ε_y、ε_z 以及三个边之间夹角的切应变 γ_{xy}、γ_{yz}、γ_{zx}来描述。应变的正负号与应力的正负号相对应，即应变以伸长时为正、

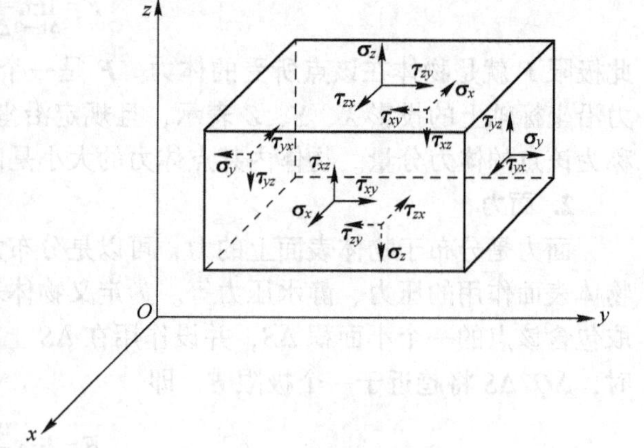

图 2-2　应力分量

缩短为负，切应变是以两个沿坐标轴正方向的线段组成的直角变小为正，反之为负。应变无量纲。

在数值计算时，常把一点的六个应变分量用矩阵来表示

$$\boldsymbol{\varepsilon}=(\varepsilon_x \quad \varepsilon_y \quad \varepsilon_z \quad \gamma_{xy} \quad \gamma_{yz} \quad \gamma_{zx})^{\mathrm{T}} \tag{2-5}$$

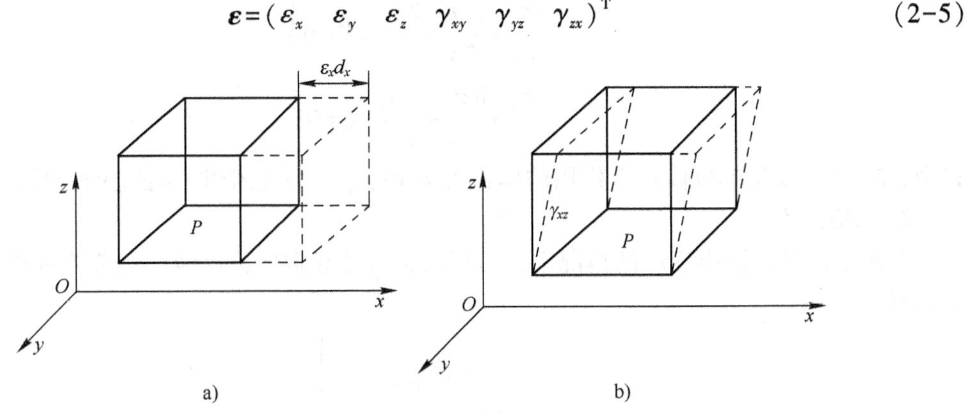

图 2-3　微元体的线应变和切应变

a）线应变　b）切应变

5. 主应力

如果过弹性体内任一点 P 的某一斜面上的切应力等于零，则该斜面上的正应力称为该点的主应力。主应力作用的这一斜面称为过点 P 的一个应力主平面，主平面的法线方向称为点 P 的主应力方向。

一般来说，从弹性体中取出任意一个单元体，都可以找到三个相互垂直的主平面，因而每点都有三个主应力 $\boldsymbol{\sigma}_1$、$\boldsymbol{\sigma}_2$、$\boldsymbol{\sigma}_3$（$\sigma_1>\sigma_2>\sigma_3$）。在给定的外力作用下，物体内一点主应力的大小和方向已经确定，而与坐标系的选择无关。

6. 主应变

在给定的应变状态下，弹性体内任意一点，一定也存在着三个相互垂直的应变主轴，三个应变主轴之间的三个直角在变形后仍为直角（切应变为零）。沿三个应变主轴有三个主应变，用 ε_1、ε_2、ε_3($\varepsilon_1>\varepsilon_2>\varepsilon_3$)表示。三个相互垂直方向的线应变之和是体积应变，以 θ 表示，即 $\theta=\varepsilon_x+\varepsilon_y+\varepsilon_z$。

对于各向同性的材料，应变主轴和应力主轴重合；当应力超过弹性极限时，应力主轴和应变主轴一般不重合。

7. 位移

在物体受力变形过程中，其内部各点发生的位置变化称为位移。一个微元体的位置变化由两部分组成，一部分是周围介质位移使它产生刚性位移，另一部分是自身变形产生的位移，位移是一个矢量。

2.1.2　弹性力学的基本方程

弹性力学从静力学、几何学和物理学 3 个方面对研究对象进行分析，推导出物体内应力分量与体力、面力分量之间的关系式，应变与位移之间的关系式，以及应变分量与应力分量之间的关系式，又称为弹性力学的三大方程，即平衡微分方程、几何方程和物理方程。

1. 平衡微分方程

物体在外力作用下处于平衡状态，在其弹性体 V 域内任一点沿坐标轴 x、y、z 方向的平

衡方程为

$$\left.\begin{aligned}\frac{\partial \boldsymbol{\sigma}_x}{\partial x}+\frac{\partial \boldsymbol{\tau}_{yx}}{\partial y}+\frac{\partial \boldsymbol{\tau}_{zx}}{\partial z}+\boldsymbol{X}=0\\ \frac{\partial \boldsymbol{\tau}_{xy}}{\partial x}+\frac{\partial \boldsymbol{\sigma}_y}{\partial y}+\frac{\partial \boldsymbol{\tau}_{zy}}{\partial z}+\boldsymbol{Y}=0\\ \frac{\partial \boldsymbol{\tau}_{xz}}{\partial x}+\frac{\partial \boldsymbol{\tau}_{yz}}{\partial y}+\frac{\partial \boldsymbol{\sigma}_z}{\partial z}+\boldsymbol{Z}=0\end{aligned}\right\} \tag{2-6}$$

式中，$\boldsymbol{X}$、$\boldsymbol{Y}$、$\boldsymbol{Z}$ 是单位体积上作用的体积力 $\boldsymbol{F}$ 在 x、y、z 三个坐标轴上的分量。

2. 几何方程

在微小位移和微小变形的情况下，可以略去位移导数的高次幂，则应变和位移间的几何关系有

$$\left.\begin{aligned}\boldsymbol{\varepsilon}_x=\frac{\partial \boldsymbol{u}}{\partial x}\\ \boldsymbol{\varepsilon}_y=\frac{\partial \boldsymbol{v}}{\partial y}\\ \boldsymbol{\varepsilon}_z=\frac{\partial \boldsymbol{w}}{\partial z}\\ \boldsymbol{\gamma}_{xy}=\frac{\partial \boldsymbol{u}}{\partial y}+\frac{\partial \boldsymbol{v}}{\partial x}=\boldsymbol{\gamma}_{yx}\\ \boldsymbol{\gamma}_{yz}=\frac{\partial \boldsymbol{v}}{\partial z}+\frac{\partial \boldsymbol{w}}{\partial y}=\boldsymbol{\gamma}_{zy}\\ \boldsymbol{\gamma}_{zx}=\frac{\partial \boldsymbol{w}}{\partial x}+\frac{\partial \boldsymbol{u}}{\partial z}=\boldsymbol{\gamma}_{xz}\end{aligned}\right\} \tag{2-7}$$

式中，u，v，w 分别为沿 x，y，z 三个坐标轴的位移分量。

3. 物理方程

弹性力学中应力与应变之间的关系称为物理关系。对于各向同性线弹性材料，其矩阵形式表示为

$$\boldsymbol{\sigma}=\boldsymbol{D\varepsilon} \tag{2-8}$$

$$\boldsymbol{D}=\frac{E(1-\mu)}{(1+\mu)(1-2\mu)}\begin{pmatrix}1 & \frac{\mu}{1-\mu} & \frac{\mu}{1-\mu} & 0 & 0 & 0\\ & 1 & \frac{\mu}{1-\mu} & 0 & 0 & 0\\ & & 1 & 0 & 0 & 0\\ & & & \frac{1-2\mu}{2(1-\mu)} & 0 & 0\\ & \text{对称} & & & \frac{1-2\mu}{2(1-\mu)} & 0\\ & & & & & \frac{1-2\mu}{2(1-\mu)}\end{pmatrix} \tag{2-9}$$

式中，$\boldsymbol{D}$ 称为弹性矩阵，它完全取决于弹性体材料的弹性模量 E 和泊松比 μ。

任何问题的求解总有边界。弹性力学分析中，将弹性表面的边界分为三类控制条件，一是在 3 个垂直方向上都存在给定的位移，二是在 3 个垂直方向都存在给定的外力，三是在 3 个垂直方向上给定一个或两个位移，其他的是给定外力。所以，设在弹性体 V 域上的全部边界为 S，则全部边界由给定力的边界和给定位移边界两部分组成。给定力的边界记作 S_σ，此边界上作用的表面力 $\overline{\boldsymbol{F}}=(\overline{\boldsymbol{X}},\overline{\boldsymbol{Y}},\overline{\boldsymbol{Z}})^{\mathrm{T}}$。给定位移边界记作 S_u，此边界上弹性体的位移 $\overline{\boldsymbol{u}}$、$\overline{\boldsymbol{v}}$、$\overline{\boldsymbol{w}}$ 已知，即

$$S=S_\sigma+S_u \tag{2-10}$$

在边界 S_σ 上，应力分量和给定的表面力之间的关系，可由边界上的微元体的平衡方程得出。弹性体力的边界条件为

$$\left.\begin{aligned}\overline{\boldsymbol{X}}&=\boldsymbol{\sigma}_x l+\boldsymbol{\tau}_{yx}m+\boldsymbol{\tau}_{zx}n\\ \overline{\boldsymbol{Y}}&=\boldsymbol{\tau}_{xy}l+\boldsymbol{\sigma}_y m+\boldsymbol{\tau}_{zy}n\\ \overline{\boldsymbol{Z}}&=\boldsymbol{\tau}_{xz}l+\boldsymbol{\tau}_{yz}m+\boldsymbol{\sigma}_z n\end{aligned}\right\}\quad (\text{在 } S_\sigma \text{ 上}) \tag{2-11}$$

式中，l、m、n 为弹性体边界外法线与三个坐标轴夹角的方向余弦。

作为基本方程解的位移分量 $\boldsymbol{u}$、$\boldsymbol{v}$、$\boldsymbol{w}$，当代入 S_u 边界坐标时，必须等于该点的给定位移，即弹性体位移边界条件为

$$\boldsymbol{u}=\overline{\boldsymbol{u}},\boldsymbol{v}=\overline{\boldsymbol{v}},\boldsymbol{w}=\overline{\boldsymbol{w}}\quad (\text{在 } S_u \text{ 上}) \tag{2-12}$$

2.1.3 弹性力学中的能量原理

弹性力学问题在数学上是由偏微分方程及其定解条件描述的，要得到满足这些方程边界条件的精确解，只有在物体形状和受力较简单的情况下才能获得。如果物体的形状和受力条件稍复杂一点，用解析法寻求其精确解就会遇到数学上的困难。为了避免求解这些微分方程的困难，学者提出了近似解法。力学中的能量原理就是一种近似的求解方法，它的数学基础是变分法，也可称为弹性力学中的变分原理，它是有限元法的基础。弹性体的运动规律，即在外力作用下的弹性体的变形、应力和外力之间的关系同时也受到能量原理的支配，它与微分方程和定解条件是等价的。虚位移原理和最小势能原理是力学中最常见的两种能量原理。

1. 虚位移原理

弹性体的虚位移原理表述为：若物体在给定的外力载荷和温度分布下，应力处于平衡状态（包括物体内部和物体的应力边界），若从物体的变形协调状态出发给物体任意一虚位移（在物体体内即引起虚应变），则外力虚功恒等于虚应变能。

弹性体的虚位移原理也可表述为：如果对于任何从协调变形状态开始的虚位移，外力的虚功等于虚应变能，则变形体在给定的外力载荷和温度分布下处于平衡。即虚功方程和平衡方程在力的边界上的应力边界条件是等价的，可以在某些情况下用虚功方程来代替平衡方程（包括内部和边界上的平衡）。例如，从位移出发进行有限元分析时，用虚功方程代替平衡方程更简便。

2. 最小势能原理

最小势能原理可以表述为：在所有可能满足位移边界条件和变形协调条件的位移中，只有那些同时满足平衡条件和力的边界条件的那一组位移，使系统的总势能取最小值。最小势

能原理提供了一个在求解弹性力学问题时的合理的近似方法。根据最小势能原理，要求弹性体在外力作用下的位移，可以用满足边界条件和协调条件且使物体总势能取最小值的条件去寻求答案。

2.2 平面问题的有限元法

有限元法是数值计算的一种离散化的方法，其基本思想是把连续的几何结构离散成有限个单元，并在每一个单元中设定有限个节点，从而将连续体看作仅在节点处相连接的一组单元的集合体。同时选定场函数的节点值作为基本未知量，并在每一单元中假设一个近似插值函数以表示单元中场函数的分布规律，再建立用于求解节点未知量的有限元方程组，从而将一个连续域中的无限自由度问题转化为离散域中的有限自由度问题。求解得到节点值后就可以通过设定的插值函数确定单元以至整个集合体上的场函数，再用弹性力学的公式，计算出各单元的应力、应变，当单元小到一定程度时，那么它就代表连续体各处的真实变形情况。

单元是组成有限元分析的基本模型，一定数量的大小、形状和力学特性的单元连接在一起就组成了结构有限元分析的力学模型。通常意义下的结构单元由节点连接而成，节点是构成单元的要素，不同类型的单元的节点具有不同意义并反映不同数量的运动学自由度。自由度是指节点所具有的各种运动学自由度，例如，空间梁单元的一个节点有6个自由度，空间体单元一个节点具有3个自由度。相邻的单元之间通过公共节点连接在一起，位移边界线上的单元通过边界节点与地基相连。采用不同单元对整体结构离散后，形成有限元的基本模型。图2-4所示为某型号的发动机支架有限元模型图，由四节点四面体单元组成。

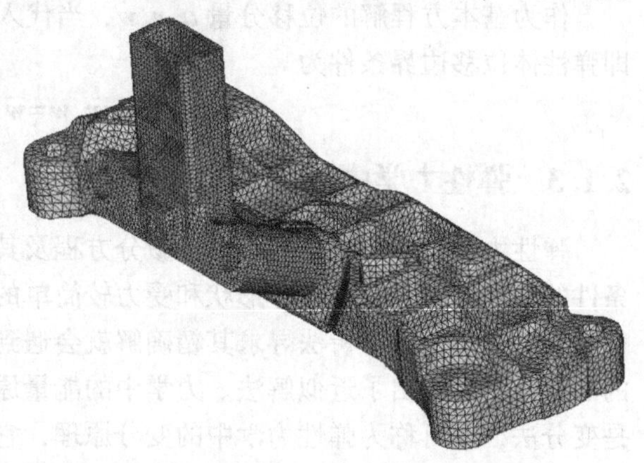

图2-4 某型号的发动机支架有限元模型图

任何物体都占据一定的空间，所以都具有三维性质。作用于物体的载荷一般也是空间力系，所以物体在外力或温度变化等作用下，其体内产生的应力、应变和位移也必然是三向的，这使得求解弹性力学的问题也是一个空间问题。但如果物体的几何形状具有某些特点，并且受到特殊的分布外力或温度变化影响，某些空间问题可以简化为平面问题，这样可以减少分析和计算的工作量，同时也可以满足工程的精度要求。这些问题中的应力、应变和位移仅为两个坐标（如x、y）的函数。平面问题分为平面应力问题和平面应变问题，对于平面应力问题来说，所有应力将只产生在xOy平面内，沿z轴方向无任何应力，即

$$\boldsymbol{\sigma}_z=0,\ \boldsymbol{\tau}_{yz}=0,\ \boldsymbol{\tau}_{xz}=0 \tag{2-13}$$

此时平衡微分方程式（2-6）可写为

$$\left.\begin{aligned}\frac{\partial \boldsymbol{\sigma}_x}{\partial x}+\frac{\partial \boldsymbol{\tau}_{yx}}{\partial y}+\boldsymbol{X}=0\\ \frac{\partial \boldsymbol{\tau}_{xy}}{\partial x}+\frac{\partial \boldsymbol{\sigma}_y}{\partial y}+\boldsymbol{Y}=0\end{aligned}\right\} \tag{2-14}$$

式中，$\boldsymbol{\tau}_{xy}=\boldsymbol{\tau}_{yx}$。几何方程式（2-7）可以写为

$$\left.\begin{aligned}\varepsilon_x&=\frac{\partial \boldsymbol{u}}{\partial x}\\ \varepsilon_y&=\frac{\partial \boldsymbol{v}}{\partial y}\\ \gamma_{xy}&=\frac{\partial \boldsymbol{u}}{\partial y}+\frac{\partial \boldsymbol{v}}{\partial x}\end{aligned}\right\} \tag{2-15}$$

物理方程式（2-8）可以写为

$$\left.\begin{aligned}\varepsilon_x&=\frac{1}{E}(\boldsymbol{\sigma}_x-\mu\boldsymbol{\sigma}_y)\\ \varepsilon_y&=\frac{1}{E}(\boldsymbol{\sigma}_y-\mu\boldsymbol{\sigma}_x)\\ \gamma_{xy}&=\frac{1}{G}\tau_{xy}=\frac{2(1+\mu)}{E}\tau_{xy}\end{aligned}\right\} \tag{2-16}$$

式中，G 为材料的切变模量。

若用交变分量来表示应力分量，对式（2-16）求解可得到弹性矩阵 $\boldsymbol{D}$ 为

$$\boldsymbol{D}=\frac{E}{1-\mu^2}\begin{pmatrix}1 & \mu & 0\\ \mu & 1 & 0\\ 0 & 0 & (1-\mu)/2\end{pmatrix} \tag{2-17}$$

上面的三类方程中，基本方程包括两个平衡微分方程式、3 个几何方程式、3 个物理方程式，共 8 个方程。这 8 个方程所包含的未知量也是 8 个，即两个位移分量 $\boldsymbol{u}$、$\boldsymbol{v}$，3 个应力分量 $\boldsymbol{\sigma}_x$、$\boldsymbol{\sigma}_y$、$\boldsymbol{\tau}_{xy}$，3 个应变分量 ε_x、ε_y、γ_{xy}，方程数与未知量数目一致，未知量可解。所求解的未知量同时必须满足应力边界条件和位移边界条件，采用有限元法进行计算，则形成了平面问题的有限元法。

工程实际中许多问题可以简化为平面问题，如工程中的各种机械板筋结构、链条的平面链环和薄板构件等。对于平面问题的有限元计算过程，首先是单元分析，形成单元刚度矩阵，然后是整体分析，形成整体方程，最后加边界条件进行方程组的求解。下面对此过程进行详细介绍。

1. 单元离散

如图 2-5 所示，对不规则平板进行有限元计算时，先对其进行三角形单元的网格划分，将平面离散成三角形单元，任取一个单元分别给 3 个节点按逆时针方向顺序编号为 i、j、m，节点坐标分别为（x_i,y_i）、（x_j,y_j）、（x_m,y_m）。对于平面问题，每个节点有两个自由度，即 x 方向和 y 方向的位移分量 $\boldsymbol{u}_i$ 和 $\boldsymbol{v}_i$。

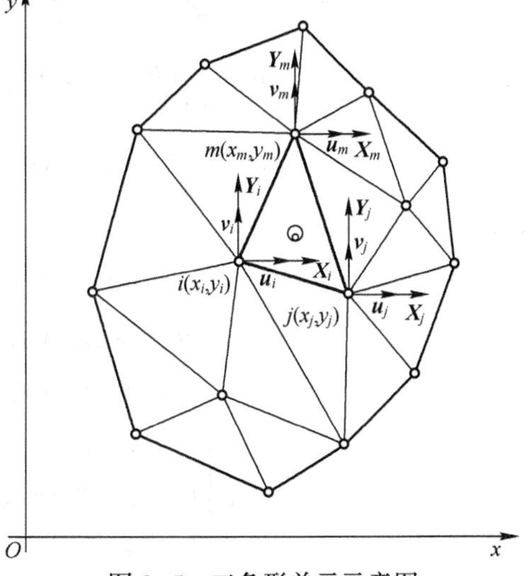

图 2-5　三角形单元示意图

2. 单元的位移模式

三角形单元节点的位移用 $\boldsymbol{d}^e$ 来表示，则每

个节点 x 方向和 y 方向的位移分量分别为 $\boldsymbol{u}$ 和 $\boldsymbol{v}$，那么，三角形单元三个节点位移矩阵表示为

$$\boldsymbol{d}^e=(\boldsymbol{d}_i^e \quad \boldsymbol{d}_j^e \quad \boldsymbol{d}_m^e)^{\mathrm{T}}=(\boldsymbol{u}_i \quad \boldsymbol{v}_i \quad \boldsymbol{u}_j \quad \boldsymbol{v}_j \quad \boldsymbol{u}_m \quad \boldsymbol{v}_m)^{\mathrm{T}} \tag{2-18}$$

如图 2-5 所示，三角形单元节点的力矢量可写成

$$\boldsymbol{F}^e=(\boldsymbol{F}_i^e \quad \boldsymbol{F}_j^e \quad \boldsymbol{F}_m^e)^{\mathrm{T}}=(\boldsymbol{X}_i \quad \boldsymbol{Y}_i \quad \boldsymbol{X}_j \quad \boldsymbol{Y}_j \quad \boldsymbol{X}_m \quad \boldsymbol{Y}_m)^{\mathrm{T}} \tag{2-19}$$

取节点位移作为基本未知量，单元分析基本任务就是建立单元节点力与节点位移之间的关系，即

$$\boldsymbol{F}^e=\boldsymbol{K}^e\boldsymbol{d}^e \tag{2-20}$$

式中，$\boldsymbol{K}^e$ 是 6×6 阶的矩阵，称为单元刚度矩阵，在下面的单元分析中，将对其进行详细介绍。

在选用位移场函数时，最简单的方法是将单元的位移分量 $\boldsymbol{u},\boldsymbol{v}$ 取为坐标 x,y 的多项式，并考虑到三角形单元共有 6 个自由度，且位移场函数 u,v 在 3 个节点处的数值应该等于这 3 个节点处的 6 个位移分量 $\boldsymbol{u}_i,\cdots,\boldsymbol{v}_m$。采用广义坐标法假设单元位移分量是坐标 x,y 的线性函数，即

$$\begin{aligned}u(x,y)&=a_1+a_2x+a_3y\\v(x,y)&=a_4+a_5x+a_6y\end{aligned} \tag{2-21}$$

为求得式（2-21）中的各个 a 值，将节点坐标及位移代入式（2-21）中

$$\begin{aligned}u_i&=a_1+a_2x_i+a_3y_i\\u_j&=a_1+a_2x_j+a_3y_j\\u_m&=a_1+a_2x_m+a_3y_m\\v_i&=a_4+a_5x_i+a_6y_i\\v_j&=a_4+a_5x_j+a_6y_j\\v_m&=a_4+a_5x_m+a_6y_m\end{aligned} \tag{2-22}$$

在式（2-22）中，含有 6 个参数 $a_1,\cdots,a_6$，刚好由 3 个节点 6 个位移分量完全确定，求解上述方程，将 6 个参数用节点位移表示出来，即

$$\left.\begin{aligned}a_1&=\frac{1}{2A}(a_iu_i+a_ju_j+a_mu_m) & a_4&=\frac{1}{2A}(a_iv_i+a_jv_j+a_mv_m)\\a_2&=\frac{1}{2A}(b_iu_i+b_ju_j+b_mu_m) & a_5&=\frac{1}{2A}(b_iv_i+b_jv_j+b_mv_m)\\a_3&=\frac{1}{2A}(c_iu_i+c_ju_j+c_mu_m) & a_6&=\frac{1}{2A}(c_iv_i+c_jv_j+c_mv_m)\end{aligned}\right\} \tag{2-23}$$

式中

$$\left.\begin{aligned}a_i&=(x_jy_m-x_my_j) & b_i&=y_j-y_m & c_i&=x_m-x_j\\a_j&=(x_my_i-x_iy_m) & b_j&=y_m-y_i & c_j&=x_i-x_m\\a_m&=(x_iy_j-x_jy_i) & b_m&=y_i-y_j & c_m&=x_j-x_i\end{aligned}\right\} \tag{2-24}$$

$$A=\frac{1}{2}\begin{vmatrix}1 & x_i & y_i\\1 & x_j & y_j\\1 & x_m & y_m\end{vmatrix}=\frac{1}{2}(x_jy_m+x_my_i+x_iy_j-x_my_j-x_iy_m-x_jy_i) \tag{2-25}$$

式中，A 为三角形单元的面积。

将式（2-23）代入式（2-21）中，并分离出节点位移，得到单元的位移模式，即

$$\boldsymbol{u}=\begin{pmatrix} u(x,y) \\ v(x,y) \end{pmatrix}=\begin{pmatrix} N_i(x,y) & 0 & N_j(x,y) & 0 & N_m(x,y) & 0 \\ 0 & N_i(x,y) & 0 & N_j(x,y) & 0 & N_m(x,y) \end{pmatrix}\boldsymbol{d}^e \tag{2-26}$$

式中，N_i，N_j，N_m 由下式轮换得出

$$N_i(x,y)=\frac{1}{2A}(a_i+b_ix+c_iy) \quad (i,j,m) \tag{2-27}$$

式（2-26）也可以写成

$$\boldsymbol{u}=(\boldsymbol{I}N_i(x,y) \quad \boldsymbol{I}N_j(x,y) \quad \boldsymbol{I}N_m(x,y))\boldsymbol{d}^e=\boldsymbol{N}\boldsymbol{d}^e \tag{2-28}$$

式中，$\boldsymbol{I}$ 为二阶单位矩阵。这里 $N_i(x,y)$、$N_j(x,y)$、$N_m(x,y)$ 是坐标的连续函数，它反映了单元内位移分布状态，称为位移的形态函数，简称形函数或插值函数。$\boldsymbol{N}$ 称为形函数矩阵或插值函数矩阵。

插值函数具有如下的性质。

1）在节点上插值函数的值有

$$N_i(x,y)=\delta_{ij}=\begin{cases}1 & j=i \\ 0 & j\neq i\end{cases} \quad (i,j,m) \tag{2-29}$$

即在本节点处的插值函数，其值等于1；在其他节点处的插值函数，其值等于0。

2）在单元内任一点各插值函数之和应等于1，即

$$N_i(x,y)+N_j(x,y)+N_m(x,y)=1 \tag{2-30}$$

因为单元发生刚体位移，如 x 方向刚体有位移 $\boldsymbol{u}_0$，则单元内（包括节点上）各处应有位移 $\boldsymbol{u}_0$，即 $u_i=u_j=u_m=u_0$，由式（2-26）得

$$u=N_i(x,y)u_i+N_j(x,y)u_j+N_m(x,y)u_m=(N_i(x,y)+N_j(x,y)+N_m(x,y))u_0=u_0 \tag{2-31}$$

因此，$N_i(x,y)+N_j(x,y)+N_m(x,y)=1$。若插值函数不满足此要求，则不能反映单元的刚体位移，用之求解必然得不到正确的结果。

3）单元插值函数是线性的，在单元内部及单元的边界上位移也是线性的，可由节点位移确定。由于相邻的单元公共节点的节点位移相等，因此，保证了相邻单元在公共边界上位移的连续性。

为了能通过有限元法得到正确的解答，单元位移模式必须满足一定的条件，使得当单元划分越来越细，网络越来越密时，所得到的解能收敛于问题的精确解。这些条件如下。

1）位移模式必须在单元内连续，并且两相邻单元的公共边界上的位移必须协调，后者意味着单元的变形不能在单元之间裂开或重叠。

2）位移模式必须包括单元的刚体位移。这是因为在弹性体的每一单元的位移总是包括两部分，一部分是由于单元的变形引起的，另一部分与单元的变形无关，即刚体位移。选取单元位移函数，必须反映出这些实际状态。

3）位移模式必须包含单元的常应变状态。这点从物理意义上看是显然的，因为当物体被分割成越来越小的单元时，单元中各点的应变相差很小而趋于相等。如果假设将单元取的无限小时，单元的应变应逼近于常量，即单元处于常应变状态，所选取的位移模式同样也应该反映单元的这种实际状态。

通常，把满足条件1）的单元称为协调单元，满足条件2）与3）的单元称为完备单元。理论和实践都已证明：条件2）和3）是有限元法收敛于正确解的必要条件，再加上条件1）

就是充分条件，所选取的线性位移模式应满足这些要求。

3. 单元分析

单元刚度矩阵表达了单元节点位移与节点力之间的转换关系，描述它需要应用几何方程、物理方程和平衡微分方程，最终采用单元节点位移表示单元应变、单元应力及单元节点力。所得到的单元节点位移与单位节点力的关系式为单元刚度方程，方程中的转换矩阵即单元刚度矩阵。

将式（2-28）代入几何方程［式（2-15）］，可得

$$
\boldsymbol{\varepsilon}=\begin{pmatrix}\varepsilon_x\\ \varepsilon_y\\ \gamma_{xy}\end{pmatrix}=\begin{pmatrix}\dfrac{\partial \boldsymbol{u}}{\partial x}\\ \dfrac{\partial \boldsymbol{v}}{\partial y}\\ \dfrac{\partial \boldsymbol{u}}{\partial y}+\dfrac{\partial \boldsymbol{v}}{\partial x}\end{pmatrix}=\begin{pmatrix}\dfrac{\partial}{\partial x} & 0\\ 0 & \dfrac{\partial}{\partial y}\\ \dfrac{\partial}{\partial y} & \dfrac{\partial}{\partial x}\end{pmatrix}\begin{pmatrix}\boldsymbol{u}\\ \boldsymbol{v}\end{pmatrix}
$$

$$
=\begin{pmatrix}\dfrac{\partial}{\partial x} & 0\\ 0 & \dfrac{\partial}{\partial y}\\ \dfrac{\partial}{\partial y} & \dfrac{\partial}{\partial x}\end{pmatrix}\begin{pmatrix}N_i(x,y) & 0 & N_j(x,y) & 0 & N_m(x,y) & 0\\ 0 & N_i(x,y) & 0 & N_j(x,y) & 0 & N_m(x,y)\end{pmatrix}\begin{pmatrix}\boldsymbol{u}_i\\ \boldsymbol{v}_i\\ \boldsymbol{u}_j\\ \boldsymbol{v}_j\\ \boldsymbol{u}_m\\ \boldsymbol{v}_m\end{pmatrix}
$$

$$
=\begin{pmatrix}\dfrac{\partial N_i(x,y)}{\partial x} & 0 & \dfrac{\partial N_j(x,y)}{\partial x} & 0 & \dfrac{\partial N_m(x,y)}{\partial x} & 0\\ 0 & \dfrac{\partial N_i(x,y)}{\partial y} & 0 & \dfrac{\partial N_j(x,y)}{\partial y} & 0 & \dfrac{\partial N_m(x,y)}{\partial y}\\ \dfrac{\partial N_i(x,y)}{\partial y} & \dfrac{\partial N_i(x,y)}{\partial x} & \dfrac{\partial N_j(x,y)}{\partial y} & \dfrac{\partial N_j(x,y)}{\partial x} & \dfrac{\partial N_m(x,y)}{\partial y} & \dfrac{\partial N_m(x,y)}{\partial x}\end{pmatrix}\begin{pmatrix}\boldsymbol{u}_i\\ \boldsymbol{v}_i\\ \boldsymbol{u}_j\\ \boldsymbol{v}_j\\ \boldsymbol{u}_m\\ \boldsymbol{v}_m\end{pmatrix} \tag{2-32}
$$

而

$$
N_i(x,y)=\frac{1}{2A}(a_i+b_ix+c_iy)\quad (i,j,m) \tag{2-33}
$$

所以

$$
\boldsymbol{\varepsilon}=\frac{1}{2A}\begin{pmatrix}b_i & 0 & b_j & 0 & b_m & 0\\ 0 & c_i & 0 & c_j & 0 & c_m\\ c_i & b_i & c_j & b_j & c_m & b_m\end{pmatrix}\begin{pmatrix}u_i\\ v_i\\ u_j\\ v_j\\ u_m\\ v_m\end{pmatrix} \tag{2-34}
$$

简写成

$$
\boldsymbol{\varepsilon}=\boldsymbol{B}\boldsymbol{d}^e \tag{2-35}
$$

式中，$\boldsymbol{B}$ 为应变矩阵或几何矩阵，其形式为

$$\boldsymbol{B}=\frac{1}{2A}\begin{pmatrix} b_i & 0 & b_j & 0 & b_m & 0 \\ 0 & c_i & 0 & c_j & 0 & c_m \\ c_i & b_i & c_j & b_j & c_m & b_m \end{pmatrix} \tag{2-36}$$

分块形式为

$$\boldsymbol{B}=(\boldsymbol{B}_i \quad \boldsymbol{B}_j \quad \boldsymbol{B}_m) \tag{2-37}$$

子块为

$$\boldsymbol{B}=\frac{1}{2A}\begin{pmatrix} b_i & 0 \\ 0 & c_i \\ c_i & b_i \end{pmatrix} \quad (i,j,m) \tag{2-38}$$

显然，由于三角形单元取线性位移模式，其应变矩阵 $\boldsymbol{B}$ 为常数矩阵，在这样的位移模式下，三角形单元内的应变为某一常量，所以，这种单元被称为平面问题的常应变单元。

单元应力可以根据物理方程求得

$$\boldsymbol{\sigma}=\boldsymbol{D\varepsilon}=\boldsymbol{DBd}^e \tag{2-39}$$

令

$$\boldsymbol{S}=\boldsymbol{DB}=[\boldsymbol{S}_i \quad \boldsymbol{S}_j \quad \boldsymbol{S}_m] \tag{2-40}$$

则

$$\boldsymbol{\sigma}=\boldsymbol{Sd}^e \tag{2-41}$$

式中，$\boldsymbol{S}$ 为应力矩阵。

对于平面应力问题，$\boldsymbol{S}$ 的分块矩阵为

$$\boldsymbol{S}_i=\frac{E}{2(1-\mu^2)A}\begin{pmatrix} b_i & \mu c_i \\ \mu b_i & c_i \\ \frac{1-\mu}{2}c_i & \frac{1-\mu}{2}b_i \end{pmatrix} \quad (i,j,m) \tag{2-42}$$

将式（2-42）中的弹性常数 E、μ 换成$\dfrac{E}{1-\mu^2}$、$\dfrac{\mu}{1-\mu}$就是平面应变问题的应力矩阵。

显然，这里的应力矩阵是常数矩阵，单元应力也是常量。由于相邻单元一般具有不同的应力，在单元的公共边上会有应力突变。但是，随着单元的逐步取小，这种突变会急剧降低，不会妨碍有限元法的解收敛于精确解。

采用虚功原理，推导出单元节点力和节点位移间的关系为

$$\boldsymbol{F}^e=\left(\iint_A \boldsymbol{B}^{\mathrm{T}}\boldsymbol{DB}t\mathrm{d}x\mathrm{d}y\right)\boldsymbol{d}^e \tag{2-43}$$

可写成

$$\boldsymbol{F}^e=\boldsymbol{K}^e\,\boldsymbol{d}^e \tag{2-44}$$

式中

$$\boldsymbol{K}^e=\iint_A \boldsymbol{B}^{\mathrm{T}}\boldsymbol{DB}t\mathrm{d}x\mathrm{d}y \tag{2-45}$$

式（2-44）称为单元刚度方程。式中，$\boldsymbol{K}^e$ 称为单元刚度矩阵；t 为单元厚度。

对于三节点三角形单元，所取位移模式为线性，则刚度矩阵变为

$$\boldsymbol{K}^e=\boldsymbol{B}^{\mathrm{T}}\boldsymbol{DB}tA=\boldsymbol{B}^{\mathrm{T}}\boldsymbol{S}tA \tag{2-46}$$

依节点写成分块形式

$$
\boldsymbol{K}^e = tA\begin{pmatrix} \boldsymbol{B}_i^{\mathrm{T}}\boldsymbol{S}_i & \boldsymbol{B}_i^{\mathrm{T}}\boldsymbol{S}_j & \boldsymbol{B}_i^{\mathrm{T}}\boldsymbol{S}_m \\ \boldsymbol{B}_j^{\mathrm{T}}\boldsymbol{S}_i & \boldsymbol{B}_j^{\mathrm{T}}\boldsymbol{S}_j & \boldsymbol{B}_j^{\mathrm{T}}\boldsymbol{S}_m \\ \boldsymbol{B}_m^{\mathrm{T}}\boldsymbol{S}_i & \boldsymbol{B}_m^{\mathrm{T}}\boldsymbol{S}_j & \boldsymbol{B}_m^{\mathrm{T}}\boldsymbol{S}_m \end{pmatrix} = \begin{pmatrix} \boldsymbol{K}_{ii} & \boldsymbol{K}_{ij} & \boldsymbol{K}_{im} \\ \boldsymbol{K}_{ji} & \boldsymbol{K}_{jj} & \boldsymbol{K}_{jm} \\ \boldsymbol{K}_{mi} & \boldsymbol{K}_{mj} & \boldsymbol{K}_{mm} \end{pmatrix} \tag{2-47}
$$

相应的单元刚度方程可写成

$$
\begin{pmatrix} \boldsymbol{K}_{ii} & \boldsymbol{K}_{ij} & \boldsymbol{K}_{im} \\ \boldsymbol{K}_{ji} & \boldsymbol{K}_{jj} & \boldsymbol{K}_{jm} \\ \boldsymbol{K}_{mi} & \boldsymbol{K}_{mj} & \boldsymbol{K}_{mm} \end{pmatrix}\begin{pmatrix} \boldsymbol{d}_i \\ \boldsymbol{d}_j \\ \boldsymbol{d}_m \end{pmatrix} = \begin{pmatrix} \boldsymbol{F}_i \\ \boldsymbol{F}_j \\ \boldsymbol{F}_m \end{pmatrix} \tag{2-48}
$$

式中，$\boldsymbol{K}_{rs}$为 2×2 的子矩阵，对于平面应力问题有

$$
\boldsymbol{K}_{rs} = \frac{Et}{4(1-\mu^2)A}\begin{pmatrix} b_r b_s + \dfrac{1-\mu}{2}c_r c_s & \mu b_r c_s + \dfrac{1-\mu}{2}c_r b_s \\ \mu c_r b_s + \dfrac{1-\mu}{2}b_r c_s & c_r c_s + \dfrac{1-\mu}{2}b_r b_s \end{pmatrix} \quad (r=i,j,m;s=i,j,m) \tag{2-49}
$$

单元刚度矩阵有以下性质。

1）单元刚度矩阵只与单元的几何形状大小及材料的性质有关，特别是与所选取的单元位移模式有关。不同位移模式、形状和大小的单元，其单元刚度矩阵不同，计算精度也不同。

2）具有对称性。

3）单元刚度矩阵是奇异矩阵，不存在逆矩阵，矩阵秩是 3。这一矩阵的物理解释为：单元处于平衡时，节点力相互不是独立的，它们必须满足 3 个平衡方程，因此它们是线性相关的。另一方面，即使给定满足平衡的单元节点力，也不能确定单元的节点位移，因为单元还可以有任意的刚体位移。

4）单元刚度矩阵的主元恒为正。

4. 等效节点载荷

有限单元法分析只采用节点载荷，作用于单元上的非节点载荷都必须移置为等效节点载荷。依照圣维南原理，只要这种移置遵循静力等效原则，就只会对应力分布产生局部影响，不会影响整个结构的力学特性，且随着单元的细分，局部影响会逐步降低。所谓静力等效，就是原载荷与移置载荷产生的等效节点载荷在虚位移上所做的功相等。对于给定的位移函数，这种移置的结果是唯一的。

（1）集中力的移置

集中力的移置是体力和面力的基础。如图 2-6 所示，假设平面单元 ijm 内的任意一点 k，其坐标为(x,y)，所受集中载荷为 $\boldsymbol{Q}=[Q_x \quad Q_y]^{\mathrm{T}}$，按照静力等效原则有

$$
\boldsymbol{F}^e = N^{\mathrm{T}}\boldsymbol{Q} \tag{2-50}
$$

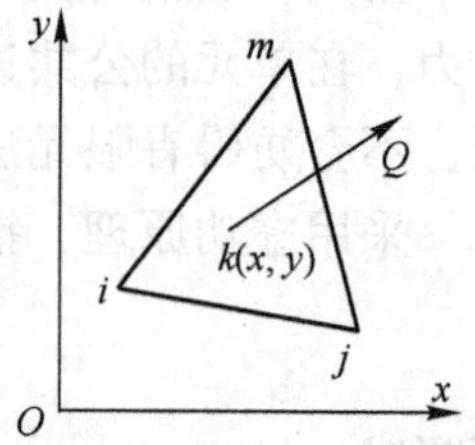

图 2-6 集中力的移置

因此，该载荷通过位移模型的形函数作用移置成了等效节点载荷，即

$$
\boldsymbol{F}^e = [(\boldsymbol{F}_i^e)^{\mathrm{T}} \quad (\boldsymbol{F}_j^e)^{\mathrm{T}} \quad (\boldsymbol{F}_m^e)^{\mathrm{T}}] = (X_i^e \quad Y_i^e \quad X_j^e \quad Y_j^e \quad X_m^e \quad Y_m^e)^{\mathrm{T}} \tag{2-51}
$$

对集中力的处理，也可以在单元划分时，将节点直接分布于集中力作用处，这样集中力直接作用于节点上，不再需要载荷移置。

（2）面力的移置

设在单元的某一个边界上作用有分布的面力，单位面积上的面力为$\boldsymbol{F}_A = [\overline{X} \quad \overline{Y}]^{\mathrm{T}}$，则

$$
\boldsymbol{F}^e = \int_S N^{\mathrm{T}}\boldsymbol{F}_A t\mathrm{d}s \tag{2-52}
$$

(3) 体力的移置

设单元承受有分布体力，单位体积的体力记为$\boldsymbol{F}_V=[X \quad Y]^{\mathrm{T}}$，其等效节点载荷为

$$\boldsymbol{F}^e=\iint_V N^{\mathrm{T}} \boldsymbol{F}_V t \mathrm{d}x\mathrm{d}y \tag{2-53}$$

式中，t 为单元厚度。显然，等效节点载荷与所选取的单元位移模式有关。

在进行载荷移置时，单元往往受到几个载荷的同时作用，因此最终单元的等效节点载荷可能是几个载荷移置后叠加的结果。当有集中力、面力和体力同时作用时，可以得到等效节点载荷移置公式

$$\boldsymbol{F}^e=N^{\mathrm{T}}\boldsymbol{Q}+\int_S N^{\mathrm{T}} \boldsymbol{F}_A t \mathrm{d}s+\iint_V N^{\mathrm{T}} \boldsymbol{F}_V t \mathrm{d}x\mathrm{d}y \tag{2-54}$$

5. 整体分析

完成了单元分析后，组合每个单元从而形成有限元的整体刚度方程

$$\boldsymbol{Kd}=\boldsymbol{F} \tag{2-55}$$

式中，$\boldsymbol{K}$ 为结构刚度矩阵；$\boldsymbol{F}$ 为结构节点载荷列阵；$\boldsymbol{G}$ 为单元节点变换矩阵。$\boldsymbol{K}$、$\boldsymbol{F}$ 可以写成

$$\boldsymbol{K}=\sum_e \boldsymbol{G}^{\mathrm{T}}\boldsymbol{K}^e\boldsymbol{G} \tag{2-56}$$

$$\boldsymbol{F}=\sum_e \boldsymbol{G}^{\mathrm{T}}\boldsymbol{F}^e \tag{2-57}$$

利用 $\boldsymbol{G}$ 可将单元节点位移$\boldsymbol{d}^e$ 用结构节点位移表示为

$$\boldsymbol{d}^e=\boldsymbol{Gd} \tag{2-58}$$

式中，$\boldsymbol{d}=(u_1 \quad v_1 \quad u_2 \quad v_2 \quad \cdots \quad u_i \quad v_i \quad \cdots \quad u_n \quad v_n)^{\mathrm{T}}$，$n$ 为节点数。

$$\begin{array}{c} \\ \boldsymbol{G}_{6\times 2n}= \end{array}\begin{array}{c} \begin{array}{cccccccccccc} 1 & 2 & \cdots & 2i-1 & 2i & \cdots & 2j-1 & 2j & \cdots & 2m-1 & 2m & \cdots & 2n \end{array} \\ \begin{pmatrix} 0 & 0 & \cdots & 1 & 0 & \cdots & 0 & 0 & \cdots & 0 & 0 & \cdots & 0 \\ 0 & 0 & \cdots & 0 & 1 & \cdots & 0 & 0 & \cdots & 0 & 0 & \cdots & 0 \\ 0 & 0 & \cdots & 0 & 0 & \cdots & 1 & 0 & \cdots & 0 & 0 & \cdots & 0 \\ 0 & 0 & \cdots & 0 & 0 & \cdots & 0 & 1 & \cdots & 0 & 0 & \cdots & 0 \\ 0 & 0 & \cdots & 0 & 0 & \cdots & 0 & 0 & \cdots & 1 & 0 & \cdots & 0 \\ 0 & 0 & \cdots & 0 & 0 & \cdots & 0 & 0 & \cdots & 0 & 1 & \cdots & 0 \end{pmatrix} \end{array} \tag{2-59}$$

通过 $\boldsymbol{G}$ 矩阵，对单元刚度矩阵做$\boldsymbol{G}^{\mathrm{T}}\boldsymbol{K}^e\boldsymbol{G}$ 变换，使单元刚度矩阵扩大到与结构刚度矩阵同阶，且将单元刚度矩阵的各子块按照单元节点的实际编码安放在扩大的矩阵中。通过 $\boldsymbol{G}$ 矩阵，对单元等效节点载荷做$\boldsymbol{G}^{\mathrm{T}}\boldsymbol{F}^e$ 变换，使单元等效节点载荷列阵阶数扩大到与结构节点载荷列阵同阶，并将单元节点载荷按节点自由度顺序入位。通过式（2-56）和式（2-57）将每个单元矩阵逐项叠加，即可得到结构刚度矩阵和结构等效节点载荷列阵。

结构刚度矩阵的形成在有限元方法中是最重要的一步，它有以下特点。

1）结构刚度矩阵各个元素都集中分布于对角线附近，形成“带状”。这是因为一个节点的平衡方程除与本身的节点位移有关外，还与那些和它直接相邻的单元的节点位移有关，而不在同一单元上的两个节点之间相互没有影响。

2）由于结构刚度矩阵 $\boldsymbol{K}$ 是由各单元矩阵集成而得的，单元刚度矩阵具有对称性，因此结构刚度矩阵也具有对称性。

3）由于单元刚度矩阵具有奇异性，因此结构刚度矩阵也具有奇异性。故在求解有限元方程时，需根据约束条件修正结构刚度矩阵，消除其奇异性，得到方程的解。

6. 边界约束条件的处理

在有限元法中，位移边界条件就是在若干节点上指定位移函数的值，该位移可以是零值或非零值，即

$$u_i = \bar{u} \tag{2-60}$$

由于结构刚度矩阵为奇异矩阵，为求解唯一的解，必须先利用给定的边界节点约束条件对结构刚度矩阵进行处理，消除 $\boldsymbol{K}$ 的奇异性，然后求解。引入指定边界条件的方法如下。

（1）划行划列法

当给定的位移值为零时，例如 $u_j=0$，在结构刚度矩阵中，将第 j 行和第 j 列元素从结构刚度矩阵中划去，第 j 行载荷列阵和位移列阵的元素也相应划掉，当然，方程组的阶数也随之降低。这对于结构划分的单元少，采用手算的情况比较合适，但不便于编程实现。

（2）对角线元素置 1 法

当给定的位移值为零时，可以在系数矩阵 $\boldsymbol{K}$ 中将零节点位移相对应的行列中的主对角线元素改为 1，其他元素改为 0，在载荷列阵中将零节点位移相对应的元素改为 0。例如，$u_j=0$，则方程系数矩阵 $\boldsymbol{K}$ 中的第 j 行和第 j 列和载荷列阵中第 j 个元素做如下修改。

$$\begin{array}{c} \\ 1 \\ 2 \\ \vdots \\ j \\ \vdots \\ n \end{array}\begin{array}{c} \begin{array}{ccccccccc} 1 & 2 & \cdots & j-1 & j & j+1 & \cdots & n-1 & n \end{array} \\ \begin{pmatrix} K_{11} & K_{12} & \cdots & K_{1j-1} & 0 & K_{1j+1} & \cdots & K_{1n-1} & K_{1n} \\ K_{21} & K_{22} & \cdots & K_{2j-1} & 0 & K_{2j+1} & \cdots & K_{2n-1} & K_{2n} \\ \vdots & \vdots & \cdots & \vdots & 0 & \vdots & \cdots & \vdots & \vdots \\ 0 & 0 & \cdots & 0 & 1 & 0 & \cdots & 0 & 0 \\ \vdots & \vdots & \cdots & \vdots & 0 & \vdots & \cdots & \vdots & \vdots \\ K_{n1} & K_{n2} & \cdots & K_{nj-1} & 0 & K_{nj+1} & \cdots & K_{nn-1} & K_{nn} \end{pmatrix} \end{array} \begin{pmatrix} u_1 \\ u_2 \\ \vdots \\ u_j \\ \vdots \\ u_n \end{pmatrix} = \begin{pmatrix} F_1 \\ F_2 \\ \vdots \\ 0 \\ \vdots \\ F_n \end{pmatrix} \tag{2-61}$$

修正后解方程，则可得 $u_j=0$，对于多个给定零位移则依次修正，全部修正完毕后再求解。用这种方法引入强制边界条件比较简单，不改变原来方程的阶数和节点未知量的顺序编号，但这种方法只能用于指定零位移。

（3）对角线元素乘大数法

当节点位移为给定值 $u_j=\bar{u}$ 时，第 j 个方程做如下修改：对角线元素 K_{jj} 乘以大数 α（α 可取 10^{10} 量级），并将 $\boldsymbol{F}_j$ 用 $\alpha \boldsymbol{K}_{jj}\bar{u}$ 代替，即

$$\begin{array}{c} \\ 1 \\ 2 \\ \vdots \\ j \\ \vdots \\ n \end{array}\begin{array}{c} \begin{array}{ccccccccc} 1 & 2 & \cdots & j-1 & j & j+1 & \cdots & n-1 & n \end{array} \\ \begin{pmatrix} K_{11} & K_{12} & \cdots & K_{1j-1} & K_{1j} & K_{1j+1} & \cdots & K_{1n-1} & K_{1n} \\ K_{21} & K_{22} & \cdots & K_{2j-1} & K_{2j} & K_{2j+1} & \cdots & K_{2n-1} & K_{2n} \\ \vdots & \vdots & \cdots & \vdots & \vdots & \vdots & \cdots & \vdots & \vdots \\ K_{j1} & K_{j2} & \cdots & K_{jj-1} & \alpha K_{jj} & K_{jj+1} & \cdots & K_{jn-1} & K_{jn} \\ \vdots & \vdots & \cdots & \vdots & \vdots & \vdots & \cdots & \vdots & \vdots \\ K_{n1} & K_{n2} & \cdots & K_{nj-1} & K_{nj} & K_{nj+1} & \cdots & K_{nn-1} & K_{nn} \end{pmatrix} \end{array} \begin{pmatrix} u_1 \\ u_2 \\ \vdots \\ u_j \\ \vdots \\ u_n \end{pmatrix} = \begin{pmatrix} F_1 \\ F_2 \\ \vdots \\ \alpha K_{jj}\bar{u} \\ \vdots \\ F_n \end{pmatrix} \tag{2-62}$$

经过修正的第 j 个方程为

$$K_{j1}u_1+K_{j2}u_2+\cdots+\alpha K_{jj}u_j+\cdots+K_{jn}u_n=\alpha K_{jj}\bar{u} \tag{2-63}$$

由于 $\alpha K_{jj} \gg K_{ji}(i \neq j)$，方程左边的 $\alpha K_{jj}u_j$ 要比其他项大很多，因此，近似得到

$$\alpha K_{jj}u_j \approx \alpha K_{jj}\bar{u} \tag{2-64}$$

则有 $u_j=\bar{u}$。

对于多个给定位移，按顺序将每个给定位移做上述修正，得到全部进行修正后的 $\boldsymbol{K}$ 和 $\boldsymbol{F}$，然后解方程得到包括给定位移在内的全部节点位移值。这种方法使用简单，对于任何指定位移条件都适用，编制程序十分方便，在有限元法中经常被采用。

7. 计算结果的后处理

求解经过处理后的式（2-62），得到结构位移列阵，然后根据单元位移列阵，计算出各单元应力矩阵，最后求出各单元的应力分量。

在位移方面，算出的节点位移就是结构上各离散点的位移值，据此可画出结构的位移分布图。结构边界上的节点位移值的连线就是结构外形的改变曲线。

在应力方面，情况较为复杂。由于应变矩阵是插值函数对坐标进行求导后得到的矩阵，求导一次，多项式的次数降低一次，所以通过求导运算得到的应变和应力精度较位移降低了。但在单元内存在最佳应力点，因此对求出的应力近似解要进行一些处理，以改善应力解的精度。最简单的处理应力结果的方法是取相邻单元应力的平均值，这种方法常用于三节点三角形单元中。在这种单元中，应力是常量，而不是某个点的应力值，因此，通常把它看成三角形单元形心处的应力。由于应力近似解总是在真正解上下振荡，可以取相邻单元应力的平均值作为这两个单元合成的较大四边形单元形心处的应力，这样处理十分逼近真正解。

实际上，为了克服应力不连续和精度差等缺点，最好的办法是在整个区域用最小二乘法修正，但是这样工作量太大，因此比较实用的办法是在每个小单元内用最小二乘法修正，然后在节点上取有关单元应力的平均值。

后处理的主要目的是通过对结果的分析和处理，获得响应量关键点的数值，包括最大值和最小值等；显示和输出相应量的分布情况；按照规范和标准，校核强度、刚度、稳定性等安全指标是否满足要求，并将校核过程和结果输出。

有限元后处理显示和输出结果的方式主要包括列表输出、图形输出（如等值线、彩色云图等）和响应量分布规律输出。分布规律不仅应包含物体表面的分布，还应包含典型的内部切面上的分布，以及计算机动画模拟结构的动态特性和时变响应。计算机可视化技术为有限元的后处理提供了非常有效的工具，很多有限元分析软件配有图形及专业后处理模块，用户应了解其功能和特点，充分加以利用。

2.3 轴对称问题的有限元法

在工程中常遇到一些实际结构，它们的几何形状、约束条件及载荷均对称于某一固定轴，该轴称为对称轴。在该载荷作用下应力、应变和位移也都对称此轴，这种问题称为轴对称问题。在离心机械、压力容器、矿山机械及飞行器中经常会遇到轴对称问题。

分析轴对称问题时宜采用圆柱坐标系(r,θ,z)，如图 2-7 所示。如果将弹性体的对称轴作为 z 轴，则所有应力、应变和位移分量都只是 r 和 z 轴的函数，而与 θ 无关，即不随 θ 变换。弹性体任意一点只有两个位移，即

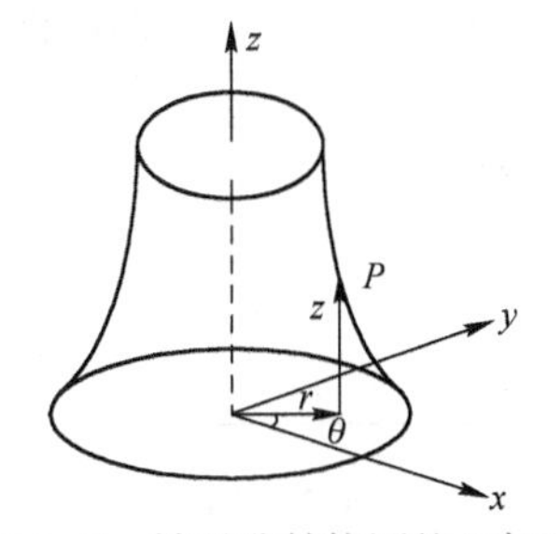

图 2-7 轴对称结构圆柱坐标系

沿 r 方向的径向位移 $\boldsymbol{u}$ 和沿 z 方向的轴向位移 $\boldsymbol{w}$，由于轴对称，沿 θ 方向的环向（周向）位移 $\boldsymbol{v}$ 为零。因此，轴对称问题是二维问题，可以采用平面问题有限元分析方法来分析。

2.4 三角形单元刚度计算实例

计算三角形单元刚度矩阵（采用英制单位），如图 2-8 所示。假定所求问题为平面应力状态，令 $E=30\times10^6$psi[⊖]，$\mu=0.25$，厚度 $t=1$ in。假定已知单元三个节点的位移分别为 $u_1=0.0$，$v_1=0.0025$ in[⊜]，$u_2=0.0012$ in，$v_2=0.0$，$u_3=0.0$，$v_3=0.0025$ in。试确定单元应力。

为计算单元刚度矩阵$\boldsymbol{K}^e$，首先利用式（2-24）得出 b 和 c 的值如下

$$
\begin{aligned}
b_i&=y_j-y_m=0-1=-1 & c_i&=x_m-x_j=0-2=-2\\
b_j&=y_m-y_i=1-(-1)=2 & c_j&=x_i-x_m=0-0=0\\
b_m&=y_i-y_j=-1-0=-1 & c_m&=x_j-x_i=2-0=2
\end{aligned}
\tag{2-65}
$$

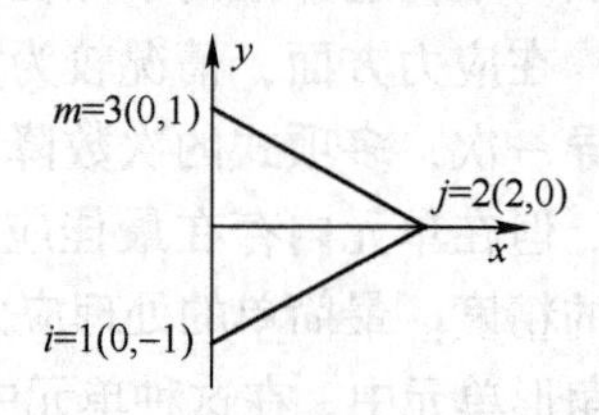

图 2-8 平面应力三角形单元图

利用式（2-36）得出矩阵 $\boldsymbol{B}$ 为

$$
\boldsymbol{B}=\frac{1}{2\times(2)}\begin{pmatrix}-1&0&2&0&-1&0\\0&-2&0&0&0&2\\-2&-1&0&2&2&-1\end{pmatrix}
\tag{2-66}
$$

采用式（2-17）求得弹性矩阵为

$$
\boldsymbol{D}=\frac{30\times10^6}{1-(0.25)^2}\begin{pmatrix}1&0.25&0\\0.25&1&0\\0&0&\dfrac{1-0.25}{2}\end{pmatrix}\text{psi}
\tag{2-67}
$$

将式（2-66）和式（2-67）代入式（2-46）得

$$
\boldsymbol{K}^e=\frac{1}{2\times2}\times\frac{30\times10^6}{1-(0.25)^2}\times\frac{1}{2\times2}\times2\times\begin{pmatrix}-1&0&-2\\0&-2&-1\\2&0&0\\0&0&2\\-1&0&2\\0&2&-1\end{pmatrix}
\tag{2-68}
$$

$$
\times\begin{pmatrix}1&0.25&0\\0.25&1&0\\0&0&0.375\end{pmatrix}\times\begin{pmatrix}-1&0&2&0&-1&0\\0&-2&0&0&0&2\\-2&-1&0&2&2&-1\end{pmatrix}
$$

从而得到

⊖ 1 psi = 6894.757 Pa

⊜ 1 in = 2.54 cm

$$
\boldsymbol{K}=4.0\times10^{6}\begin{pmatrix}2.5 & 1.25 & -2 & -1.5 & -0.5 & 0.25\\ 1.25 & 4.375 & -1 & -0.75 & -0.25 & -3.625\\ -2 & -1 & 4 & 0 & -2 & 1\\ -1.5 & -0.75 & 0 & 1.5 & 1.5 & -0.75\\ -0.5 & -0.25 & -2 & 1.5 & 2.5 & -1.25\\ 0.25 & -3.625 & 1 & -0.75 & -1.25 & 4.375\end{pmatrix}\frac{\text{lb}}{\text{in}}^{⊖} \tag{2-69}
$$

为计算应力，将式（2-66）和式（2-67）及给定的节点位移代入式（2-39），得出

$$
\begin{pmatrix}\sigma_x\\ \sigma_y\\ \tau_{xy}\end{pmatrix}=\frac{30\times10^{6}}{1-(0.25)^{2}}\begin{pmatrix}1 & 0.25 & 0\\ 0.25 & 1 & 0\\ 0 & 0 & 0.375\end{pmatrix}\times\frac{1}{2\times2}\times
\begin{pmatrix}-1 & 0 & 2 & 0 & -1 & 0\\ 0 & -2 & 0 & 0 & 0 & 2\\ -2 & -1 & 0 & 2 & 2 & -1\end{pmatrix}\begin{pmatrix}0.0\\ 0.0025\\ 0.0012\\ 0.0\\ 0.0\\ 0.0025\end{pmatrix} \tag{2-70}
$$

求解式（2-70）得到

$$
\sigma_x=19200\ \text{psi}\quad \sigma_y=4800\ \text{psi}\quad \tau_{xy}=-15000\ \text{psi} \tag{2-71}
$$

最后，根据材料力学，将式（2-71）代入主应力的计算公式，分别得到主应力和主应力的方向角如下：

$$
\begin{aligned}
\sigma_1&=\frac{19200+4800}{2}+\left[\left(\frac{19200-4800}{2}\right)^2+(-15000)^2\right]^{\frac{1}{2}}\approx28639\ \text{psi}\\
\sigma_2&=\frac{19200+4800}{2}-\left[\left(\frac{19200-4800}{2}\right)^2+(-15000)^2\right]^{\frac{1}{2}}\approx-4639\ \text{psi}\\
\theta_p&=\frac{1}{2}\tan^{-1}\left[\frac{2\times(-15000)}{19200-4800}\right]\approx-32.2°
\end{aligned} \tag{2-72}
$$

2.5 本章小结

本章主要对弹性力学的基本概念进行了阐述，同时对平面问题的有限元法进行了介绍及理论推导，并以三角形单元为实例，进行了有限元求解与结果后处理。

思考与练习

1. 试写出平面问题的平衡微分方程推导过程。
2. 试述有限元法分析的基本步骤。

⊖ 1 lb/in = 175 N/m

第3章　ANSYS 几何建模

【内容】

本章主要介绍 ANSYS 几何建模。首先介绍坐标系的定义与激活，在此基础上介绍自顶向下建模和自底向上建模的方法与实例，然后介绍布尔操作的过程，最后介绍 CAD 模型的导入。

【目的】

了解各坐标系及各坐标系的定义与激活，掌握模型的生成步骤及自底向上和自顶向下建模的方法。

【实例】

1. 连接板的建模实例。
2. 联轴器的建模实例。

3.1　坐标系

ANSYS 中主要有 7 种坐标系，包括全局和局部坐标系、显示坐标系、节点坐标系、单元坐标系、结果坐标系和活动坐标系。全局和局部坐标系可以用来定位几何体。当定义一个节点或关键点时，其坐标系默认为总体笛卡儿坐标系。ANSYS 允许使用预定义的包括笛卡儿坐标、柱坐标和球坐标在内的 3 种坐标系来输入几何数据，或在任何定义的坐标系中进行此项工作。

3.1.1　坐标系简介

1）全局和局部坐标系：在空间位置定位几何项。

2）显示坐标系：决定列出和显示几何项的坐标系。

3）节点坐标系：定义节点自由度的方向以及节点计算结果的定位。

4）单元坐标系：定位材料特性及单元计算结果数据。

5）结果坐标系：转换节点或单元的计算结果数据到一个特殊的坐标系系统中，以进行显示或一般的后处理操作。

6）活动坐标系：某时刻只有一个坐标系起作用的坐标系。

3.1.2　坐标系定义

1. 全局坐标系

全局坐标系被默认为是绝对参考系，当用户定义一个节点或关键点时，系统就会默认该坐标系为笛卡儿坐标系。全局坐标系主要包括笛卡儿坐标系、柱坐标系和球坐标系，都遵循右手规则。图 3-1 所示为全局坐标系中 3 种坐标系的几何示意图，在 ANSYS 中笛卡儿坐标系的系统标号为 0，柱坐标系的系统标号为 1，球坐标系的系统标号为 2。

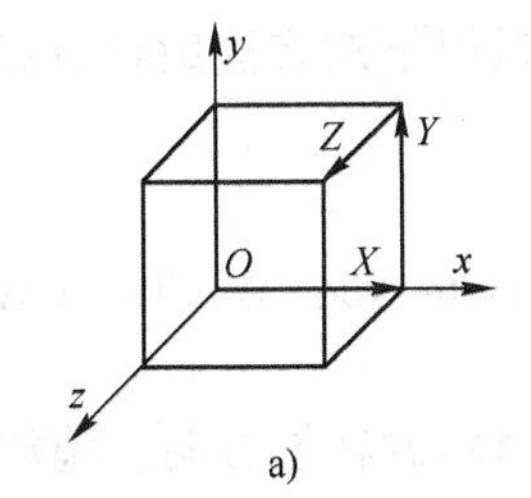

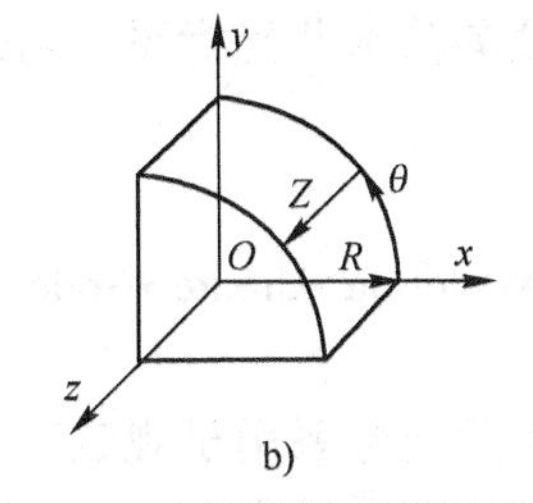

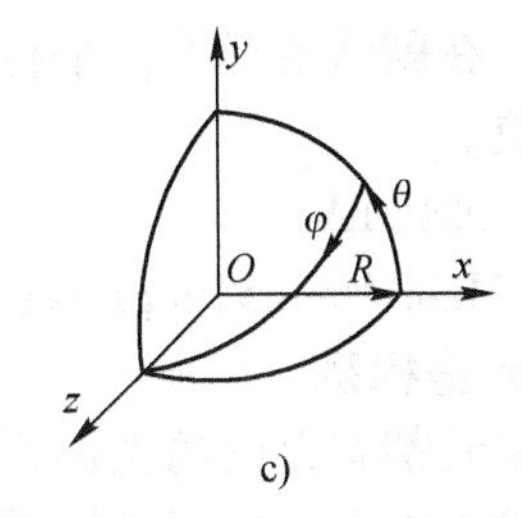

图 3-1　全局坐标系几何示意图

a）笛卡儿坐标系　b）柱坐标系　c）球坐标系

2. 局部坐标系

多数情况下，用户需要建立属于自己的坐标系，用户建立的坐标系原点偏离了原坐标系原点一定的距离，或是新建的坐标系方位不同于原坐标系，该种坐标系称为局部坐标系。局部坐标系是通过用于节点、局部或工作平面坐标系旋转的欧拉旋转角来实现的。用户可以通过以下的方式来定义各种局部坐标系。

（1）在全局笛卡儿坐标系中定义局部坐标系

命令：LOCAL

GUI：Utility Menu>Work Plane>Local Coordinate Systems>Create Local CS>At Specified

（2）在已经存在的节点上建立局部坐标系

命令：CS

GUI：Utility Menu>Work Plane>Local Coordinate Systems>Create Local CS>By 3 Nodes

（3）在已经存在的关键点上建立局部坐标系

命令：CSKP

GUI：Utility Menu>Work Plane>Local Coordinate Systems>Create Local CS>By 3 Keypoints

（4）在当前工作平面的中心原点处建立局部坐标系

命令：CSWPLA

GUI：Utility Menu>Work Plane>Local Coordinate Systems>Create Local CS>At WP Origin

（5）在当前的活动坐标系中删除局部坐标系

命令：CSDELE

GUI：Utility Menu>Work Plane>Local Coordinate Systems>Delete Local CS

3. 活动坐标系

某个时刻只有一个坐标系起作用，称为活动坐标系。在默认的情况下，笛卡儿坐标系为活动坐标系，用户定义的新坐标系为活动坐标系。

4. 显示坐标系

决定列出和显示几何项的坐标系，称为显示坐标系。可以通过以下命令建立显示坐标系。

命令：DSYS

GUI：Utility Menu>Work Plane>Change Display CS to>Global Cartesian
　　Utility Menu>Work Plane>Change Display CS to>Global Cylindrical
　　Utility Menu>Work Plane>Change Display CS to>Global Spherical
　　Utility Menu>Work Plane>Change Display CS to>Specified Coord Sys

5. 节点坐标系

节点坐标系定义各个节点的自由度方向及节点计算结果的定位。每个节点都有自己的节点坐标系，在默认情况下，平行于全局笛卡儿坐标系。可通过以下的方法旋转节点坐标系到所需的方位。

命令：NROTAT

GUI：Main Menu>Preprocessor>Modeling>Create>Nodes>Rotate Node CS>To Active CS

6. 单元坐标系

任何单元都有自己的坐标系，单元坐标系用于规定正交材料的特性方向，施加压力和显示结果的输出方向，单元坐标系都满足右手规则。

大部分单元坐标系的默认方向如下：

1）线单元的 x 轴一般从该单元的 I 节点指向 J 节点。

2）壳单元的 x 轴由该单元的 I 节点指向 J 节点，z 轴与壳面垂直且经过 I 节点，y 轴垂直于 x 轴和 z 轴，并且其正方向由单元体的 I、J、K 节点按照右手定则规定。

3）二维和三维实体单元的单元坐标系平行于全局笛卡儿坐标系。

7. 结果坐标系

结果坐标系用来转换节点或单元的计算结果数据到一个特殊的坐标系中，以进行显示或一般的后处理操作。结果数据为求解过程中计算的数据，包括位移、梯度、应力和应变，这些数据保存在数据库和结果文件中，坐标系为节点或单元坐标系，结果数据通常转化为活动结果坐标系显示，列表和单元表格数据则保存。

可以改变当前的结果坐标系为其他坐标系（如全局坐标系或局部坐标系），或求解中使用的坐标系（节点或单元坐标系），如果在后续过程中显示和操作这些结果数据，则结果坐标系首先被转换，可以通过执行以下命令改变结果坐标系。

命令：RSYS

GUI：Main Menu>General Postproc>Options for Output

3.1.3 坐标系的激活

当用户定义了多个坐标系，但某时刻只允许一个坐标系被激活时，首先自动激活全局笛卡儿坐标系，当用户定义一个新的局部坐标系时，该新的坐标系就会被激活。若要激活以前定义好的坐标系或总体坐标系，可以使用以下方法。

（1）激活全局的笛卡儿坐标系

命令：CSYS

GUI：Utility Menu>Work Plane>Change Active CS to>Global Cartesian

（2）激活全局的柱坐标系

命令：CSYS

GUI：Utility Menu>Work Plane>Change Active CS to>Global Cylindrical

（3）激活全局的球坐标系

命令：CSYS

GUI：Utility Menu>Work Plane>Change Active CS to>Global Spherical

（4）激活局部坐标系

命令：CSYS

GUI：Utility Menu>Work Plane>Change Active CS to>Specified Coord Sys

（5）激活工作平面所表示的坐标系

命令：CSYS

GUI：Utility Menu>Work Plane>Change Active CS to>Working Plane

3.2 自底向上建模

实体建模有两种方法，自底向上建模和自顶向下建模。自底向上的建模方法首先是定义几何模型中最低级的图元（即关键点），然后利用这些关键点定义较高级的图元（即线、面、体）。这些图元的层次关系以面为边界，面以线为边界，线则以关键点为端点。自底向上的建模还可以创建很多特殊的形状，如弹簧、齿轮等零件，这就需要用到一些特殊的建模手段，例如，线面倒角、复制图元、镜像图元、蒙皮生成光滑曲面和扫掠等。本节详细介绍点、线、面、体等建模命令及操作。

3.2.1 关键点

在自底向上的建模中，定义的最低级图元就是关键点，关键点是在当前激活的坐标系内定义的。

1. 定义关键点

（1）在当前的坐标系下定义关键点

命令：K

GUI：Main Menu>Preprocessor>Modeling>Create>Keypoints>In Active CS

（2）在线上的指定位置定义关键点

命令：KL

GUI：Main Menu>Preprocessor>Modeling>Create>Keypoints>On Line

2. 从已有的关键点生成关键点

（1）在两个关键点之间创建一个新关键点

命令：KEBTW

GUI：Main Menu>Preprocessor>Modeling>Create>Keypoints>KP between KPs

（2）在两个关键点之间填充多个关键点 L

命令：KFILL

GUI：Main Menu>Preprocessor>Modeling>Create>Keypoints>Fill between KPs

（3）在三个点定义的圆弧中心定义关键点

命令：KCENTER

GUI：Main Menu>Preprocessor>Modeling>Create>Keypoints>KP at Center

（4）由一种模式的关键点生成另外的关键点

命令：KGEN

GUI：Main Menu>Preprocessor>Modeling>Copy>Keypoints

（5）通过映像产生关键点

命令：KSYMM

GUI：Main Menu>Preprocessor>Modeling>Reflect>Keypoints

3. 查看、选择、删除关键点

（1）列表显示关键点

命令：KLIST

GUI：Utility Menu>List>Keypoints

（2）选择关键点

命令：KSEL

GUI：Utility Menu>Select>Entities

（3）屏幕显示关键点

命令：KPLOT

GUI：Utility Menu>Plot>Keypoints

Utility Menu>Plot>Specified Entities>Keypoints

（4）删除关键点

命令：KDELE

GUI：Main Menu>Preprocessor>Modeling>Delete>Keypoints

3.2.2 线

线主要用作构建模型时的实体的边，是在当前激活的坐标系下定义的。

1. 定义线

（1）在指定的关键点之间创建直线

命令：L

GUI：Main Menu>Preprocessor>Modeling>Create>Lines>Lines>In Active Coord

（2）通过圆心与半径创建圆弧线

命令：CIRCLE

GUI：Main Menu>Preprocessor>Modeling>Create>Lines>Arcs>By Cent & Radius

（3）通过三个关键点创建圆弧

命令：LARC

GUI：Main Menu>Preprocessor>Modeling>Create>Lines>Arcs>Through 3 KPs

（4）创建多义线

命令：BSPLIN

GUI：Main Menu>Preprocessor>Modeling>Create>Lines>Splines>Spline thru KPs

（5）创建分段式多义线

命令：SPLINE

GUI：Main Menu>Preprocessor>Modeling>Create>Lines>Splines>Segmented Spline

（6）创建与另一条直线成一定角度的直线

命令：LANG

GUI：Main Menu>Preprocessor>Modeling>Create>Lines>Lines>At Angle to Line

（7）创建与另外两条直线成一定角度的直线

命令：L2ANG

GUI：Main Menu>Preprocessor>Modeling>Create>Lines>Lines>At Angle to 2 Lines

（8）创建一条与已有线共终点且相切的线

命令：LTAN

GUI：Main Menu>Preprocessor>Modeling>Create>Lines>Lines>Tan to Line

(9) 生成一条与两条线相切的线

命令：L2TAN

GUI：Main Menu>Preprocessor>Modeling>Create>Lines>Lines>Tan to 2 Lines

(10) 生成一个面上两个关键点之间最短的线

命令：LAREA

GUI：Main Menu>Preprocessor>Modeling>Create>Lines>Lines>Overlaid on Area

(11) 通过一个关键点按一定的路径延伸成线

命令：LDRAG

GUI：Main Menu>Preprocessor>Modeling>Operate>Extrude>Keypoints>Along Lines

(12) 使一个关键点按一条轴旋转生成线

命令：LROTAT

GUI：Main Menu>Preprocessor>Modeling>Operate>Extrude>Lines>About Axis

(13) 在两相交线之间生成倒角线

命令：LEILLT

GUI：Main Menu>Preprocessor>Modeling>Create>Lines>Line Fillet

2. 从已有的线生成新线

(1) 通过已有的线生成新线

命令：LGEN

GUI：Main Menu>Preprocessor>Modeling>Copy>Lines

(2) 从已有的线对称映像生成新线

命令：LSYMM

GUI：Main Menu>Preprocessor>Modeling>Reflect>Lines

(3) 将已有的线转到另外一个坐标系

命令：LTRAN

GUI：Main Menu>Preprocessor>Modeling>Move/modify>Transfer Coord>Lines

3. 修改线

(1) 将一条线分成更小的线段

命令：LDIV

GUI：Main Menu>Preprocessor>Modeling>Operate>Booleans>Divide>Line into 2 Ln's

(2) 将一条线与另外一条线合并

命令：LCOMB

GUI：Main Menu>Preprocessor>Modeling>Operate>Booleans>Add>Lines

(3) 将线的一端延长

命令：LEXTND

GUI：Main Menu>Preprocessor>Modeling>Operate>Extend Line

4. 查看、选择、删除线

(1) 列表显示线

命令：LLIST

GUI：Utility Menu>List>Lines

（2）选择线

命令：LSEL

GUI：Utility Menu>Select>Entities

（3）屏幕显示线

命令：LPLOT

GUI：Utility Menu>Plot>Lines

（4）删除线

命令：LDELE

GUI：Main Menu>Preprocessor>Modeling>Delete>Line

3.2.3 面

在建模过程中用到面单元或由面生成体时，需要定义一个面，平面可以表示二维实体，平面和曲面可以表示三维的面。

1. 定义面

（1）通过关键点定义一个面

命令：A

GUI：Main Menu>Preprocessor>Modeling>Create>Areas>Arbitrary>Through KPs

（2）通过边界线定义一个面

命令：AL

GUI：Main Menu>Preprocessor>Modeling>Create>Areas>Arbitrary>By Lines

（3）拖动一条线沿一定的路径生成面

命令：ADRAG

GUI：Main Menu>Preprocessor>Modeling>Operate>Extrude>Lines>Along Lines

（4）沿轴线旋转一条线生成面

命令：AROTAT

GUI：Main Menu>Preprocessor>Modeling>Operate>Extrude>Lines>About Axis

（5）在两个面之间生成倒角面

命令：AFILLT

GUI：Main Menu>Preprocessor>Modeling>Create>Areas>Area Fillet

（6）通过引导线生成光滑的曲面

命令：ASKIN

GUI：Main Menu>Preprocessor>Modeling>Create>Areas>Arbitrary>By Skinning

（7）通过偏移一个面生成新的面

命令：AOFFST

GUI：Main Menu>Preprocessor>Modeling>Create>Areas>Arbitrary>By Offset

2. 通过已有的面生成面

（1）通过已有的面生成另外的面

命令：AGEN

GUI：Main Menu>Preprocessor>Modeling>Copy>Areas

Main Menu>Preprocessor>Modeling>Move/Modify>Areas>Areas

(2) 通过对称映像生成面

命令：ARSYM

GUI：Main Menu>Preprocessor>Modeling>Reflect>Areas

(3) 将已有的面转到另外一个坐标系

命令：ATRAN

GUI：Main Menu>Preprocessor>Modeling>Move/Modify>Transfer Coord>Areas

(4) 复制一个面的一部分

命令：ASUB

GUI：Main Menu>Preprocessor>Modeling>Create>Areas>Arbitrary>Overlaid on Area

3. 查看、选择、删除面

(1) 列表显示面

命令：ALIST

GUI：Utility Menu>List>Areas

Utility Menu>List>Picked Entities Areas

(2) 选择面

命令：ASEL

GUI：Utility Menu>Select>Entities

(3) 屏幕显示面

命令：APLOT

GUI：Utility Menu>Plot>Areas

Utility Menu>Plot>Specified Entities>Areas

(4) 删除面

命令：ADELE

GUI：Main Menu>Preprocessor>Modeling>Delete>Area and Below

Main Menu>Preprocessor>Modeling>Delete>Area Only

3.2.4 体

体用来表示三维实体，只有当需要建立体单元时才会建立体。当体单元建立后，生成体的命令将自动生成低级的图元。

1. 定义体

(1) 通过关键点来定义体

命令：V

GUI：Main Menu>Preprocessor>Modeling>Create>Volumes>Arbitrary>Through KPs

(2) 通过边界来定义体

命令：VA

GUI：Main Menu>Preprocessor>Modeling>Create>Volumes>Arbitrary>By Areas

(3) 将面沿一定的路径拖拉生成体

命令：VDRAG

GUI：Main Menu>Preprocessor>Operate>Extrude>Areas>Along Lines

（4）将面绕轴旋转生成体

命令：VROTAT

GUI：Main Menu>Preprocessor>Modeling>Operate>Extrude>Areas>About Axis

（5）将面沿其法向偏移生成体

命令：VOFFST

GUI：Main Menu>Preprocessor>Modeling>Operate>Extrude>Areas>Along Normal

（6）在当前的坐标系下拖拉和缩放面而生成体

命令：VEXT

GUI：Main Menu>Preprocessor>Modeling>Operate>Extrude>Areas>By XYZ Offset

2. 通过已有的体生成新的体

（1）由一种模式的体生成另外的体

命令：VGEN

GUI：Main Menu>Preprocessor>Modeling>Copy>Volumes

（2）通过对称映像生成体

命令：VSYMM

GUI：Main Menu>Preprocessor>Modeling>Reflect>Volumes

（3）将体转到另外一个坐标系下

命令：VTRAN

GUI：Main Menu>Preprocessor>Modeling>Move/Modify>Transfer Coord>Volumes

3. 查看、选择、删除体

（1）列表显示体

命令：VLIST

GUI：Utility Menu>List>Picked Entities>Volumes

Utility Menu>List>Volumes

（2）选择体

命令：VSEL

GUI：Utility Menu>Select>Entities

（3）屏幕显示体

命令：VPLOT

GUI：Utility Menu>Plot>Volumes

（4）删除体

命令：VDELE

GUI：Main Menu>Preprocessor>Modeling>Delete>Volume

3.3 自顶向下建模

自顶向下的建模方法是指通过较高级的图元来构造模型，即通过汇集线、面、体等几何体素的方法来构造模型。当生成一种体素时，ANSYS 软件自动生成所有从属于该体素的低级图元。下面详细介绍自顶向下的建模方法。

3.3.1 定义面

（1）在工作平面上定义矩形面

命令：RECTNG

GUI：Main Menu>Preprocessor>Modeling>Create>Areas>Rectangle>By Dimensions

（2）通过角点生成矩形面

命令：BLC4

GUI：Main Menu>Preprocessor>Modeling>Create>Areas>Rectangle>By 2 Corners

（3）通过中心或角点生成矩形面

命令：BLC5

GUI：Main Menu>Preprocessor>Modeling>Create>Areas>Rectangle>By Centr & Corner

（4）在工作平面上生成以原点为圆心的环形面

命令：PCIRC

GUI：Main Menu>Preprocessor>Modeling>Create>Circle>By Dimensions

（5）在工作平面上生成环形面

命令：CYL4

GUI：Main Menu>Preprocessor>Modeling>Create>Circle>Annulus/Partial Annulus/Solid Circle

（6）通过端点生成圆形面

命令：CYL5

GUI：Main Menu>Preprocessor>Modeling>Create>Circle>By End Points

3.3.2 定义体

（1）在工作平面创建长方体

命令：BLOCK

GUI：Main Menu>Preprocessor>Modeling>Create>Volumes>Block>By Dimensions

（2）通过角点生成长方体

命令：BLC4

GUI：Main Menu>Preprocessor>Modeling>Create>Volumes>Block>By 2 Corners & Z

（3）在工作平面的任意位置创建圆柱体

命令：CYL4

GUI：Main Menu>Preprocessor>Modeling>Create>Volumes>Cylinder>Solid Cylinder

（4）以工作平面的原点为圆心生成圆柱体

命令：CYLIND

GUI：Main Menu>Preprocessor>Modeling>Create>Volumes>Cylinder>By Dimensions

（5）通过端点创建圆柱体

命令：CYL5

GUI：Main Menu>Preprocessor>Modeling>Create>Volumes>Cylinder>By End Pts & Z

（6）以工作平面的原点为中心创建正棱柱体

命令：RPRISM

GUI：Main Menu>Preprocessor>Modeling>Create>Volumes>Prism>By Cricumscr Rad /By Inscribed Rad /By slide Length

（7）在工作平面的任意位置创建正棱柱体

命令：RPR4

GUI：Main Menu>Preprocessor>Modeling>Create>Volumes>Prism>Triangular/Square/Pentagonal/Hexagonal/Septagonal/Octagonal

（8）以工作平面原点为中心创建球体

命令：SPHERE

GUI：Main Menu>Preprocessor>Modeling>Create>Volumes>Sphere>By Dimensions

（9）在工作平面的任意位置创建球体

命令：SPH4

GUI：Main Menu > Preprocessor > Modeling > Create > Volumes > Sphere > Hollow Sphere / Solid Sphere

（10）以工作平面为原点生成圆锥体

命令：CONE

GUI：Main Menu>Preprocessor>Modeling>Create>Volumes>Cone>By Dimensions

（11）在工作平面的任意位置创建圆锥体

命令：CON4

GUI：Main Menu>Preprocessor>Modeling>Create>Volumes>Cone>By Picking

（12）生成环体

命令：TORUS

GUI：Main Menu>Preprocessor>Modeling>Create>Volumes>Torus

在实际建模过程中，自底向上和自顶向下这两种方法可以根据实际需要组合使用，还可以通过布尔运算对其操作得到更复杂的实体模型。

3.4 布尔操作

创建复杂的几何模型，可运用布尔运算对模型进行加工和修改，不论是运用自底向上还是自顶向下方法创建的模型都可以进行布尔运算。简单的几何模型进行一系列布尔操作可创建复杂的模型，使得建模较为容易和便捷。

3.4.1 交运算

交运算就是由图素的共同部分形成一个新的图素，其运算结果只保留两个或多个图素的重叠部分。交运算分为公共相交和两两相交。公共相交仅保留所有图素的重叠部分，即只生成一个图素，若图素不存在公共部分，则不能运用布尔运算；两两相交是保留任意两个图素的公共部分，有可能生成很多图素。

公共相交运算对图素没有级别要求，即任何级别的图素都可以作公共相交运算，两两相交运算则要求为同一级别的图素，即只能做线与线、面与面、体与体的两两相交。

交运算完成后，输入图素的处理采用 BOPTN 中的设置。如采用默认设置，则输入图素被删除，即只能生成相交部分的图素。

公共相交运算有 6 个命令，两两相交有 3 个命令，见表 3-1。

表 3-1　交运算命令

命　令		功　能	可能生成的新图素
公共相交	LINL	线线相交运算	关键点，线
	AINA	面面相交运算	关键点，线，面
	VINV	体体相交运算	关键点，线，面，体
	LINA	线面相交运算	关键点，线
	AINV	面体相交运算	关键点，线，面
	LINV	线体相交运算	关键点，线
两两相交	LINP	线线两两相交运算	关键点，线
	AINP	面面两两相交运算	关键点，线，面
	VINP	体体两两相交运算	关键点，线，面，体

1. 同级图素相交运算

线线相交运算命令：LINL，NL1，NL2，NL3，NL4，NL5，NL6，NL7，NL8，NL9

面面相交运算命令：AINA，NA1，NA2，NA3，NA4，NA5，NA6，NA7，NA8，NA9

体体相交运算命令：VINV，NV1，NV2，NV3，NV4，NV5，NV6，NV7，NV8，NV9

其中，NX1~NX9 为相交图素的编号，NX1 可以为 P、ALL 或元件名（X 表示 L、A 或 V）。

2. 不同级图素的相交运算

线面相交运算命令：LINA，NL，NA

面体相交运算命令：AINV，NA，NV

线体相交运算命令：LINV，NL，NV

其中，NL 为相交线号，NA 为相交面号，NV 为相交体号。如果为被交图素也可以为 P，但不能为 ALL 或元件名，这会对实际应用造成一定的不便。

3. 同级图素两两相交运算

线线两两相交运算命令：LINP，NL1，NL2，NL3，NL4，NL5，NL6，NL7，NL8，NL9

面面两两相交运算命令：AINP，NA1，NA2，NA3，NA4，NA5，NA6，NA7，NA8，NA9

体体两两相交运算命令：VINP，NV1，NV2，NV3，NV4，NV5，NV6，NV7，NV8，NV9

其中，NX1~NX9 为相交图素的编号，NX1 可以为 P、ALL 或元件名（X 表示 L，A 或 V）。

GUI：Main Menu>Preprocessor>Modeling>Operate>Booleans>Interselt

3.4.2　加运算

加运算是由多个几何图素生成一个几何图素，而且该图素是一个整体，即没有“接缝”，带孔的面或体也可以进行加运算。

加运算仅限于同级几何图素，而且相交部分最好与母体同级，但在低于母体一级时也可进行加运算，如体与体相加，其相交部分如果为体或面，则加运算后为一个体；如果相交部分为线，则相加之后不能生成一个体，但可以共用相交的线；如相交部分为关键点，加运算后共用关键点，但体不是同一个，不能做完全的加运算。

若面与面相加，其相交部分如果是面或线，则可以完成加运算；如果相交部分为关键点，则可能会使生成的图素产生异常。

加运算完成后，输入图素的处理采用 BOPTN 中的设置。如果采用默认设置，则输入图素被删除。

加运算有两个命令：AADD 和 VADD。线合并命令 LCOMB 不属于布尔加运算。

面加运算命令：AADD，NA1，NA2，NA3，NA4，NA5，NA6，NA7，NA8，NA9

体加运算命令：VADD，NV1，NV2，NV3，NV4，NV5，NV6，NV7，NV8，NV9

其中，NX1~NX9 为相加图素的编号，NX1 可以为 P、ALL 或元件名（X 表示 A 或 V）。

GUI：Main Menu>Preprocessor>Modeling>Operate>Booleans>Add

3.4.3 减运算

减运算就是“删除”母体中的一个或多个与子体重合的图素。减运算可在不同级图素之间进行，但相交部分最多与母体差一级。例如，进行体体减运算时，相交部分不能为线，只有为面或体时才可以完成运算。减运算结果的最高图素与母体图素相同。

减运算在很多情况下可以理解为“切分”。一般情况下切分是“仅切而不分”（SEPO 位置为空），这时形成的新体共用相交图素。如果切而分（SEPO 位置为 SEPO），则相交部分图素是分离的，相当于新生成的图素各自独立，两者之间没有任何联系，所以在生成有限元模型时需要考虑耦合等。

减运算完成后输入图素的处理可采用 BOPTN 中的设置。如果采用默认设置，则输入图素被删除。也可以不采用 BOPTN 中的设置，而在减运算的参数中设置保留或删除，该设置高于 BOPTN 中的设置，并且减图素和被减图素均可设置删除或保留选项。减运算命令及其功能见表 3-2。

表 3-2 减运算命令

命令	功能	备注	命令	功能	备注
LSBL	线线减运算	切分	LSBV	线减体运算	切分
ASBA	面面减运算	切分或减	ASBL	面减线运算	切分
VSBV	体体减运算	减	ASBV	面减体运算	减
LSBA	线减面运算	切分或减	VSBA	体减面运算	切分

1. 同级图素减运算

线线减运算命令：LSBL，NL1，NL2，SEPO，KEEP1，KEEP2

面面减运算命令：ASBA，NA1，NA2，SEPO，KEEP1，KEEP2

体体减运算命令：VSBV，NV1，NV2，SEPO，KEEP1，KEEP2

其中，NX1、NX2 表示被减图素的编号和减去图素的编号。NX1 也可以为 P、ALL 或元件名（X 可以为 L、A 或 V）。

SEPO 确定 NX1 和 NX2 相交图素的处理方式；SEPO=0（默认），则新生成的图素共享该相交图素；SEPO=SEPO，则新生成的图素分开且各自独立，但位置上是重合的。

KEEP1：确定 NX1 是否保留控制参数。等于 0 或默认，使用 BOPTN 中的设置；等于 DELETE，删除 NX1 图素（高于 BOPTN 中的设置）；等于 KEEP，保留 NX1 图素（高于 BOPTN 中的设置）。

KEEP2 与 KEEP1 类似。

2. 不同级图素的减运算

线减面运算命令：LSBA，NL，NA，SEPO，KEEPL，KEEPA

线减体运算命令：LSBV，NL，NV，SEPO，KEEPL，KEEPV

面减线运算命令：ASBL，NA，NL，-，KEEPA，KEEPL

面减体运算命令：ASBV，NA，NV，SEPO，KEEPA，KEEPV

体减面运算命令：VSBA，NV，NA，SEPO，KEEPV，KEEPA

其中，NL、NA和NV是线、面和体的编号，也可为ALL或元件名，如果是被减元素也可为P。其余的参数命令类似于同级减运算命令中的说明。

GUI：Main Menu>Preprocessor>Modeling>Operate>Booleans>Substract

3.4.4 分割运算

分割运算是将多个同级图素分为更多的图素，其相交边界是共用的。分割运算与加运算类似，但加运算是由几个图素生成一个图素，分割运算是由几个图素生成更多的图素，而且在搭接区域生成多个共用的边界。分割运算生成多个相对简单的区域，而加运算则是生成一个复杂的区域，因此分割运算生成的图素更容易划分网格。

分割运算不要求相交部分与母体同级，相差级别也无限制。例如，体的相交部分如果为关键点，进行分割运算之后，体则通过关键点链接起来。面的相交部分如果为线，则共用该线，并将输入面分为多个部分。分割运算允许不共面。

如果分割运算包含了搭接运算，在建模过程中使用分割运算即可。分割运算完成后，其输入图素的方式采用BOPTN中的设置。

分割运算有3个命令。

命令：LPTN，NL1，NL2，NL3，NL4，NL5，NL6，NL7，NL8，NL9

APTN，NA1，NA2，NA3，NA4，NA5，NA6，NA7，NA8，NA9

VPTN，NV1，NV2，NV3，NV4，NV5，NV6，NV7，NV8，NV9

其中，NX1~NX9为分割图素的编号，NX1可以为P、ALL或元件名（X表示L，A或V）。

GUI：Main Menu>Preprocessor>Modeling>Operate>Booleans>Partition

3.4.5 分类运算

分类运算目前只能在线之间进行，即只有LCSL命令。其作用是在线的相交点将线断开，并生成新线，默认时将直接删除原来的相交线。

分类运算完成后采用BOPTN中的设置，默认时将删除输入图素，其结果与LPTN相同。

命令：LCSL，NL1，NL2，NL3，NL4，NL5，NL6，NL7NL8，NL9

其中，NL1~NL9为相交线号，NL1也可以为ALL或P。

3.4.6 搭接运算

搭接运算仅限于同等级图素，由几个图素生成更多的图素，并且在搭接区域生成多个共同的边界。

体搭接运算的相交部分要求与母体同级。例如，体相交部分不能为面，但进一步的操作发现，当面面不在同一个平面内相交时，其相交部分可以比母体低一级，如面相交部分可以为线；当面面在同一平面内相交时，其相交部分不能为线，但线线相交部分可以为点。因此，搭接运算与“分割”命令在某些情况下是相同的。

搭接运算完成后，其输入图素的处理方式采用 BOPTN 中的设置。

搭接运算只有 3 个命令。

线搭接命令：LOVLAP，NL1，NL2，NL3，NL4，NL5，NL6，NL7，NL8，NL9

面搭接命令：AOVLAP，NA1，NA2，NA3，NA4，NA5，NA6，NA7，NA8，NA9

体搭接命令：VOVLAP，NV1，NV2，NV3，NV4，NV5，NV6，NV7，NV8，NV9

其中，NX1~NX9 为搭接图素的编号，NX1 可以为 P、ALL 或元件名（X 表示 L、A 或 V）。

GUI：Main Menu>Preprocessor>Modeling>Operate>Booleans>Overlap

3.4.7 粘接

把两个或多个同级图素粘在一起，在其接触面上具有共用的边界，也称为合并。粘接运算要求参加运算的图素不能有与母体同级的相交图素。例如，体体粘接时其相交部分不能为体，但可以为面、线或关键点，并且这些面必须共面；线线粘接时，其相交部分只能为线的端点，如两个不在端点相交的线是不能粘接的。

粘接运算与加运算不同，加运算是将输入图素合并为一个母体，而粘接运算后参与运算的母体的个数不变，即母体不变但公共边界是共享的。粘接运算在网格划分中非常有用，即各个母体可分别有不同的物理和网格属性，进而得到优良的网格。

粘接运算完成后，其输入图素的处理方式采用 BOPTN 中的设置

粘接运算有 3 个命令。

线粘接命令：LGLUE，NL1，NL2，NL3，NL4，NL5，NL6，NL7，NL8，NL9

面粘接命令：AGLUE，NA1，NA2，NA3，NA4，NA5，NA6，NA7，NA8，NA9

体粘接命令：VGLUE，NV1，NV2，NV3，NV4，NV5，NV6，NV7，NV8，NV9

其中，NX1~NX2 为粘接图素的编号，NX1 可以为 P、ALL 或元件名（X 表示 L，A 或 V）。

GUI：Main Menu>Preprocessor>Modeling>Operate>Booleans>Glue

3.5 导入 CAD 模型

ANSYS 虽然本身可以进行建模，但其建模功能不够强大，所以 ANSYS 设置了多个与 CAD 软件的数据接口，如 UG、Pro/e、AutoCAD 等数据交换接口。用户可以先使用 CAD 软件建立出复杂的三维实体模型，然后将建好的模型导入 ANSYS 中，再进行网格的划分，最后加载求解。

UG 是 Unigraphics 的缩写，这是一个交互式 CAD/CAM（计算机辅助设计与计算机辅助制造）系统，它功能强大，可以轻松实现各种复杂实体及造型的建构。UG 在诞生之初主要基于工作站，但随着 PC 硬件的发展和个人用户的迅速增长，在 PC 上的应用取得了迅猛的增长，目前已经成为模具行业三维设计的一个主流应用。用户在 UG 下对复杂对象建模，导出为“.prt”文件，然后从 ANSYS 文件菜单中导入。

Pro/Engineer（现为 Creo）操作软件是美国参数技术公司（PTC）旗下的 CAD/CAM/CAE 一体化的三维软件。Pro/Engineer 软件以参数化著称，是参数化技术的最早应用者，在目前的三维造型软件领域中占有重要地位。Pro/Engineer 作为当今世界机械 CAD/CAE/CAM 领域的新标准而得到业界的认可和推广，是现今主流的 CAD/CAM/CAE 软件之一，特别是

在国内产品设计领域占据重要位置。

Pro/Engineer 和 WildFire 是 PTC 官方使用的软件名称，但在我国用户所使用的名称中，并存着多个说法，如 ProE、Pro/E、破衣、野火等，都是指 Pro/Engineer 软件，Proe2001、Proe2.0、Proe3.0、Proe4.0、Proe5.0、Creo1.0、Creo2.0、Creo3.0、Creo4.0 和 Creo5.0 等都是指软件的版本。用户可以在 Pro/E 中将画好的模型导出为 IGES 格式，再将 IGES 文件导入 ANSYS 中，即使用命令 Improt>IGES，再选择保存好的 IGES 文件并将其打开，然后进行网格划分，最终得到 ANSYS 有限元模型。

3.6 连接板建模实例

3.6 连接板建模实例

问题描述：连接板模型如图 3-2 所示，圆角的半径以及三个圆孔的半径都为 0.4 m，三个半圆的半径都为 1.0 m，板厚为 0.5 m。

建立 T 形连接板的具体操作步骤如下：

1. 创建矩形

1）创建名称为“junction-plate”的新文件。打开 ANSYS 软件，选择菜单 Utility Menu>File>Change jobname 命令，弹出“Change jobname”对话框，在文本框中输入“junction-plate”，再单击“OK”按钮，完成文件命名。

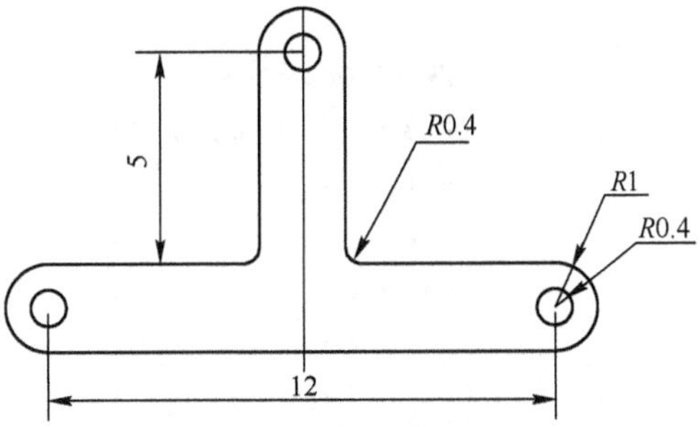

图 3-2　T 形连接板模型

2）执行 Main Menu>Preprocessor>Modeling>Create>Areas>Rectangle>By Dimensions 命令。弹出如图 3-3 所示的对话框。

3）“X1，X2”是相对于原点坐标的左右边的 x 轴坐标值。“Y1，Y2”是矩形相对于原点坐标上下边的 y 轴坐标值。

输入以下坐标值：“X1”=0，“X2”=6；“Y1”=-1，“Y2”=1，单击“Apply”按钮。

输入第二个矩形的坐标值：“X1”=0，“X2”=-6；“Y1”=-1，“Y2”=1，单击“Apply”按钮。

输入第三个矩形的坐标值：“X1”=-1，“X2”=6；“Y1”=0，“Y2”=6，单击“OK”按钮。

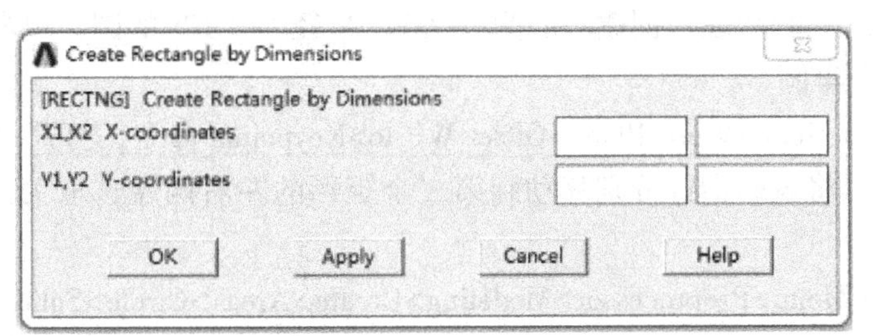

图 3-3　“Create Rectangle by Dimensions”对话框

2. 创建半圆

1）旋转鼠标中键或执行 Utility Menu>Plot Ctrls>Pan Zoom Rotate 命令，打开“Pan-Zoom-Rotate”对话框，单击有小点的按钮可缩小图形。

2）执行 Utility Menu>Work Plane>Display Working Plane 命令，ANSYS 向用户展示工作

平面坐标系。

3）执行 Utility Menu>Work Plane>WP Setting 命令，选择“Polar”为工作平面，为了展示栅格和确定工作平面的坐标原点，用户可选择“Grid and Triad”。Grid 为栅格之意，Triad 用来确定工作平面的坐标原点。在“Snap Increment”中设置“0.05”，单击“OK”按钮，关闭对话框。

执行 Main Menu>Preprocessor>Modeling>Create>Areas>Circle>Solid Cricle 命令，打开“Solid Circilar Area”对话框，创建圆心为(6,0)，半径为“1”的圆，单击“OK”按钮，关闭对话框，如图 3-4 所示。

3. 创建第二个半圆

1）执行 Utility Menu>Work Plane>Offset WP to>Keypoints 命令，打开“Offset WP to Keypoints”拾取菜单。将鼠标指针分别移动到第二个矩形的左右两端选取关键点，单击“OK”按钮关闭拾取菜单，如图 3-5 所示。这是为了将原来工作平面转换到现在的工作平面。

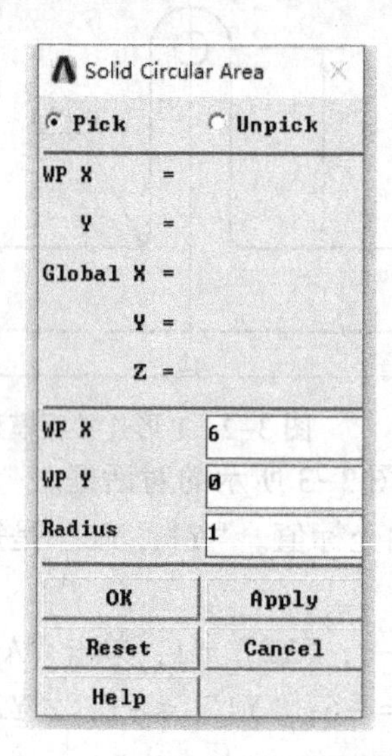

图 3-4 “Solid Circilar Area”对话框

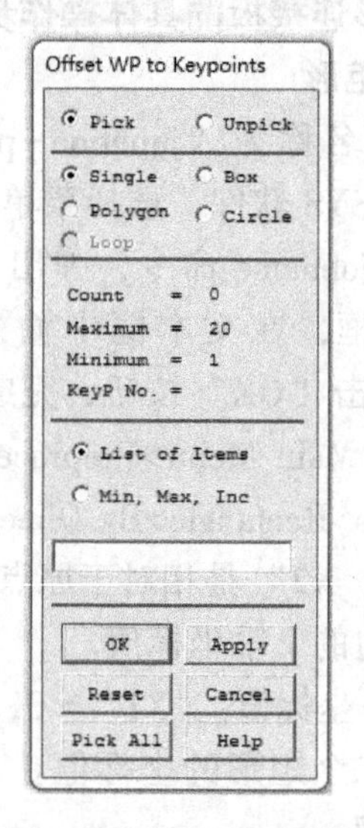

图 3-5 “Offset WP to Keypoints”拾取菜单

2）执行 Main Menu>Preprocessor>Modeling>Create>Areas>Circle>Solid Cricle 命令，打开“Solid Circular Area”对话框，创建圆心为(0,0)，半径为“1”的圆，单击“Apply”按钮。

4. 创建第三个半圆

1）执行 Utility Menu>Work Plane>Offset WP to>Keypoints 命令，打开“Offset WP to Keypoints”拾取菜单。将鼠标指针分别移动到第二个矩形的左右两端选取关键点，单击“OK”按钮关闭对话框。

2）执行 Main Menu>Preprocessor>Modeling>Create>Areas>Circle>Solid Cricle 命令，打开“Solid Circular Area”对话框，创建圆心为(0,0)，半径为“1”的圆，单击“OK”按钮并保存。

5. 将面积进行合并

执行 Main Menu>Preprocessor>Modeling>Operate>Booleans>Add>Areas 命令，打开“Add Areas”拾取菜单，单击“Pick All”按钮将面积合并在一起，如图 3-6 所示。

6. 创建补丁面积，并将其合并

1）执行 Utility Menu>PlotCtrls>Numbering 命令，打开“Line Numbering”对话框，单击“OK”按钮关闭对话框，完成图形中线的编号，如图 3-7 所示。

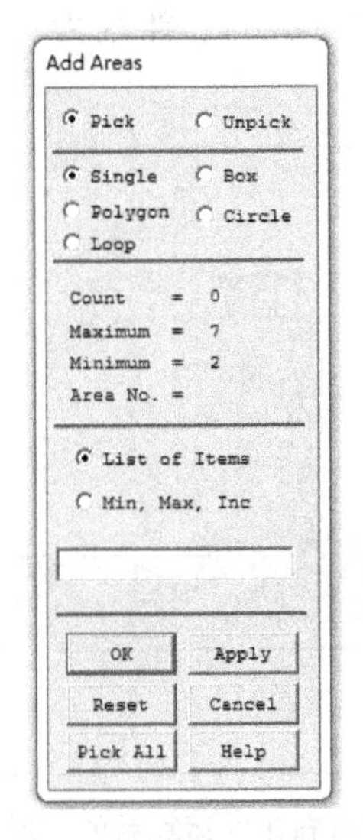

图 3-6 “Add Areas”拾取菜单

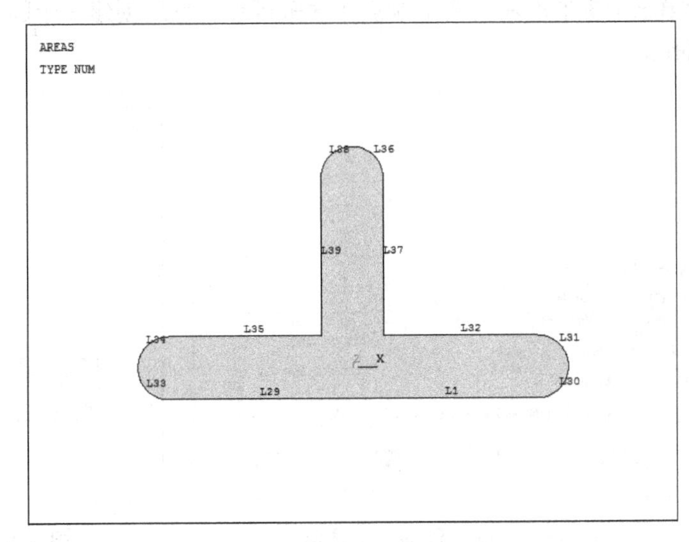

图 3-7 显示直线编号

2）执行 Utility Menu>Work Plane>Display Working 命令，以关闭工作平面。

3）执行 Main Menu>Preprocessor>Modeling>Create>Lines>Line Fillet 命令，弹出“Line Fillet”拾取菜单；单击 L37、L32 便出现如图 3-8 所示的“Line Fillet”对话框，将 L37，L32 的半径设置为“0.4”，单击“OK”按钮关闭对话框。采用同样的方法设置 L39 和 L35 的半径为 0.4。

4）执行 Utility Menu>Plot>Lines 命令，再执行 Utility Menu>Plot Ctrls>Pan Zoom Rotate 命令，打开“Pan-Zoom-Rotate”对话框单击“Zoom”按钮，将鼠标指针移动到要打补丁的区域，按住鼠标左键放大 3 条线（L37、L2 和 L32）的图形。

5）执行 Main Menu>Preprocessor>Modeling>Create>Areas>Arbitrary>By Lines 命令，打开“Create Area by Lines”拾取菜单选择 L37、L32 和 L2 三条线，单击“Apply”按钮，再选择 L39、L35 和 L5 三条线，单击“OK”按钮，单击“Pan-Zoom-Rotate”对话框中的“Fit”按钮，并关闭对话框。

6）执行 Utility Menu>Plot>Areas 命令，并保存。

7）执行 Main Menu>Preprocessor>Modeling>Operate>Booleans>Add>Areas 命令，打开“Add Areas”拾取菜单，单击“Pick All”按钮，再单击“OK”按钮，然后保存。结果如图 3-9 所示。

7. 创建小圆孔

1）执行 Utility Menu>Work Plane>Display Working Plane 命令，再执行 Main Menu>Preprocessor>Modeling>Create>Areas>Cricle>Solid Circle 命令，采用同样的方法，创建一个圆心在（0，0），半径为“0.4”的圆孔。

2）执行 Utility Menu>Work Plane>Offset WP to>Keypoints 命令，打开“Offset WP to keypoints”将原来的工作平面转换一下，选择第二个矩形的左右两个端点作为关键点，单击“OK”按钮；然后执行 Main Menu>Preprocessor>Modeling>Create>Areas>Cricle>Solid Circle 命令，创建一个圆心在（0,0），半径为“0.4”的圆孔，并关闭对话框。采用同样的方法，选择第三个矩形的左右两个端点作为关键点，然后创建一个圆心在（0,0），半径为“0.4”的圆孔。

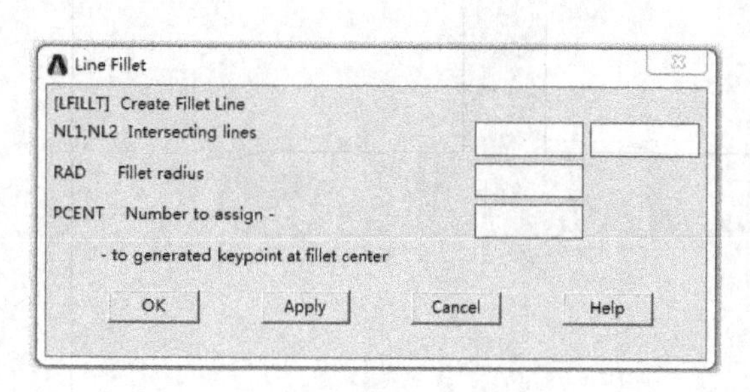

图 3-8 “Line Fillet”对话框

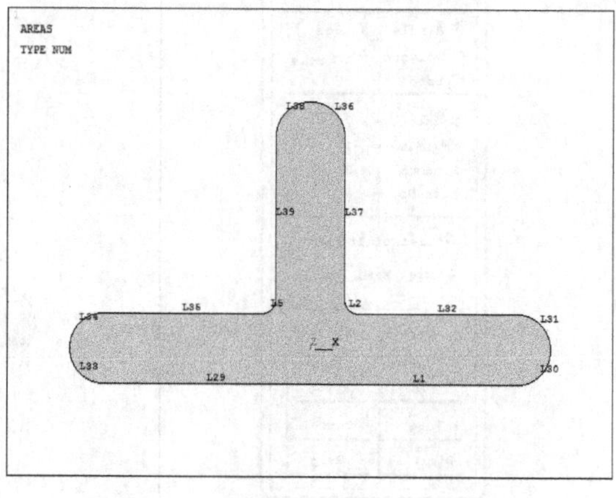

图 3-9 进行布尔加运算后的图形

3）执行 Utility Menu>Work Plane>Display Working Plane 命令，再执行 Utility Menu>Plot>Replot 命令。

8. 去除掉连接板中的三个小圆孔，保存文件

执行 Main Menu>Preprocessor>Modeling>Operate>Booleans>Substrate>Areas 命令，打开“Subtract Areas”拾取菜单，选择连接板为基体，单击“Apply”按钮；再选择三个小圆孔为被减去的部分，单击“OK”按钮，然后保存。所得图形如图 3-10 所示。

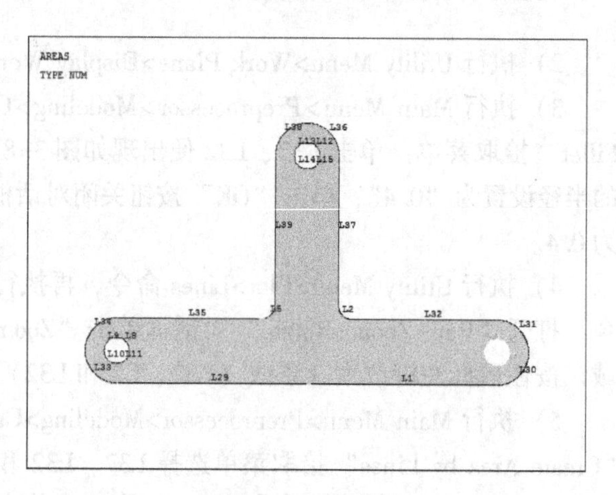

图 3-10 模型图

3.7 联轴器建模实例

3.7 联轴器建模实例

问题描述：图 3-11 所示为联轴器模型，本实例将采用自顶向下的方式创建出该联轴器的三维模型。

建立联轴器的具体步骤如下：

1. 创建圆柱体

1）进入 ANSYS 工作目录，使用“coupling”作为工作文件名。

2）执行主菜单中的 Main Menu>Preprocessor>Modeling>Create>

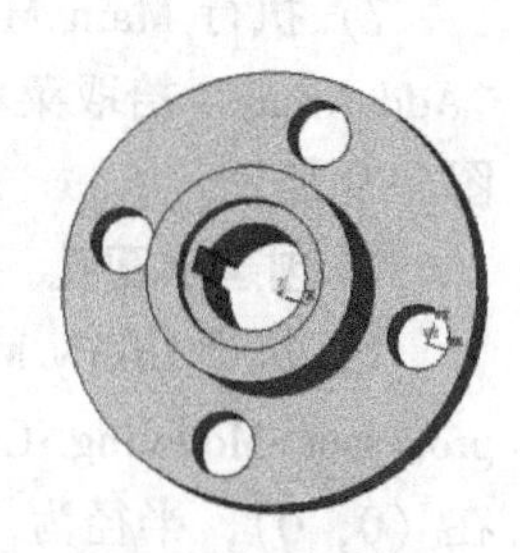

图 3-11 联轴器模型

Volumes>Cylinder>Solid Cylinder 命令，打开“Solid Cylinder”对话框，在“WP X”文本框中输入“0”，在“WP Y”文本框中输入“0”，在“Radius”文本框中输入“5”，在“Depth”文本框中输入“10”，单击“Apply”按钮，生成一个圆柱体，如图 3-12 所示。

3）再在“WP X”文本框中输入“0”，在“WP Y”文本框中输入“0”，在“Radius”文本框中输入“10”，在“Depth”文本框中输入“3”，单击“OK”按钮，生成另一个圆柱体。最后得到两个圆柱体，如图 3-13 所示。

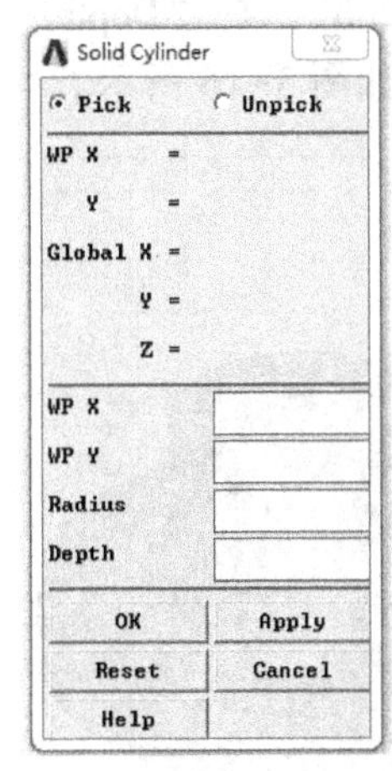

图 3-12 “Solid Cylinder”对话框

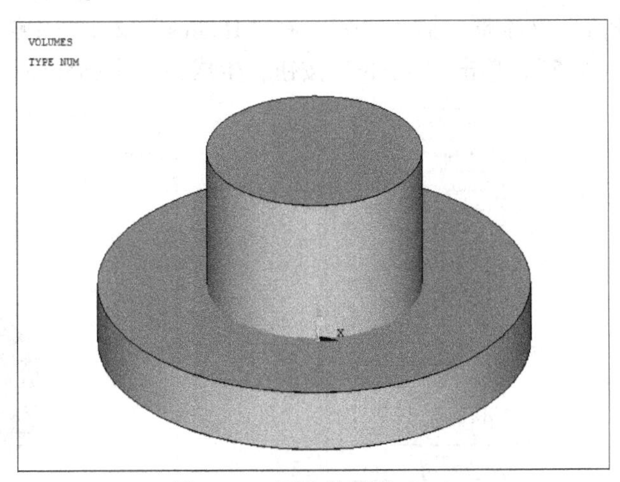

图 3-13 圆柱体模型（一）

4）显示线。执行实用菜单中的 Utility Menu>Plot>Lines 命令，结果如图 3-14 所示。

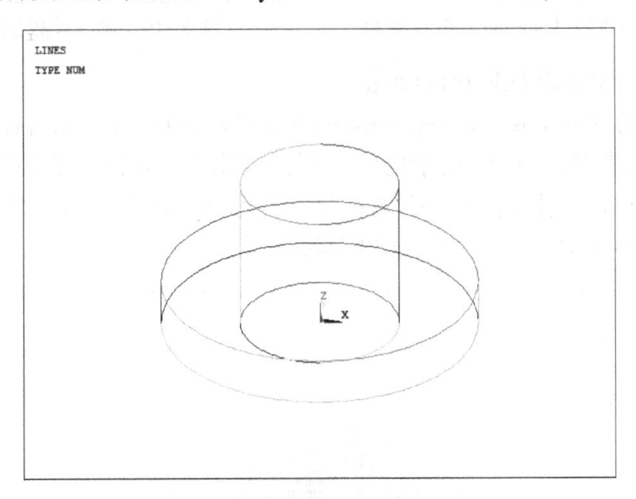

图 3-14 圆柱体线显示模型

2. 形成一个完全的轴孔

（1）将坐标系转到全局直角坐标系下

执行实用菜单中的 Utility Menu>WorkPlane>Change Active CS to>Global Cartesian 命令。

（2）偏移工作平面

执行实用菜单中的 Utility Menu>WorkPlane>Offset WP to>XYZ Locations+命令，打开“Offset WP to XYZ Location”拾取菜单，在“Global Cartesian”单选按钮下的文本框中输入

"0，0，8.5"，单击"OK"按钮，如图3-15所示。

（3）创建圆柱体

执行主菜单中的Main menu>Ppreprocessor>Modeling>Create>Volumes>Cylinder>Solid Cylinder命令，打开"Solid Cylinder"对话框，在"WP X"文本框中输入"0"，在"WP Y"文本框中输入"0"，在"Radius"文本框中输入"3.5"，在"Depth"文本框中输入"1.5"，单击"Apply"按钮，生成一个圆柱体。再在"WP X"文本框中输入"0"，在"WP Y"文本框中输入"0"，在"Radius"文本框中输入"2.5"，在"Depth"文本框中输入"-8.5"，单击"Apply"按钮，生成另一个圆柱体。结果如图3-16所示。

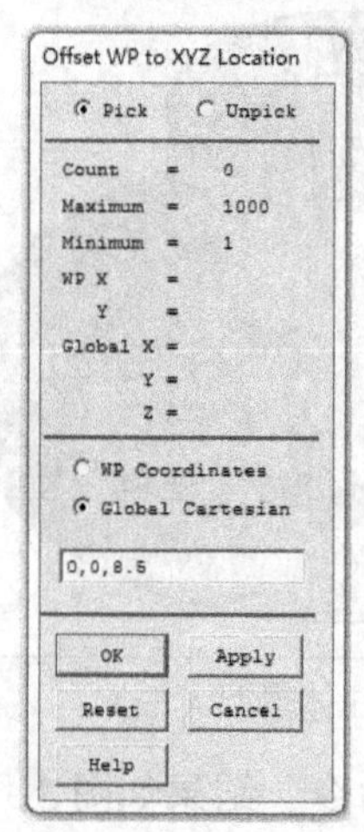

图3-15 "Offset WP to XYZ Location"拾取菜单

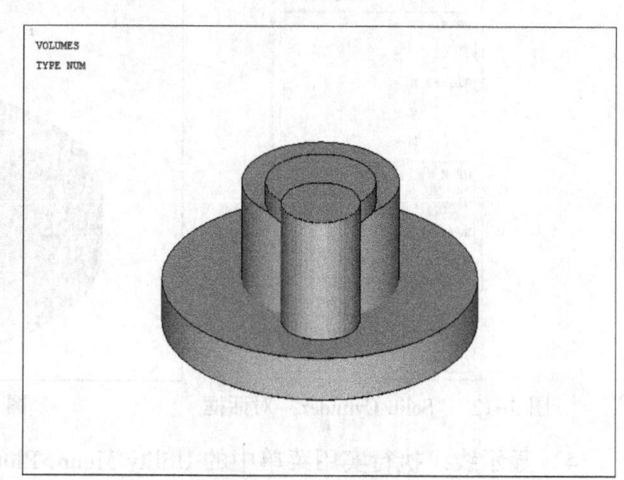

图3-16 圆柱体模型（二）

（4）从联轴器中减去圆柱体形成轴孔

执行主菜单中的Main menu>Preprocessor>Modeling>Operate>Booleans>Subtract>Volumes命令，在图形窗口中拾取图3-13所示的两个圆柱体作为布尔减运算的母体，单击"Apply"按钮；在图形窗口再拾取刚建立的两个圆柱体［见步骤(3)］作为布尔减运算被减的对象，单击"OK"按钮，所得的结果如图3-17所示。

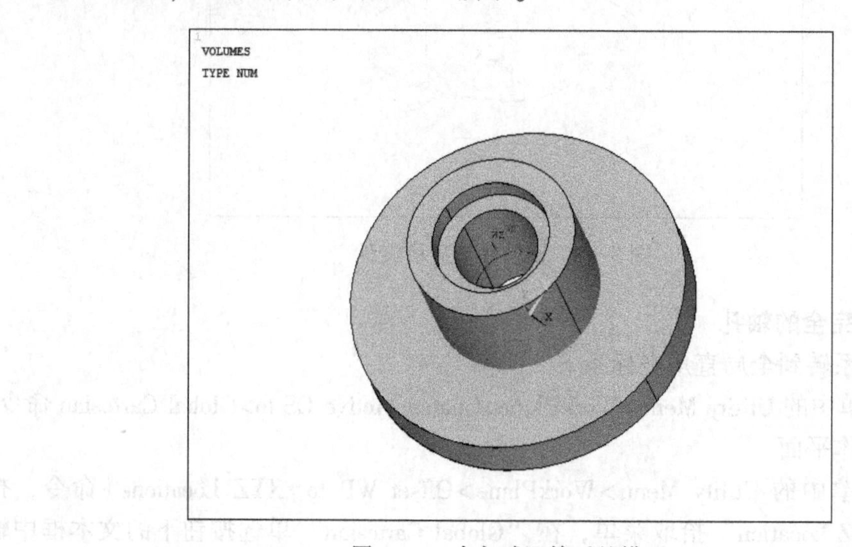

图3-17 布尔减运算后的模型

（5）偏移工作平面

执行实用菜单中的 Utility Menu > WorkPlane > Offset WP to > XYZ Locations + 命令，在“Offset Wp to XYZ Location”对话框的“Global Cartesian”单选按钮下的文本框中输入“0,0,0”，单击“OK”按钮。

3. 生成长方体

执行主菜单中的 Main Menu>Preprocessor>Modeling>Create>Volumes>Block>By Dimensions 命令，打开“Create Block by Dimensions”对话框。在对话框中输入“X1”=0，“X2”=-3，“Y1”=-0.6,”Y2“=0.6，“Z1”=0，“Z2”=8.5”，如图 3-18 所示。得到的结果如图 3-19 所示。

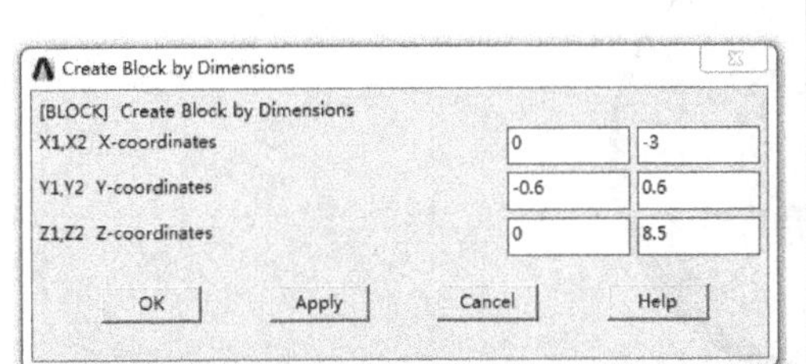

图 3-18 “Create Block by Dimensions”对话框

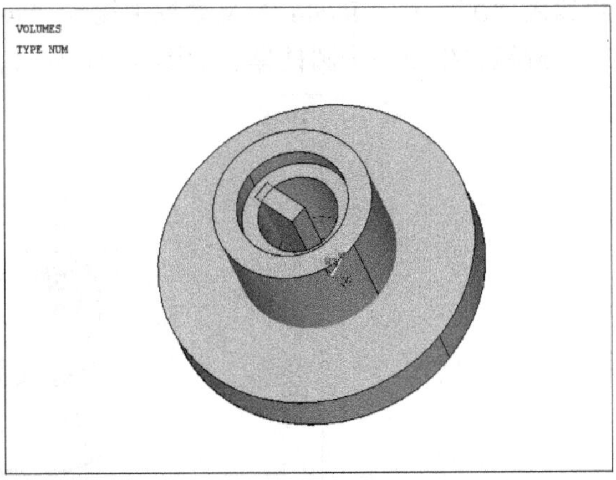

图 3-19 创建长方体模型

4. 从联轴器中再减去长方体形成完整的轴孔

执行主菜单中的 Main menu>Preprocessor>Modeling>Operate>Booleans>Subtract>Volumes 命令。在图形窗口中拾取图 3-17 所示模型作为布尔减运算的母体，单击“Apply”按钮。然后在图形窗口拾取刚建立的长方体作为布尔减运算被减的对象，单击“OK”按钮，所得的结果如图 3-20 所示。

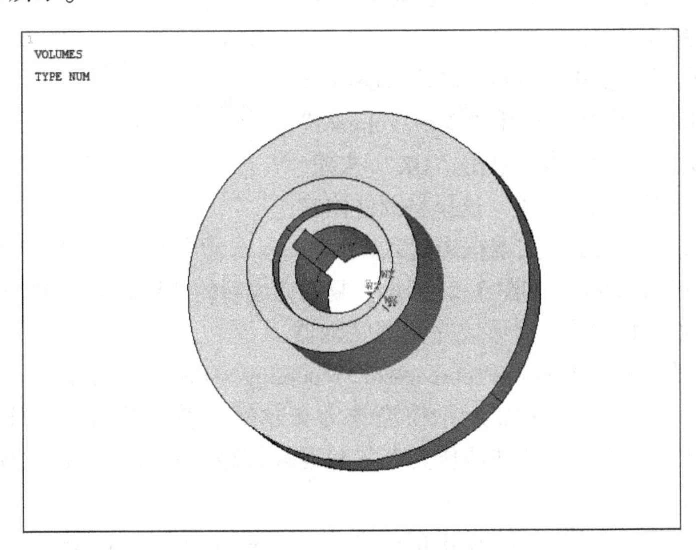

图 3-20 布尔减运算后的模型

5. 生成 4 个轴孔

(1) 偏移工作平面

执行实用菜单中的 Utility Menu > WorkPlane > Offset WP to > XYZ Locations + 命令，在 "Offset WP to XYZ Location" 对话框 "Global Cartesian" 单选按钮下的文本框中输入 "-7.5,0,0"，单击 "OK" 按钮。

(2) 创建圆柱体

执行菜单中的 Main Menu>Preprocessor>Modeling>Create>Volumes>Cylinder>Solid Cylinder 命令，打开 "Solid Cylinder" 对话框，在 "WP X" 文本框中输入 "0"，在 "WP Y" 文本框中输入 "0"，在 "Radius" 文本框中输入 "1.5"，在 "Depth" 文本框中输入 "3"，单击 "OK" 按钮，生成一个圆柱体，如图 3-21 所示。

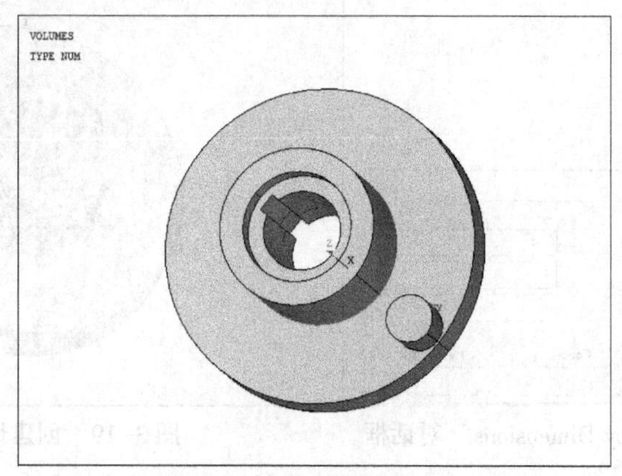

图 3-21 创建圆柱体

(3) 复制其余 3 个圆柱体

1) 转换坐标系，将笛卡儿坐标系（直角坐标系）转换为柱坐标系。操作方法：执行实用菜单中的 Utility Menu>WorkPlane>Change Active CS to> Global Cylindrical 命令。

2) 复制模型，执行 Main Menu > Preprocessor > Modeling>Copy>Volumes 命令，打开 "Copy Volumes" 拾取菜单选择要复制的圆柱体，单击 "OK" 按钮，在弹出的对话框中选择个数和角度。这里将圆柱体旋转一周，复制 4 个。在 "DY" 文本框中输入 "90"，即两个圆柱中心的夹角为 90°，如图 3-22 所示。复制完成后的结果如图 3-23 所示。

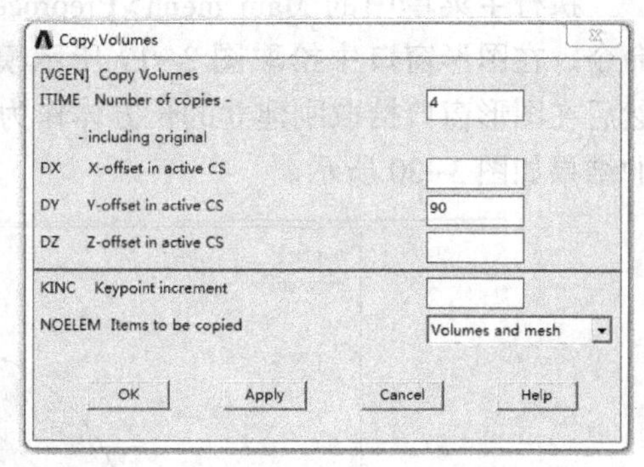

图 3-22 "Copy Volumes" 对话框

(4) 减去阵列的 4 个圆柱体形成完整的联轴器

执行主菜单中的 Main Menu > Preprocessor > Modeling > Operate > Booleans > Subtract > Volumes 命令，在图形窗口中拾取图 3-20 所示模型作为布尔减运算的母体，单击 "Apply" 按钮。再在图形窗口拾取 4 个复制的圆柱体作为布尔减运算被减的对象，单击 "OK" 按钮。

(5) 将体进行合并

执行 Main Menu>Preprocessor>Modeling>Operate>Booleans>Add>Areas 命令，单击 "Pick All" 按钮将体合并在一起。最终结果如图 3-24 所示。

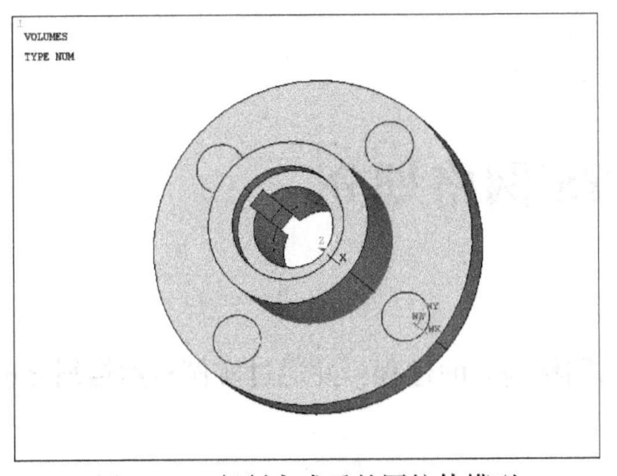

图 3-23　复制完成后的圆柱体模型

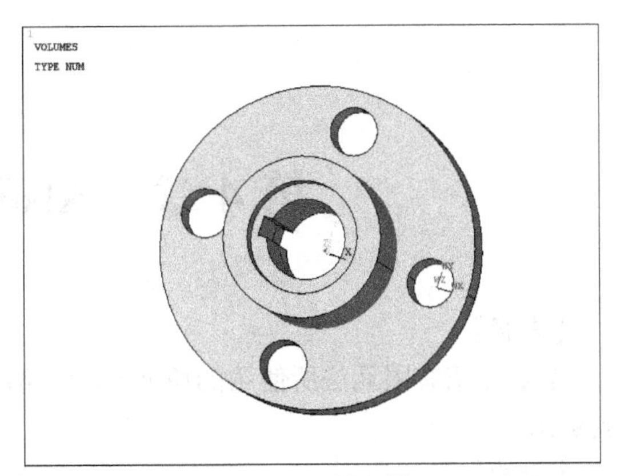

图 3-24　联轴器模型

3.8　本章小结

本章主要介绍了 ANSYS 几何建模的相关知识，包括坐标系的定义与激活，自顶向下建模和自底向上建模的方法与实例，布尔操作的过程及 CAD 模型的导入，并通过连接板的建模实例和联轴器的建模实例，使读者更好地理解和掌握建模方法。

思考与练习

1. 概念题

1）ANSYS 中的坐标系有哪几种？分别适用于哪些场合？

2）ANSYS 中的实体建模方式分为哪几类？

3）布尔操作的类型有哪些？试举例说明其中的一种操作方法。

4）当前使用的主流三维绘图软件，如何将 UG、Pro/E 中的 CAD 模型导入 ANSYS 中？

2. 操作题

建立如图 3-25 所示的轴承座模型。

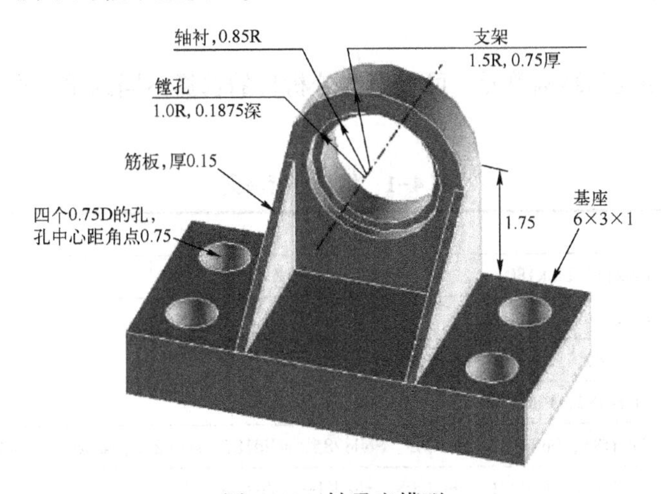

图 3-25　轴承座模型

注：全部尺寸以英尺为单位。

第 4 章　ANSYS 网格划分

【内容】

本章介绍有限元法所使用的单元类型，给出网格划分的过程，并通过实例对网格划分进行演示。

【目的】

熟悉常用结构分析的单元类型，掌握单元划分的基本步骤和方法。

【实例】

三维支架网格划分实例。

4.1 网格划分概述

通过几何建模生成由点、线、面和体组成的几何模型，经过单元划分后才能形成由节点和单元组成的有限元模型。

要获得可靠的分析结果，必须在建模之前就确定好选用何种单元进行分析。所以，选择合适的单元类型对分析不同的问题至关重要。ANSYS 的每种单元及其设置对应了不同物理场的数学模型，分析之前首先要针对问题，找到合适的单元类型并详细了解单元的参数及功能，再根据单元的要求建立有限元模型。

建立几何模型并添加单元类型后，还要对几何模型进行分网，设置合适的单元尺寸及单元划分方式，确保能够进行单元划分和划分的网格质量，以获得可靠的分析结果。

4.2 单元类型

ANSYS 大多数单元为结构单元，可以根据分析目的选择不同的单元类型进行分析。结构分析单元概要见表 4-1。

表 4-1　结构分析单元

类　型	单元名称
杆单元	Link11、Link180
梁单元	Beam188、Beam189
管单元	Pipe288、Pipe289、Elbow290
2D 实体单元	Plane182、Plane183
3D 实体单元	Solid185、Solid186、Solid65、Solid285、solid187、solid272、solid273、solid258
壳单元	Shell181、Shell281、Shell208、Shell209、Shell28、Shell41、Shell61
弹簧单元	Combin14、Combin37、Combin39、Combin40

（续）

类　型	单元名称
质量单元	Mass21
接触单元	Contac170、Contac171、Contac172、Contac173、Contac174、Contac175、Contac176、Contac178
矩阵单元	Matrix27、Matrix50
表面效应单元	Surf153、Surf154
黏弹性实体单元	Visco88、Visco89、Visco106、Visco107、Visco108
超弹性实体单元	Hyper56、Hyper58、Hyper74、Hyper84、Hyper86、Hyper158
耦合场单元	Solid5、Plane13、Fluid29、Fluid30、Fluid38、Solid62、Fluid79、Fluid80、Fluid81、Solid98、Fluid129、Infin110、Infin111、Fluid116、Fluid130
界面单元	Inter192、Inter193、Inter194、Inter195
显式动力分析单元	Link160、Beam161、Plane162、Shell163、Solid164、Combin165、Mass166、Link167、Solid168

4.2.1 杆单元

杆单元适用于模拟桁架、缆索、链杆和弹簧等构件。该类单元只承受杆轴向的拉压，不承受弯矩，节点只有平动自由度。不同的杆单元具有不同的弹性、塑性、蠕变、膨胀、大转动、大挠度（也称大变形）、大应变（也称有限应变）和应力刚化（也称几何刚度或初始应力刚度）等功能。常用的杆单元主要有 Link11、Link180 等。杆单元使用时应注意以下几点。

1）杆单元均为均质直杆，面积和长度不能为零（Link11 无面积参数），仅承受杆端载荷，温度随杆单元长度线性变化，杆单元中的应力相同，可考虑初应变。

2）在高版本中的 GUI 界面已经不再支持低版本中的 Link8、Link10 等杆单元。本节主要对 Link180 杆单元进行详细介绍。

Link180 是一个适用于各类工程应用的三维杆单元，如图 4-1 所示。该杆单元可用于建模桁架单元、索单元、链杆单元或弹簧单元等。该杆单元是一个单轴拉伸压缩单元，每个节点有 3 个自由度，即节点坐标系 x、y 和 z 方向的平移。Link180 支持只张力（索单元）和只压缩（间隙）选项，与针状连接结构一样，不考虑元件的弯曲。该单元具有塑性、蠕变、旋转、大挠度和大应变能力。默认情况下，Link180 在任何包含大挠度效应的分析中都包含了应力-刚度选项，支持弹性、各向同性硬化塑性、运动硬化塑性、Hill 各向异性塑性、Chaboche 非线性硬化塑性和蠕变。

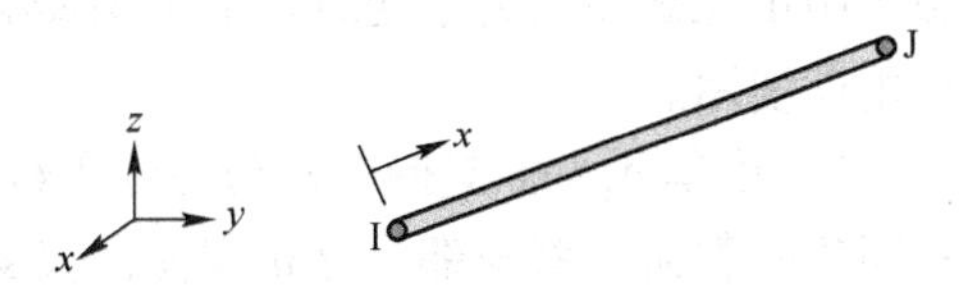

图 4-1　Link180 杆单元示意图

Link180 杆单元输入参数及控制选项汇总如下。

1）节点：I，J。

2）自由度：UX，UY 和 UZ。

3）实常数：AREA（截面积）；ADDMAS（质量）；TENSKEY（拉压选项），0 为可以受拉、受压，1 为只受拉，-1 为只受压。

4）材料属性：EX，（PRXY 或 NUXY），ALPX（或 CTEX 或 THSX），DENS，GXY 和

ALPD。

5）面载荷：无。

6）体载荷：温度 T(I) 和 T(J)。

7）特殊属性：单元生死、初始状态、大挠度、大应变、线性扰动、非线性稳定、塑性应力刚化、用户自定义材料、黏弹性和黏弹性/蠕变。

4.2.2 梁单元

梁单元分为具有不同特性的多种单元，是一类轴向拉压、弯曲和扭转的 3D 单元。该类单元有常用的 2D/3D 弹性梁单元、塑性梁单元、渐变不对称梁单元、3D 薄壁梁单元及有限应变梁单元。在高版本软件中，梁单元主要有 Beam188 与 Beam189 两种，其中 Beam189 为三节点，Beam188 为两节点，每个节点有 6 个或者 7 个自由度。本节将主要对 Beam188/189 单元在使用过程中应注意的问题与作用进行描述。梁单元使用时应注意以下几点。

1）梁单元的面积和长度不能为零，且 2D 梁单元必须位于 xy 平面内。

2）剪切变形将引起梁的附加挠度，并使原来垂直于中面（Mid-Surface）的截面变形后不再和中面垂直，且发生翘曲（变形后截面不再是平面）。当梁的高度远小于跨度时，可忽略剪切变形的影响，但梁高相对于跨度不太小时，则要考虑剪切变形的影响。但在考虑剪切变形的梁弯曲理论中，仍假定原来垂直于中面的截面变形后仍为平面（但不一定垂直），ANSYS 的梁单元均如此。考虑剪切变形影响可采用两种方法，即在经典梁单元的基础上引入剪切变形系数（Beam3/4）和引入 Timoshenko 梁单元（Beam188/189），后者采用了挠度和截面转角各自独立插值，这是两者的根本区别。

3）高版本中的 Beam188/189 可通过 ENDRELEASE 命令对自由度进行释放，如将刚性节点设为球铰等。

4）梁单元中能够采用梁截面特性的单元主要有 Beam188 与 Beam189 两种单元，并且低版本中单元截面均为不变时才能采用梁截面。Beam188/189 支持约束扭转，通过激活第 7 个自由度使用。

5）梁单元大多支持单元跨间分布载荷、集中载荷和节点载荷，但 Beam188/189 不支持跨间集中载荷和跨间部分分布载荷，仅支持在整个单元长度上分布的载荷。温度梯度可沿截面高度和单元长度线性变化。特别地，梁单元的分布载荷是施加在单元上，而不是施加在几何线上，在求解时几何线上的分布载荷不能转化到有限元模型上。

6）对于输入实常数的梁单元，其截面高度仅用于计算弯曲应力和热应力，并且假定其最外层纤维到中性轴的距离为梁高的一半。因此，关于水平轴不对称的截面，其应力计算是没有意义的。

7）Beam188/189 在一些截面点的截面相关量（积分面积、位置、泊松比和函数导数等），可通过 SECTYPE 和 SECDATA 命令自动计算得到。每个截面假定是由一系列预先指定的 9 个节点组合而成的。图 4-2 所示为矩形截面和槽形截面，每个截面单元有 4 个积分点，每个积分点可以设置独立的材料属性。

8）Beam188/189 可以采用 SECTYPE、SECDATA、SECOFFSET、SECWRITE 及 SECREAD 命令定义横截面，两种单元均支持弹性、蠕变及塑性模型（不考虑横截面子模型）。这种单元类型的截面可以由不同的材料组成。

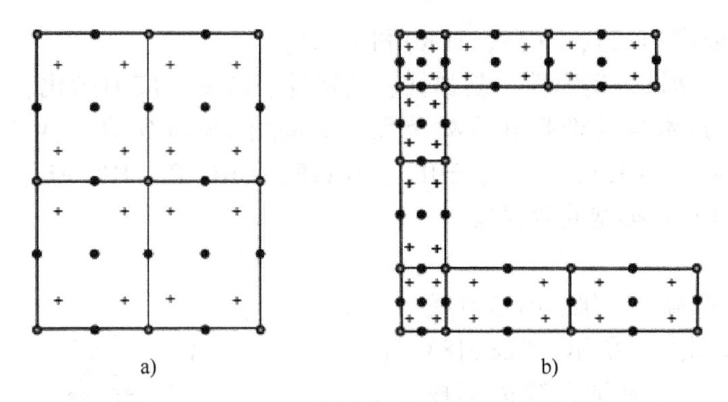

图 4-2　Beam188 单元的矩形截面与槽形截面

4.2.3　二维实体单元

二维实体单元是一类平面单元，可用于平面应力、平面应变和轴对称问题的分析，此类单元均位于 xy 平面内，且轴对称分析时 y 轴为对称轴。单元由不同的节点组成，但每个节点的自由度均为两个（谐结构实体单元除外），即 U_x 和 U_y。在高版本 ANSYS 软件中，二维实体单元主要有 Plane182 与 Plane183 两种单元类型，本节将对这两种单元类型进行介绍。

1. Plane182

Plane182 用于实体结构的二维建模。该单元可以用作平面单元（平面应力、平面应变或广义平面应变）或轴对称单元。它由 4 个节点定义，每个节点有两个自由度，分别为节点在 x 和 y 方向上的平移。Plane182 单元具有塑性、超弹性、应力加劲、大挠度和大应变能力，同时该单元具有模拟近不可压缩弹塑性材料和完全不可压缩超弹性材料变形的混合配方能力。

图 4-3 所示为该单元的几何形状、节点位置和坐标系。单元输入数据包括 4 个节点、一个厚度（仅对平面应力选项）及正交异性材料特性。单元坐标系的默认方向与全局直角坐标系相同。可以用 ESYS 命令定义单元坐标系，确定正交异性材料的方向。

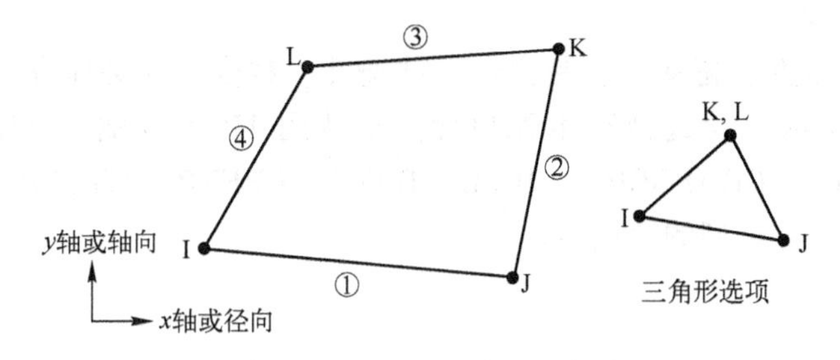

图 4-3　Plane182 单元示意图

Plane182 单元输入参数及控制选项汇总如下。

1）节点：I，J，K 和 L。

2）自由度：UX 和 UY。

3）实常数：THK（厚度）和 HGSTF（沙漏刚度比例因子）。

4）材料性能：EX，EY，EZ，PRXY，PRYZ，PRXZ，ALPX，ALPY，ALPZ，DENS，GXY，GYZ，GXZ 和 DAMP。

5）面载荷：压力-边 1（J-I），边 2（K-L），边 3（L-K）和边 4（I-L）。

6）体载荷：温度-T(I)，T(J)，T(K)和 T(L)。

7）求解能力：塑性、超弹性、黏弹性、黏塑性、蠕变、应力刚化、大变形、大应变、除应力输入、单元技术自动选择和生死单元。支持用 TB 命令输入 ANEL、BISO、MISO、NLSO、BKIN、MKIN、CHABOCHE、HILL、RATE、CREEP、HYPER、PRONY、SHIFT、CAST、SMA 和 USER 等类型的数据表。

2. Plane183

Plane183 是一个高阶二维、八节点或六节点的单元。如图 4-4 所示，Plane183 具有二次位移特性，非常适合建模不规则网格（如由各种 CAD/CAM 系统产生的网格）。该单元由每个节点上具有两个自由度的 8 个节点或 6 个节点定义，分别为节点在 x 和 y 方向上的平移。该单元可作为平面单元（平面应力、平面应变和广义平面应变）或轴对称单元。该单元具有塑性、超弹性、蠕变、应力硬化、大挠度和大应变能力，同时还具有模拟接近不可压缩弹塑性材料和完全不可压缩超弹性材料变形的混合配方能力，支持初始状态，还有各种打印输出选项。

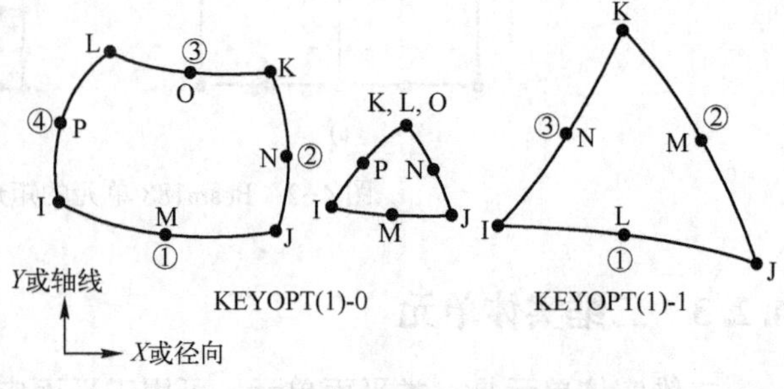

图 4-4　Plane183 单元示意图

Plane183 单元输入参数及控制选项汇总如下。

1）自由度：UX 和 UY。

2）实常数：如果 KEYOPT(3) = 0、1 或 2，则没有实常数；如果 KEYOPT(3) = 3 时，THK（厚度）。

3）材料性能：EX，EY，EZ，PRXY，PRYZ，PRXZ，ALPX，ALPY，ALPZ，DENS，GXY，GYZ，GXZ 和 DAMP。

4）面载荷：压力。

5）体载荷：温度。

6）求解能力：塑性、超弹性、黏弹性、黏塑性、蠕变、应力刚化、大变形、大应变、除应力输入、单元技术自动选择和生死单元。支持用 TB 命令输入 ANEL、BISO、MISO、NLSO、BKIN、MKIN、CHABOCHE、HILL、RATE、CREEP、HYPER、PRONY、SHIFT、CAST、SMA 和 USER 等类型的数据表。

4.2.4　壳单元

壳单元可以模拟平板和曲壳类结构。壳单元比梁单元和实体单元要复杂得多，因此，壳类单元中各种单元的选项很多，如节点与自由度、材料、特性、退化、协调与非协调、完全积分与减缩积分、面内刚度选择、剪切变形和节点偏置等。壳单元使用时应注意以下几点。

（1）基本特点

通常，不计入剪切变形的壳单元用于薄板壳结构，而计入剪切变形的壳单元用于中厚度板壳结构。当计入剪切变形的壳单元用于很薄的板壳结构时，会发生剪切闭锁（也称剪切自锁死、剪切自锁，Shearlocking），在 Timoshenko 梁中，当梁高远远小于梁长时也会出现这种现象。为防止出现剪切闭锁，一般采用减缩积分（Reduced Integration）或假设剪应变

（Assumed Shear Strains）等方法，这两种方法对于 Timoshenko 梁效果是一样的，但对于板壳单元是不同的。减缩积分比较常用，虽然有可能导致零能模式（Zero Energy Mode），但一般是在板壳较厚且单元很少时发生，在实际情况中较少出现，且板壳较厚时可选择完全积分。

（2）其他特点

1）除八节点壳单元外，均具有非协调元选项。

2）除 Shell28/61 外，均可退化为三角形形状的单元。

3）仅 Shell181 支持读入初应力，而且可仅选平动自由度（膜结构）。

4）仅 Shell181 支持减缩积分，具有 Drill 刚度选项。

5）大多数平板壳单元适合不规则模型和直曲壳模型，但一般限制单元间的交角不大于 15°。

6）除 Shell28 外，均支持变厚度、面载荷及温度载荷。

下面主要对 Shell181 进行介绍。

Shell181 适用于分析薄到中等厚度的壳体结构，如图 4-5 所示，它是一个四节点单元，每个节点有 6 个自由度，分别为 x、y 和 z 方向上的平移，以及围绕 x、y 和 z 轴的旋转（如果使用膜选项，则该元件仅具有平移自由度）。在网格生成中，简化的三角形选项只能用作填充元素。

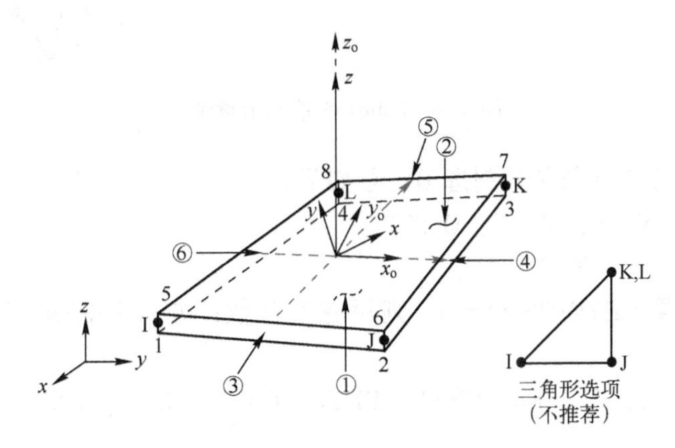

图 4-5　Shell181 单元示意图

Shell181 适用于线性、大旋转和/或大应变非线性分析，在非线性分析中需考虑壳体厚度的变化。Shell181 说明了分布式压力的从动件（负载刚度）影响，可用于建模复合外壳或夹层结构的分层。复合材料壳体的建模精度取决于一阶剪切变形理论（通常称为 Mindlin-Reissner 壳体理论），单元公式基于对数应变和真实应力测量。单元运动学允许有限的膜应变（拉伸）。

4.2.5　三维实体单元

三维实体单元在任何有限元分析中都是很常见的单元。实际工程中常会遇到复杂结构，当无法用线、面进行简化时，只能采用实际模型计算。有时为了使计算结果更加直观，如果时间允许的话也经常采用 3D 实体单元。3D 实体单元用于模拟三维实体结构，此类单元每个节点均具有 3 个自由度，即 U_x，U_y，U_z 三个平动自由度。常用的三维实体单元主要有 Solid185 与 Solid186，本节对这两种单元进行介绍。

1. Solid185 单元

Solid185 用于实体结构的三维建模。如图 4-6 所示，它由 8 个节点定义，每个节点有 3 个自由度，分别为节点 *x*、*y* 和 *z* 方向的平移。该单元具有塑性、超弹性、应力加劲、蠕变、大挠度和大应变能力。它还具有模拟近不可压缩弹塑性材料和完全不可压缩超弹性材料变形的混合配方能力。

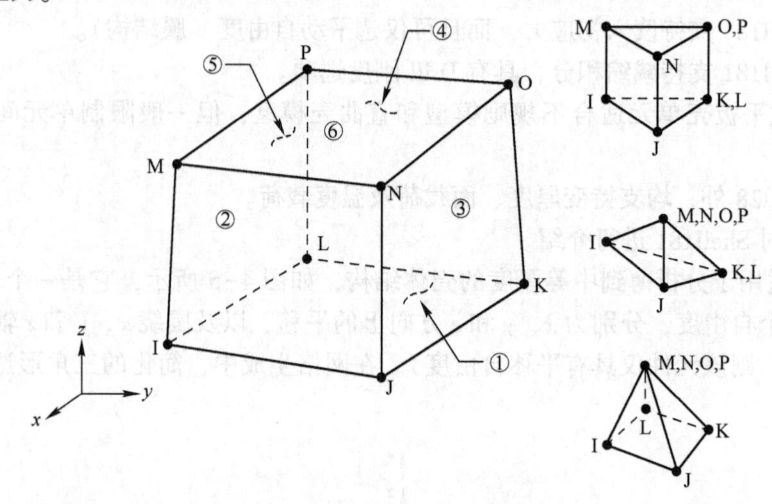

图 4-6 Solid185 单元示意图

Solid185 单元的输入参数及控制选项汇总如下。

1）节点：I，J，K，L，M，N，O 和 P。

2）自由度：UX，UY 和 UZ。

3）实常数：如果 KEYOPT(2)= 0，则没有实常数；如果 KEYOPT(2)= 1 时，HGSTF（球面刚化因子）。

4）材料性能：EX，EY，EZ，PRXY，PRYZ，PRXZ，DENS，GXY，GYZ，GXZ，ALPD 和 BETD。

5）面载荷：压力-表面 1(J-I-L-K)、表面 2(I-J-N-M)、表面 3(J-K-O-N)、表面 4(K-L-P-O)、表面 5(L-I-M-P)和表面 6(M-N-O-P)。

6）体载荷：温度-T(I)，T(J)，T(K)，T(L)，T(M)，T(N)，T(O)和 T(P)；体载荷密度-全局正交坐标系 *x*，*y*，*z* 方向的载荷值。

7）求解能力：单元生死、弹性、单元技术自动选择、超弹性、初应力输入、大变形、大应变、线性扰动、非线性稳定、塑性、应力刚化、用户自定义材料、黏弹性和黏塑性/蠕变。

2. Solid186 单元

Solid186 是一个具有二次位移特性的高阶三维 20 节点实体单元。如图 4-7 所示，该单元由每个节点具有 3 个自由度的 20 个节点定义，分别为节点在 *x*、*y* 和 *z* 方向上的转换。该元件支持塑性、超弹性、蠕变、应力加劲、大挠度和大应变能力，还具有模拟接近不可压缩弹塑性材料和完全不可压缩超弹性材料变形的混合配方能力。

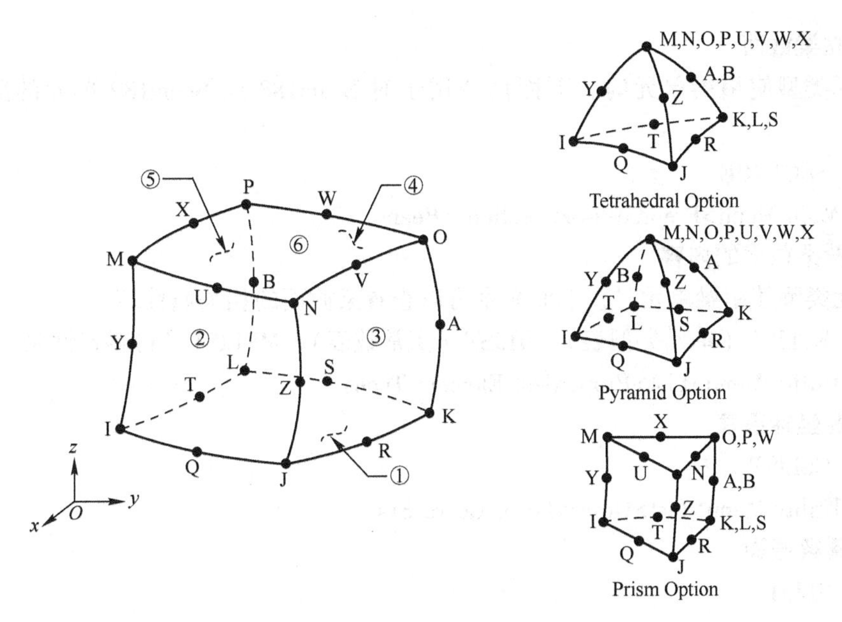

图 4-7　Solid186 单元示意图

4.3　网格划分

进行有限元分析，网格划分是其中最关键的一个步骤，网格划分的质量直接影响计算的精度和速度，下面将对网格划分的基本过程与网格划分方法等进行详细介绍。

4.3.1　单元划分基本过程

1. 选择单元类型

4.2 节已对单元类型进行了详细介绍，可在单元属性数据库中选择所需的单元。

命令：ET

GUI：Main Menu>Preprocessor>Element Type>Add/Edit/Delete

2. 定义实常数组

实常数组的定义不是必需的，其定义与否与所选用的单元类型有关。

命令：R

GUI：Main Menu>Preprocessor>Real Constants>Add/Edit/Delete

3. 定义材料特性

对材料属性进行定义，如弹性模量、泊松比和密度等特性。

命令：MP

GUI：Main Menu>Preprocessor>Material Props>Material Models

4. 建立坐标系表

建立的坐标系用来给单元分配单元坐标系。

命令：LOCAL、CLOCAL

GUI：Utility Menu>WorkPlane>Local Coordinate Systems>Create Local CS>At Specified Loc

5. 建立梁截面

对单元类型使用梁单元时，下面命令用于对 Beam188 或 Beam189 单元的梁进行网格划分。

命令：SECTYPE

GUI：Main Menu>Preprocessor>Sections>Beam

6. 查看梁截面的内容

当单元类型使用梁单元时，下面命令可以查看梁截面的相关属性表。

命令：ETLIST（单元类型表）、RLIST（实常数表）、MPLIST（材料特性表）

GUI：Utility Menu>List>Properties>Element Types

7. 查看坐标系表

命令：CSLIST

GUI：Utility Menu>List>Other>Local Coord Sys

8. 查看梁截面

命令：SLIST

GUI：Main Menu>Preprocessor>Sections>List Sections

如果模型采用了点、线、面和体综合建模，此处的点不含依附于线、面和体的点，特指需要独立划分单元的点，对线和面也是如此。对于点、线、面、体不同类型的几何体，需要添加不同的单元类型才能进行单元划分。如果单元需要不同的厚度、截面等参数，就需要添加不同的实常数或截面，并给几何体指定不同材料、实常数和截面等，才能保证分析结果的可靠。

4.3.2 选择网格划分方法

在对模型进行网格划分之前，甚至在建立模型之前，就应当考虑网格划分的方式，是采用自由网格（Free）划分还是映射网格（Mapped）划分。

自由网格对于单元形状没有限制，且没有特定的准则。映射网格对于单元形状有限制，而且必须满足特定的规则。映射面网格包含四边形或三角形单元，映射体网格只包含六面体单元。映射网格具有规则的形状，划分单元后可以生成明显成排的单元。如果要划分这种网格类型，必须将模型生成具有一系列相当规则的面或体，才能进行映射网格划分，如图 4-8 所示。

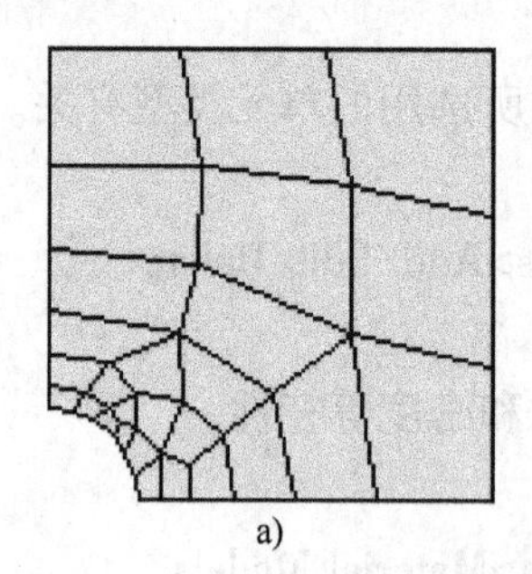

a)

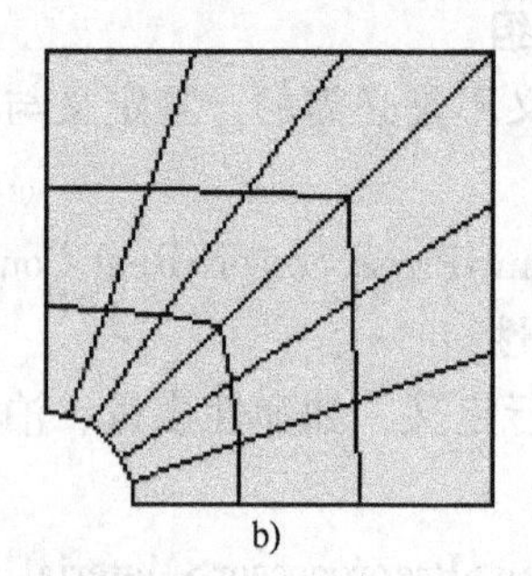

b)

图 4-8　网格划分

a）自由网格　b）映射网格

可用 MSHKEY 命令或相应的 GUI 途径选择网格划分的方式，再选择自由网格或映射网格划分。自由网格的划分只要在划分网格时选用“Free”即可，不再赘述。如果要采用映射网格进行划分，则要满足一定的条件或对模型进行一些处理，否则软件会提示几何体不规则，不能进行划分而终止网格划分。

当面或体形状规则，即必须满足一定准则时，可指定程序全部用四边形面单元、三角形面单元或六面体单元生成映射网格。对映射网格的划分，生成的单元尺寸依赖于当前DESIZE及ESIZE、KESIZE和LESIZE的设置，Smartsizing（SMARTSIZE）不能用于映射网格划分。

下面根据要划分的图元介绍映射网格划分的方法和注意事项，首先介绍面映射网格划分。

面映射网格包括全部是四边形单元或全部是三角形单元两种。映射三角形网格划分是指ANSYS映射一个可划分网格的面，并用三角形单元划分网格的过程。这种类型的网格划分尤其适用于刚体接触分析单元的网格划分。可以映射划分网格的面必须满足以下条件。

1）该面必须是三或四条边（有或无连接）。

2）面的对边必须划分为相同数目的单元，或将其划分得与一个过渡型网格的划分相匹配。

3）该面如有三条边，则划分的单元必须为偶数且各边单元数相等。

4）网格划分必须设置为映射网格（MSHKEY，1），划分得到的网格全是四边形单元或全是三角形单元的映射网格，依赖于当前单元类型和单元形状的设置。

5）生成映射三角形网格需指定网格生成模式，既可以指定ANSYS所用模式生成三角形单元网格（MSHPATTERN），也可以让ANSYS指定。

图4-9所示为全用三角形单元划分网格的基本面和全用四边形单元划分网格的基本面。

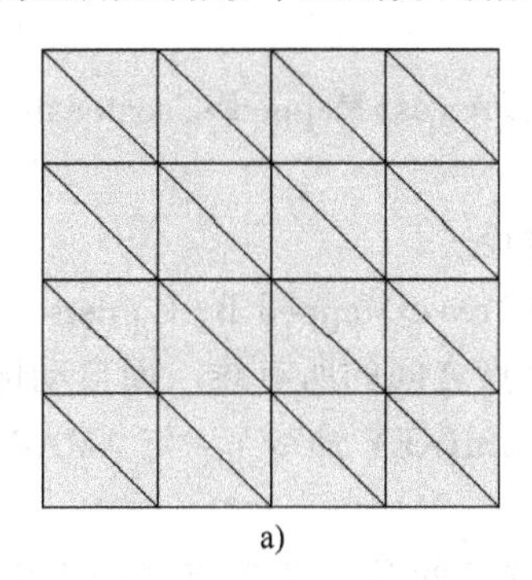
a)

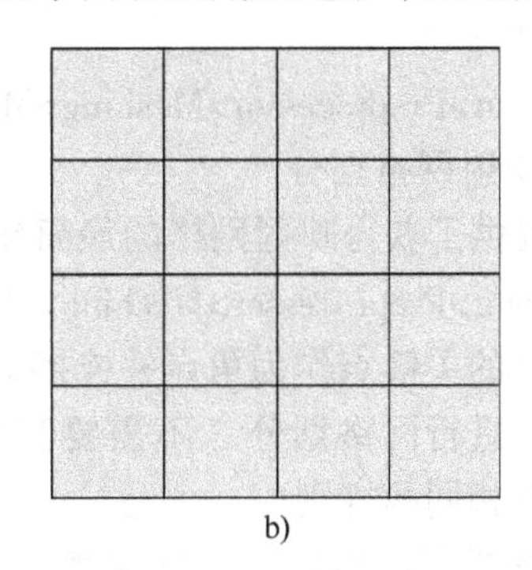
b)

图4-9　面映射网格
a）全用三角形　b）全用四边形

但是，通常模型中的二维面并不满足上述要求，对于不符合要求的面可进行适当处理使之满足要求。例如，一个面多于四条边，不能用映射网格划分，如果有些线可以合并或连接使总线数减少到4条，则此面依然可以用映射的方式划分网格。下面介绍常用的处理方法。

（1）分割线

面的对边指定为相同数目的线分割（或其线段与一个过渡形式的划分相匹配），以生成映射网格，不必对所有线指定分割数。尽管请求映射网格划分［MSHKEY，1］程序将把线的分割从一条线转到相对的线，并转到待划分网格的相邻面上［AMESH］，但在需要时程序可用KDSIZE或ESIZE命令生成相应面的线分割。

LESIZE、ESIZE 命令的屏蔽等级同样适用于传递边的分割数。因此，在如图 4-10 所示的例子中，首先设定每条线的单元数为 3，如图 4-10a 所示；再单独设置 L1 的单元数为 6，如图 4-10b 所示；在划分单元后，L1 的单元划分数传到了 L3，划分结果如图 4-10c 所示。

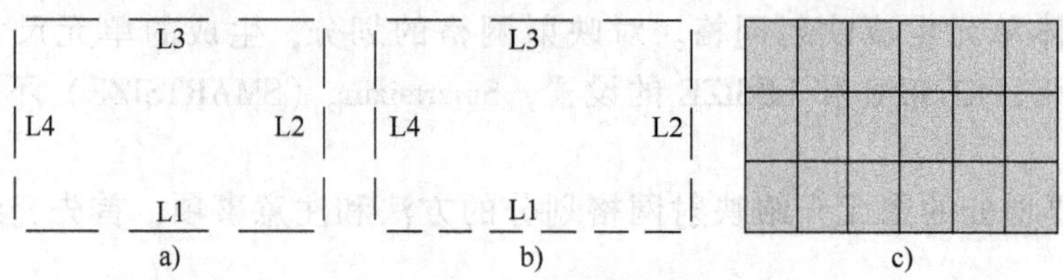

图 4-10　线的单元分割数的控制

（2）合并线和连接线

如果一个面的边数多于 4 条，可将部分线合并（LCOMB）或连接（LCCAT）起来以使边数降为 4。一般来说 LCOMB 命令优先于 LCCAT 命令。LCOMB 命令可用于相切或不相切的线，线的交点也可以不是节点。该命令将两条线合并为一条线，因为合并线生成新的几何体，分割数可以指定给合并后的线（LCOMB）。

命令：LCOMB

GUI：Main Menu>Preprocessor>Modeling>Operate>Booleans>Add>Lines

LCCAT 命令不支持用 IGES 默认功能（IOPTN，IGES 和 DEFAULT）输入的模型，但是可用 ONMERGE 命令将从 CAD 文件输入的模型线进行连接。用 LCCAT 命令进行连接后，新生成的线用于控制单元划分，原来的线仍保留在模型中。连接线的命令及其对应菜单操作如下。

命令：LCCAT

GUI：MainMenu>Preprocessor>Meshing>Mesh>Areas>Mapped>Cocatenate>Lines

（3）简化面映射网格划分

AMAP 命令提供了获得映射网格的最简捷途径。

GUI：MainMenu>Preprocessor>Meshing>MeshAreas>Mapped By Corners

命令使用指定的关键点作为角点并连接关键点之间的所有线。面自动地全部用四边形或全部用三角形单元进行网格划分（不需要使用 MSHKEY 命令），与 AMAP 通过连接线的映射网格划分控制有相同的规则。

用 AMAP 方法进行网格划分，需注意在已选定的几个关键点之间有多条线。在选定面之后，可按任意顺序拾取关键点 1、2、4 和 5，程序会自动生成映射网格，如图 4-11b 所示。选择关键点 2、3 和 4，生成的网格如图 4-11c 所示。

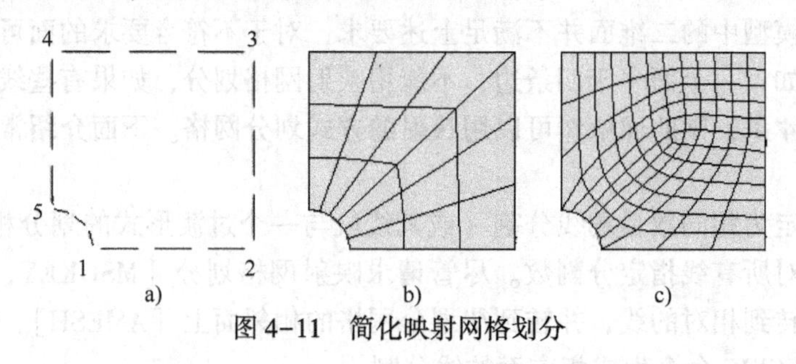

图 4-11　简化映射网格划分

(4) 将几何面（体）分割成简单形状

对于结构复杂的二维面或体，可以先建立辅助的线或面（也可以是工作平面），再采用 Booleans 运算中的用线分割面、面分割体等操作，将要划分单元的几何体先分割成小的四边形（三角形）或六面体，然后对面或体进行单元划分。如图 4-11 所示的二维平面，通过不同的方式分割，结果如图 4-12 所示，划分单元后结果如图 4-13 所示。也可以采用其他任何方式进行分割，只要能把几何模型分割成适合划分映射单元的开关即可。

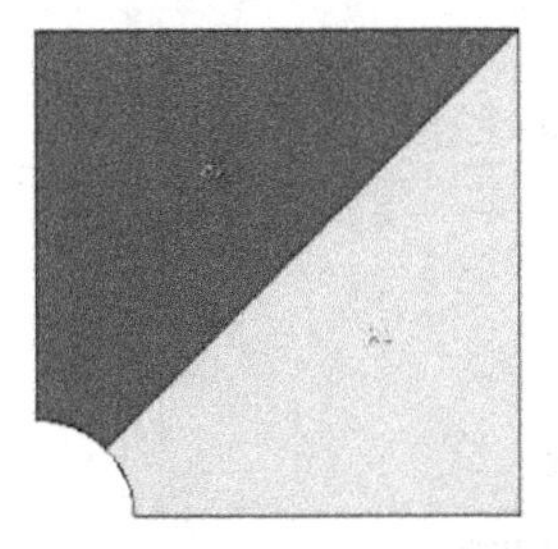
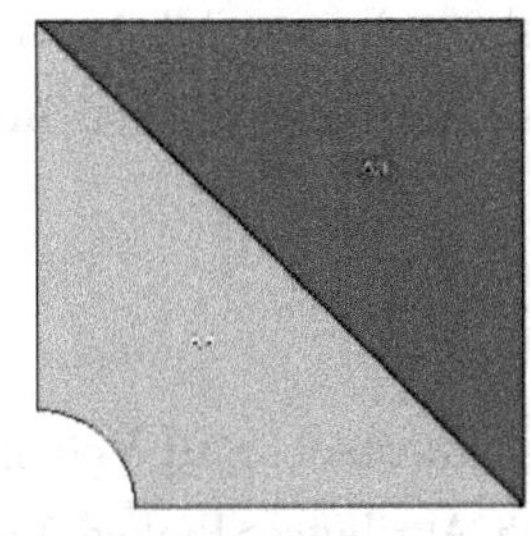

图 4-12 复杂平面模型划分

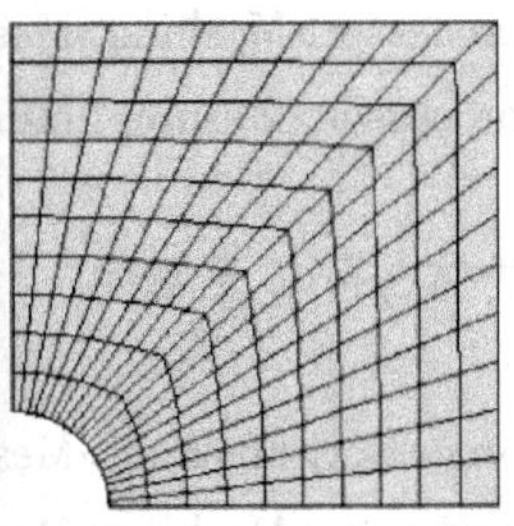
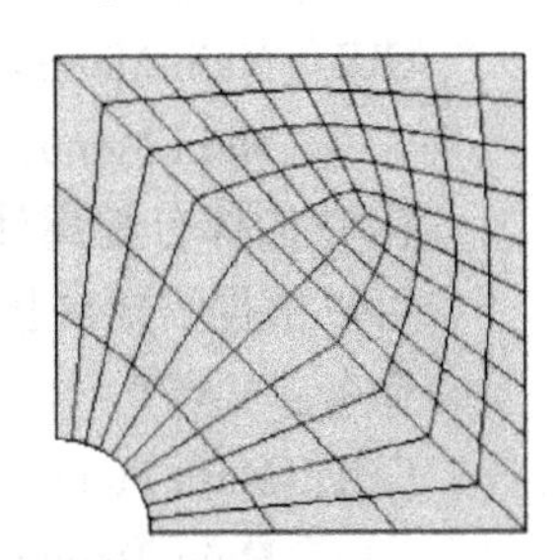

图 4-13 复杂平面模型单元划分结果

上述将复杂几何体进行分割再划分单元的方式，更像手工将几何体划分成大单元，再用软件将大单元划分成小单元，较好地体现了有限元方法。如果三维实体的几何结构过于复杂，有时会造成划分网格的失败，此时，需要将几何模型切割成简单几何体组成的模型才能成功划分单元。

4.3.3 分配单元属性

属性表建立后，通过指向表中合适的条目即可对模型的不同部分分配单元属性。所用的指针为单元属性的参考号码集，包括材料号（MAT）、实常数号（REAL）、单元类别号（TYPE）、坐标系号（ESYS），以及用 BEAM44、BEAM188 或 BEAM189 单元对梁进行网格划分的分段号（SECNUM）。

在生成单元的网格划分操作中，可以直接给所选定的实体模型图元分配单元属性，也可以采用程序默认的属性集。

注意：梁模型进行网格划分时需要给线分配方向关键点作为其属性，但并不能建立方向关键点表。因此，分配方向关键点为其属性时，必须是直接分配给所选线，不能定义默认的方向关键点集，以备后面网格划分操作所使用。

ANSYS 程序允许对模型的每个区域预置单元属性，实现向实体模型图元分配单元属性，从而避免在网格划分过程中重置单元属性。直接分配单元属性的方法与图元的级别直接相对应，各直接分配的方法如下。

(1) 向关键点分配属性

可以根据需要向制定的关键点分配单元属性。

命令：KATT

GUI：Main Menu>Preprocessor>Meshing>Mesh Attributes>All Keypoints

Main Menu>Preprocessor>Meshing>Mesh Attributes>Picked KPs

(2) 向线分配属性

可以根据需要向制定的线分配单元属性。

命令：LATT

GUI：Main Menu>Preprocessor>Meshing>Mesh Attributes>All Lines

Main Menu>Preprocessor>Meshing>Mesh Attributes>Picked Lines

（3）向面分配属性

可以根据需要向指定的面分配单元属性。

命令：AATT

GUI：Main Menu>Preprocessor>Meshing>Mesh Attributes>All Areas

Main Menu>Preprocessor>Meshing>Mesh Attributes>Picked Areas

（4）向体分配属性

可以根据需要向指定的体分配单元属性。

命令：VATT

GUI：Main Menu>Preprocessor>Meshing>Mesh Attributes>All Volumes

Main Menu>Preprocessor>Meshing>Mesh Attributes>Picked Volumes

除上述直接向实体分配单元属性外，ANSYS 还提供了分配默认属性的方式。分配默认属性是指仅通过指向属性表的不同条目分配默认的属性集，即在开始划分网格时，程序自动将属性分配给实体模型和单元。如果在属性分配过程中，采用直接分配的方式给实际模型图元分配属性，则直接分配的属性将取代默认的属性。另外，当清除实体模型图元的节点和单元时，任何通过默认属性分配的属性也将被清除。分配默认属性集的命令及其对应菜单操作如下。

命令：TYPE、REAL、MAT、ESYS 和 SECNUM

GUI：Main Menu>Preprocessor>Meshing>Mesh Attributes>Default Attribs

Main Menu>Preprocessor>Meshing>Mesh Attributes>Elem Attributes

一般而言，默认属性分配仅用于只有一种单元、实常数和截面的分析。如果熟悉模型中几何体的单元类型、材料、实常数和截面等要求，也可以把每个几何体即将使用的参数作为默认值进行单元划分。这样每次部分几何体划分单元后，都要重新指定新的默认值给其他待划分单元的几何体，因此，此方法不适用于一次将所有几何体划分单元操作。

4.3.4 网格划分工具

ANSYS 网格划分工具（MeshTool）提供了最常用网格划分控制和操作的便捷途径。网格划分工具是个交互的“工具箱”，如图 4-14 所示。它包含了大量的功能，一旦打开，它就保持打开状态直到关闭它或离开前处理 PREP7。如果前处理中划分单元菜单下面的命令不能打开，只需把 ANSYS 界面最小化后再关闭隐藏在其后的如图 4-14 所示的网格划分工具即可。

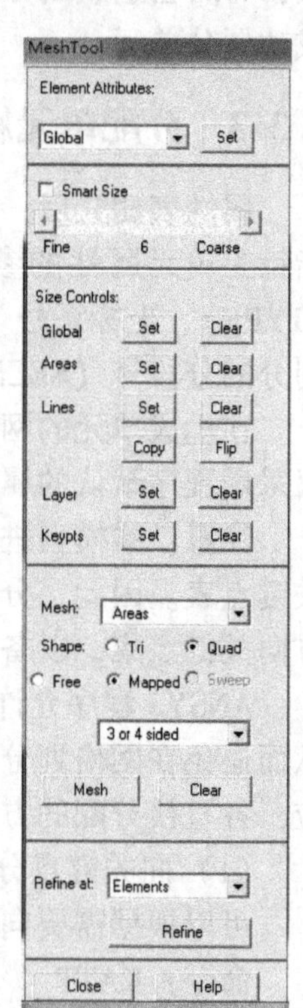

图 4-14 “Mesh Tool”对话框

尽管网格划分工具的所有功能也能通过另外的 ANSYS 命令和菜单得到，但是使用网格划分工具仍然是十分有效便捷的。网格划分工具具有以下功能。

1）控制 Smart Size 水平。
2）设置单元尺寸控制。
3）指定单元形状。
4）指定网格划分类型（自由或映射）。
5）对实体模型图元划分网格。
6）清除网格。
7）细化网格。

4.3.5 网格尺寸控制

有限元网格划分时，对单元尺寸的控制方式共有两种：智能单元尺寸和人工单元尺寸。

1. 智能单元尺寸的命令及对应菜单操作

命令：SMRTSIZE

GUI：Main Menu>Preprocessor>Meshing>Size Contrls>SmartSize>Basic

执行命令后出现如图 4-15 所示的对话框，下拉列表框中基本的尺寸水平共分为 1～10 级，可自行设置，也可单击“关闭”按钮，关闭智能模式。选择的数字越大，网格尺寸越大，网格越粗糙；反之，网格尺寸越小，网格越精细。

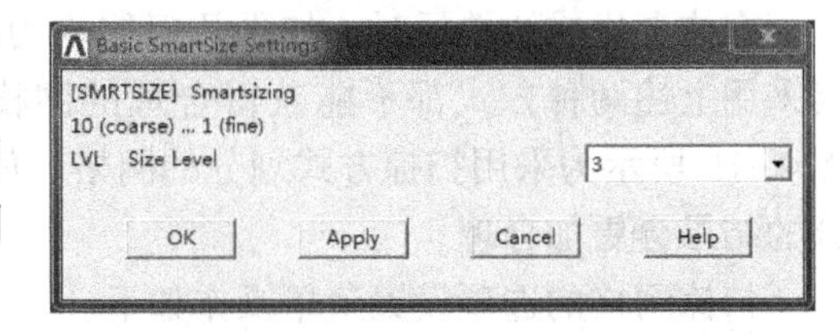

图 4-15 “Basic SmartSize Setting”对话框

2. 人工单元尺寸菜单

命令：ESIZE

GUI：MainMenu>Preprocessor>Meshing>Size Contrls>ManualSize>Global>Size

与上述菜单操作相似的还有针对 Area、Line、Keypoint 和 Layer 的单元尺寸，每种操作中又包括对全部（All）和指定（Picked）几何体的操作，还包括对单元尺寸的清除。

上述单元尺寸的控制方式中，优先级最高的是 Line，然后依次是 Keypoint、Area 和 Global，最低级则是默认单元尺寸（对映射网格）和智能单元尺寸（对自由网格）。

一般而言，随着单元尺寸逐步减小，数值分析结果逐步趋近解析解。单元尺寸太大，肯定达不到以有限间断代替无限连续的效果，即不能保证数值分析结果能够趋近解析解。要获得可靠的分析结果，单元尺寸肯定不能太大。然而，单元尺寸也不是越小越好，单元尺寸太小，会由于计算误差造成真解被湮没。因此要获得一定精度的分析结果，就必须要选择尺寸合适的网格。

另外，现有的硬件条件也对单元尺寸和解题规模产生制约。对于比较节省内存的算法，每百万自由度也需要 0.5～1GB 的内存。常见的二维单元每个节点有 2～6 个自由度，三维单元每个节点则有 3 个自由度，即 1GB 内存可求解的问题最大为 20～50 万个节点。对于简单模型，普通计算机已经能满足要求。但对于稍微复杂的有限元问题，在给定单元尺寸时就必须要考虑对硬件资源的需求了。

4.3.6 MESH 生成网格

为对模型进行网格划分，必须使用适合于待划分网格图元类型的网格划分操作，对关键点、线、面和体需使用不同的方法，具体方法如下。

(1) 在关键点处生成点单元（如 MASS21）

命令：KMESH

GUI：Main Menu>Preprocessor>Meshing>Mesh>Keypoints

(2) 在线上生成线单元（如 LINK180）

命令：LMESH

GUI：Main Menu>Preprocessor>Meshing>Mesh>Lines

(3) 在面上生成面单元（如 PLANE82）

命令：AMESH 或 AMAP

GUI：Main Menu>Preprocessor>Meshing>Mesh>Areas>Mapped>By Corners

(4) 在体上生成体单元（如 SOLID185）

命令：VMESH

GUI：Main Menu>Preprocessor>Meshing>Mesh>Volumes>Free

Main Menu>Preprocessor>Meshing>Mesh>Volumes>Sweep

在体上生成体单元时，如果几何体均为六面体，可以采用 Free 或 Mapped 网格。有时，当采用上述两种方式都不能获得合理的网格划分时，可以采用 Sweep 方式生成扫掠网格。图 4-16 所示为采用扫掠方式划分的网格。如果在划分前适当控制源面的网格形状，网格划分的结果会更加合理。

扫掠网格的选项设置菜单操作如下：

Main Menu>Preprocessor>Meshing>Mesh>Volumes>Sweep>Sweep Opts

扫掠网格选项设置，如图 4-17 所示，主要包括以下选项。

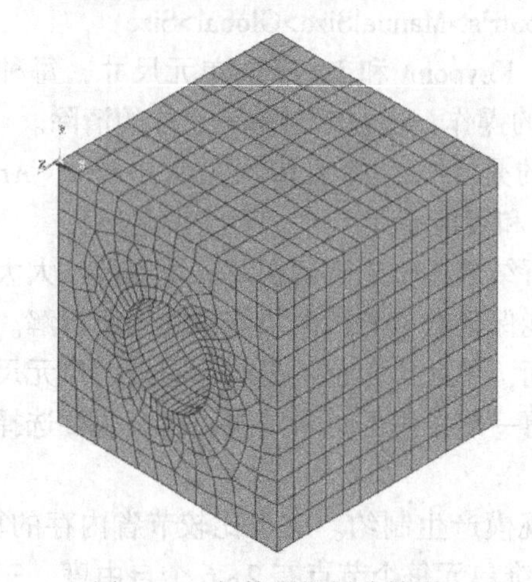

图 4-16　扫掠网格划分结果

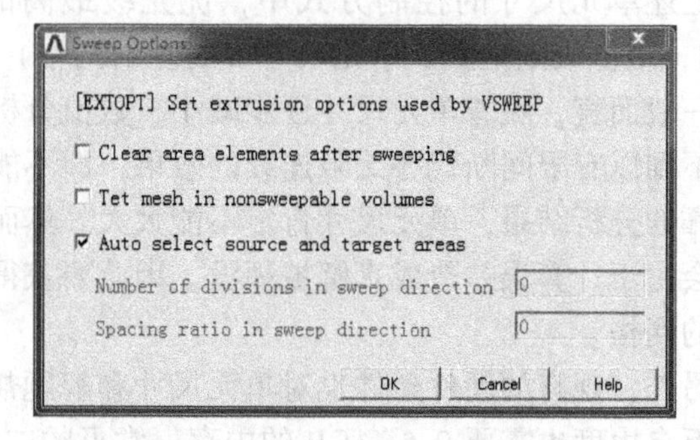

图 4-17　“Sweep Options” 对话框

1) Clear area elements after sweeping：扫掠后清除面单元。

2) Tet mesh in nonsweepable volumes：对不能扫掠的体生成四面体单元。

3) Auto select source and target areas：自动选择源面和目标面。

使用 MESH 命令时的注意事项如下：

(1) 使用不同维数单元划分网格时，网格划分操作不分顺序

有时需要对实体模型用不同维数的多种单元划分网格。例如，带筋的壳有梁单元（线

单元）和壳单元（面单元），或用表面作用（面单元）覆盖三维实体模型（体单元）的表面。可按任意顺序使用相应的网格划分操作（KMESH，LMESH，AMESH 和 VMESH）。但在划分网格前要设置合适的单元属性。

（2）网格划分结果评估须在同一硬件平台上进行

无论选取何种体网格划分器（MOPT，VMESH，Value），在不同的硬件平台上对体用四面体单元划分网格（VMESH 和 FVMESH）会生成不同的网格。因此，评估一特殊节点或单元的结果时要注意，如果在一个平台上生成的图元输入到另一个不同硬件平台上运行，图元的位置可能会改变。

（3）网格离散误差较大时，激活自适应网格划分宏命令

自适应网格划分宏命令（ADAPT）是替换的网格划分方法，会在网格离散错误的基础上自动改进网格。

4.3.7 检查网格

由于网格的好坏关系到分析结果的质量，ANSYS 软件会进行单元检查以提醒用户网格划分操作是否生成了形状不好的单元。然而，一种单元形状对某一个分析可能得出不准确的结果，但对另一个分析可能是可以接受的。因此，要建立一个单元开关判别的通用准则是有相当难度的。ANSYS 软件将单元形状好坏的判别交给了用户，用户可以根据分析问题的类型去进行单元形状好坏的控制。ANSYS 的默认执行单元开关检查，详细的检测结果可以查找有关资料。

单元形状检查设置包括以下内容。

1）完全关闭单元开关检查或只出现警告模式。

2）出现和关闭个别检测结果。

3）查看开关检测结果。

4）查看当前形状参数限制。

5）改变当前开关参数限制。

6）恢复单元形状参数数据。

7）理解 ANSYS 对已有单元重新检验的必要性。

8）决定单元形状是否可以接受。

1. 模型校验

模型校验的功能是控制实体模型与有限元模型之间的关系。

命令：MODMSH

GUI：Main Menu>Preprocessor>Checking Ctrls>Model Checking

操作说明：执行该命令后，出现如图 4-18 所示的对话框，在下拉列表框中选择一种检查方式后，单击“OK”按钮，出现一个信息窗口，在信息窗口会看到当前的检查结果，再单击 File>Close 完成该命令的操作。

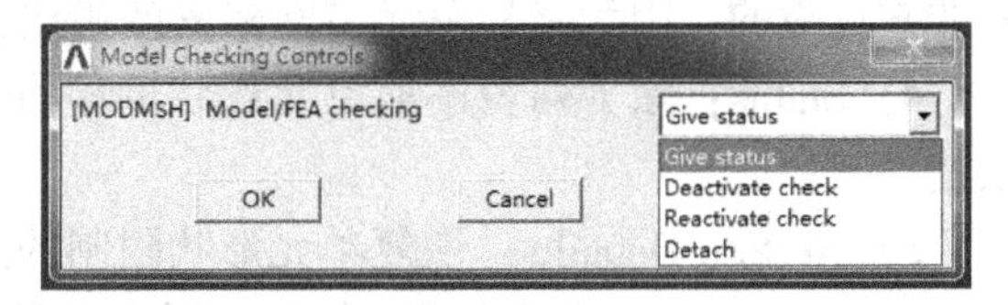

图 4-18 “Model Check Controls”对话框

对话框的下拉列表框中有 4 个选项，其意义如下。

1）Give status：给出当前的状态（默认设置），仅适用于“CHECK”选项，对于“DETACH”选项没有任何状态给出。

2）Deactivate check：关闭实体模型和有限元模型的检查，允许能够对执行网格命令所生成的单元和节点直接进行修改，即关闭了实体模型的分组检查，这样附加在体上的面也许将被删除。注意，这个命令的使用将会在下一级的运行中使实体模型数据库被破坏。

3）Reactivate check：对实体模型执行进一步的检测。

4）Detach：释放当前的实体模型和有限元模型之间的联系。ANSYS 软件将删除通过默认设置来指定影响实体模型的任何单元属性，然而那些直接施加在实体模型上属性并没有被删除。注意，一旦使用该命令，就不能通过释放的实体模型去选择或定义有限元模型或者清除网格。

说明：该命令会影响到实体模型和有限元模型之间的关系。

2. 单元形状校验

单元形状校验的功能是控制单元形状检查。

命令：SHPP

GUI：Main Menu>Preprocessor>Checking Ctrls>Shape Checking

操作说明：执行该命令后，弹出如图 4-19 所示的对话框，在右面的下拉列表框中选择其中某项，完成“Change Settings”设置后，单击“OK”按钮，关闭对话框，结束该命令的操作过程。

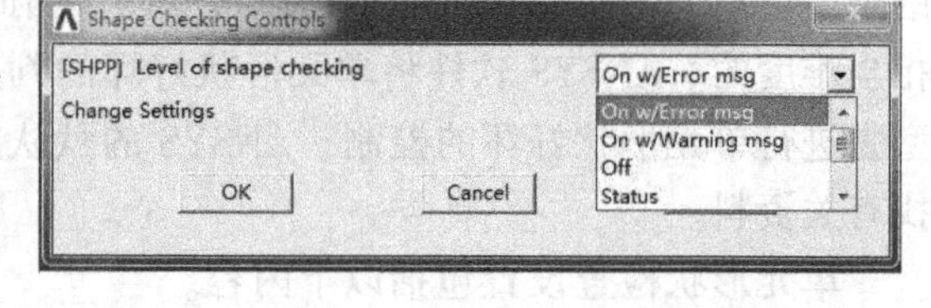

图 4-19 “Shape Checking Controls”对话框

对话框中各选项的意义如下。

（1）Level of shape checking

设置形状检查的级别，它有以下选项。

1）On w/Error msg：激活单元形状检查。不论单元是怎样生成的，新划分的单元都用已存在的警告和误差极限进行测试，超过误差极限的单元会产生一个警告信息，甚至会造成网格划分失败，每个超过了警告极限的单元均会产生一条警告信息。

2）On w/Warning msg：激活单元形状检查。与上述选项不同的是，选择此选项后，超过误差极限的单元不会引起网格划分或单元存储失败，相反它会产生一个警告信息通知用户单元形状参数已经超过误差极限。这个选项并不改变当前形状参数的限制。由于形状参数误差极限的默认设置是针对任何单元，因此这个选项对有的单元是合适的，而对其他单元则有可能是不合适的，其结果是极有可能产生形状非常奇异的单元。

3）Off：关闭单元形状检查。这个选项并不会改变当前形状参数的极限，使用这个选项是非常危险的，因为奇异单元与网格密度相比，会引起更加不精确的分析结果。

4）Status：除了列表显示单元形状的检查信息外，还列表显示了当前有效的形状参数限制。

5）Restore Defaults：恢复单元形状限制的默认设置。

6）Summary：对所选择的单元，列表显示单元形状测试结果的概要。

（2）Change Settings

如果该项设置为“Yes”，单击如图 4-19 所示对话框中的“OK”按钮，会弹出如

图 4-20 所示的对话框。在该对话框中用户可以进行单项或多项的设置。设置完成后单击“OK”按钮即可。

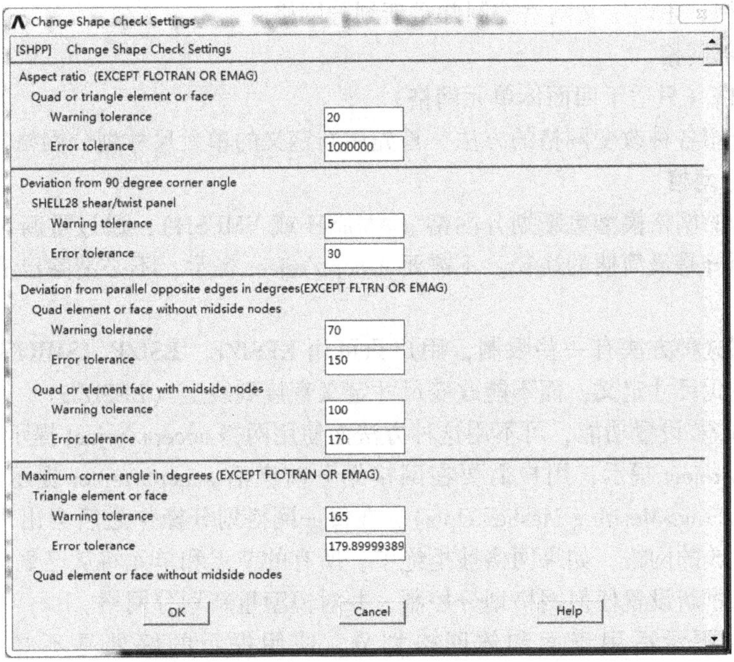

图 4-20 “Change Shape Check Settings”对话框

3. 触发校验

功能：触发形状检测的单个或多个选项。

命令：SHPP

GUI：Main Menu>Preprocessor>Checking Ctrls>Toggle Checks

操作说明：执行该命令后，弹出如图 4-21 所示的对话框，用户可在该对话框中关闭或打开一个或多个形状检测设置，然后单击“OK”按钮即可。

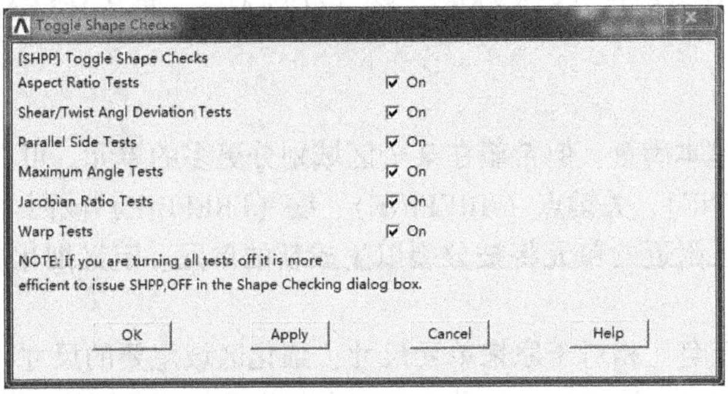

图 4-21 “Toggle Shape Checks”对话框

4.3.8 修改网格

初次生成的网格未必满足分析要求，ANSYS 程序提供了多种方法用于模型网格的修改。如果用户认为生成的网格不合适，可用下列方法改变网格。

1）使用新的单元尺寸定义划分网格。

2）使用接受与拒绝（accept/reject）来提示放弃网格，然后重新划分网格。

3）清除网格，重新定义网格控制并重新划分网格。

4）细化局部网格。

5）改进网格（只适于四面体单元网格）。

下面详细介绍各种改变网格的方法，首先用新定义的单元尺寸划分网格。

1. 重新划分网格

要对已划分的网格模型重新划分网格（AMESH 或 VMESH），通过重新设置单元尺寸控制再开始网格划分是最简便的途径。不需要 accept/reject 提示，不必清除已有网格即可对其进行网格划分。

但是，应用这种方法有一些限制，用户只可用 KESIZE、ESIZE、SMRTSIZE 和 DESLZE 控制命令改变单元尺寸定义，而不能改变尺寸定义直接到线上（LESIZE）。如果在网格划分前希望改变 LESIZE 设置功能，可不用这种方法而使用网格 accept/reject 提示。

使用 accept/reject 提示，用户需要在网格划分前激活 accept/reject 提示（GUI：Menu>Preprocessor>Meshing>Meshing Mesher Opts），在每一网格划分操作之后会出现提示，允许用户接受或拒绝生成的网格。如果网格被拒绝了，所有的节点和单元将从已划分网格的图元中清除，用户可以重新设置任何网格划分控制，并对模型重新划分网格。

accept/reject 提示适用于面和体网格划分。使用提示的好处是不必手工清除网格（ACLEAR 和 VCLEAR）。

2. 清除网格

在重新划分网格时并不是每次都要求清除节点和单元，但当用 LESIZE 命令设置时必须清除网格，要从根本上改变实体模型也必须清除网格。清除网格的命令及其对应菜单操作如下：

命令：XCLEAR

GUI：Main Menu>Preprocessor>Meshing>Clear

使用此命令可以从关键点（KCLEAR）、线（LCLEAR）、面（ACLEAR）或体（VCLEAR）上清除网格。

3. 细化局部网格

如果对网格划分基本满意，但希望在某个区域划分更多的单元，可在选定内节点（NREFINE）、单元（EREFINE）、关键点（KREFINE）、线（LREFINE）或面（AREFINE））附近细化局部网格，选定图元附近的单元将被分裂以生成新的单元。定义细化参数的控制过程介绍如下。

1）定义细化的程度（相对于原来单元尺寸，细化区域想要的尺寸）。

2）按照所选定图元以外的单元数量，确定周围待重新划分网格的深度。

3）定义在分裂原来的单元之后的后处理类型（光滑化和修整，只光滑化或既不光滑化也不修整）。

4）确定在用另外的全部四边形网格细化中，是否可以引入三角形网格。

一般网格细化可先通过 Refine 命令和相关的菜单操作选择需要细化的实体，再设置细化参数。以图 4-22a 所示为例，介绍网格细化的命令及其操作。

（1）细化节点附近网格

命令：NREFINE

GUI：Main Menu>Processor>Meshing>Modify Mesh>Refine At>Nodes

如图 4-22b 所示左下角为细化效果。

（2）细化单元附近网格

命令：EREFINE

GUI：Main Menu>Processor>Meshing>Modify Mesh>Refine At>Elements

如图 4-22b 所示右下角为单元附近网格细化效果。

（3）细化关键点附近网格

命令：KREFINE

GUI：Main Menu>Processor>Meshing>Modify Mesh>Refine At>Keypoints

如图 4-22b 所示右上角为关键点附近网格细化效果。

（4）细化线附近网格

命令：LREFINE

GUI：Main Menu>Processor>Meshing>Modify Mesh>Refine At>Lines

如图 4-22b 所示左上角为线附近网格细化效果。

a)

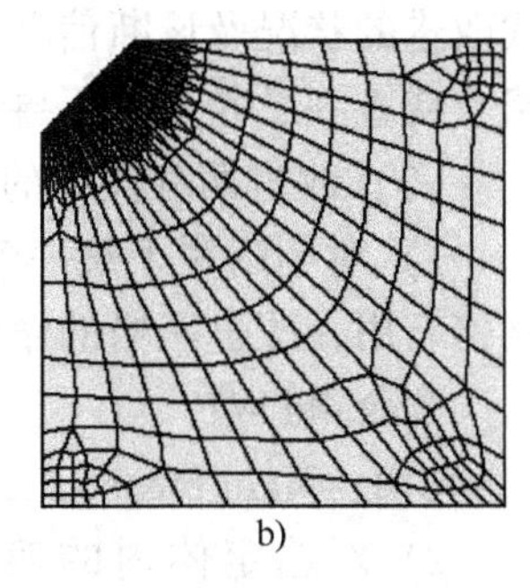

b)

图 4-22　网格细化

（5）细化面附近网格

命令：AREFINE

GUI：Main Menu>Processor>Meshing>Modify Mesh>Refine At>Areas

细化面附近网格只对三维实体模型有效，读者可自行尝试。

网格细化还有如下注意事项。

1）虽然局部细化可以用于整体模型细化，但由于网格细化耗时较多，建议只用于局部细化。

2）三维实体只有单元为四面体单元时才能细化。

3）如果细化区域为接触单元区域，则不能细化。

4）局部细化不适于自由面单元细化。

5）如果毗邻区域为梁单元（Beam）则不能细化。

6）如果细化区域的节点/单元上存在直接施加的载荷，则不能细化。

7）如果细化区域定义了初始条件，则不能细化。

4. 改进四面体单元网格

此功能可对四面体网格进行改进。ANSYS 通过面交换、节点光滑和其他技术来减少形状不好的四面体单元（尤其是分裂四面体的单元数）的数量，完成对四面体单元网格的改进；与此同时也减少网格中总单元数，提高整体网格的质量。在许多情况下，用户不必采取任何动作，ANSYS 程序即自动对四面体网格进行改进。在生成过渡棱锥单元和细化四面体单元网格时，四面体网格的改进会自动地发生。

尽管四面体网格改进会自动地进行，但有时用户也会碰到对一给定四面体网格要求另外地改进的情况。

(1) 对二次四面体网格改进

在体网格划分操作中自动运行四面体改进时（VMESH），ANSYS 用线性四面体形状尺度去改进，此时 ANSYS 将会忽略单元中可能出现的边中节点。但当对一给定网格要求的四面体改进时，ANSYS 会将边中的节点考虑进去。因此，对二次（有边中节点）四面体单元网格，在生成网格之后（VMESH）要求对另外的四面体改进（VEMP），将有助于除去或至少是减少单元形状检查中产生警告单元的数量，并改进整个网格的质量。

(2) 对输入的四面体网格改进

因为输入的四面体网格不具备 ANSYS 自动执行改进四面体单元网格的功能，因此输入的四面体网格有待用户去改进。

四面体网格改进是一个迭代的过程。每处理完一次，会出现一个特殊窗口来报告这次迭代改进的状况及诊断信息。如果想进一步改进网格，可反复地执行请求，直到获得满意的网格，或直到已收敛且不再有明显的改进。

(3) 改进两种类型的四面体单元

1）对不附属于某一个体的四面体单元改进。此功能只对输入的附带几何信息的四面体网格有用，改进网格的命令及其对应菜单操作如下：

命令：TIMP

GUI：Main Menu>Preprocessor>Meshing>Modify Mesh>Improve Tets>Detached Elems

2）对选定体内的四面体单元改进。用户可用此功能对在 ANSYS 中生成的体网格（VMESH）做进一步改进，改进网格的命令及其对应菜单操作如下：

命令：VIMP

GUI：Main Menu>Preprocessor>Meshing>Modify Mesh>Improve Tets>Volumes

使用四面体网格改进同样有限制，下面介绍使用四面体网格改进的限制。

① 网格必须全部由线性单元或全部由二次单元组成。

② 适用于四面体网格改进的单元必须具有相同的单元属性。

对网格中所有适用于四面体网格改进的单元，都必须具有包括单元类型在内的相同属性（单元类型必须是四面体的，但四面体单元也可能是六面体单元的退化形式）。在四面体网格改进之后，ANSYS 从旧的单元集将属性重新分配给新的单元集。

四面体网格改进对混合单元形状是可行的（与单元类型相反）。例如，在六面体和四面体界面之间生成过渡的棱锥，但是混合网格只对四面体单元进行改进。

③ 加载对于进行四面体网格改进也是有影响的。

当载荷以下列方式出现时可以进行四面体网格改进。

- 当载荷加到体边界的单元表面或节点上时。
- 当载荷只加到实体模型上（并已转到有限元网格上）时。

当载荷以下列方式出现时不能进行四面体网格改进。

- 当载荷加到体内部的单元表面或节点上。
- 当载荷加到实体模型上（并已转到有限元网格上），但也加到了体内的单元表面或节点上时。

注意：在后两种载荷情况下，ANSYS 会出现一条警告信息通知用户想要进行四面体网格改进则必须除去载荷。

④ 定义节点或单元组合时，用户将会被询问是否进行网格改进，如果选择了改进，则必须对受影响的组合进行更新。

⑤ 四面体单元网格改进后，单元编号和节点编号也会进行修改。

⑥ 一般地，如果 ANSYS 遇到了错误操作或用户放弃操作，则网格不会改变。但是，在用户放弃操作并在 ANSYS 提示时确认并保存，则 ANSYS 将会存储一个部分改进的网格。如果对多个体请求了改进（VIMP），放弃只针对当前正在进行网格划分的体，则所有已改进的体网格都已保存（在多个体中第一个体改进之后，发生错误的情况相同）。

5. 网格划分的注意事项

网格划分是分析的基础，好的质量网格将会得到可信的分析结果，网格划分时应注意以下几点。

(1) 修平的或有尖角的区域

修平的或有尖角的面和体经常会造成网格划分失败，因此在划分之前应该对网格进行光顺处理。

(2) 单元尺寸急剧过渡的区域

如果指定了急剧变化的过渡单元尺寸，可能会造成单元质量不好，需要对单元尺寸变化剧烈的区域重新划分网格。

(3) 单元过度扭曲的区域

当使用有边中节点结构的单元对曲边建模时，应当保证足够的网格密度以使单元的跨度在一个单元长度上不超过 15°的弧长，如果不需要曲边附近详细的应力结果，可沿曲边和表面生成直边单元（MSHMID，1）的粗糙网格，在曲边单元某处可能会生成一个反向单元，四面体网格划分器会自动将其改为直边单元并产生一个警告。

4.4 三维支架网格划分实例

4.4 三维支架网格划分实例

三维支架如图 4-23 所示，通过前处理建立几何模型如图 4-24 所示，模型由底板、L 形栋梁组成。

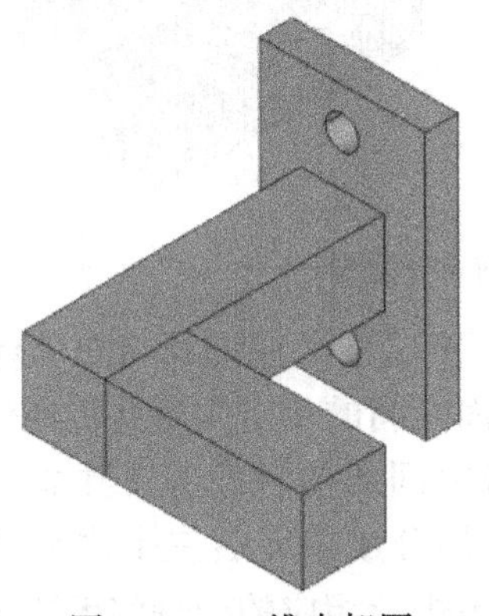

图 4-23 三维支架图

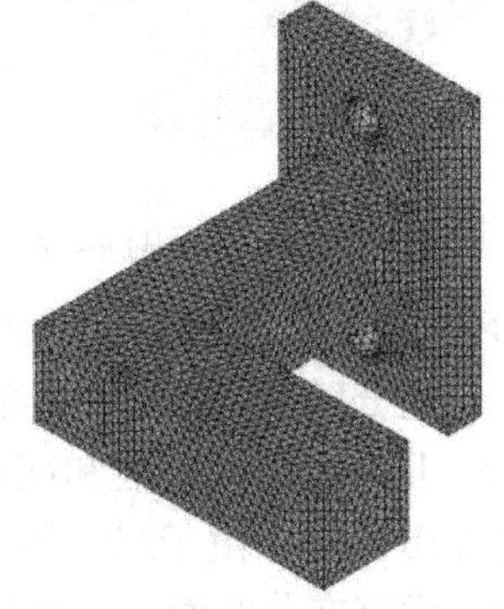

图 4-24 三维支架前处理几何模型

对于该支架，划分网格通常有以下方法。

1）整体模型经过布尔运算合并之后，成为只由一个复杂形状的体组成的几何体，其单元划分只能选自由模式，模型和网格划分结果如图 4-25 所示。整体划分的方式最为简单易懂，但存在两个问题，一个是单元不规则，另一个是如果合并后的几何模型结构过于复杂将可能导致网络划分失败。

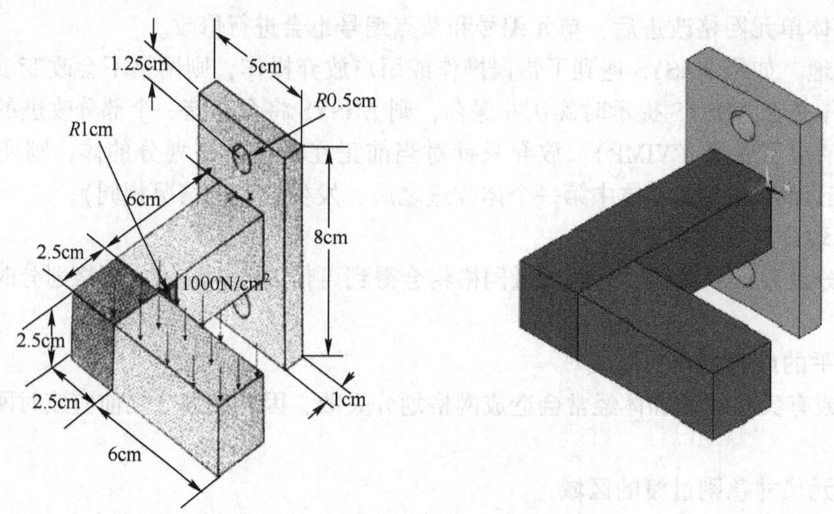

图 4-25　三维支架模型自由网格划分

2）将支架通过布尔运算的“分割”命令分割成由 5 个体组成的模型，如图 4-26a 所示。底板的中间与横梁连接的小长方体被分割出来，保证该部分与横梁端面的连接，同时保证了底板的两部分都可以采用映射或扫掠方式划分网格。在划分网格之前需要进行体的粘结运算，保证相邻的体之间的接触面是公共面。网格划分的结果如图 4-26b 所示，网络的形状要较自由划分的网格规则。

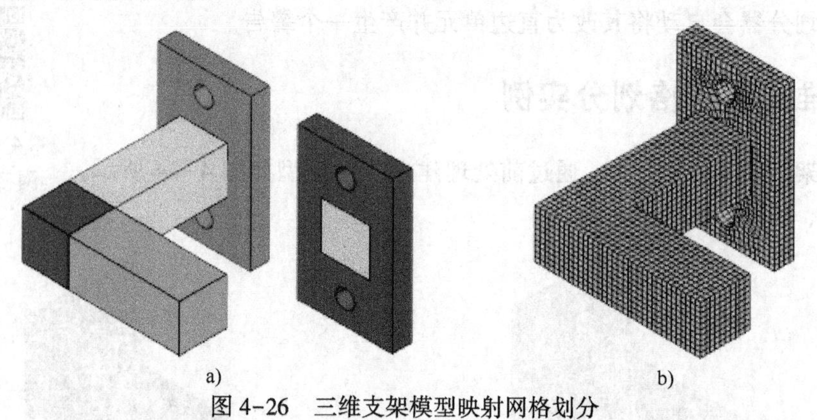

图 4-26　三维支架模型映射网格划分

3）如果用户熟悉有限元模型的修改和接触单元，可以不必保证其与相邻体之间的接触面为公共面，可划分网格后再设置接触，保证其接触面之间的相对固定并传递位移和力。如图 4-27a 所示，几何模型由底板和两横梁组成，三者之间的接触面各自独立，划分完单元的结果如图 4-27b 所示。由于三个体是相互独立的，划分成单元后三个体生成的单元和节点也是独立的，没有在公共面上生成公共节点，如果不进行相应的处理将无法进行分析。

合并相近节点的命令：

GUI：Main Menu>Preprocessor>Modeling>Create>Circuit>Merge Nodes

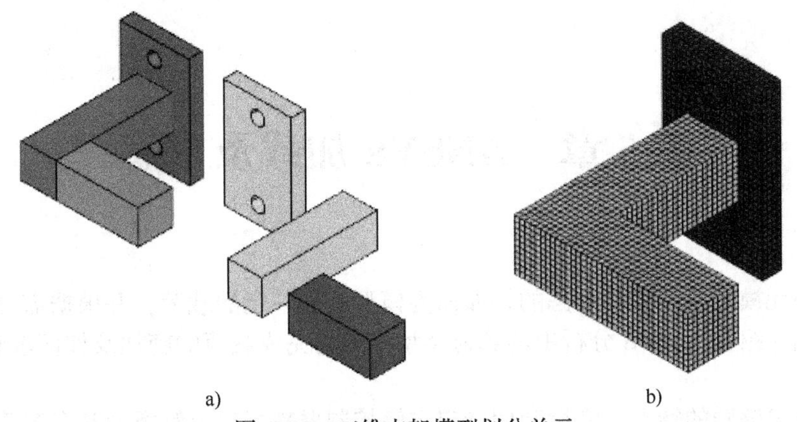

图 4-27　三维支架模型划分单元

执行命令后在弹出的对话框中（图 4-28）选择要合并的项目（节点、单元等），图 4-28 中选择节点（Nodes），在“TOLER”和“GTOLER”对应的文本框中输入相应容差。对节点而言，单击“OK”按钮，该操作将合并距离小于容差的节点。模型公共面上的节点合并之后，有限元模型将通过合并的节点连在一起，不再相互独立，可以进行分析。

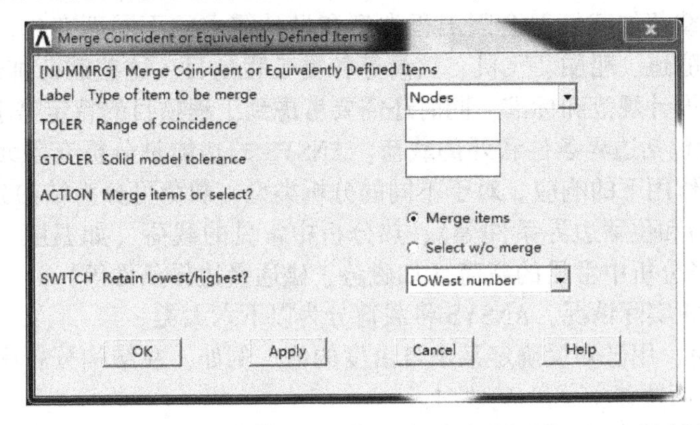

图 4-28　“Merge Coincident or Equivalently Defined Items”对话框

除上述方法之外，用户也可以研究更多的方法进行该模型的网格划分。

综上所述，有限元分析的几何模型建立与网格划分不是相互独立的。在建模时就需要考虑采用何种方式进行网格划分，尽量建立适合划分网格的模型，划分网格过程中也应随时修改几何模型以满足网格划分的需要。

4.5　本章小结

本章主要介绍了有限元法使用的单元类型、网格划分的过程，并通过三维支架网格划分实例进行了演示。

思考与练习

1. 简述网格划分的步骤。
2. 简述自由网格划分与映射网格划分的区别。

第5章　ANSYS 加载及求解

【内容】

建立有限元模型后，需要考虑的是如何为模型施加一定的载荷，并根据需要设置边界条件。本章详细介绍在 ANSYS 分析中的载荷类型，如何完成载荷的施加及如何求解。

【目的】

了解各类求解器的特点，掌握利用特定求解控制器来指定求解类型和多载荷步求解的基本方法。

5.1　载荷介绍

在国家的整体发展战略指导下，我国进行了许多重要的工程，大都需要解决复杂的载荷加载问题，具体的载荷加载情况会因工程类型和设计需求的不同而变化，包括但不限于桥梁、大楼、道路、隧道、船舶、飞机、火箭等各类工程项目。这些载荷加载的计算和应用，都需要依据相关的设计规范和标准，同时还需要考虑到工程项目的特定需求和环境条件。

ANSYS 中载荷包括边界条件和外部载荷。ANSYS 的功能是分析有限元模型在不同载荷以及不同边界条件作用下的响应。对于不同的分析类型，载荷可分为结构分析中常见的载荷（如力、压力、重力和位移边界条件等）、热分析中常见的载荷（如温度、热流速率和对流边界条件等）、磁场分析中常见的载荷（如磁势、磁通量边界条件等）。

为了真实地反映实际情况，ANSYS 将载荷分为以下六大类。

1）自由度约束：用已知量确定某个自由度的值。例如，在结构分析中设置某个节点位移 x 分量 U_x 为 0，而位移 y 分量 U_y 为 1。

2）集中力载荷：施加于模型某个节点的集中力载荷。例如，在结构分析中，施加于某个节点上的力 $\boldsymbol{F}$ 大小为 1000N 等。

3）面载荷：施加于模型某个表面的分布载荷。例如，在结构分析中为面压力等。

4）体载荷：施加于模型体内的载荷。例如，螺管线圈磁场分析中，施加于螺管线圈内部的体电流密度。

5）惯性载荷：跟物体惯性有关的载荷。例如，重力加速度及角速度等。

6）耦合场载荷：用于多载荷的耦合场分析。通常将前面分析的结果作为后面分析的载荷。例如，在热-结构耦合分析中，将温度计算得到的模型温度场分布作为体载荷加载到后续的结果计算中。

5.2　载荷类型

本节将对 ANSYS 中六大类的载荷类型进行具体的介绍。

5.2.1　自由度约束

自由度约束又称 DOF 约束，是对模型在空间中的自由度的约束。自由度约束可施加于节点、关键点、线和面上，用来限制对象某一方向的自由度。

1. 定义节点自由度

命令：D，Node，Lab，VALUE，VALUE2，NEND，NINC，Lab2，Lab3，Lab4，Lab5，Lab6

- Node：节点对象号；为 ALL 时所有节点均被选取。
- Lab：自由度标签。
- VALUE：自由度约束值。
- VALUE2：第二自由度约束值。
- NEND，NINC：更多节点选取设置。
- Lab2，Lab3，Lab4，Lab5，Lab6：赋予通用自由度值的其他标签。

GUI：Main Menu>Preprocessor>Loads>Apply>Structural>Displacement>On Nodes

2. 定义关键点自由度约束

命令：DK，KPOI，Lab，VALUE，VALUE2，KEXPND，Lab2，Lab3，Lab4，Lab5，Lab6

- KPOI：关键点对象号；为 ALL 时所有关键点均被选取。
- KEXPND：扩展选项；设为 0 时，仅将自由度约束传递给关键点上的节点；设为 1 时，扩展到其他节点。其他参数与定义节点自由度约束命令相同。

GUI：Main Menu > Preprocessor > Loads > Define Loads > Apply > Structural > Displacement > On Keypoints

3. 定义线自由度约束

命令：DL，LINE，AREA，Lab，VALUE1，VALUE2

- LINE：线对象号。
- AREA：包含此线的面号或包含对称操作法线面号；默认与线相连，面号为最小面编号。
- Lab：自由度标签（与定义节点自由度命令相同）。

其他参数与定义节点自由度约束命令相同。

GUI：Main Menu > Preprocessor > Loads > Define Loads > Apply > Structural > Displacement > On Lines

4. 定义面自由度约束

命令：DA，AREA，Lab，VALUE1，VALUE2

- AREA：面对象号。

其他参数与定义节点自由度约束命令相同。

GUI：Main Menu>Preprocessor>Loads>Define Loads>Apply>Structural>Displacement>On Areas

5.2.2 集中力载荷

在结构分析中，集中力载荷包括力和力矩，集中力载荷可被施加到节点或者关键点上。载荷与坐标轴平行，载荷的正负值表示力的方向沿着坐标轴的正负方向。

1. 定义节点集中载荷

命令：F，NODE，Lab，VALUE，VALUE2，NEND，NINC

- Lab：集中载荷识别标签。
- VALUE：定义集中载荷的大小和方向。

其余参数见定义节点自由度的D命令。

GUI：Main Menu > Preprocessor > Loads > Define Loads > Apply > Structural > Force/Moment > On Nodes

2. 定义关键点集中载荷

命令：FK，KPOI，Lab，VALUE，VALUE2

- KPOI：关键点对象。
- VALUE：集中载荷值。

GUI：Main Menu > Preprocessor > Loads > Define Loads > Apply > Structural > Force/Moment > On Keypoints

5.2.3 面载荷

在结构分析中，面载荷指施加在面、线、单元或节点上的压强，是一种随对象而动的载荷。施加面载荷的方式如下。

1. 定义节点面载荷

命令：SF，Nlist，Lab，VALUE，VALUE2

- Nlist：节点对象。
- Lab：对于结构分析，一般为PRES。
- VALUE：面载荷值。
- VALUE2：面载荷虚部值，结构分析一般不用。

GUI：Main Menu>Preprocessor>Loads>Define Loads>Apply>Structural>Pressure>On Nodes

2. 定义单元面载荷

命令：SFE，Elem，LKEY，Lab，KVAL，VAL1，VAL2，VAL3，VAL4

- Elem：对象单元。
- LKEY：定义面载荷的单元面号；默认为1。
- KAVL：值选择，一般设为0或1，将所有值定义在实部上。
- VAL1，VAL2，VAL3，VAL4：第一~第四节点上的面载荷值。

其余参数见SF命令。

GUI：Main Menu > Preprocessor > Loads > Define Loads > Apply > Structural > Pressure > On Elements

3. 定义线面载荷

命令：SFL，Line，Lab，VALI，VALJ，VAL2I，VAL2J

- Line：目标线号。
- VAL1，VALJ：线上两关键点面载荷值。

其余参数参考SF命令。

GUI：Main Menu>Preprocessor>Loads>Define Loads>Apply>Structural>Pressure>On Lines

4. 定义面积面载荷

命令：SFA，Area，LKEY，Lab，VALUE，VALUE2

- AREA：对象面号。

其余参数参考SFE命令。

GUI：Main Menu>Preprocessor>Loads>Define Loads>Apply>Structural>Pressure>On Areas

5. 定义面载荷梯度

命令：SFGRAD, Lab, SLKCN, Sldir, SLZER, SLOPE

- SLKCN：参考坐标系号。
- Sldir：梯度方向。
- SLZER：斜率值为 0 处。
- SLOPE：斜率值。

GUI：Main Menu>Preprocessor>Loads>Define Loads>Settings>For Surface Ld>Gradient

5.2.4 体载荷

体载荷是施加在模型体积上的载荷，在结构分析中，体载荷为温度载荷和频率载荷。

命令：BF, X, Lab, (STLOC), VAL1, (VAL2, VAL3, VAL4)

- X：节点、网格单元、关键点、线、面或体目标对象。
- Lab：结构分析中设置为 TEMP。
- STLOC：单元内起始节点编号。
- VAL1：温度值（单元内起始节点温度值）。
- VAL2, VAL3, VAL4：单元内其他节点温度值。

GUI：Main Menu>Preprocessor>Loads>Define Loads>Apply>Structural>Temperature>On X Components

5.2.5 惯性载荷

惯性载荷是施加在模型体积上的载荷，在结构分析中惯性载荷为加速度、角速度和角加速度载荷。施加惯性载荷的操作方式如下。

1. 定义加速度

命令：ACEL, ACEL_X, ACEL_Y, ACEL_Z

- ACEL_X, ACEL_Y, ACEL_Z：平动加速度。

GUI：Main Menu>Preprocessor>Loads>Define Loads>Apply>Structural>Inertia>Gravity>Global

2. 定义角速度

命令：OMEGA, OMEGX, OMEGY, OMEGZ

- OMEGA, OMEGX, OMEGY, OMEGZ：角速度。

GUI：Main Menu>Preprocessor>Loads>Define Loads>Delete>Structural>Inertia>Angular Veloc>Global

3. 定义角加速度

命令：DOMEGA, DOMGX, DOMGY, DOMGZ

- DOMGX, DOMGY, DOMGZ：角加速度。

GUI：Main Menu>Preprocessor>Loads>Define Loads>Delete>Structural>Inertia>Angular Accel>Global

5.2.6 耦合场载荷

在耦合场分析中，可能存在将一个分析中的结果数据作为另一个分析的载荷的情况，因此，耦合场载荷并不是一个独立的载荷类型，而是将两个分析通过载荷的形式耦合起来。例如，可以将热分析中得到的温度场分布施加到结构分析中作为体载荷。同样也可以将磁场分析得到的磁场力作为节点力施加到结构分析中。

命令：LDREAD

GUI：Main Menu>Preprocessor>Loads>Define Loads>Apply>Load Type>From Source

5.3 多载荷步求解

在多载荷步求解的分析问题中，经常会碰到需要在同一位置施加不同大小的同一类型载荷的情况，ANSYS 中提供了解决方法，其中常用的方法分别是多重求解法和使用载荷步文件法。

5.3.1 多重求解法

多重求解法是最直接的多载荷步求解方法，它包括在每个载荷步定义好命令以后执行 SOLVE 命令。主要的缺点是在交互使用时必须等到每一步求解结束后才能定义下一个载荷步。典型的多重求解法命令流如下：

```
/SOLU                  ! 进入 SOLUTION 模块
! Load step 1:         ! 载荷步 1
D,...
SF,...
SOLVE                  ! 求解载荷步 1
! Load step 2:         ! 载荷步 2
D,...
SF,...
SOLVE                  ! 求解载荷步 2
Etc.
```

5.3.2 使用载荷步文件法

当想求解问题而又没有终端或计算机时，可以很方便地使用载荷步文件法。该方法包括写入每一载荷步到载荷步文件中（通过 LSWRITE 命令或相应的 GUI 方式），通过一条命令就可以读入每个文件并获得解答。

命令：LSSOLVE

GUI：Main Menu>Solution>Form LS Files

LSSOLVE 命令是一条宏指令，它按顺序读取载荷步文件，并开始每一个载荷步的求解。载荷步文件法的示例命令如下：

```
/SOLU                  ! 进入 SOLUTION 模块
...
```

```
! Load step 1:          ! 载荷步 1
D,...                   ! 施加载荷
SF,...
...
NSUBST,...              ! 载荷步选项
KBC,...
OUTRES,...
OUTPR,...
...
LSWRITE                 ! 写载荷步文件:Jobname. S01
! Load step 2:          ! 载荷步 2
D,...                   ! 施加载荷
SF,...
...
NSUBST,...              ! 载荷步选项
KBC,...
OUTRES,...
OUTPR,...
...
LSWRITE                 ! 写载荷步文件:Jobname. S02
...
LSSOLVE,1,2             ! 开始求解载荷步文件 1 和 2
```

5.4 ANSYS 求解方法

ANSYS 程序中求解联立方程的方法包括：直接求解法、稀疏矩阵直接解法、雅克比共轭梯度法（JCG）、不完全分解共轭梯度法（ICG）、预条件共轭梯度法（PCG）、自动迭代法（ITER）、不完全乔里斯基共轭梯度法（ICCG）和二次最小残差法（QMR）。默认为稀疏矩阵直接解法，可用下列操作选择求解器。

命令：ANTYPE

GUI：Main Menu>Preprocessor>Loads>Analysis Type>New Analysis

命令：EQSLV

GUI：Main Menu>Solution>Analysis Type>New Analysis

说明：由于软件的初始设置不同，个别用户没有“Analysis Options”选项，此时需要调出完整的菜单选项，GUI：Main Menu>Solution>Unabridged Menu。

若求解失败，出现问题的原因可能有以下几个：

1）约束不够，这是经常出现的错误，用户需仔细核对。

2）材料性质参数有误。

3）当应力刚化效应为负时，在载荷作用下整个结构刚度弱化，如果刚度减小到 0 或更小时，求解存在奇异性，因为整个结构已经发生屈曲。

4）模型中的非线性因素。

5.4.1 直接求解法

ANSYS 直接求解法不组装整个矩阵，而是在求解器处理每个单元时，同时进行整体的

矩阵组装和求解，其方法如下。

1）每个单元矩阵计算完成以后，求解器读入每个单元的自由度信息。

2）程序通过写入一个方程的 TRI 文件，消去任何可以由其他自由度表达的自由度，该过程对所有单元重复进行，直到所有自由度都消去，只剩下一个三角矩阵在 TRI 文件中。

3）程序通过回代法计算节点的自由度解，用单元矩阵计算单元解。

在直接求解法中经常提到“波前”这一术语，它是指在三角化过程中因不能从求解器消去而保留的自由度数。随着求解器处理每个单元及其自由度，波前会膨胀和收缩，最后所有自由度都处理完以后波前变为零。波前的最高值称为最大波前，而平均的、均方根值称为 RMS 波前。一个模型的 RMS 波前值直接影响求解时间，其值越小，CPU 所用的时间越少。

5.4.2 稀疏矩阵直接解法求解器

稀疏矩阵直接解法采用直接消元法进行求解，它可以支持实矩阵与复矩阵、对称与非对称矩阵、拉格朗日乘子法。在求解过程中，病态矩阵不会造成求解困难。稀疏矩阵直接解法求解器由于需要存储分解后的矩阵，所以对内存要求较高，具有一定的并行性，可以采用 4~8 个 CPU。

稀疏矩阵直接解法具有 3 种求解方式：核内求解、最优核外求解和最小核外求解。使用核内求解时基本不需要存储器的输入与输出，能大幅度提高求解速度。核外求解会受到存储器输入与输出速度的影响。对于复矩阵或非对称矩阵一般需要通常求解两倍的内存与计算时间。相关计算命令如下：

```
bcsoption,,incoere                    ! 运行核内计算
bcsoption,,optimal                    ! 最优核外求解
bcsoption,,minimal                    ! 最小核外求解
bcsoption,,force,memrory_size         ! 指定 ANSYS 使用内存大小
/config, CPU_number                   ! 指定使用 CPU 数目
```

稀疏矩阵直接求解法可获得非常精确的解向量，间接迭代法主要依赖预先设置的收敛精度，因此默认精度对结果精度有较大影响。

5.4.3 雅克比共轭梯度法求解器

雅克比共轭梯度法求解器是从单元矩阵公式出发，求解器通过迭代收敛法计算自由度的解（开始时假设所有的自由度值为 0）。雅克比共轭梯度法求解器适用于包含大型稀疏矩阵的三维标量场的分析，如三维磁场分析。

有时，公差默认设置为 1.0e-8，可能会因公差太小导致运算时间过长，可通过命令 EQSLV 设置 JCG，一般情况公差设置为 1.0e-5 即可满足要求。

雅克比共轭梯度法求解器只适用于静态分析、全谐波分析或全瞬态分析。对所有的共轭梯度法必须非常仔细地检查模型的约束是否恰当，如果存在任何刚体运动，则计算不出最小主元，求解器会不断迭代。

5.4.4 不完全分解共轭梯度法求解器

不完全分解共轭梯度法与雅克比共轭梯度法相似，但存在以下几个方面的不同。

1）对病态矩阵而言，不完全分解共轭梯度法比雅克比共轭梯度法更有稳固性，其性能因矩阵调整状况而不同。

2）使用不完全分解共轭梯度法的先决条件，比雅克比共轭梯度法更复杂，使用不完全共轭梯度法需要大约两倍于雅克比共轭梯度法的内存。

不完全共轭梯度法只适用于静态分析、全谐波分析或瞬态分析，对具有稀疏矩阵的模型很适用；对于对称矩阵以及非对称矩阵同样有效，运算速度比直接法更快。

5.4.5 预条件共轭梯度法求解器

预条件共轭梯度法在操作上与雅克比共轭梯度法相似，但有以下几个方面的不同。

1）预条件共轭梯度法比雅克比共轭梯度法求解实体单元模型的求解速度大约快 4~10 倍，对壳体构件模型大约快 10 倍，存储量随问题规模的增大而增大。

2）预条件共轭梯度法使用 EMAT 文件，而不是 FULL 文件。

3）雅克比共轭梯度法使用整体装配矩阵的对角线作为预条件矩阵，预条件共轭梯度法使用更为复杂的预条件矩阵。

4）预条件共轭梯度法通常需要大约两倍于雅克比共轭梯度法的内存，因为在内存中保留了两个矩阵。

通常，预条件共轭梯度法只需稀疏矩阵直接求解法所需空间的 1/4，存储量随问题规模大小而增减。当运算大模型时，预条件共轭梯度法比稀疏矩阵直接解法运算速度要快。

预条件共轭梯度法最适合于结构分析，对于具有对称、稀疏、有界和无界矩阵的单元有效，适用于静态分析、稳态分析及瞬态分析或子空间特征值分析，主要解决位移、转动、温度等问题。

对于所有的共轭梯度法，用户必须严格检查模型里面的各约束是否合理，如果存在刚体位移，则计算不出最小主元，求解器会不断迭代陷入死循环。

5.4.6 自动迭代法求解器

自动迭代法即自动选择一种合适的迭代法，它基于正在求解问题的物理特性。使用自动迭代法时，用户必须输入精度水平，该精度必须是 1~5 之间的整数，用于选择迭代法的公差以便检验收敛情况。精度水平 1 对应最快的设置（迭代次数少），而精度水平 5 代表最慢的设置（精度高，迭代次数多），ANSYS 选择公差是以选择精度水平为基础的。

1）线性静态或线性全瞬态结构分析时，精度水平为 1，相当于公差为 1.0e-4；精度水平为 5，相当于公差水平为 1.0e-8。

2）稳态线性或非线性热分析时，精度水平为 1，相当于公差水平为 1.0e-5；精度水平为 5，相当于公差水平为 1.0e-9。

3）瞬态线性或非线性热分析时，精度水平为 1，相当于公差水平为 1.0e-6；精度水平为 5，相当于公差水平为 1.0e-10。

当选择了自动迭代求解器，且满足适当条件时，在结构分析和热分析过程中将不会产生 Jobname。对包含相变的热分析，不建议使用 EMAT 文件和 Jobname. EROT 文件。当选择了该求解器，但不满足适当条件时，ANSYS 将会使用直接求解的方法，并产生一个注释信息，告知求解时所用的求解器和公差。

5.4.7 不完全乔里斯基共轭梯度法求解器

不完全乔里斯基共轭梯度法在操作上与雅克比类似，使用不完全乔里斯基共轭梯度法需要大约两倍于雅克比共轭梯度法的内存。

不完全乔里斯基共轭梯度法只适用于静态分析、全谐波分析以及全瞬态分析。不完全乔里斯基共轭梯度法比稀疏矩阵直接解法速度要快。

5.4.8 二次最小残差求解器

二次最小残差求解器常用来求解电磁问题和完全谐响应分析。用户可以用此求解器求解对称、复杂、正定和非正定矩阵问题。

5.5 利用特定的求解控制器来指定求解类型

在求解某些结构分析类型时，可以采用如下特定的求解工具：“Abridged Solution”菜单选项，该选项适用于静态、全瞬态、模态及屈曲分析类型；“Solution Controls”对话框，只适用于静态和全瞬态分析类型。

5.5.1 “Abridged Solution”菜单选项

当使用图形界面方式进行结构静态、瞬态、模态或者屈曲分析时，有“Abridged”或“Unabridged Solution”两个菜单选项供选择。

1）“Unabridged Solution”菜单选项列出了所有的求解选项，并未考虑当前分析的推荐选项或者可用选项。

2）“Abridged Solution”菜单选项比较简单，仅列出了分析类型所必需的求解选项。例如，进行静态分析时，模式循环选项将不会出现在简化菜单选项中。

如果分析既不是静态又不是全瞬态，则可用使用“显示”菜单中的选项完成分析中的求解阶段。如果选择了另外的分析类型，则默认“Abridged Solution”菜单将被另外的求解菜单替换为新的菜单，以适合于选择的分析类型。各种“Abridged Solution”菜单都包含了“Unabridged Solution”菜单选项，如果需要使用，则这一选项可以一直使用。

如果分析时选择“开始一个新的分析”，ANSYS 将会显示前一个分析所使用的求解菜单。

5.5.2 使用“Solution Controls”对话框

当进行结构静态或全瞬态分析时，可以使用“Solution Controls”对话框来设置分析选项。“Solution Controls”对话框包括 5 个选项卡，每个选项卡包含一系列的求解控制。对于指定多载荷步分析，每个载荷步的设置，“Solution Controls”对话框是非常实用的。

只要进行结构静态或者全瞬态分析，那么求解菜单中必然包含“Solution Controls”对话框选项。单击“Sol' n Control”菜单选项，弹出如图 5-1 所示的“Solution Controls”对话框，该对话框提供了简单的图形界面来设置分析和载荷步选项。

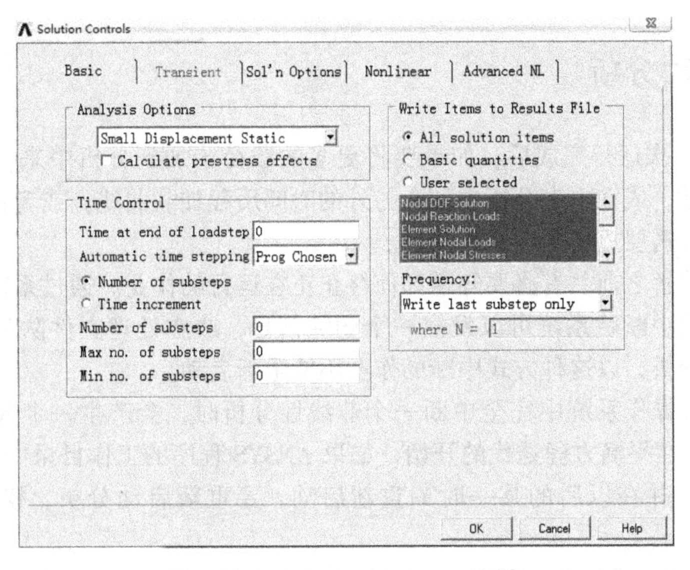

图 5-1 “Solution Controls”对话框

一旦打开“Solution Controls”对话框，“Basic”选项卡被激活，如图 5-1 所示。5 个选项卡按顺序由左至右依次是：Basic（基本）、Transient（瞬态）、Sol'n Option（求解选项）、Nonlinear（非线性）和 Advanced NL（非线性高级控制），相应的功能见表 5-1。

每个控制都被逻辑分类于选项卡中，最基本的控制在第一个选项卡中，后面的选项卡将提供逐渐高级的控制。

每个“Solution Controls”对话框中的选项对应一个 ANSYS 命令，见表 5-1。

表 5-1 “Solution Controls”对话框

选　项　卡	选项卡的功能	对应的命令
Basic	①指定分析类型；②控制时间设置；③指定写入 ANSYS 数据库中的结果数据	ANTYPE，NLGEOM；TIME，NSUBST，DELTIM；OUTRES
Transient	①指定瞬态选项；②指定阻尼选项；③定义积分参数	TIMINT，KBC，ALPHAD，BETAD，TINTP
Sol'n Option	①指定方程求解类型；②指定多结构重启的参数	EQSLV，RESCONTROL
Nonlinear	①指定非线性选项；②指定每个子步迭代的最大次数；③指明是否在分析中进行蠕变计算；④控制二分法	LNSRCH，PRED，NEQIT，RATE，CUTCONTROL，CNVTOL
Advanced NL	①指定分析终止准则；②控制弧长法的激活与终止；③稳定性控制	NCNV，ARCLEN，ARCTRM

一旦“Basic”选项卡的设置达到要求，那么就不需要对其余的选项卡进行设置了，除非要改变一些高级控制。只要在对话框任意一个选项卡中单击“OK”按钮，设置将被应用到 ANSYS 数据库，对话框也将关闭。

5.6 重新启动分析

ANSYS 在第一次运行完成后，如果要将更多的载荷步加到分析中来，或在线性分析中加入别的载荷条件，或在瞬态分析中加入另外的时间历程加载曲线，或者在非线性分析时收敛失败需要恢复，需要重新启动分析过程。

在重新开始求解之前，有必要知道如何终止正在运行的作业。通过系统的内部函数，如系统中断，在过程中断后系统可以发出一个删除信号，或在处理文件队列中删除项目。然而，对于非线性分析，以这种方式中断的作业不能重新启动。

在一个多任务操作系统中完全中断一个非线性分析时，会产生一个放弃文件，命名为“Jobname. ABT”。在平衡方程迭代的开始，如果 ANSYS 程序的工作目录中有这样一个文件，分析过程会停止，并在以后的某一时刻重新启动。要重新启动分析，模型必须满足如下条件。

1）分析类型必须是静态（稳态）、谐波（二维磁场）或瞬态（只能是全瞬态），其他的分析不能重新启动。

2）在初始运算中至少完成一次迭代。

3）初始运算不能因“删除”作业、系统中断或系统崩溃而中断。

4）初始运算和重新启动必须在同一版本 ANSYS 中运行。

重新启动分析的过程主要包含以下几个步骤。

1）进入 ANSYS 程序，给定与第一次运行时相同的文件名（执行命令/FILNAME 或 GUI：Main Menu>File>Change Jobname）。

2）进入求解模块（执行/SOLU 命令或 GUI：Main Menu>Solution），然后恢复数据库文件（执行命令/RESUME 或 GUI：Utility Menu>File>Resume Jobname. db）。

3）重新启动分析（执行命令 ANTYPE,，REST 或 GUI：Main Menu>Solution>Restart）。

重新启动输入如下命令：

```
! Restart Run:
/FILNAME,...          ! 工作名
RESUME
/SOLU
ANTYPE,,REST          ! 指定为前述分析的重新启动
!
! 指定新载荷、新载荷步选项等
!
SOLVE                 ! 开始重新求解
SAVE                  ! 该选项后续可能为正在进行的重新启动所使用
FINISH
```

5.7 求解分析

ANSYS 中的求解分为单载荷步求解和多载荷步求解，下面对这两种求解方式进行介绍。

1. 单载荷步求解

对于单载荷步，在施加完载荷后直接可以求解。

命令：SOLVE

GUI：Main Menu>Solution>Solve>Current LS

在弹出的对话框中单击“OK”按钮即可进行求解，如图 5-2 所示。

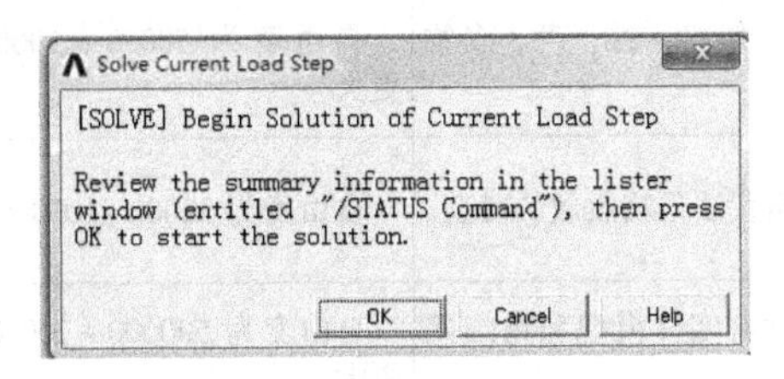

图 5-2　单载荷步求解

2. 多载荷步文件法求解

对于多载荷步，因为之前在施加载荷时已经分别保存了每一个载荷步的信息，所以求解的时候需要将之前的载荷步文件重新读入。

命令：LSSOLVE，1，4，1

GUI：Main Menu>Solution>Form Ls Files

在弹出的对话框中将“LSMIN”设定为“1”（起始载荷步），“LSMAX”设定为“4”（终止载荷步），“LSINC”设定为“1”（载荷步递增数），如图 5-3 所示。单击“OK”按钮后即可进行多载荷步的求解。

Solve Load Step Files
[LSSOLVE] Solve by Reading Data from Load Step (LS) Files
LSMIN Starting LS file number 1
LSMAX Ending LS file number 4
LSINC File number increment 1
OK　Cancel　Help

图 5-3　多载荷步求解设置

5.8　本章小结

本章详述了 ANSYS 软件的加载与求解模块，通过对本章的学习，读者将对特定的求解器、重启分析、多载荷步求解等内容有较全面的了解。表 5-2 归纳总结了各类求解器的特点。

表 5-2　各类求解器的特点

求解方法	应用场合	模型尺寸	内存使用	硬盘使用
直接求解法	要求稳定性（非线性分析）或内存受限制时	低于 50000 自由度	低	高

（续）

求解方法	应用场合	模型尺寸	内存使用	硬盘使用
稀疏矩阵直接解法（直接消元法）	线性分析时迭代收敛法收敛很慢时（如单元形状不好或者病态矩阵）	自由度为10000~500000（范围之外的也可使用）	中	高
雅克比共轭梯度法（迭代求解器）	单场问题（如热、磁、声、多物理问题）	自由度为50000~1000000甚至更大	中	低
不完全分解共轭梯度法	处理其他迭代法很难收敛的模型	自由度为50000~1000000	高	低
预条件件共轭梯度法（迭代求解器）	适合求解含有实体模型和精细网格模型	自由度为500000~20000000甚至更大	低	中
自动迭代法	类似于预条件共轭梯度法，但自动迭代法支持八台处理器并行运算	自由度为50000~1000000	高	低
不完全乔里斯基共轭梯度法	比雅克比更复杂的预条件求解器，适合于用雅克比求解失败的困难问题，如非对称热分析等	自由度为50000~1000000甚至更大	高	高
二次最小残差法	只适用于高频电磁问题	自由度为50000~1000000甚至更大	高	高

思考与练习

1. 比较有限元分析中不同求解器的优缺点。
2. 练习使用载荷步文件求解。

第6章 ANSYS结果后处理

【内容】

本章介绍后处理的基本概念及通用后处理器（POST1）和时间历程后处理（POST26）的基本功能与操作。

【目的】

通过本章的学习，读者可以掌握得到分析过程中所需要参数和结果的方法。

【实例】

内六角扳手后处理。

6.1 后处理概述

后处理是ANSYS分析中比较重要的模块，能够检查ANSYS分析结果。通过后处理的相关操作，用户可以得到以下信息：所分析的模型是否满足投产需求；载荷如何影响产品的设计。

检查分析结果可使用两个后处理器：通用后处理器（POST1）和时间历程后处理器（POST26）。下面分别进行介绍。

6.2 通用后处理器（POST1）

使用通用后处理器（POST1）可观察模型的一部分在某一时间点（频率）上针对特定载荷步的效果。POST1有许多功能，包括从简单的图像显示到针对更为复杂的数据操作列表，如载荷工况的组合。例如，在结构分析中可通过位移计算出相应的应力/应变等；在磁场分析中可通过基本解的值计算出磁通密度等一系列值；在静态结果分析中，可显示载荷步2的应力分布；在热力分析中，可以显示time=50 s时的温度分布。

命令：/POST1

GUI：Main Menu>General Postproc

6.2.1 数据类型

如果用户已经完成求解且已经保存，则可以直接在通用后处理器中直接读入结果文件，然后进行其他操作。

命令：FILE

GUI：Main Menu>General Postproc>Date&File Opts

执行命令后，弹出如图6-1所示的“Data and File Options”对话框。该对话框主要包含两个选项：需读入的数据类型和读入的结果文件类型。用户可以读入下列数据类型：所有数据项（All items）、基本数据项（Basic items）、节点自由度（Nodal DOF solu）、节点反力载荷（Nodal reaction load）、单元求解结果（Elem solution）、单元节点载荷（Elem nodal loads）、单元节点应力（Elem nodal stresses）、单元弹性应变（Elem elastic strain）、单元热应变（Elem thermal strain）、单元塑性应变（Elem plastic strain）、单元蠕变应变（Elem creep strain）、单元节点梯度（Elem nodal gradients）及混合数据单元（misc elem data）。用户可以读入单个结果文件或者多个CMS结果文件。

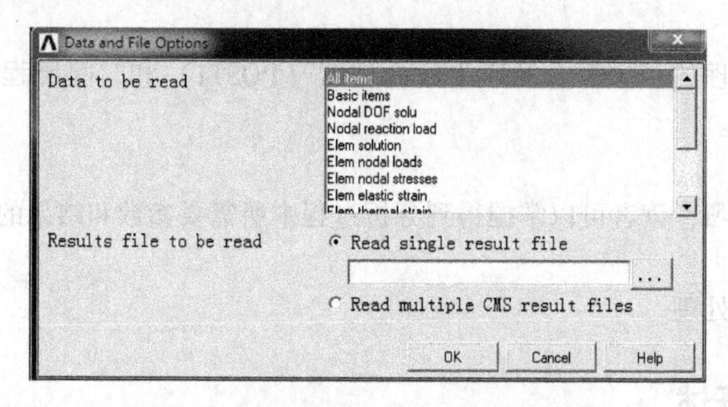

图6-1 “Data and File Options”对话框

6.2.2 查看结果汇总

用户通过结果汇总，可以查看到模态分析中的固有频率和瞬态或者非线性分析中的载荷步及子步。

GUI：Main Menu>General Postproc>Result Summary

执行命令后，弹出如图6-2所示的“SET LIST Command”对话框。该对话框中包括数据列表号（SET）、时间/频率列表、载荷步列表、子步列表及积累量列表。

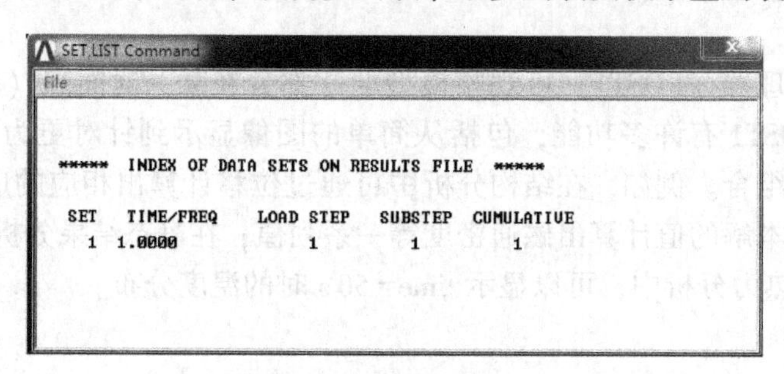

图6-2 “SET LIST Command”对话框

6.2.3 读入结果

POST1处理器将数据从结果文件读入数据库。在读入数据库之前，要求数据库中必须要有模型的数据（包含节点、单元等），而且包含的模型数据应与计算模型数据相同。这些模型数据包括单元类型、节点、单元、单元实常数、材料特性及节点坐标。

命令：SET

GUI：Main Menu>General Postproc>Read Results

执行命令后，弹出如图6-3所示的通用后处理器的读入结果列表，用户使用读入结果列表可以进行以下操作。

(1) 读入结果汇总中的第一个结果

GUI：Main Menu>General Postproc>Read Results>First Set

(2) 读入结果汇总中的下一个结果

GUI：Main Menu>General Postproc>Read Results>Next Set

(3) 读入结果汇总中的前一个结果

GUI：Main Menu>General Postproc>Read Results>Previous Set

(4) 读入结果汇总中的最后一个结果

GUI：Main Menu>General Postproc>Read Results>Last Set

(5) 拾取结果中的任意结果

GUI：Main Menu>General Postproc>Read Results>By Pick

执行命令后，弹出如图6-4所示的“Results Files：Grain. rst”对话框，用户可选择结果汇总中的任意子步结果，然后单击“Read”按钮。

图6-3 读入结果列表

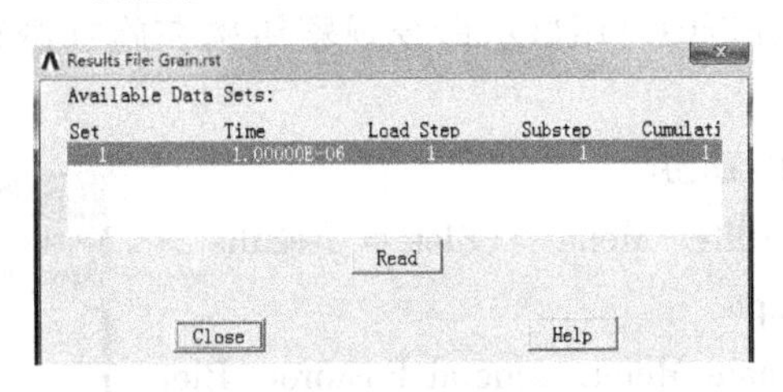

图6-4 “结果文件显示”对话框

(6) 通过载荷步号读入结果

命令：SET

GUI：Main Menu>General Postproc>Read Results>By Load Step

执行命令后，弹出如图6-5所示的“Read Results by Load Step Number”对话框。该对话框包括4个选项：读入结果来源、载荷步号、子步号和比例因子。

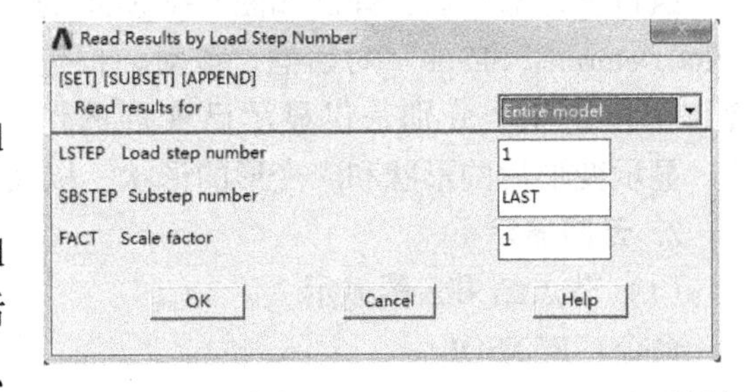

图6-5 “Read Results by Load Step Number”对话框

(7) 通过时间频率读入结果

命令：SUBSET

GUI：Main Menu>General Postproc>Read Results>By Time/Freq

执行命令后，弹出如图6-6所示“Read Results by Time or Frequency”对话框，该对话框包含了5个选项：读入结果来源、时间或频率点值、读入时间或靠近时间点的结果、比例因子和圆周位置。

(8) 通过数据列表号读入结果

命令：APPEND

GUI：Main Menu>General Postproc>Read Results>By Set Number

执行命令后，弹出图6-7所示的“Read Results by Data Set Number”对话框，该对话框

包含4个选项：读入结果来源、数据列表号、比例因子和圆周位置。

图 6-6 “Read Results by Time or Frequency”对话框　图 6-7 “Read Results by Data Set Number”对话框

6.2.4 图形显示结果

1. 显示变形后的形状

在结构分析中可用显示命令观察结构在施加载荷后的变形情况，其相应的命令和 GUI 操作如下：

命令：PLDISP

GUI：Utility Menu > Plot > Results > Deformed Shape

Main Menu>General Postproc>Plot Results>Deformed Shape

执行上述命令后，弹出如图 6-8 所示的“Plot Deformed Shape”对话框。该对话框包含 3 个单选项，分别是仅显示已变形的形状、显示变形后的形状和未变形的形状，以及显示变形后的形状和未变形体的边界。

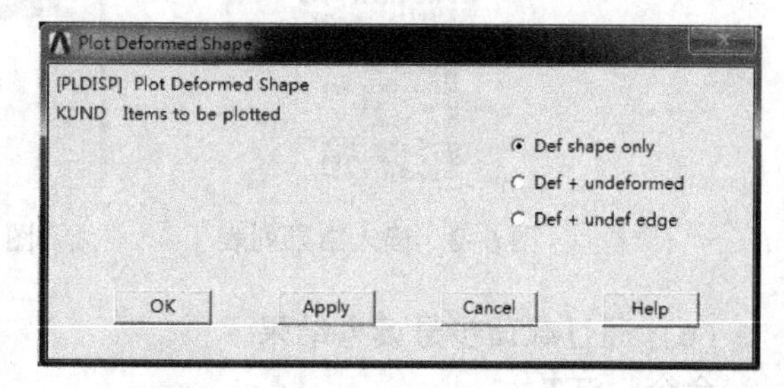

图 6-8 “Plot Deformed Shape”对话框

2. 云图显示

（1）节点结果云图显示

命令：PLNSOL

GUI：Main Menu>General Postproc>Contour Plot>Nodal Solu

执行命令后，弹出如图 6-9 所示的“Contour Nodal Solution Data”对话框。该对话框提供的选项有：节点位移、节点应力、总应变、弹性应变、塑性应变、蠕变应变、热应变、总机械和热应变、膨胀应变、能量、失效准则和体积温度。该命令可用于原始解或派生解，对于在单元间不连续的派生解可在节点处进行平均，以便显示连续的云图。

（2）单元结果云图显示

命令：PLESOL

GUI：Main Menu>General Postproc>Contour Plot>Element Solu

执行命令后，弹出如图 6-10 所示的“Contour Element Solution Data”对话框。该对话框提供的选项有：应力、总机械应变、弹性应变、塑性应变、蠕变应变、热应变、总机械和热应变、膨胀应变、能量、误差估计、失效准则、结构力、结构力矩和体积温度等。

Contour Nodal Solution Data

Item to be contoured

Favorites
Nodal Solution
DOF Solution
Stress
Total Mechanical Strain
Elastic Strain
Plastic Strain
Creep Strain
Thermal Strain
Total Mechanical and Thermal Strain
Swelling strain
Energy
Failure Criteria
Body Temperatures

Undisplaced shape key

Undisplaced shape key　Deformed shape only
Scale Factor　Auto Calculated　0

Additional Options

OK　Apply　Cancel　Help

图 6-9 “Contour Nodal Solution Data” 对话框

Contour Element Solution Data

Item to be contoured

Favorites
Element Solution
Stress
Total Mechanical Strain
Elastic Strain
Plastic Strain
Creep Strain
Thermal Strain
Total Mechanical and Thermal Strain
Swelling strain
Energy
Error Estimation
Failure Criteria
Structural Forces

Undisplaced shape key

Undisplaced shape key　Deformed shape only
Scale Factor　Auto Calculated　0

Additional Options

OK　Apply　Cancel　Help

图 6-10 “Contour Element Solution Data” 对话框

(3) 单元线性结果云图显示

命令：PLLS

GUI：Main Menu>General Postproc>Contour Plot>Line Elem Res

执行命令后，弹出图 6-11 所示的“Plot Line-Element Results”对话框。该对话框提供的选项有：节点 I 处的单元表项、节点 J 处的单元表项、比例因子选项及是否显示变形。

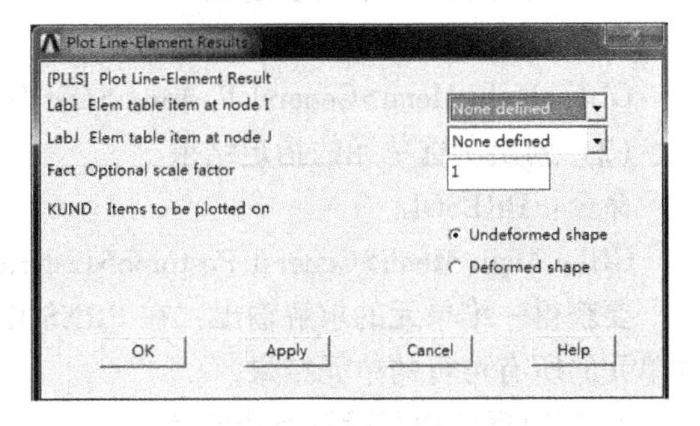

图 6-11 “Plot Line-Element Results” 对话框

3. 矢量显示

矢量显示是指用箭头显示模型中某个矢量大小和方向的变换。通常所说的矢量包括平移（U）、转动（ROT）、磁力矢量势（A）、磁通密度（B）、热通量（TF）、温度梯度（TG）、液流速度（V）和主应力（S）等。

（1）打开矢量显示

命令：PLVECT

GUI：Main Menu>General Postproc>Plot Results>Vector Plot> Predefined or User-Defined

（2）改变矢量箭头长度比例

命令：/VSCALE

GUI：Utility Menu>PlotCtrls>Style>Vector Arrow Scaling

4. 显示裂缝或破碎图

若在模型中有“SOLID65”单元，可用以下命令显示裂缝或破碎图。

命令：PLCRACK

GUI：Main Menu>General Postproc>Plot Results>Concrete>Crack/Crush

执行命令后，弹出如图 6-12 所示的“Cracking and Crushing Locations in Concrete Elements”对话框。该对话框包含两个选项：查看裂纹位置和在单元中心处显示裂纹。在设置显示裂纹模式时，用户可以选择显示所有类型裂纹，也可选择仅显示第一类/第二类/第三类裂纹。

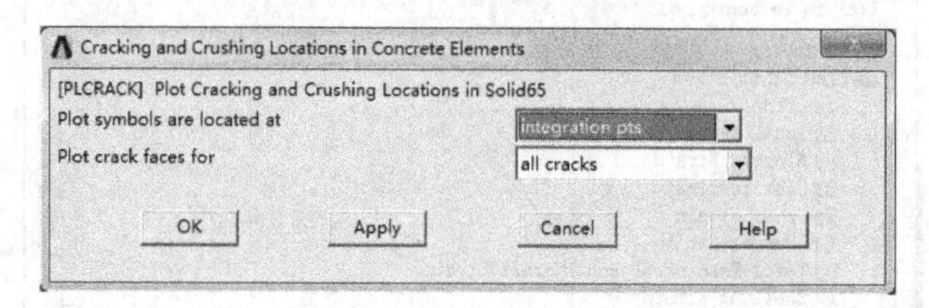

图 6-12 “Cracking and Crushing Locations in Concrete Elements”对话框

6.2.5 列表显示结果

将结果存档的有效方法是在 POST1 中制表，而且列表选项仅对节点、单元和反作用力等求解数据可用。下面对列表显示结果进行概述。

1. 列出节点、单元求解数据

（1）列出指定节点的求解数据

命令：PRNSOL

GUI：Main Menu>General Postproc>List Results>Nodal Solution

（2）列出所选单元的指定结果

命令：PRESOL

GUI：Main Menu>General Postproc>List Results>Element Solution

要获得一维单元的求解输出，在 PRNSOL 命令中应指定“ELEM”选项，程序将列出所选单元的所有可行的单元结果。

2. 列出反作用载荷及作用载荷

在 POST1 中有以下选项用于列出反作用载荷及作用载荷。

1）列出所选节点的反作用力：

命令：PRRSOL

GUI：Main Menu>General Postproc>List Results>Reaction Solu

命令 PRRSOL 可以指定反作用载荷的类型，如合力、静力、阻尼力、惯性力等。

2）列出所选节点处的合力（值为 0 除外）：

命令：PRNLD

GUI：Main Menu>General Postproc>List Results>Nodal Loads

列出反作用载荷及作用载荷是检查模型受力是否平衡的重要方法。在给定方向上的作用力应该等于该方向上的反作用力，如检查结果不平衡，则应该考虑载荷施加是否合适。以下情况可能导致载荷不平衡。

1）四节点壳单元的 4 个节点不在同一平面内。

2）基础单元有弹性。

3）发散的非线性求解。

在后处理中读入一组数据到数据库并进行处理，每次读入一组新数据，POST1 就清除数据库中结果部分的内容并装入新的结果到数据库中。若在两组完整的结果数据中执行运算，则必须创建载荷工况。

载荷工况是指对结果数据进行编号，以便区分。可将载荷步 X，子步 Y 的一组结果数据定义为载荷工况 1，同时也可将某一时刻的结果数据定义为载荷工况 2，以此类推。最多可定义 99 个载荷工况。

载荷工况组合是指载荷工况之间的运算。当前在数据库中的载荷工况可以和在另外一个结果文件中的载荷工况进行运算。运算结果将改写数据库中的结果数据部分，可以显示出载荷工况组合。

（1）定义载荷工况

命令：LCDEF

GUI：Main Menu>General Postproc>Load Case>Create Load Case

执行命令后，弹出图 6-13 所示的“Create Load Case”对话框。在该对话框中用户可以选择使用结果文件（Results file）或载荷工况文件（Load case file）来创建载荷工况。用户选择使用结果文件创建载荷工况后，单击“OK”按钮，弹出图 6-14 所示的“Create Load Case from Results File”对话框。在该对话框中用户需输入载荷工况参考号、载荷步号、子步步号，然后单击“OK”按钮。用户选择使用载荷工况文件创建载荷工况后，单击“OK”按钮，弹出“Create Load Case from Load case file”对话框。在该对话框中用户需输入载荷工况参考号及载荷工况文件名，然后单击“OK”按钮。

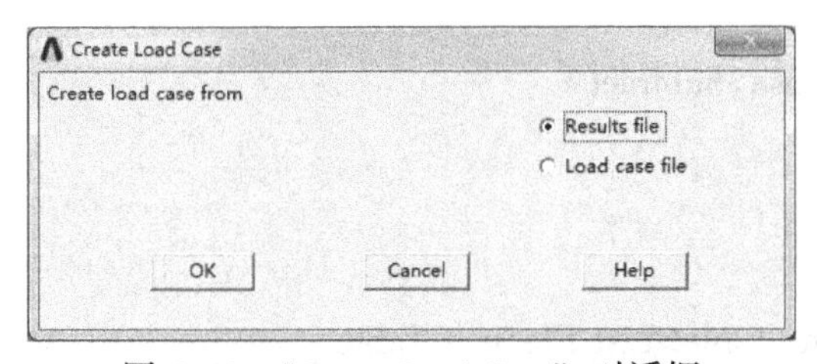

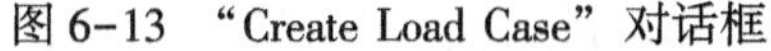
图 6-13 “Create Load Case”对话框

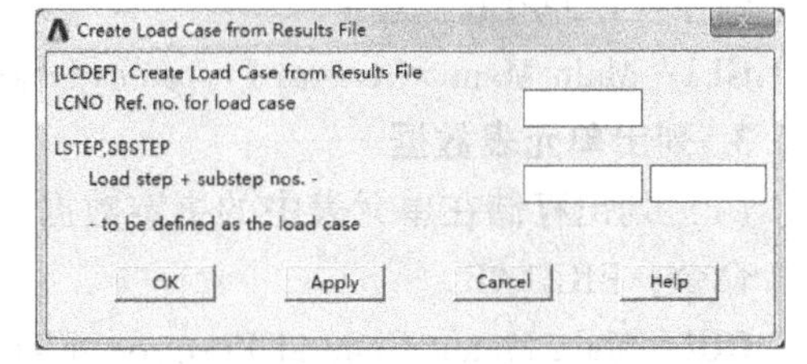

图 6-14 “Create Load Case from Results file”对话框

（2）将载荷工况之一读入数据库

命令：LCASE

GUI：Main Menu>General Postproc>Load Case>Read Load Case

（3）载荷工况计算选项

1）选择载荷工况。

命令：LCSEL

GUI：Main Menu>General Postproc>Load Case>Calc Options>Sele Ld Cases

执行命令后，弹出如图 6-15 所示“Select Load Cases”对话框，该对话框包含了两个选项：选择类型和选择载荷工况号范围。

2）载荷工况绝对值。

命令：LCABS

GUI：Main Menu>General Postproc>Load Case>Calc Options>Absolute Value

3）设置载荷工况比例因子。

命令：LCFACT

GUI：Main Menu>General Postproc>Load Case>Calc Options>Scale factor

执行命令后，弹出如图 6-16 所示的“Scale Factor for Load Case Operations”对话框。在该对话框中用户可以输入载荷工况参考号及相应的比例因子。

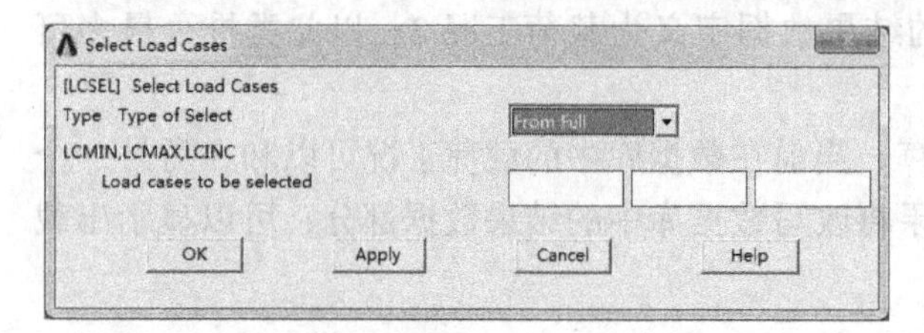

图 6-15 “Select Load Cases”对话框

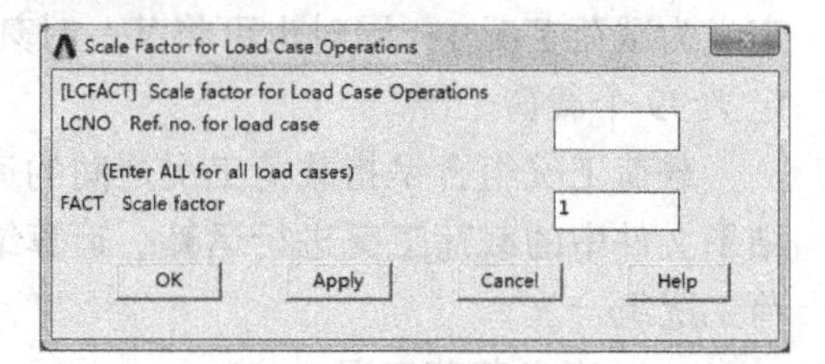

图 6-16 “Scale Factor for Load Case Operations”对话框

4）应力选项。

命令：SUMTYPE

GUI：Main Menu>General Postproc>Load Case>Calc Options>Stress Options

5）载荷工况加运算。

命令：LCOPER，ADD

GUI：Main Menu>General Postproc>Load Case>Add

6）载荷工况减运算。

命令：LCOPER，SUB

GUI：Main Menu>General Postproc>Load Case>Subtract

3. 列出单元表数据

（1）列出存储在单元表中的指定数据

命令：PRETAB

GUI：Main Menu>General Postproc>Element Table>List Element Table

Main Menu>General Postproc>List Result>Elem Table Data

（2）列出单元表中每一列的和

命令：SSUM

GUI：Main Menu>General Postproc>Element Table>Sum of Each Item

ANSYS 程序中单元表有两个功能：一个是可在结果数据中进行数学运算；另一个是能够访问其他方法无法直接访问的单元结构。

（3）定义单元表

命令：AVPRIN

GUI：Main Menu>General Postproc>Element table>Define table

执行命令后，弹出“Define table”选项，单击“Add”按钮，弹出如图 6-17 所示的“Define Additional Element Table Items”对话框。该对话框包含以下 3 个选项。

1）定义有效泊松比。用户在该选项后面输入 0~0. 5 范围的有效泊松比值。

2）定义附加单元项的名称。

3）结果数据项。结果选项包括主结果项和子结果项，如图 6-17 所示。主结果中选项为应力（stress），则对应的子结果选项为 X 方向应力、Y 方向应力、Z 方向应力等。

（4）云图查看单元表

命令：PLETAB

GUI：Main Menu>General Postproc>Element table>Plot Elem Table

执行命令后，弹出如图 6-18 所示的“Contour Plot of Element Table Data”对话框。该对话框包含以下两个选项。

1）单元表显示项目（Item to be plotted），用户通过该选项在单元表中定义输出的类型。

2）在单元共用节点处是否平均结果（Average at common nodes）选项，用户可以选择是否同意平均结果。

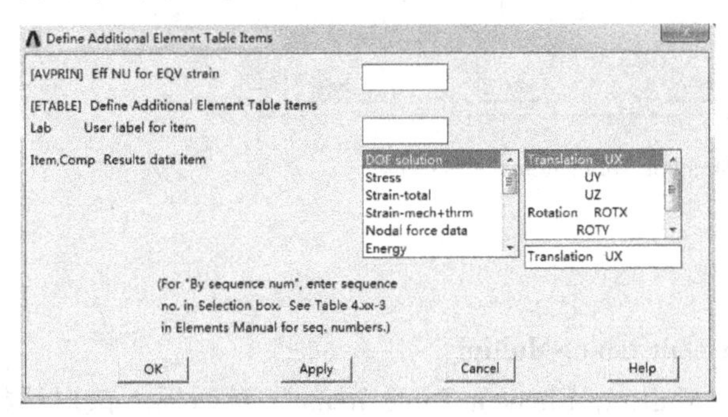

图 6-17 “Define Additional Element Table Items”对话框

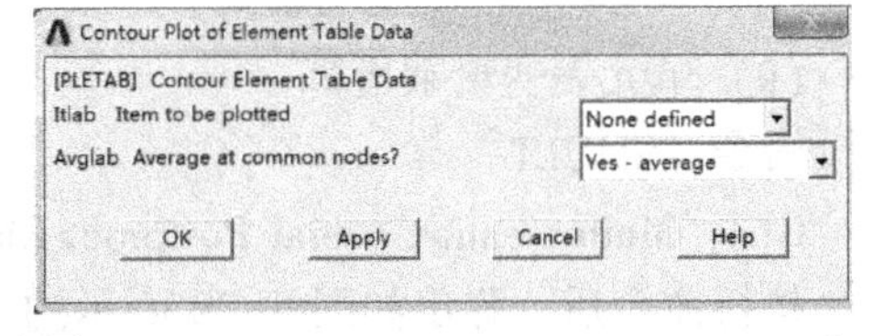

图 6-18 “Contour Plot of Element Table Data”对话框

（5）列表查看单元表

命令：PRETAB

GUI：Main Menu>General Postproc>Element Table>List Elem Table

（6）绝对值选项

GUI：Main Menu>General Postproc>Element Table>Abs Value Option

默认情况下不采用绝对值，如果用户需要绝对值运算，选择“YES”选项即可。

（7）计算单元表每一项的和

命令：SSUM

GUI：Main Menu>General Postproc>Element table>Sum of Each Item

执行命令后，单击“OK”按钮即可。该选项对于计算模型的体积、面积等几何参数比较实用。

(8) 单元表变量加运算

命令：SADD

GUI：Main Menu>General Postproc>Element Table>Add Item

执行命令后，弹出如图 6-19 所示的“Add Element Table Items”对话框。该对话框主要包含：公式表达式选项和公式参数输入选项。公式表达式为：LabR =(FACT1 * Lab1)+(FACT2 * Lab2)+CONST，式中 Lab1 和 Lab2 为单元表已定义的变量，FACT1、FACT2 为变量 Lab1 和 Lab2 的任意常量，CONST 为任意常量。公式参数输入选项：在“1st Factor”文本框中输入第一个常系数，在“1st Element table item”下拉列表框中选择第一个单元表变量，在“2nd Factor”文本框中输入第二个常系数，在“2nd Element table item”下拉列表框中选择第二个单元表变量，在“Constant”文本框中输入常数。

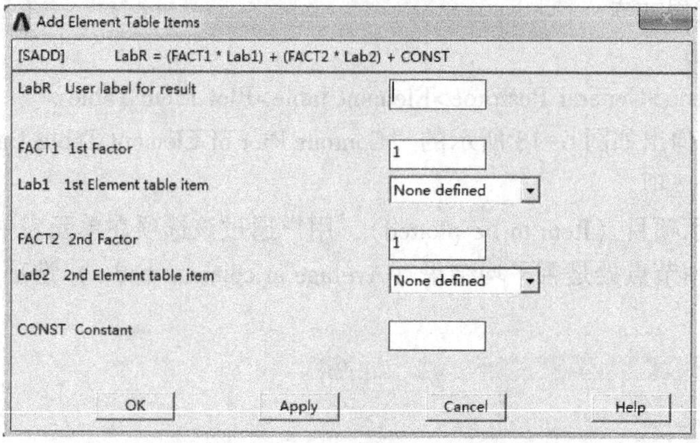

图 6-19 “Add Element Table Items”对话框

(9) 单元表变量乘运算

命令：SMULT

GUI：Main menu>General Postproc>Element table>Multiply

执行命令后，弹出如图 6-20 所示的“Multiply Element Table Items”对话框。该对话框主要包含：公式表达式选项（SMULT）和公式参数输入选项。公式表达式为：LabR =(FACT1 * Lab1) * (FACT2 * Lab2)。公式参数输入选项中常系数的输入及单元表变量的选择与 SADD 命令相同。

(10) 找出单元表变量最大值

命令：SMAX

GUI：Main Menu>General Postproc>Element table>Find Maximum

执行命令后，弹出如图 6-21 所示的“Find Maximum of Element Table Items”对话框。该对话框主要包含公式表达式选项和公式参数输入选项。公式表达式为：LabR = Maximum of (FACT1 * Lab1) and (FACT2 * Lab2)。公式参数输入选项中常系数的输入及单元表变量的选择与 SADD 命令相同。

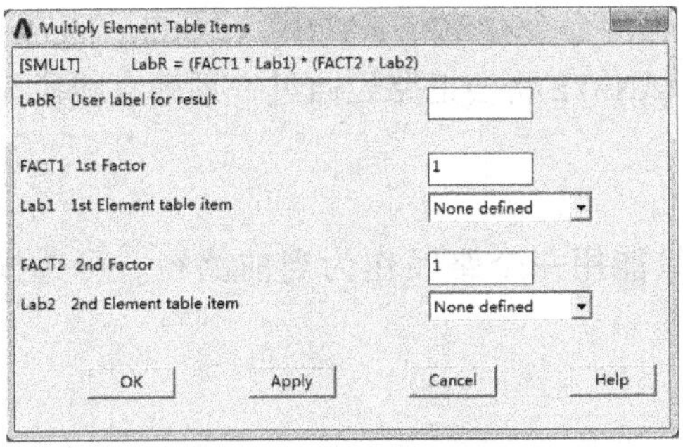

图 6-20 “Multiply Element Table Items”对话框

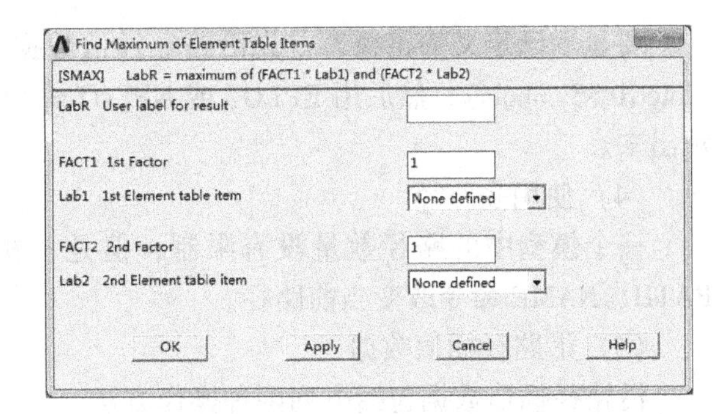

图 6-21 “Find Maximum of Element Table Items”对话框

（11）找出单元表变量最小值

命令：SMIN

GUI：Main Menu>General Postproc>Element Table>Find Minimum

执行命令后，弹出如图 6-22 所示的“Find Minimum of Element Table Items”对话框。该对话框主要包含公式表达式选项和公式参数输入选项。公式表达式为：LabR = Maximum of (FACT1 * Lab1) and (FACT2 * Lab2)。公式参数输入选项中常系数的输入及单元表变量的选择与 SADD 命令相同。

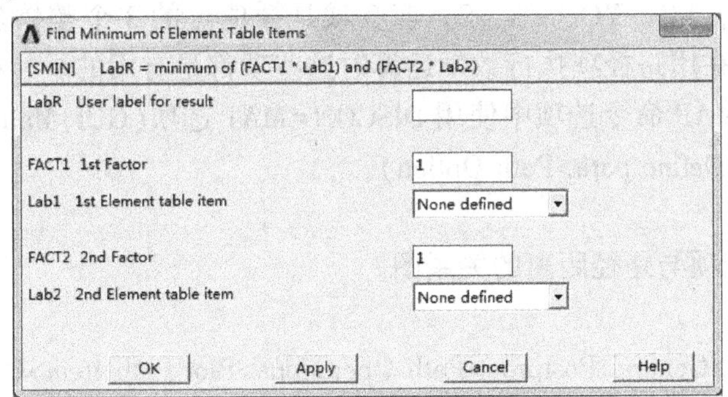

图 6-22 “Find Minimum of Element Table Items”对话框

4. 列出其他列表

（1）列出所选单元指定的矢量大小及方向余弦

命令：PRVECT

GUI：Main Menu>General Postproc>List Result>Vector Data

（2）列出模型的路径数据

命令：PATH

GUI：Main Menu>General Postproc>List Result>Path Item

（3）定义路径

定义路径首先要定义路径环境，然后定义单个路径点。通过在工作面上拾取节点、位置或填写特定坐标位置来决定是否定义路径，再通过拾取生成路径。

命令：PATA

GUI：Main Menu>General Postproc>Path Operations>Define Path>By Nodes

要显示已定义的路径，首先沿路径插值数据，再用命令/PBC、PATH、1(Utility Menu>Plotctrls>Symbols)，然后用 EPLOT 或 NPLOT 命令，ANSYS 将会把路径通过一系列直线段显示出来。

(4) 使用多路径

一个模型中的路径数量没有限制，但是一次只能用一个路径作为当前路径。可选择 PATH、NAME 命令改变当前路径。

(5) 沿路径插值数据

沿路径插值数据包括下列两种操作方法。

1) 命令：PDEF

GUI：Main Menu>General Postproc>Path Operations>Map onto Path

2) 命令：PVECT

GUI：Main Menu>General Postproc>Path Operations>Unit Vector

这两条命令要求路径需预先定义好。用 PDEF 命令，可在一个激活的结果坐标系中沿着路径虚拟插值任何结果数据、原始数据、派生数据、单元表数据和 FLOTRANT 节点结果数据等。

(6) 映射路径数据

POST1 用{*n*Div (*n*Pts-1)+1}个插值点将数据映射到路径上。当创建第一路径时，程序自动插值到以下几项：XG、YG、ZG、S。前 3 项是插值点的 3 个整体坐标值，S 是距离起始节点的路径长度。在用路径项执行数学运算时这些项都是有用的。如在材料不连续处精确地映射数据，可在 PMAP 命令选项中使用 DISCON=MAT 选项(GUI:Main Menu>General Postproc>Path Operations>Define path>Path Option)。

(7) 观察路径项

1) 得到指定路径项与路径距离的关系图。

命令：PLPATH

GUI：Main Menu>General Postproc>Path Operations>Plot Path Item>On Graph

2) 得到指定路径项的列表。

命令：PRPATH

GUI：Main Menu>General Postproc>Path Operations>Plot Path Item>List Path Items

3) 控制路径距离范围。

命令：PRANGE

GUI：Main Menu>General Postproc>Path Operations>Plot Path Item>Path Range

4) 沿路径几何形状用彩色云图显示路径数据项。

命令：PLPAGM

GUI：Main Menu>General Postproc>Path Operations>Plot Path Item>On Geometry

(8) 在路径项中执行算术运算

在路径项中可执行下列几种运算。

1) 允许对路径项进行加、减、乘、除、求幂、微分、积分运算。

命令：PCALC

GUI：Main Menu>General Postproc>Path Operations

2）计算两个路径矢量的点积。

命令：PDOT

GUI：Main Menu>General Postproc>Path Operations>Dot Product

3）计算两个路径矢量的叉积。

命令：PCROSS

GUI：Main Menu>General Postproc>Path Operations>Cross Product

（9）删除路径

命令：PADEL，NAME 或者 PADEL，ALL

GUI：Main Menu>General Postproc>Path Operations>Delete Path

（10）列出沿预定路径线性变化的应力

命令：PRSECT

GUI：Main Menu>General Postproc>List Result>Linearized Strs

（11）列出计算误差估计

命令：PRERR

GUI：Main Menu>General Postproc>List Result>Percent Error

5. 对单元、节点排序

默认情况下所有列表通常按节点号或单元号的顺序来进行排序，也可根据指定的结果项先对单元、节点进行排序。

（1）基于指定的节点求解项进行节点排序

命令：NSORT

GUI：Main Menu>General Postproc>List Result>Sorted Listing>Sort Nodes

（2）基于单元表内存入的指定项进行单元排序

命令：ESORT

GUI：Main Menu>General Postproc>List Result>Sorted Listing>Sort Elems

6.2.6 查询结果

1. 查询单元结果

GUI：Main Menu>General Postproc>Query Results>Element Solu

执行命令后，弹出如图 6-23 所示的“Query Element Solution Data”对话框。对于结构分析，该对话框中只有“Energy”选项，用户可以查看以下内容：单元应变能、动能、塑性功和塑性状态变量。用户选择需要查看的选项后单击“OK”按钮即可。

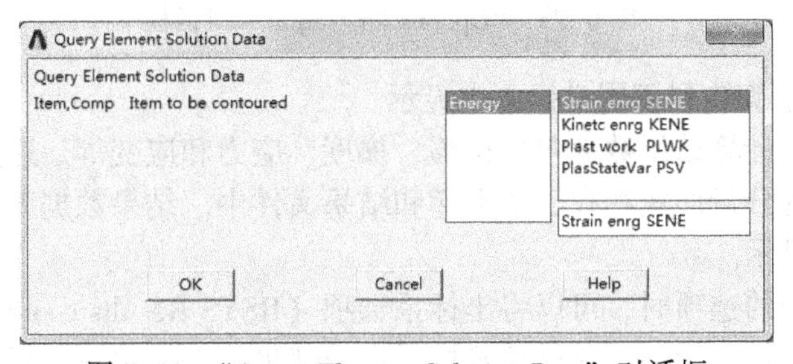

图 6-23 “Query Element Solution Data”对话框

2. 查询节点结果

GUI：Main Menu>General Postproc>Query Results>Subgrid Solu

执行命令后，弹出如图 6-24 所示的“Query Subgrid Solution Data”对话框。该对话框包含主变量下拉列表框和子变量下拉列表框。先选取所需的主变量选项，然后选取所需要的子变量选项。

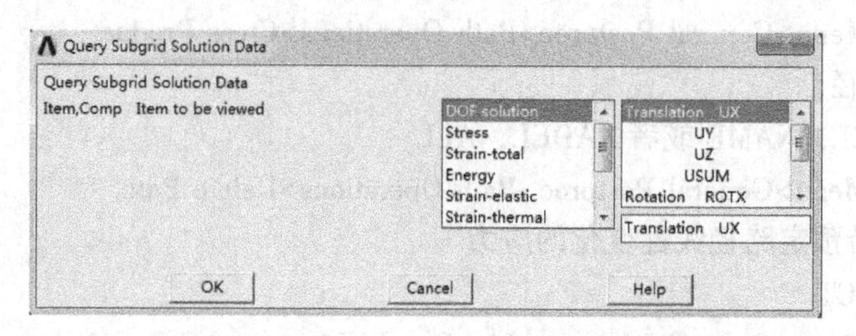

图 6-24 “Query Subgrid Solution Data”对话框

6.2.7 输出选项

命令：RSYS

GUI：Main Menu>General Postproc>Options for Outp

执行命令后，弹出如图 6-25 所示的“Options for Output”对话框，该对话框可以实现以下功能。

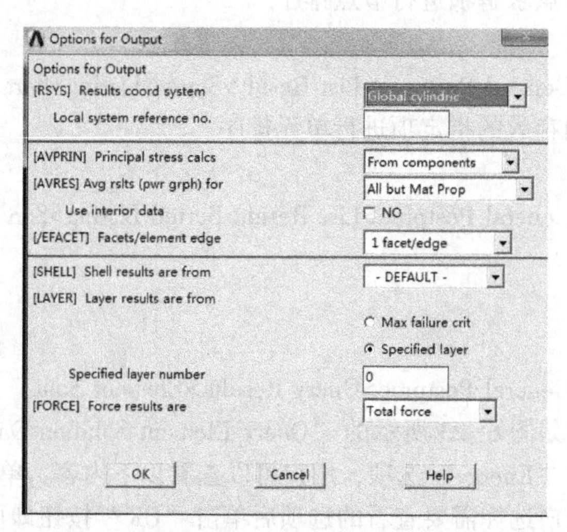

图 6-25 “Options for Output”对话框

（1）将计算结果旋转到不同坐标系中显示

在求解计算中，计算结果数据包括位移、梯度、应力和应变等。这些数据以节点坐标系或任意单元坐标系的分量形式存在于数据库和结果文件中。结果数据库通常需要转换到激活的结果坐标系中来显示。

在设置对话框中的选项时，可以将坐标系选项（RSYS Results coord system）设置为总体笛卡儿坐标系、总体柱坐标系、总体球坐标系和局部坐标系。用户应根据计算需要选取合适的坐标系。

（2）设置计算主应力与矢量和

主应力计算选项（AVPRIN Principle stress calcs）可以设置计算主应力和矢量和的方法。该选项有两个子选项：一个是使用分量计算，即使用平均单元共用节点处的分量值，并且根据这些分量值计算单元主应力和矢量和；另一个是使用主应力计算，即该选项对每一个单元计算主应力和或矢量和后，再把这些计算值在单元节点处进行均分。

（3）设置计算结果平均

在“Options for Output”对话框的“AVRES Avg rslts（pwr grph）for”下拉列表框中有4个选项可供选择，选择其一对结果数据进行平均。这4个选项分别如下。

1）在单元共用节点处平均所有类型数据（All Data）。

2）除了材料属性外，在单元共用节点处平均其他数据（All but Mat Prop）。

3）除了实常数外，在单元共用节点处平均其他数据（All but Real Cons）。

4）除了材料类型和实常数外，在单元共用节点处平均其他数据（All but Mat+real）。

（4）设置壳体结果来源

在“Options for Output”对话框的“SHELL shell result are from”下拉列表框中可进行壳体结果来源的设置，用户可以设置3种壳体结果来源，这3种来源分别如下。

1）壳体结果来源于壳体顶层，通常为程序默认设置选项。

2）壳体结果来源壳体单元中间层（Middle layer），该选项默认的方法是壳体单元的顶层和底层之间的均值。

3）壳体结果来源壳体底层（Bottom layer）。

（5）设置复合材料层层数

在“Options for Output”对话框的“Specified layer number”文本框可进行复合材料层层数的设置。用户选择指定层数，根据需求输入层数。

6.3 时间历程后处理器

时间历程后处理器（POST26）可用于检查模型中指定点的分析结果与时间、频率等的函数关系。时间历程后处理器有许多分析方式，包括从简单的图形显示和列表到微分、响应频谱生成等复杂操作。例如，在瞬态磁场分析中，可以用图像表示某一特定单元的涡流与时间的关系；在非线性结果分析中，可以用图形表示某一特定节点的受力与其变形的关系。POST26的一个典型用途是在瞬态分析中以图形表示产生结果项与时间的关系，或在非线性分析中以图形表示作用力与变形的关系。

6.3.1 时间历程变量观察器

命令：/POST26

GUI：Main Menu>TimeHist Postpro

执行命令后，弹出如图6-26所示的“Time History Variables”对话框。

下面按照对话框中项目的顺序进行介绍。

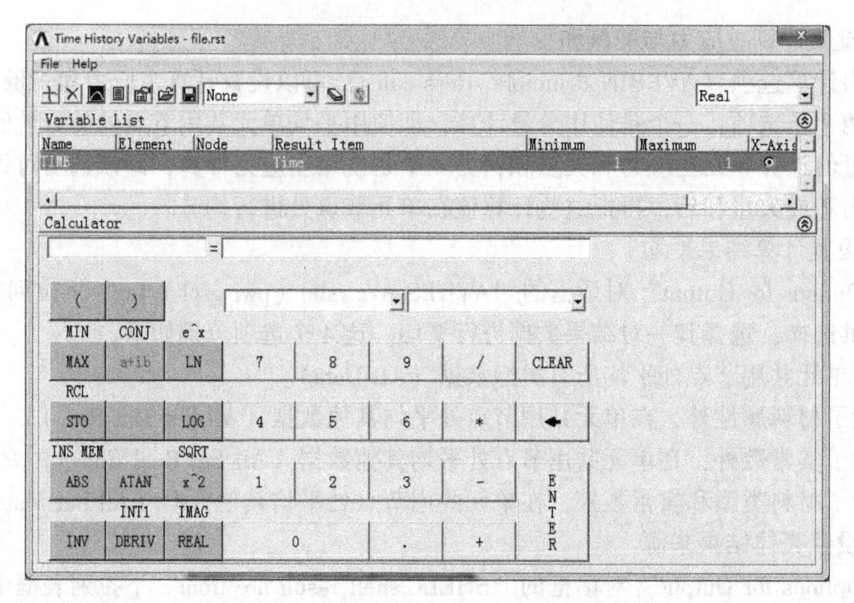

图 6-26 “Time History Variables” 对话框

1. 工具栏

利用工具栏可控制大多数时间历程处理操作，用户可关掉两个扩展工具栏以保持一个具有如下项目的紧凑工具栏。

- Add data：打开“Add Time-History Variable”对话框。
- Delete Data：从变量列表中删除选定选项。
- Graph Data：由预先定义的属性拟合有 10 个变量的曲线。
- List Data：生成数据列表，最多可包括 6 个变量。
- Properties：定义选定的变量和全局的某些属性。
- Import Data：打开“Import Data”对话框，将信息输入变量空间。
- Export Data：打开“Export Data”对话框，将数据输出到文件和 APDL 数据数组。
- Overlay Data：在下拉菜单中选择用于图形覆盖的数据。
- Result to View：在下拉菜单中选择复杂数据的输出格式。

2.“显示/隐藏变量列表”按钮

为了暂时缩减观察器的尺寸大小，可单击工具栏的任何位置以隐藏变量列表。

3. 列表变量

列表变量显示预定义的时间历程变量，用户可以从该列表中选择数据来进行处理。

4.“显示/隐藏计算器”按钮

为了暂时缩减观察器的尺寸大小，单击该工具栏的任何位置以隐藏计算器。

5. 变量名输入区域

在变量名文本框中输入变量名，对想创建的派生变量命名。

6. 表达式输入区域

在表达式文本框中输入定义派生变量的表达式。

7. APDL 变量下拉菜单

在输入表达式时使用该菜单选择预定义的 APDL 变量。

8. 时间历程变量下拉菜单

在输入表达式时，使用该菜单选择已存储的变量。

9. 计算器区域

用户可以在输入表达式时使用计算器，添加标准的数学操作符号和调用函数，只需要单击如图 6-26 所示“Time History Variables”对话框中的计算器上的相应按钮即可将函数加入表达式中。同时，数学的计算符号（如括号）在计算器中同样也可以改变运算顺序。

- MAX/MIN：变量中最大值的封装/变量中最小值的封装。
- LN/e^X：求一个变量的自然对数/求变量的 e 次幂。
- STO/RCL：将表达式区域信息存储在内存中/读内存重复调用表达式。
- LOG：求一个变量的普通对数。
- ABS/INS MEM：求实变量的绝对值，复变量的模/将内存区域的内容插入到表达式。
- ATAN：求复变量的反正切值。
- X^2/SQRT：求变量的二次方值/求变量的二次方根值。
- INV：转换函数键盘上的函数表示。
- DERIV/INT：求变量的倒数/对变量取整。
- REAL/IMAG：取复变量的实部/取复变量的虚部。
- CLEAR：清除表达式区域中所有的数据和变量。
- BACKSPACE：回退光标，并删除前一个字符。
- ENTER：结束在表达式区域中的运算，并将之存储为在已输入变量的变量名。

6.3.2 进入时间历程后处理器

进入时间历程后处理器（POST26）以处理时间和频率相关的结果数据。一旦用户完成了分析，ANSYS 软件会自动生成一个结果文件。在用户进入处理器时，当前激活的结果文件自动载入。若当前分析中没有任何结果文件，则用户可以请求装载一个文件，也可以利用文件选项命令将任何一个结果文件装载进处理器。

6.3.3 定义变量

POST26 的所有操作都是对变量而言的，是结果项与时间或频率的简表。结果项可以是节点处的位移、单元热流量、节点处产生的力、单元应力和单元磁通量等。用户对每个 POST26 变量任意指定≥2 的参考号，参考号 1 用于时间或频率。因此，POST26 处理数据的第一步是定义所需变量，第二步是存储变量。

使用变量观察器，采用下述方法进入时间历程处理器处理数据。

1. 单击“Add Data”按钮

单击“Add Data”按钮将弹出“Time-History Variable Drop down List”对话框，利用其中的结果项目列表框所提供的结果项目来选择用户需要添加的结构类型。结果项目以树状结构表示，从该结构中用户可以选择相应的标准类型。利用 favorites 功能，用户可以快速地访问以前所定义的数据集，该项目最多可以存储 50 个条目。

2. 对选定的结果选项重新命名，并后缀需要备注的信息

在结果选项区域的变量名字段内显示有 ANSYS 的命名，用户可以自行进行重新命名操作。如果用户重新命名有重复，软件会询问是否覆盖以前的存储数据。同时用户可提供更多关于该项目的信息，如适当的载荷组成、壳表面和层符合等信息。

3. 单击“OK”按钮

如果用户需要一个实体信息，则系统会自动弹出一个拾取模型的窗口，以便用户选择模型中适当的节点或单元。若需要输入更多的变量定义，单击“APPLY”按钮，这时数据结果将会被定义，并被放入变量列表区域，但此时“Time-History Variable Drop down List”的对话框应保持打开。

4. 增加或改变属性信息

用户根据自身所需可以定义时间历程属性。时间历程信息包括特定的变量信息、*X* 轴向数据定义及数据定义列表。通过“properties”按钮可在任意时刻编辑以上信息。

6.3.4 处理变量并进行计算

通过对从结果文件中得到的分析数据进行处理，可产生更有价值的附加变量集。例如，可通过求一个位移变量对时间的导数，从而得到速度及加速度，这样即可得到一组全新的变量，在后期的分析中往往需要用到这组新的变量来使分析结果接近真实情况。

变量观察器提供了一个直观的计算器来进行计算，所有的命令功能均可通过在该区域的操作来访问，而且通过单击该区域上面的工具栏可显示或者隐藏该区域。

按下述步骤使用变量观察器进行时间历程数据的处理。

1）在变量名输入处命名一个变量，命名不可与以前的重复，否则会覆盖先前命名的变量。

2）打开下拉菜单选择时间历程变量或 APDL 参数，操作后表达式输入区域将显示输入的操作符、变量名和 APDL 参数。

3）单击变量观察器区域的“ENTER”按钮完成计算，得到的计算数据使用结果变量名出现在变量列表区域中。

6.3.5 变量的评价

1. 图形显示结果

在变量观察器中，单击“Graph Data”按钮可以以图标显示出用户选定的变量。在一个图标中最多可显示 10 个变量。当需要绘制复变量的图形时，用户可在变量观察器的“Result to View”下拉列表框中选择所需的图形类别。

变量观察器中存储了结果文件中可用的所有时间点。用户可通过选择坐标范围来显示所需的部分。此功能便于用户放大观察某一时间点附加的结果显示。

2. 列表结果显示

变量观察器中的“List Button”按钮可对 6 个观察器中的变量进行列表显示。当需要显示复变量列表时，如在一个谐响应分析中，用户可以在变量观察器中的“Result to View”下拉列表框中选择显示振幅、相位角、实部或虚部。

用户可将显示结果限制在一定范围的时间或频率中。通过“Data Properties”对话框中的“Lists”的选项可控制当前列表显示及随后的列表。除了设置时间、频率范围外，用户还可进行以下的操作。

1）在重复输出列表表头前指定显示行的数目。

2）显示输出变量的极值。

3）指定显示第几个数据点。

6.3.6 POST26的其他功能

1. 产生相应谱

该方法允许在给定的时间历程中生成位移、速度和加速度的响应谱，频谱分析中的响应谱可用于计算结构的整个响应。

命令：RESP

GUI：Main Menu>TimeHist Postpro>Generate Spectrm

RESP命令需要定义两个变量，即含有响应谱的频率值LFTAB字段和含有位移的时间历程LDTAB字段。

LFTAB的频率值不仅代表响应谱曲线的横坐标，而且也是用于产生响应谱的单自由度激励的频率。可通过FILLDATA或DATA命令产生LFTAB变量。

LDTAB中的位移时间历程值常产生单自由度系统的瞬态动态分析。创建LDTAB变量可执行以下操作。

GUI：Main Menu>TimeHist Postpro>Define Variables

2. 数据的平滑

（1）交互式

在进行一个会产生较多噪声数据的分析时，如动态分析，用户可以平滑响应的数据。通过消除一些局部的波动而保持响应的整体特征，以便更好地观察响应。时间历程中的smooth操作是通过一个n阶的多项式来对实际的响应进行平滑，但该操作仅适用于静态或瞬态分析的结果数据。

（2）批量处理方式

如果结果中有大量的噪声数据，用户可通过平滑数据得到一个更有代表性的曲线。利用4个数组来平滑数据。前两个数组用于分别保存独立变量和受约束的变量，后两个数组用于保存平滑后的独立变量和约束变量。在进行数据的平滑前必须首先用*DIM命令创建前两个数组，然后用VGET命令来填充这两个数组。在交互模式下，ANSYS软件自动产生后两个数组，在批量处理方式下，在平滑数据前，用户必须自己来创建后两个数组。当4个数组建立后，便可对数据进行平滑处理。

命令：SMOOTH

GUI：Main Menu>TimeHist Postpro>Smooth Data

用户在“datap”区域中选择平滑全部数据或者是部分数据，在“fitpt”区域中选择平滑函数的最高阶。在绘制结果时，可选择绘制数据平滑前的曲线，或平滑后的曲线，或二者全部绘制出来。

6.4 内六角扳手后处理操作实例

6.4 内六角扳手后处理操作实例

本节将通过一个实例对ANSYS后处理操作进行练习，理解通用后处理器

（POST1）、时间历程后处理器（POST26）的应用。本实例有限元模型的建立、加载与求解均已经完成，有限元模型如图 6-27 所示。

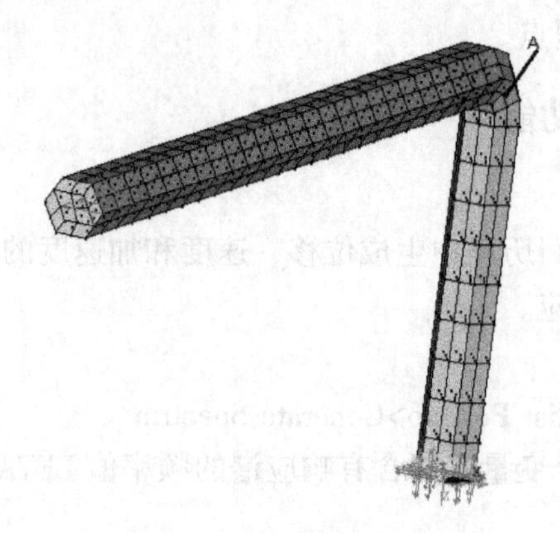

图 6-27　后处理练习模型

6.4.1　通用后处理

1. 结果总汇查看

从菜单中选择 Main Menu > General Postproc > Result Summary，弹出“SET，LIST Command”窗口，如图 6-28 所示。

2. 结果的读入与图像显示

1）读取载荷步 1 结果。从菜单中选择 Main Menu>General Postproc>Read Results>First Set，此时已经读取到第一载荷步的结果。

2）显示载荷步 1 变形。从菜单中选择 Utility Menu>Plot>Results>Deformed Shape，弹出“Plot Deformed Shape”对话框，选择“Def+undeformed”选项，单击“OK”按钮，查看变形，如图 6-29 所示。

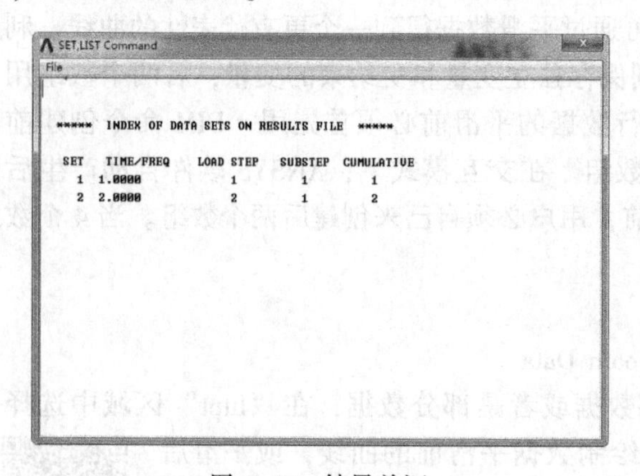

图 6-28　结果总汇

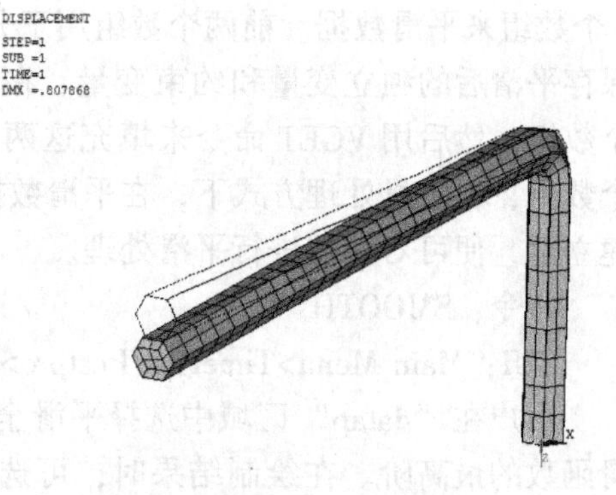

图 6-29　载荷步 1 变形结果

3）显示载荷步 1 的节点等效应力云图。从菜单中选择 Main Menu>General Postproc>Contour Plot>Nodal Solu，弹出“Contour Nodal Solution Data”对话框，选择 Stress > von Mises Stress，单击“OK”按钮，查看等效应力，如图 6-30 所示。

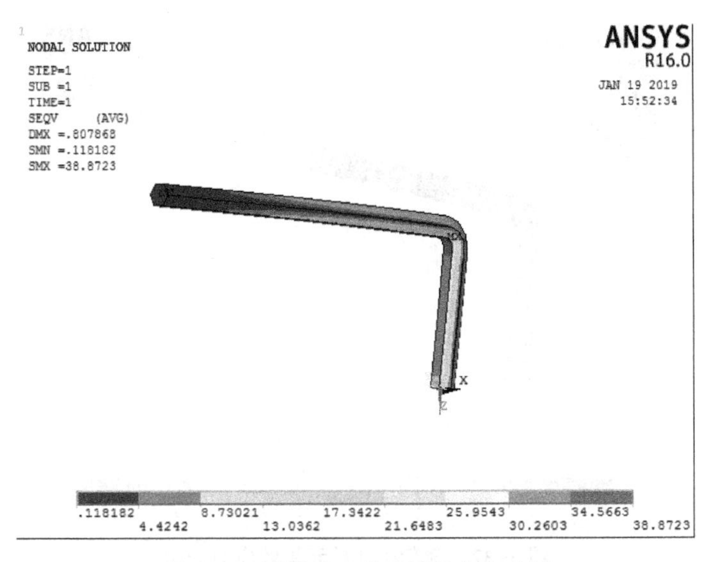

图 6-30 载荷步 1 节点等效应力云图

4）读取载荷步 2 结果。从菜单中选择 Main Menu>General Postproc>Read Results>By Load Step，弹出“Read Results by Load Number”对话框，在“Load step number”选项文本框中输入“2”，此时已经读取到第二载荷步的结果。

5）显示载荷步 2 变形。重复步骤 2)，得到变形如图 6-31 所示。

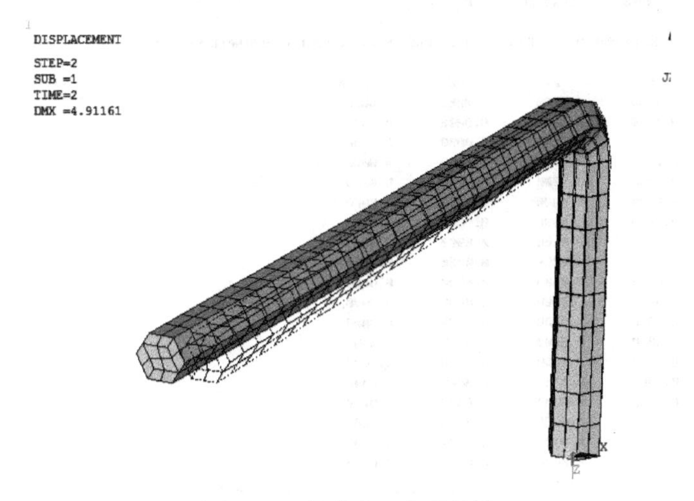

图 6-31 载荷步 2 变形结果

6）显示载荷步 2 的单元等效应力云图。从菜单中选择 Main Menu>General Postproc>Contour Plot>Element Solu，弹出“Contour Element Solution Data”对话框，选择 Stress>von Mises Stress，单击“OK”按钮，查看等效应力，如图 6-32 所示。

3. 结果的列表显示

从菜单中选择 Main Menu>General Postproc>List Results>Nodal Solution，弹出“List Nodal Solution”对话框，选择 DOF Solution>Displacement vector sum，单击“OK”按钮，查看节点位移列表，如图 6-33 所示。

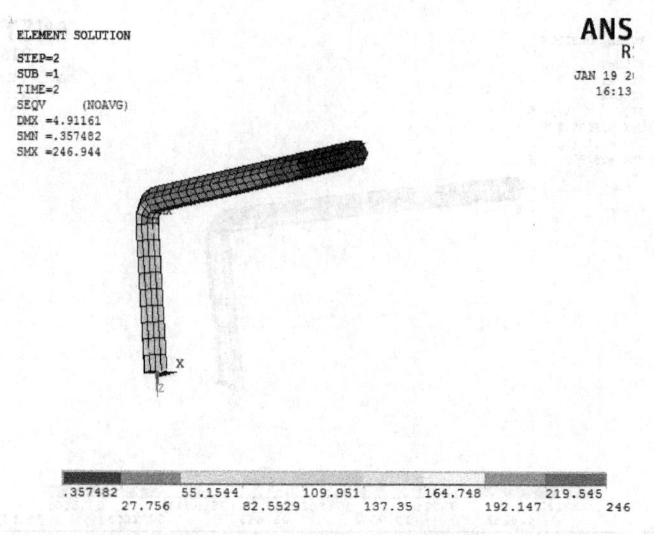

图 6-32　载荷步 2 单元等效应力云图

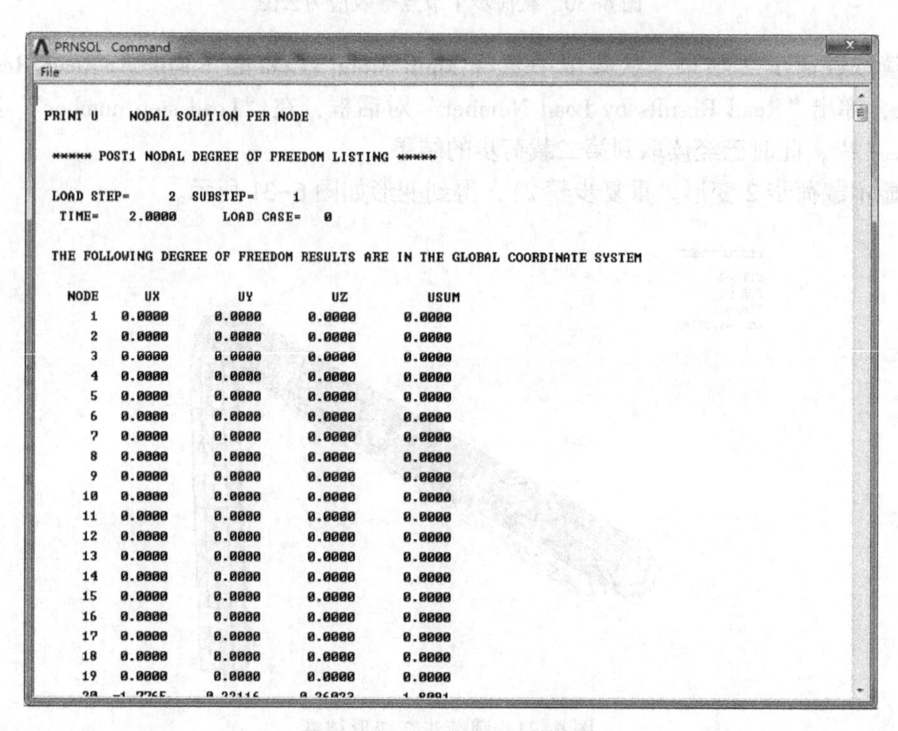

PRINT U　NODAL SOLUTION PER NODE

***** POST1 NODAL DEGREE OF FREEDOM LISTING *****

LOAD STEP= 2 SUBSTEP= 1
TIME= 2.0000 LOAD CASE= 0

THE FOLLOWING DEGREE OF FREEDOM RESULTS ARE IN THE GLOBAL COORDINATE SYSTEM

NODE	UX	UY	UZ	USUM
1	0.0000	0.0000	0.0000	0.0000
2	0.0000	0.0000	0.0000	0.0000
3	0.0000	0.0000	0.0000	0.0000
4	0.0000	0.0000	0.0000	0.0000
5	0.0000	0.0000	0.0000	0.0000
6	0.0000	0.0000	0.0000	0.0000
7	0.0000	0.0000	0.0000	0.0000
8	0.0000	0.0000	0.0000	0.0000
9	0.0000	0.0000	0.0000	0.0000
10	0.0000	0.0000	0.0000	0.0000
11	0.0000	0.0000	0.0000	0.0000
12	0.0000	0.0000	0.0000	0.0000
13	0.0000	0.0000	0.0000	0.0000
14	0.0000	0.0000	0.0000	0.0000
15	0.0000	0.0000	0.0000	0.0000
16	0.0000	0.0000	0.0000	0.0000
17	0.0000	0.0000	0.0000	0.0000
18	0.0000	0.0000	0.0000	0.0000
19	0.0000	0.0000	0.0000	0.0000

图 6-33　节点位移列表显示

6.4.2　时间历程后处理

查看载荷步 2 内 A 点的应力变化。从菜单中选择 Main Menu >TimeHist Postpro，弹出“Time-History Variables”对话框，单击按钮，选择 Stress>von Mises Stress，再单击“OK”按钮，弹出“Node for data”对话框，如图 6-34 所示，单击按钮生成载荷步 2 内的应力变化历程，如图 6-35 所示。

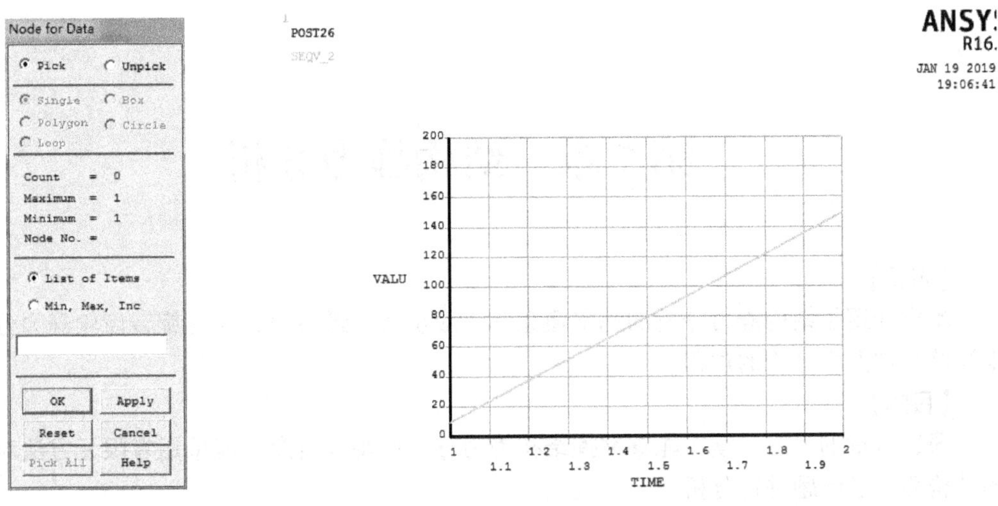

图 6-34 “Node for data”对话框

图 6-35 应力变化历程

6.5 本章小结

本章详述了 ANSYS 后处理的概念，介绍了通用后处理器和时间历程后处理器。通过对本章的学习，读者能够熟练使用通用后处理器提取和显示结果；学会利用时间历程后处理器处理相关结果。

思考与练习

1. 通用后处理和时间历程后处理有何区别?
2. 采用 Post1 后处理功能进行图形显示，可显示哪些内容?

第7章　结构静力分析

【内容】

本章介绍了结构静力分析的基本概念和一般步骤，最后通过高速旋转齿轮静力分析实例来演练结构静力分析的过程。

【目的】

通过本章的学习，读者能够掌握结构静力分析的基本概念，能采用有限元方法对工程中的结构静力学问题进行分析。

【实例】

高速旋转齿轮静力分析。

7.1　结构静力分析的基本概念

结构分析是有限元分析方法中最常见的一个应用领域，包括汽车结构，如车身骨架；海洋结构，如船舶结构；航空结构，如飞机机身；土木工程结构，如桥梁和建筑物等；同时还包括机械零部件，如活塞，传动轴等，结构分析就是对这些结构进行分析计算。

结构静力分析主要用来分析由稳态载荷所引起的系统或零部件的位移、应变、应力和作用力，适合求解惯性及阻尼效应的载荷对结构响应的影响并不显著的问题，可以计算固定不变的惯性载荷对结构的影响（如重心和离心力），以及近似为等价静力作用随时间变化的载荷（如建筑规范中所定义的等价静力风载和地震载荷）。固定不变的载荷和响应是一种假定，即假定载荷和结构的响应随时间变化缓慢。其中稳态载荷主要包括外部施加的作用力和压力、稳态的惯性力（如重力和离心力），以及施加的位移载荷、温度载荷和热量等。

结构静力分析包括线性分析和非线性分析。线性分析是指在分析过程中结构的几何参数和载荷参数值发生微小的变化，以致可以把这种变化忽略，而把分析中的所有非线性项去掉。针对大变形的结构静力问题，则属于非线性分析。非线性分析时，需要考虑是否选择系统的大变形效应选项。

7.2　结构静力分析步骤

结构静力分析过程一般包括建立模型、施加载荷并求解和检查结果3个步骤。实际操作时，可以按以下步骤进行。

7.2.1　设置分析类型

在进行一个新的有限元分析时，通常需要修改数据库库名，并在图形输出窗口中定义一个标题来说明当前进行的工作内容。

1）修改文件名的命令及菜单操作如下：

命令：/FILNAME

GUI：Utility Menu>File>Change Jobname

2）修改标题的命令及菜单操作如下：

命令：/TITLE

GUI：Utility Menu>File> Change Title

另外，对于不同的分析内容（结构分析、热分析、流体分析和电磁场分析等），所采用的主菜单内容不尽相同，为此，需要在分析开始时选定分析内容，以便 ANSYS 显示出与其相对应的菜单选项。单击 ANSYS Main Menu 中的“Preferences”，打开如图 7-1 所示的“Preferences for GUI Filtering”对话框。选中需要分析类型的复选框（如分析结构时可选“structural”复选框），单击“OK”按钮，就可以进入相应的分析界面。

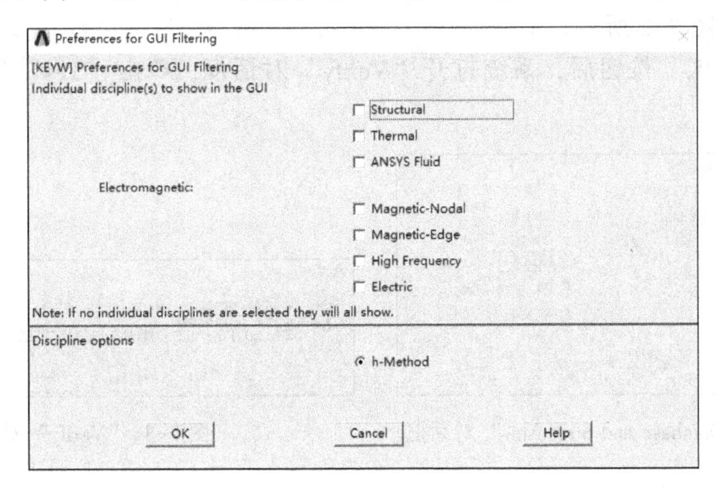

图 7-1 “Preferences for GUI Filtering”对话框

7.2.2 选择单元类型

单元类型必须指定为线性或非线性结构单元类型。在进行有限元分析时，应根据分析问题的几何结构、分析类型和所分析问题的精度要求等，选定适合具体分析的单元类型。

命令：ET

GUI：Main Menu>Preprocessor>Element Type>Add/Edit/Delete

在“Element Type”对话框中选定单元类型。

7.2.3 添加材料属性

材料属性可分为线性或非线性、各向同性或正交各向异性、常量或与温度相关的量等。弹性模量和泊松比必须要定义。对于重力等惯性载荷，必须定义能计算出质量的参数，如密度等。

命令：MP

GUI：Main Menu>Preprocessor>Material Props>Material Model

在“Define Material Model Behavior”窗口中添加材料属性，如弹性模量、密度等。

7.2.4 建立几何模型

几何建模就是建立能够恰当描述模型几何性质的实体模型。建立模型的方法有两种，一种是自主建模法，即在 ANSYS 中从无到有地创建实体模型，在第 3 章中已详述，此处不再赘述。另一种是直接输入法，即把在其他 CAD 软件中创建好的实体模型导入 ANSYS 中。

直接输入法建立几何模型有 5 种情况，分别是输入 IGES 单一实体、输入 SAT 单一实体、输入 SAT 实体集合、输入 Parasolid 单一实体和输入 Parasolid 实体集合。下面以最常用的输入 IGES 单一实体方法为例，介绍直接输入法。

1. 清除 ANSYS 的数据库

1）选择菜单 Utility Menu：File > Clear & start new。

2）在打开的“Clear Database and Start New”对话框中，选择“Read file”，再单击“OK”按钮，如图 7-2 所示。

3）单击“OK”按钮后，系统打开“Verify”对话框，单击“Yes”按钮，如图 7-3 所示。

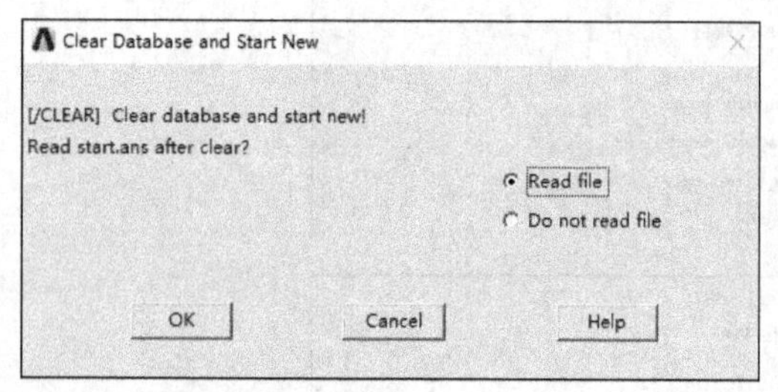

图 7-2 “Clear Database and Start New”对话框

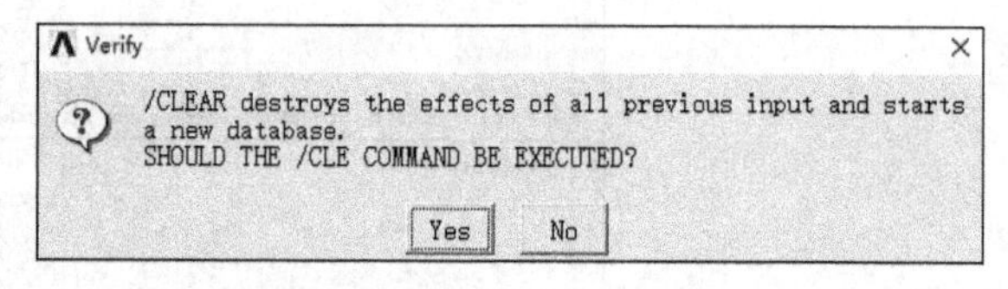

图 7-3 “Verify”对话框

2. 改作业名为“example7-1”

1）选择菜单 Utility Menu：File > Change jobname。

2）打开“Change Jobname”对话框，在文本框中输入“example7-1”，然后单击“OK”按钮，如图 7-4 所示。

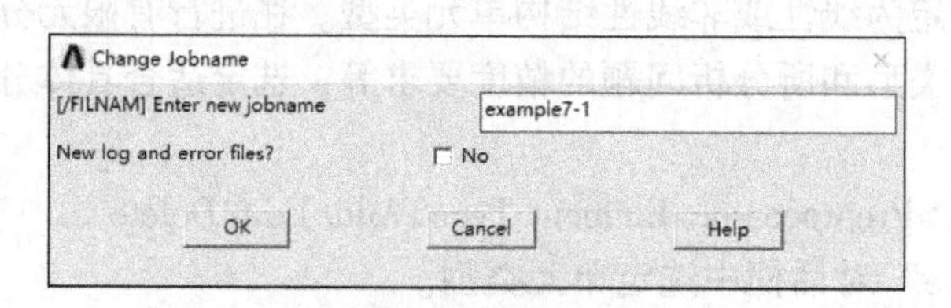

图 7-4 设置新的作业名“example7-1”

3. 输入“actuator. iges” IGES 文件

1）选择菜单 Utility Menu：File > Import > Iges。

2）在打开的“Import IGES File”对话框中，单击“OK”按钮，如图 7-5 所示。

3）在打开的“Import IGES File”对话框中单击“Browes”按钮，如图 7-6 所示。

4）在“File to import”对话框中，选择“actuator. iges”文件，单击“打开”按钮，如图 7-7 所示。

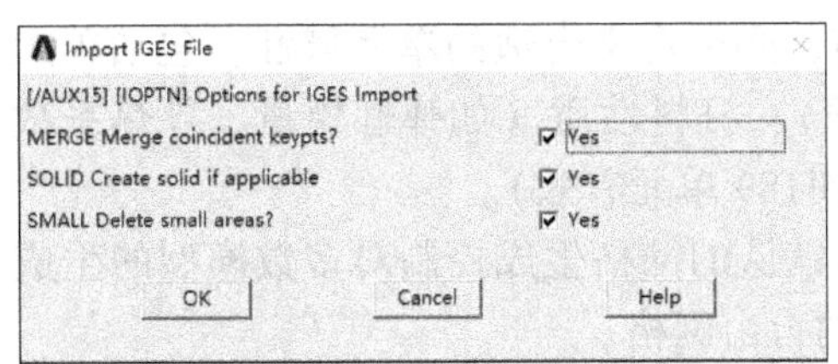

图 7-5 “Import IGES File” 对话框

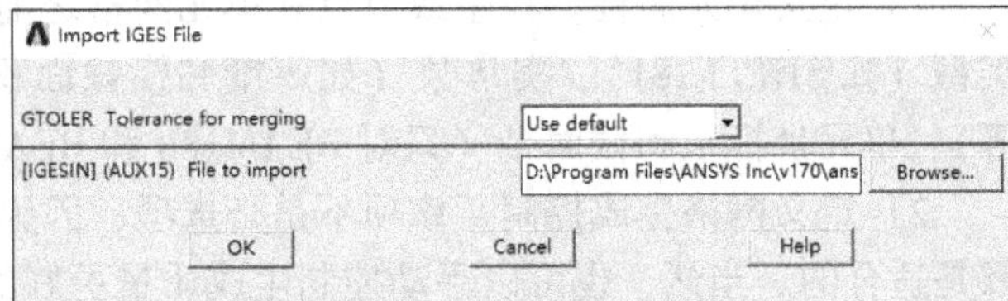

图 7-6 单击 “Browes…” 按钮

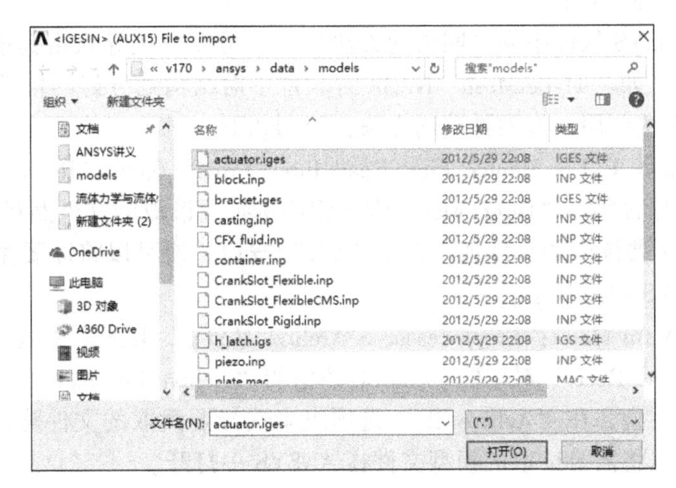

图 7-7 选择 “actuator. iges” 文件

5）得到的结果如图 7-8 所示。这样就完成了采用直接输入法导入已有的模型。

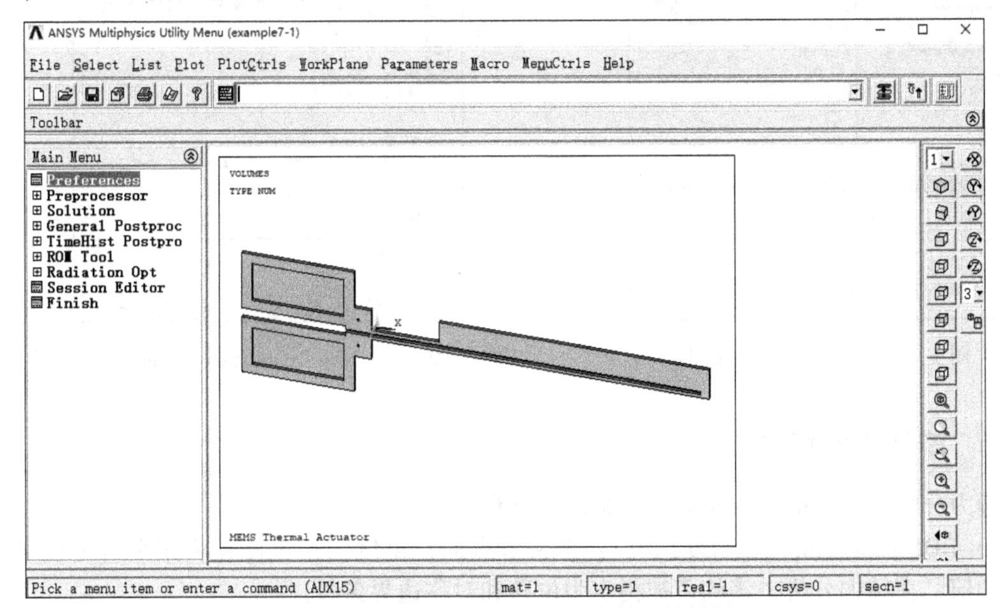

图 7-8 输入 “actuator. iges” 文件后的结果

7.2.5 划分网格

静力分析中生成的节点和单元的网格划分过程包括以下 3 个步骤。

1）定义单元属性。在生成节点和单元网格之前，必须定义合适的单元属性，包括单元类型（如 SHELL181）、实常数（如厚度和横截面积）、材料性质（如弹性模量、导热系数等）、单元坐标系和截面号（只对 BEAM188 和 BEAM189 单元有效）。

2）定义网格生成控制。该项不是必选项，因为默认的网格生成控制对多数模型的生成都是适合的。当然，也可以手动控制生成质量更好的自由网格。

3）生成网格。可用 MSHESKEY 命令选择自由网格或映射网格，所用网格控制随自由网格或映射网格的划分而不同。

除了上述在 ANSYS 软件中划分网格的方法外，还可以直接导入由其他有限元软件已经划分好网格的文件。如在 HyperMesh、NASA 等软件中对结构划分好网格后存成 * cdb 文件，然后在 ANSYS 中直接调用。有两种调用方法，分别如下。

1）选择应用菜单 Utility Menu：File>Read Input From，弹出“Read File”对话框，如图 7-9所示。在该对话框的“Directories”选项组中选择要读取的文件路径，在“Read input from”选项组中选择要读取的文件名，单击“OK”按钮，便可以将需要读取的已划分网格的模型文件在 ANSYS 中打开了。

2）选择菜单 Main Menu：Preprocessor > Archive Model > Read，弹出如图 7-10 所示的“Archive Information to Read”对话框。在该对话框的“Achive Information to Read”选项组中选择要读取的文件类型，在“Achive file”选项组中选择要读取的文件路径及文件名，单击“OK”按钮，即可以将需要读取的模型文件在 ANSYS 中打开。

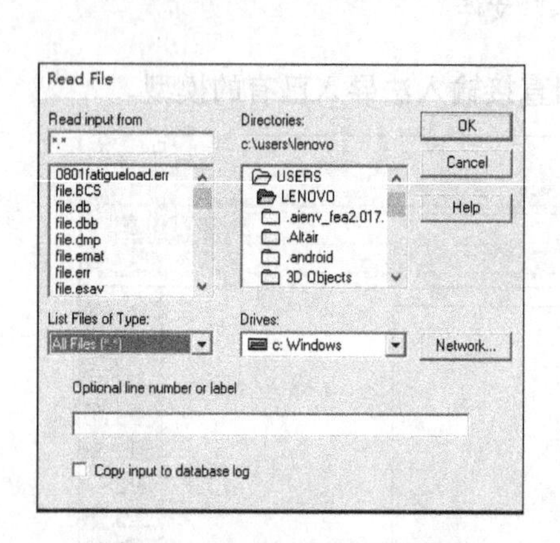

图 7-9 “Read File”对话框

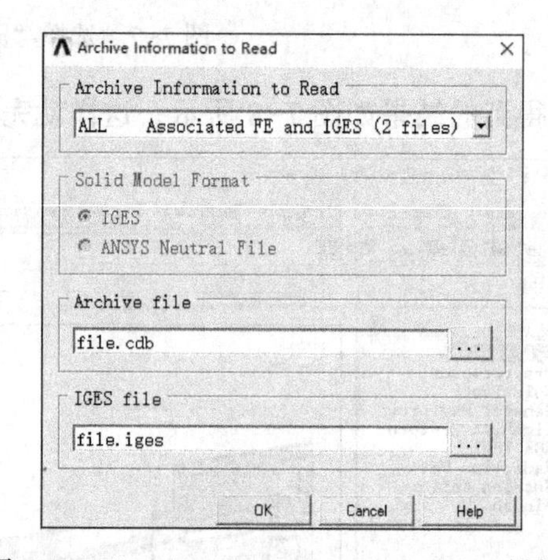

图 7-10 “Archive Information to Read”对话框

7.2.6 添加约束和载荷

静力分析所施加的约束及载荷包括以下几种。

1）DOF constraint（自由度约束）：定义节点的自由度值，也就是将某个自由度赋予一个已知值。在结构分析中该约束被指定为位移和对称边界条件。

2）Force（集中载荷）：施加于模型节点上的集中载荷。在结构分析中被指定为力和力矩。

3）Surface load（表面载荷）：施加于模型某个表面上的分布载荷。在结构分析中被指定为压力。

4）Body load（体积载荷）：施加于模型上的体积载荷或者场载荷。在结构分析中被指定为温度。

5）Inertia load（惯性载荷）：由于物体的惯性引起的载荷，如重力加速度、角加速度。主要在结构分析中使用。

6）Coupled-field loads（耦合场载荷）：为以上载荷的一种特殊情况，将从一种分析得到的结果作为另一种分析的载荷。例如，可以将磁场分析中计算的磁力作为结构分析中的力载荷。

通过菜单选择 Main Menu>Solution>Define Loads>Apply，把结构静力分析的载荷施加到几何模型（关键点、线、面、体等）或有限元模型（结点、单元）上。如果载荷施加在几何模型上，ANSYS 在求解前先将载荷转化到有限元模型上。

任何实际结构都会有一定的约束条件来保持其稳定性，因此给结构模型施加合适的约束条件是进行有限元分析的一个重要步骤。在分析过程中可以执行施加（Apply）、删除（Delete）、运算（Operate）和列表载荷等操作。

在 ANSYS 中，可进行以下操作。

1）选择载荷形式。可选择的约束和载荷有 Displacement（位移）、Force/Moment（力和力矩）、Pressure（压力）、Temperature（温度）和 Inertia（惯性力）等，如图 7-11 所示。

2）选择加载的对象。可加载的对象主要有 On Keypoints（关键点）、On Lines（线）、On Areas（面）、On Nodes（节点）、On Element（单元）等，如图 7-12 所示。

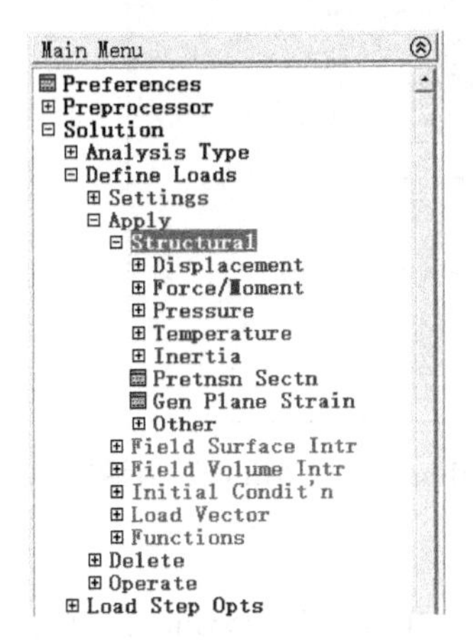

图 7-11　选择施加约束和载荷

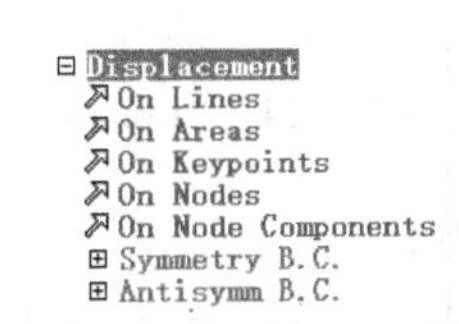

图 7-12　选择加载的对象

3）指定载荷的方向和数值。单击任一加载对象，弹出相应的对话框，可在对话框中指定该载荷的方向和数值。

7.2.7　输出选项的设定

输出控制选项如下：

1）打印输出，在输出文件中包括进一步所需要的结果数据，可按如图 7-13 所示进行输出打印设置。

命令：OUTPR

GUI：Main Menu>Solution>Unabridged Menu>Load Step Opts>Output Ctrls>Solu Printout

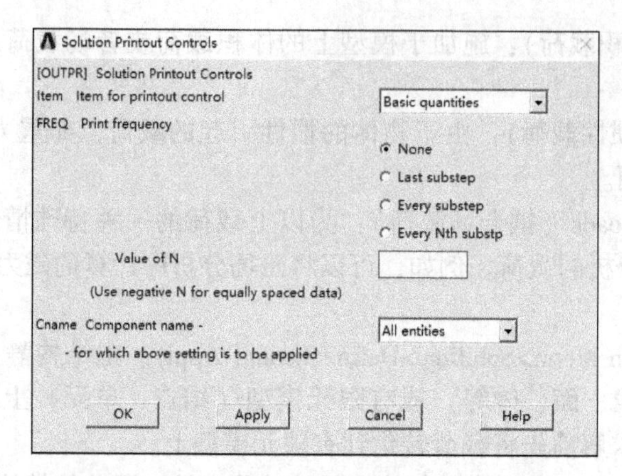

图 7-13 “Solution Printout Controls”对话框

2）结果文件输出，控制结果文件中的数据。可按如图 7-14 所示进行结果文件及数据输出控制的设置。

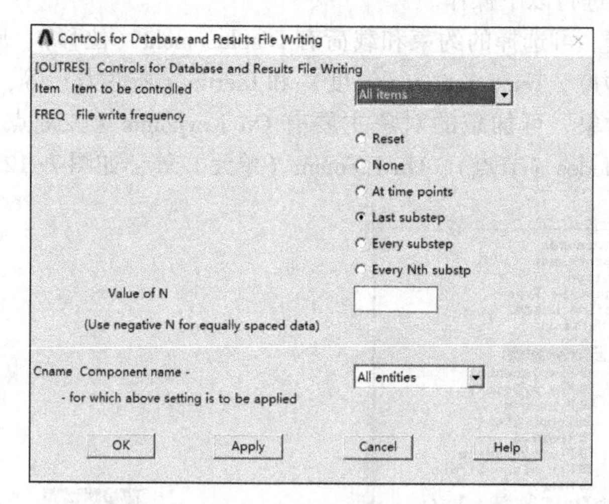

图 7-14 “Control for Data base and Results File Writing”对话框

命令：OUTRES

GUI：Main Menu>Solution>Unabridged Menu>Load Step Opts>Output Ctrls>DB/Results File

7.2.8 求解

进行求解计算有如下两种操作方法，操作后弹出如图 7-15 所示的对话框，单击“OK”按钮进行求解。

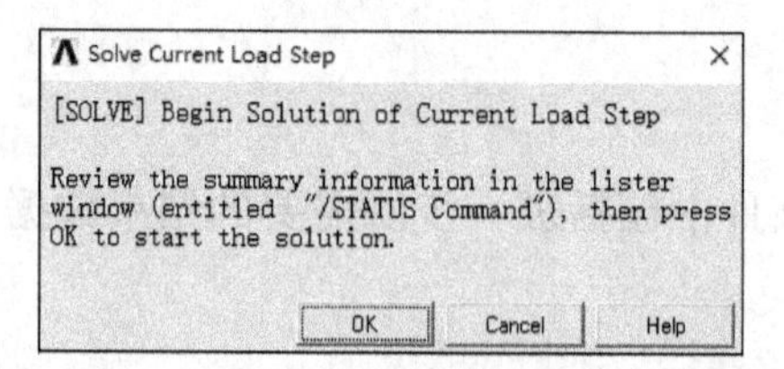

图 7-15 “Solve Current Load Step”对话框

命令：SOLVE

GUI：Main Menu>Solution>Solv >Current LS

7.2.9 查看结果

在 ANSYS 结构分析文件 *. rst 中存有静力分析的结果，这些结果包括节点位移（UX、UY、UZ、ROTX、ROTY 和 ROTZ）及导出数据。例如，有节点和单元应力、节点和单元应变、单元力和节点反作用力等。结构分析完成后，可进入通用后处理器（POST1）和时间历程后处理器（POST26）中查看分析结果，具体可参考本书第 6 章相关内容。

7.3 高速旋转齿轮静力分析实例

7.3 高速旋转齿轮静力分析实例

利用 ANSYS 对高速旋转的齿轮进行应力分析。标准齿轮最大转速 $\omega=65\ rad/s$，齿轮齿间侧向压力为 5 MPa。试计算其应力分布。其中，齿顶圆直径 $d_a=48\ mm$，齿根圆直径 $d_f=30\ mm$，齿数 $Z=10$，厚度 $b=5\ mm$，弹性模量 $E=2.06e5\ MPa$，密度 $\rho=7.8e3\ kg/m^3$。

1. 设置分析类型

1）从菜单中选择 Utility Menu>File>Change Jobname，打开“Change Jobname”对话框，如图 7-16 所示。

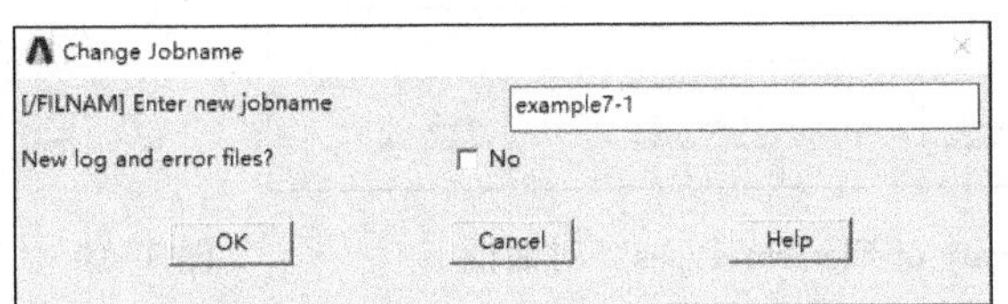

图 7-16 “Change Jobname”对话框

2）在“Enter new jobname”文本框中输入“example7-1”，作为本实例的数据库文件名。

3）单击“OK”按钮，完成文件名的修改。

4）从菜单中选择 Utility Menu>File> Change Title，打开“Change Title”对话框，如图 7-17所示。

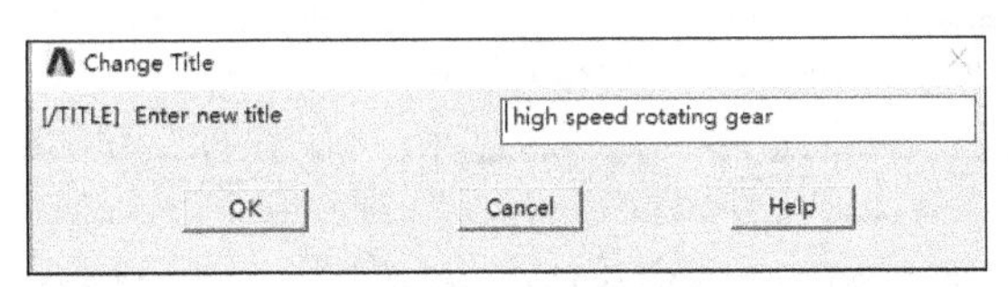

图 7-17 “Change Title”对话框

5）在“Enter new title”文本框中输入“high speed rotating gear”，作为本实例的标题名。

6）单击“OK”按钮，完成标题名的指定。

7）从菜单中选择 Utility Menu>Plot>Replot，指定的标题“high speed rotating gear”将显示在图形窗口的左下角。

8）从菜单中选择 Main Menu>Preference，打开“Preference of GUI Filtering”对话框，选中“Structural”复选框，单击“OK”按钮，完成设置的分析类型。

2. 选择单元类型

本实例中选用四节点四边形板单元 PLANE182。PLANE182 不仅可用于计算平面应力问题，还可以用于分析平面应变和轴对称问题。

1）从菜单中选择 Main Menu > Preprocessor > Element Type > Add/Edit/Delete，打开“Element Type”对话框。

2）单击“Add”按钮，打开“Library of Element Types”对话框，如图 7-18 所示。

3）在对话框中选择“Solid”选项，选择实体单元类型。

4）在对话框右侧列表框中选择“Quad 4 node 182”选项，选择四节点四边形板单元“PLANE182”。

5）在对话框中单击“OK”按钮，添加 PLANE182 单元，并关闭“Library of Element Types”对话框。同时返回到第 1）步打开的“Element Types”对话框，如图 7-19 所示。

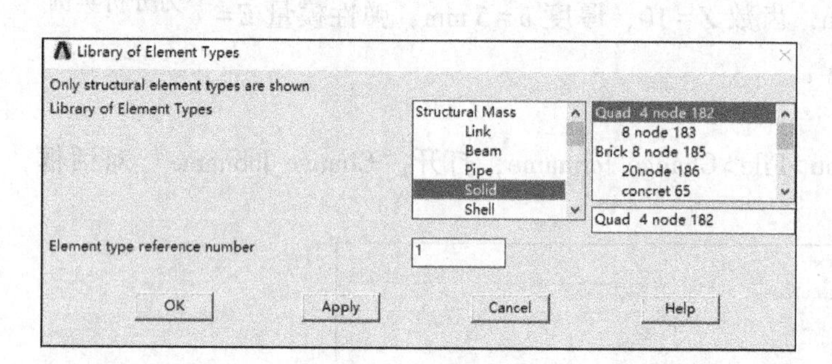

图 7-18 “Library of Element Types”对话框

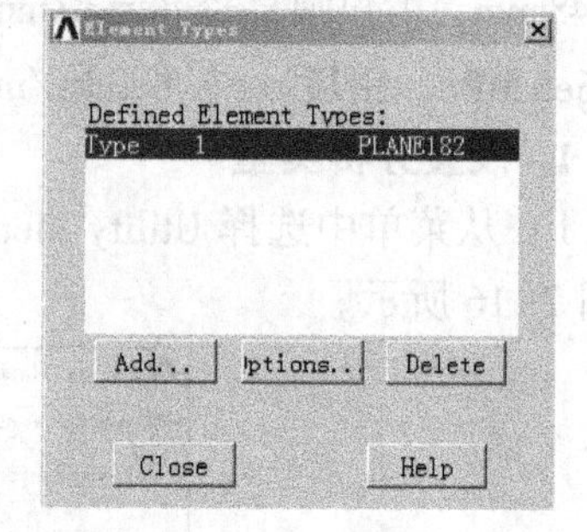

图 7-19 “Element Types”对话框

6）在“Element Types”对话框中单击“Options”按钮，打开如图 7-20 所示的“PLANE182 element type of options”对话框，对 PLANE182 单元进行设置，使其可用于计算平面应力问题。

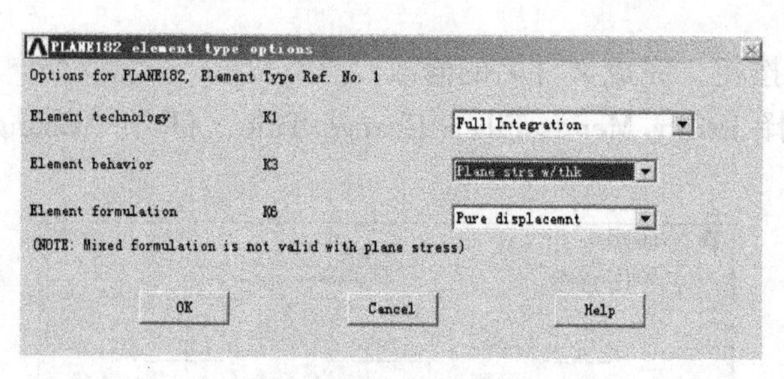

图 7-20 “PLANE182 element type options”对话框

7）在“Element behavior”下拉列表框中选择“Plane stress w/thk”选项，如图 7-20 所示。

8）单击“OK”按钮，接受选项，关闭“PLANE182 element type options”对话框，返回到如图 7-19 所示的“Element Types”对话框。

9）单击“Close”按钮，关闭“Element Types”对话框，结束单元类型的添加。

3. 定义实常数

选用带有厚度的平面应力行为方式的 PLANE182 单元，需要设置其厚度实常数。

1）从菜单中选择 Main Menu>Preprocessor>Real Constants>Add/Edit/Delete 命令，打开如图 7-21 所示的“Real Constants”对话框。

2）单击“Add”按钮，打开如图 7-22 所示的“Element Type for Real Constants”对话框，选择欲定义实常数的单元类型，然后单击“OK”按钮，关闭对话框。

图 7-21 “Real Constants”对话框

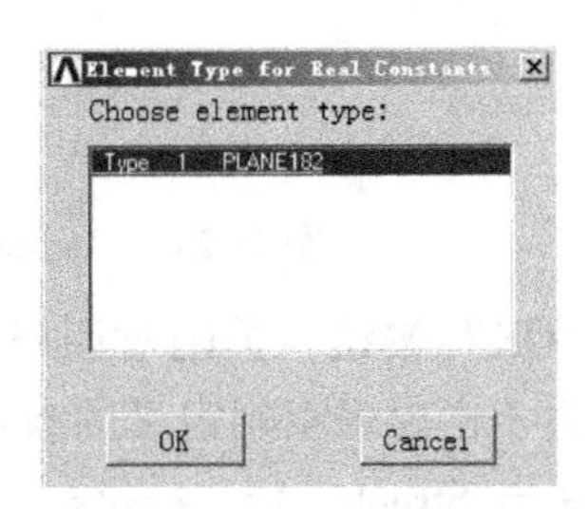

图 7-22 选择实常数单元类型

本实例中仅定义了其中一种单元类型，在已定义的单元类型列表中选择“Type 1 PLANE182”，为 PLANE182 单元类型定义实常数。

3）再单击“Real Constants”对话框中的“Add”按钮，打开该单元类型“Real Constant Set Number 1 for PLANE182”对话框，如图 7-23 所示。

4）在“Thickness”文本框中输入“5”。

5）单击“OK”按钮，关闭“Real Constant Set Number 1 for PLANE182”对话框，返回到“Real Constants”对话框，如图 7-24 所示，显示已经定义了的一组实常数。

图 7-23 “Real Constant Set Number 1 for PLANE182”对话框

图 7-24 已经定义的实常数

6）单击“Close”按钮，关闭“Real Constants”对话框。

4. 添加材料属性

惯性力在进行静力分析时，必须定义材料的弹性模量和密度，具体步骤如下。

1）从菜单中选择 Main Menu > Preprocessor > Material Props > Material Model，将打开“Define Material Model Behavior”窗口，如图 7-25 所示。

2）依次单击 Structural>Linear>Elastic>Isotropic，展开材料属性的树形结构。将打开 1 号材料的弹性模量 EX 和泊松比 PRXY 的定义对话框，如图 7-26 所示。

3）在“EX”文本框中输入弹性模量“2.06E5”，在“PRXY”文本框中输入泊松比“0.3”。

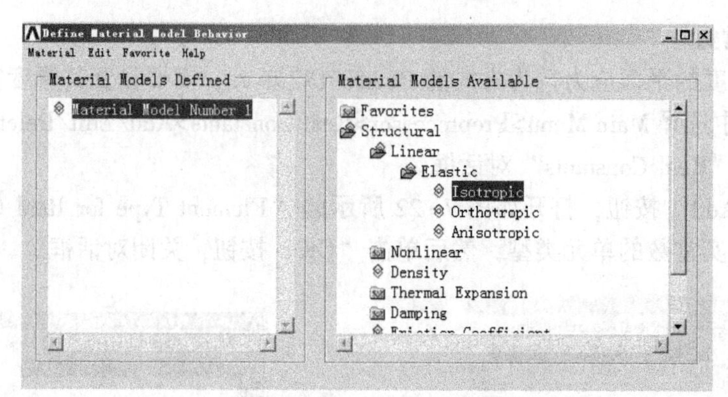

图 7-25 “Define Material Model Behavior”窗口

4）单击“OK”按钮，关闭对话框，并返回到“Define Material Model Behavior”窗口，在此窗口的左边一栏出现刚刚定义的参考号为“1”的材料属性。

5）依次单击 Structural > Density，打开“Density for Material Number 1”对话框，如图 7-27所示。

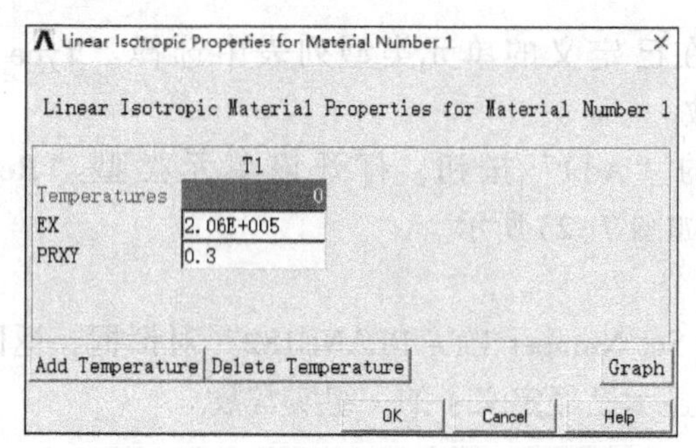

图 7-26 定义线性各向同性材料的弹性模量和泊松比

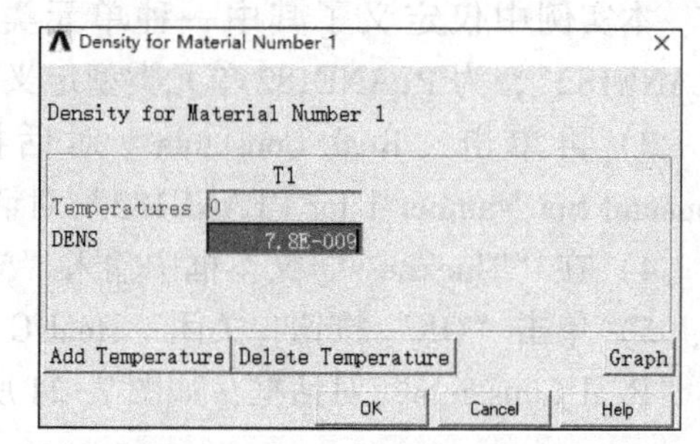

图 7-27 “Density for Material Number 1”对话框

6）在“DENS”文本框中输入密度数值“7.8E-9”。

7）单击“OK”按钮，关闭对话框，并返回到“Define Material Model Behavior”窗口，在此窗口的左边一栏参考号为“1”的材料属性下方出现密度项。

8）在“Define Material Model Behavior”窗口中，从菜单中选择 Material>Exit，或者单击 ☒ 按钮，退出“Define Material Model Behavior”窗口，完成对材料模型属性的定义。

5. 建立几何模型

在使用 PLANE 系列单元时，要求模型必须位于全局 *XY* 平面内。默认的工作平面即为全局 *XY* 平面，因此可以直接在默认的工作平面内创建齿轮面。

（1）将激活的坐标系设置为总体柱坐标系。

在菜单中选择 Utility Menu>WorkPlane>Change Active CS to>Global Cylindrical。

（2）定义一个关键点

1）从菜单中选择 Main Menu>Preprocessor>Modeling> Create>Keypoints>In Active CS。

2）在“Create Keypoints in Active Coordinate System”对话框的“Keypoint number”文本框中输入“1”，“X” = 15，“Y” = 0，单击“OK”按钮，从而定义了第一个关键点，如图 7-28所示。

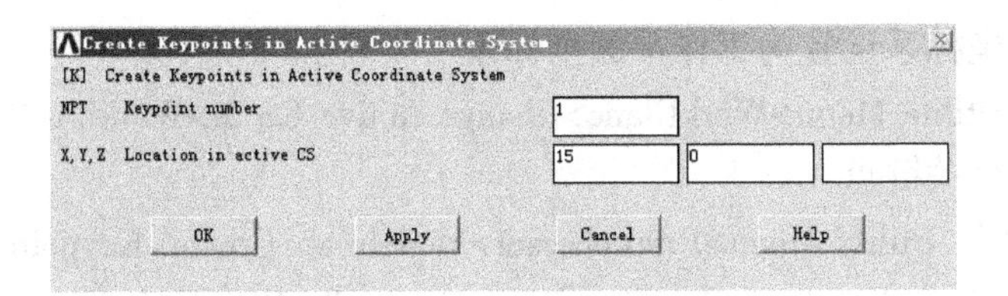

图 7-28　定义一个关键点

（3）定义一个点作为辅助点

1）从菜单中选择 Main Menu>Preprocessor>Modeling> Create>Keypoints> In Active CS。

2）在“Create Keypoints in Active Coordinate System”对话框的“Keypoint number”文本框中输入“110”，“X”=12.5，“Y”=40，单击“OK”按钮，如图 7-29 所示。

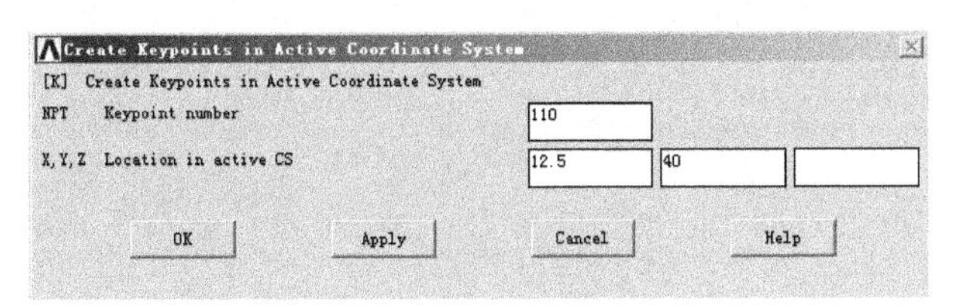

图 7-29　定义一个辅助点

（4）偏移工作平面到给定位置

1）从菜单中选择 Utility Menu>WorkPlane>Offset WP to>Keypoints。

2）在 ANSYS 图形窗口选择 110 号点，单击“OK”按钮，实现工作平面的偏移。

3）偏移工作面到给定位置后的结果如图 7-30 所示。

（5）旋转工作平面

1）从菜单中选择 Utility Menu>WorkPlane>Offset WP by Increaments。

2）打开旋转工作面的菜单，如图 7-31 所示，在“XY，YZ，ZX Angles”文本框中输入“-50，0，0”，单击“OK”按钮，实现工作面的旋转。

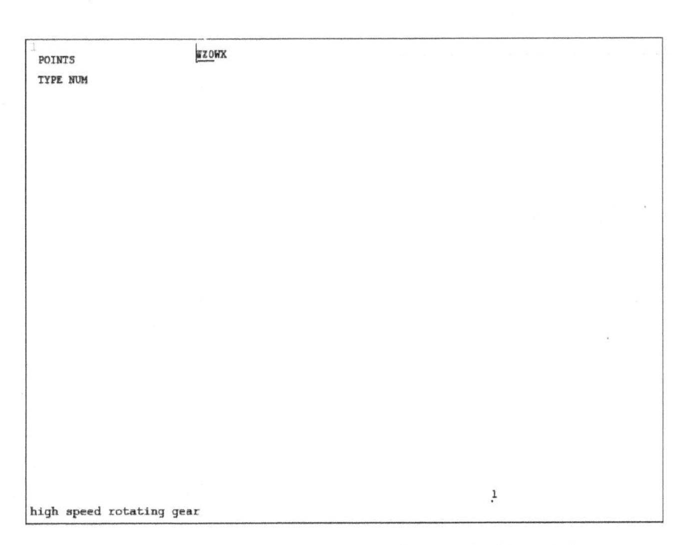

图 7-30　偏移工作面到给定位置后的结果

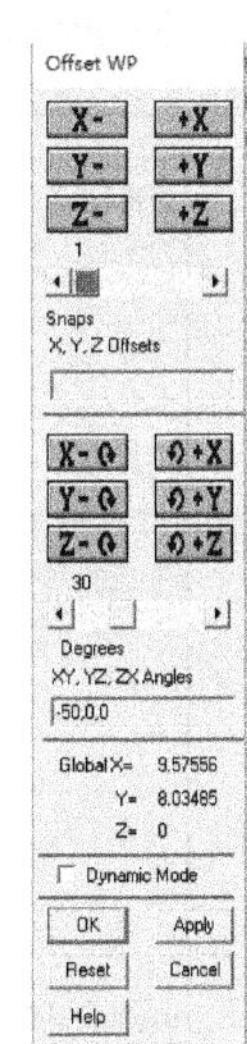

图 7-31　“Offset WP”拾取菜单

（6）将激活的坐标系设置为工作平面坐标系

从菜单中选择 Utility Menu>WorkPlane>Change Active CS to>Working Plane。

（7）建立第二个关键点

1）从菜单中选择 Utility Menu>Preprocessor>Modeling> Create>Keypoints>In Active CS。

2）在“Create Keypoints in Active Coordinate System”对话框的“Keypoint number”文本框中输入“2”，“X” =10.489，“Y” =0，单击“OK”按钮。

3）所得结果如图 7-32 所示。

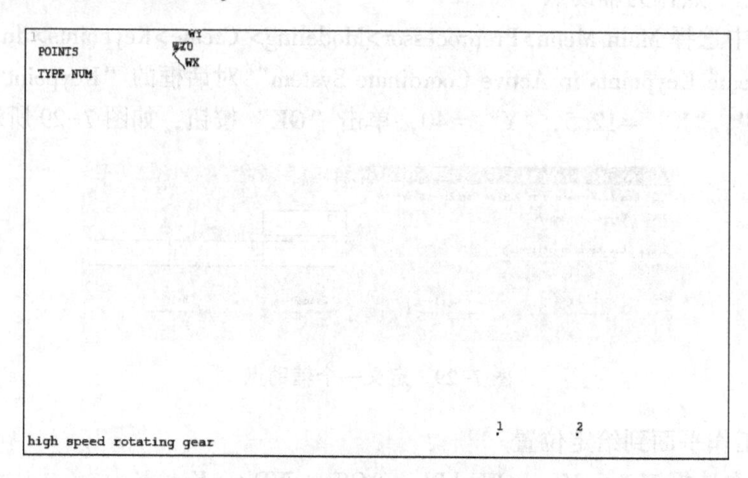

图 7-32 建立关键点 2 的结果

（8）将激活的坐标系设置为总体柱坐标系

从菜单中选择 Utility Menu>WorkPlane>Change Active CS to>Global Cylindrical。

（9）建立其余的辅助点。

按照步骤（3）建立其余的辅助点，将其编号分别设为 120、130、140、150、160，其坐标分别为（12.5，44.5）、（12.5，49）、（12.5，53.5）、（12.5，58）、（12.5，62.5）。所得结果如图 7-33 所示。

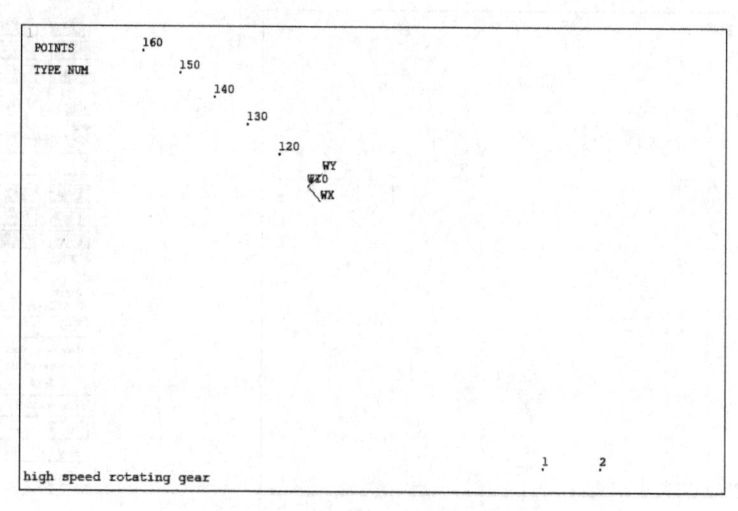

图 7-33 建立其余的辅助点的结果

（10）将工作平面平移到第二个辅助点

1）从应用菜单中选择 Utility Menu>WorkPlane>Offset WP to>Keypoints。

2）在 ANSYS 图形窗口选择 120 号点，单击“OK”按钮。

（11）旋转工作平面

1）从应用菜单中选择 Utility Menu>WorkPlane>Offset WP by Increments。

2）在“XY，YZ，ZX Angles”文本框中输入“4.5，0，0”，单击“OK”按钮。

（12）将激活的坐标系设置为工作平面坐标系

从应用菜单中选择 Utility Menu>WorkPlane>Change Active CS to>Working Plane。

（13）建立第三个关键点

1）从主菜单中选择 Main Menu>Preprocessor >Modeling > Create >Keypoints>In Active CS…。

2）在“Keypoint number”文本框中输入“3”，“X”=12.221，“Y”=0，单击“OK”按钮。

（14）重复以上步骤，建立其余的辅助点和关键点

按照步骤（10）~（13），分别把工作平面平移到编号为 130，140，150，160 的辅助点，再旋转工作平面，旋转角度均为（2.4，0，0），然后将工作平面设为当前坐标系。在工作平面中分别建立编号为 4、5、6、7 的关键点，其坐标分别为（14.18，0）、（16.01，0）、（17.66，0）、（19.35，0）。建立辅助点和关键点的结果如图 7-34 所示。

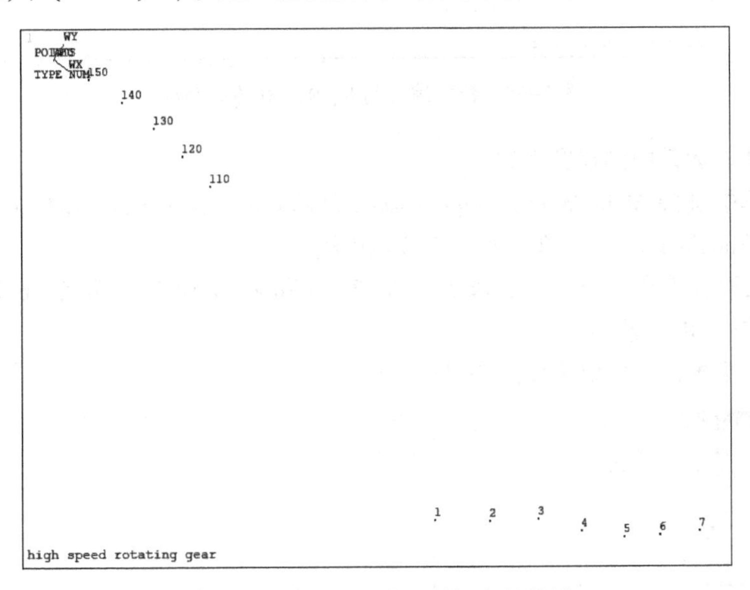

图 7-34　建立辅助点和关键点的结果

（15）建立编号为 8、9、10 的关键点

1）将激活的坐标系设置为总体柱坐标系。从菜单中选择 Utility Menu > WorkPlane > Change Active CS to>GlobalGylindrical。

2）从主菜单中选择 Main Menu>Preprocessor> Modeling>Create>Keypoints>In Active CS。

3）在“Keypoint number”文本框中输入“8”，“X”=24，“Y”=7.06，单击“OK”按钮。

4）从主菜单中选择 Main Menu>Preprocessor >Modeling> Create>Keypoints>In Active CS。

5）在“Keypoint number”文本框中输入“9”，“X”=24，“Y”=9.87，单击“OK”按钮。

6）从主菜单中选择 Main Menu>Preprocessor>Modeling>Create>Keypoints>In Active CS。

7）在“Keypoint number”文本框中输入“10”，“X”=15，“Y”=-8.13，单击“OK”按钮，所得结果如图 7-35 所示。

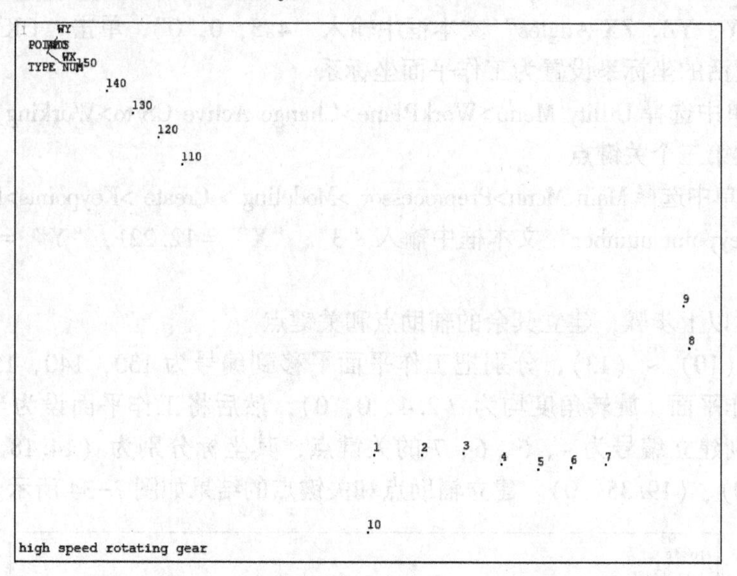

图 7-35　建立编号为 8、9、10 的关键点

（16）在柱坐标系中创建圆弧线

1）从菜单中选择 Main Menu>Preprocessor>Modeling>Create>Lines>Lines>Straight Line，弹出“Create Straight Line”菜单，如图 7-36 所示。

2）分别拾取关键点 10 和 1，1 和 2，2 和 3，3 和 4，4 和 5，5 和 6，6 和 7，7 和 8，8 和 9，然后单击“OK”按钮。

3）创建圆弧线，所得结果如图 7-37 所示。

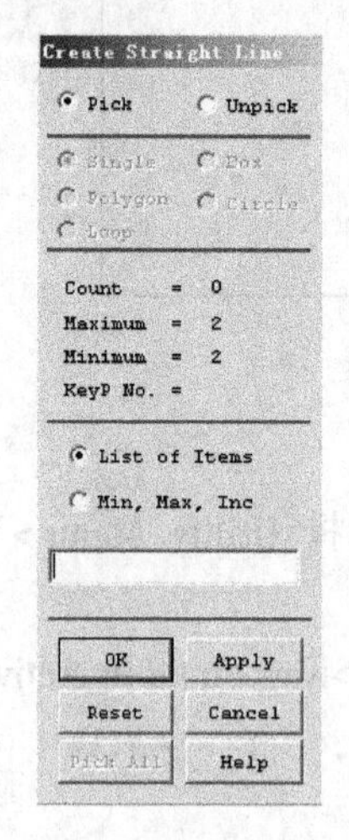

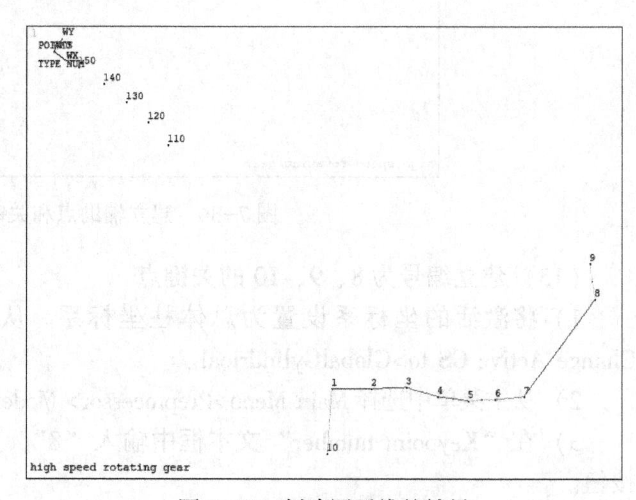

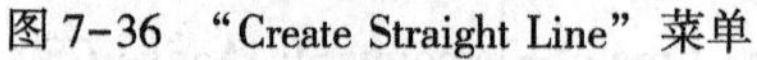

图 7-36　“Create Straight Line”菜单　　　　图 7-37　创建圆弧线的结果

(17) 把齿轮边上的线加起来，使其成为一条线

1）从主菜单中选择 Main Menu>Preprocessor>Modeling>Operate>Booleans>Add>Lines。

2）在图形窗口中选择刚刚建立的齿轮边上的线，在“Add Lines”菜单中单击“OK”按钮，如图 7-38 所示。

3）ANSYS 会提示是否删除原来的线，选择“Deleted”选项，单击“OK”按钮，如图 7-39 所示。

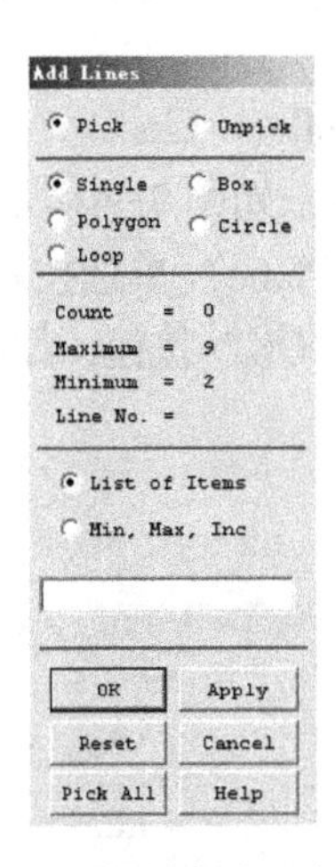

图 7-38　将线相加

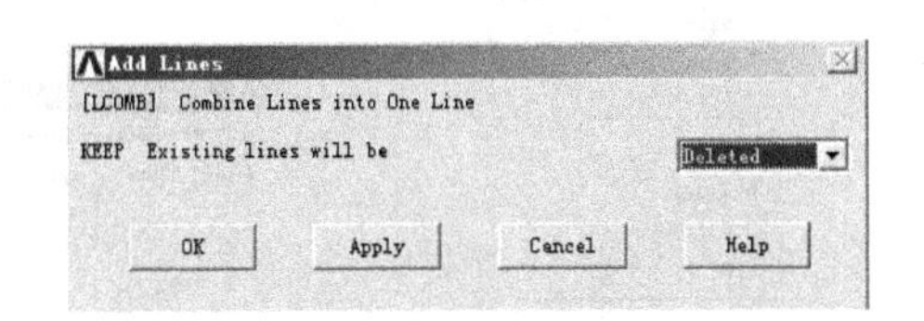

图 7-39　线相加后删除原来的线

线相加所得结果如图 7-40 所示。

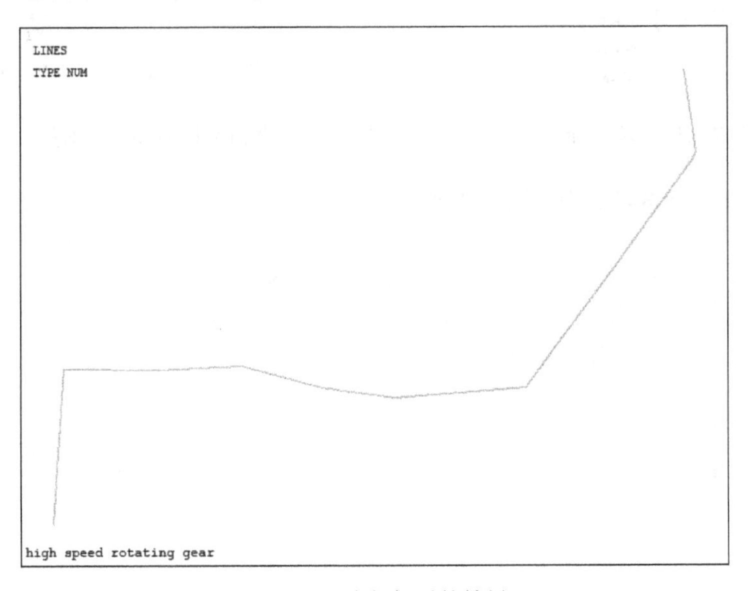

图 7-40　线相加后的结果

(18) 偏移工作平面到总坐标系的原点

从“应用”菜单中选择 Utility Menu>WorkPlane>Offset WP to>Global Origin。

(19) 将工作平面与总体直角坐标系对齐

从“应用”菜单中选择 Utility Menu> WorkPlane>Align WP with>Global Cartesian。

(20) 将工作平面旋转 9.87°

1) 从应用菜单中选择 Utility Menu>WorkPLane>Offset WP by Increments。

2) 这时将打开 “Offsetup” 拾取菜单，在 “XY、YZ、ZX Angle” 文本框中输入 “9.87, 0, 0”，单击 “OK” 按钮。

(21) 将激活的坐标系设置为工作平面坐标系

从应用菜单中选择 Utility Menu>WorkPLane>Change Active CS to>Working Plane。

(22) 将所有线沿 X-Z 面进行镜像（在 Y 方向）

1) 从主菜单中选择 Main Menu>Preprocessor>Modeling>Reflect>Lines。

2) 在 “Reflect Lines” 拾取菜单中单击 “Pick All” 按钮，如图 7-41 所示。

3) ANSYS 会提示选择镜像的面和编号增量，选择 “X-Z Plane” 单选按钮，在 “Keypoint increment” 文本框中输入 “1000”，选择 “Copied” 选项，单击 “OK” 按钮，如图 7-42 所示。

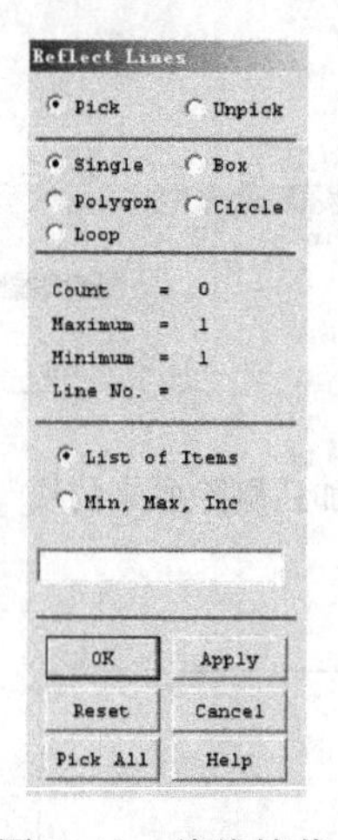

图 7-41　将线镜像

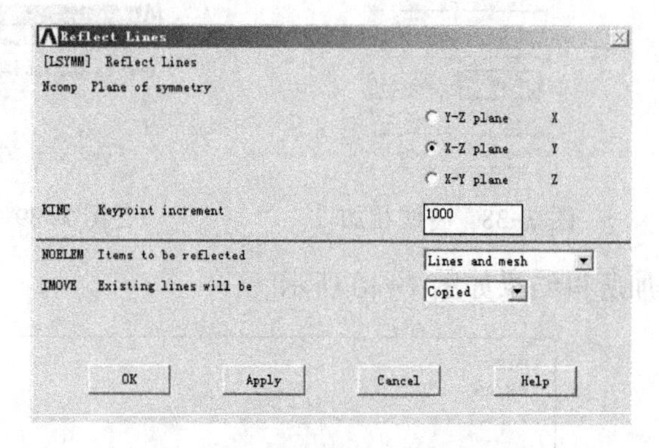

图 7-42　选择镜像面和编号增量

4) 所有线镜像后的结果如图 7-43 所示。

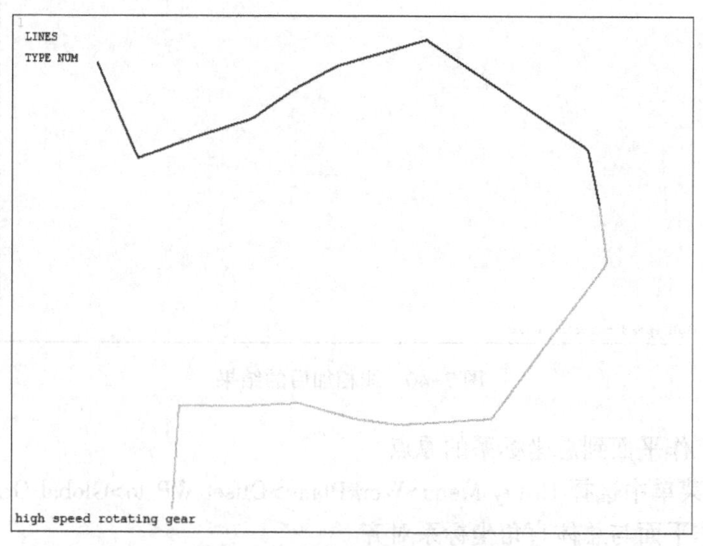

图 7-43　所有线镜像后的结果

(23) 把齿顶上的两条线粘接起来

1) 从主菜单中选择 Main Menu>Preprocessor>Modeling>Operate>Glue>Lines。

2) 选择齿顶上的两条线，单击“OK”按钮。

(24) 把齿顶上的两条线加起来，成为一条线

1) 从主菜单中选择 Main Menu>Preprocessor>Modeling>Operate>Booleans>Add>Lines。

2) 选择齿顶上的两条线，单击“OK”按钮，所得结果如图 7-44 所示。

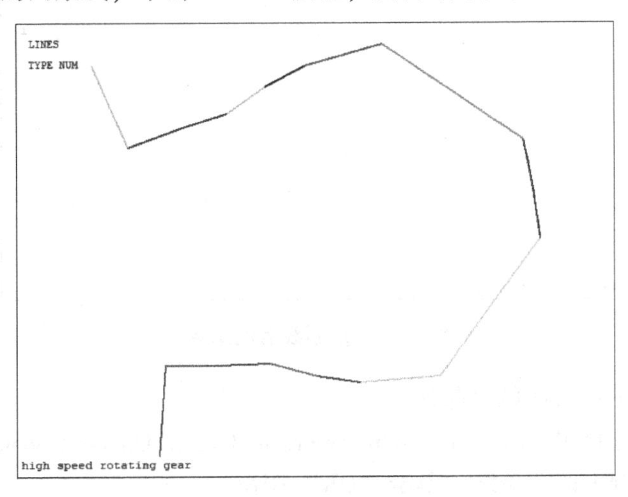

图 7-44　齿顶上线加起来的结果

(25) 在柱坐标系下复制线

1) 将激活的坐标系设置为总体柱坐标系。从应用菜单中选择 Utility Menu>WorkPlane>Change Active CS to>Global Cylindrical。

2) 从主菜单中选择 Main Menu>Preprocessor>Modeling>Copy>Lines。

3) 单击打开的“Copy Lines”菜单中的“Pick All”按钮，如图 7-45 所示。

4) ANSYS 弹出“Copy Lines”对话框来提示复制的数量和偏移的坐标，在“Number of copies”文本框中输入“10”，在“Y-offset in active CS”文本框中输入“36”，单击“OK”按钮，如图 7-46 所示。

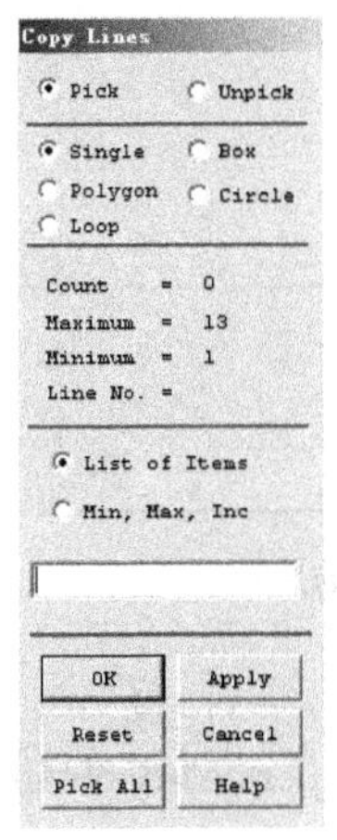

图 7-45　“Copy Lines”菜单

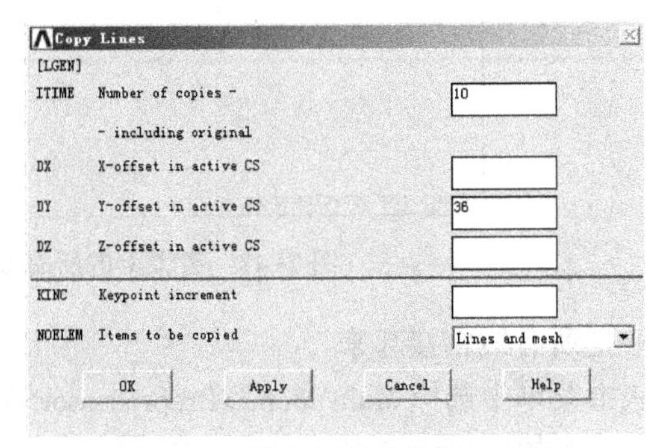

图 7-46　输入复制的数量和坐标

5）在柱坐标系下进行复制线操作后，所得结果如图 7-47 所示。

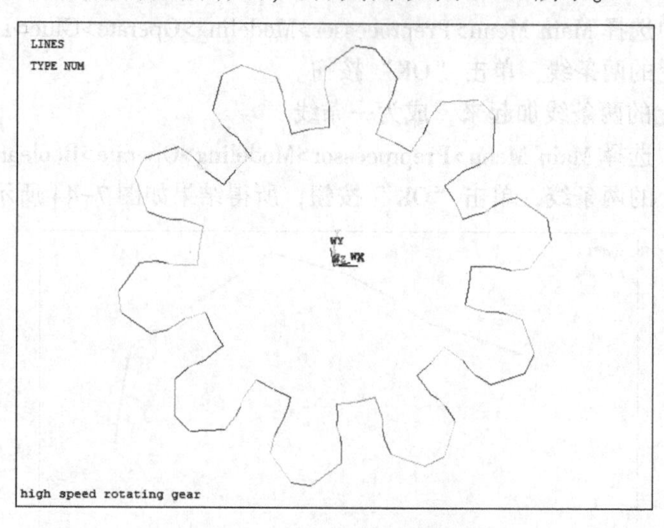

图 7-47　复制线后的结果

（26）把齿根上的所有线粘接起来

1）从主菜单中选择 Main Menu>Preprocessor>Modeling> Operate>Booleans>Glue> Lines。

2）分别选择齿根上的两条线，单击“OK”按钮。

（27）把齿根上的所有线加起来

1）从主菜单中选择 Main Menu>Preprocessor>Modeling> Operate>Booleans>Add>Lines。

2）分别选择齿根上的两条线，单击“OK”按钮。

3）齿根上所有线加起来的结果如图 7-48 所示。

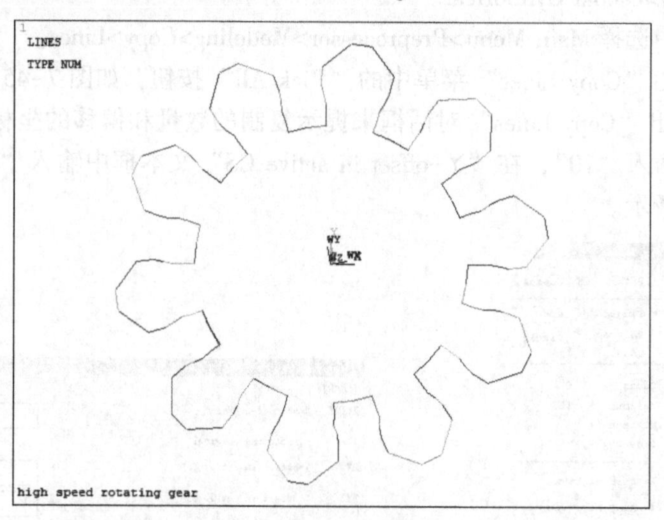

图 7-48　齿根上的所有线加起来的结果

（28）把所有线粘接起来

1）从主菜单中选择 Main Menu>Preprocessor>Modeling>Operate>Booleans>Glue> Lines。

2）在弹出的菜单中单击“Pick All”按钮。

(29) 用当前定义的所有线创建一个面

1) 从主菜单中选择 Main Menu>Preprocessor>Modeling> Create>Areas>Arbitrary>By Lines。

2) 选择所有的线，单击“OK”按钮。

3) 用当前定义的所有线创建一个面，结果如图 7-49 所示。

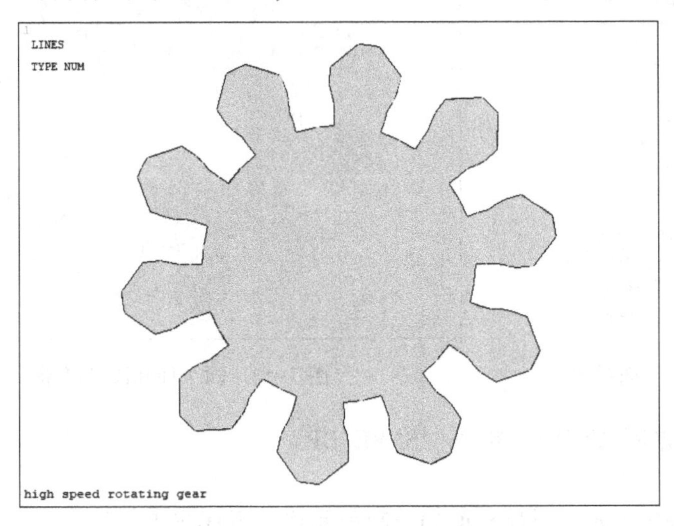

图 7-49　用所有线创建一个面的结果

(30) 创建圆面

1) 从主菜单中选择 Main Menu>Preprocessor>Modeling>Create>Areas>Circle>Solid Circle…。

2) 在“Solid Circular Area”对话框中设置“X” =0，“Y” =0，“Radius” =8，然后单击“OK”按钮，如图 7-50 所示。

3) 创建圆面后的结果如图 7-51 所示。

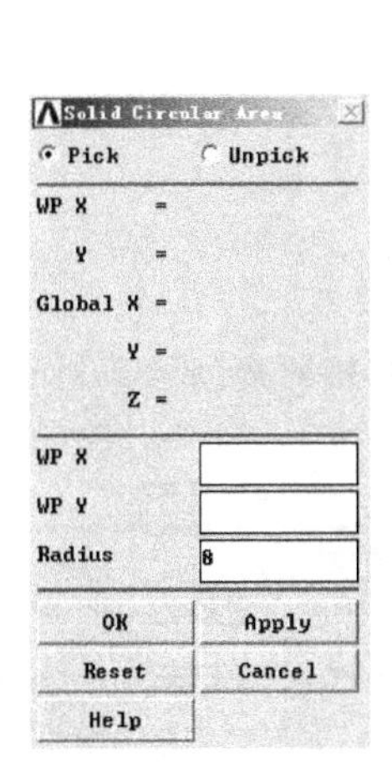

图 7-50　“Solid Circular Area”对话框

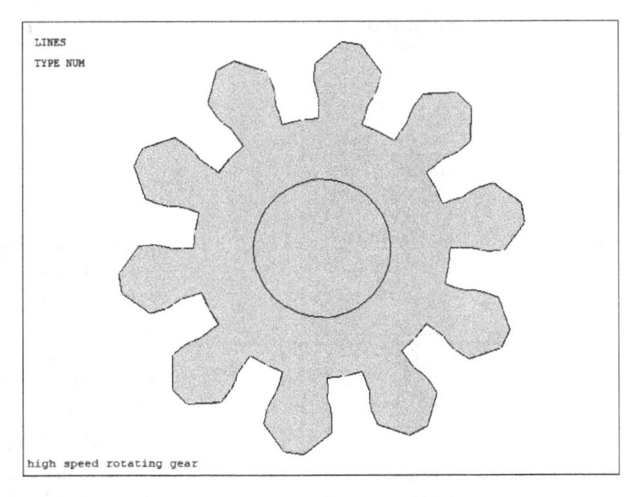

图 7-51　创建圆面的结果

(31) 从齿轮面中“减”去圆面形成轴孔

1) 从主菜单中选择 Main Menu>Preprocessor>Modeling>Operate> Booleans> Subtract>Areas。

2) 拾取齿轮面，作为布尔减操作的母体，单击“Apply”按钮，如图 7-52 所示。

3）拾取刚刚建立的圆面作为减去的对象，单击“OK”按钮，结果如图 7-53 所示。

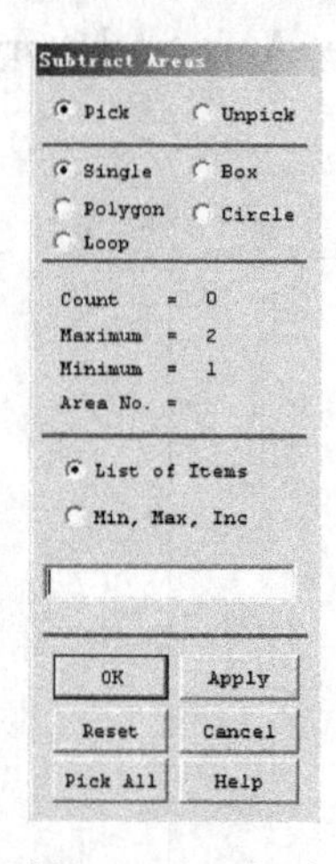

图 7-52　面相减

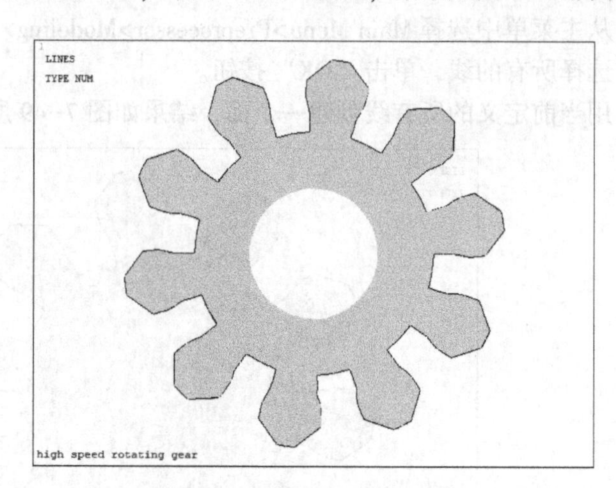

图 7-53　两个面相减的结果

（32）存储数据库 ANSYS，拾取“SAVE_DB”

6. 划分网格

选用 PLANE182 单元，对齿轮面划分映射网格，具体步骤如下。

1）从主菜单中选择 Main Menu>Preprocessor>Meshing>MeshTool，打开“MeshTool”菜单，如图 7-54 所示。

2）单击“Lines”右侧的“Set”按钮，打开“Mesh Lines”对话框，再选择定义单元划分的线，然后单击“Pick All”按钮。

3）ANSYS 弹出“Element Sizes on Picked Lines”对话框来提示划分控制的信息。在“No. of element divisions”文本框中输入“10”，单击“OK”按钮，如图 7-55 所示。

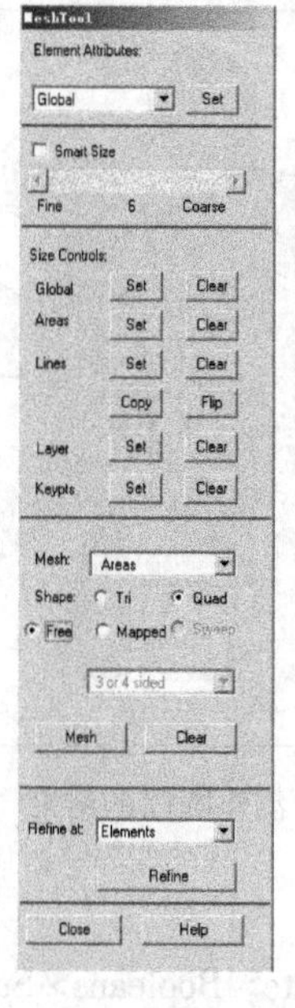

图 7-54　网格工具

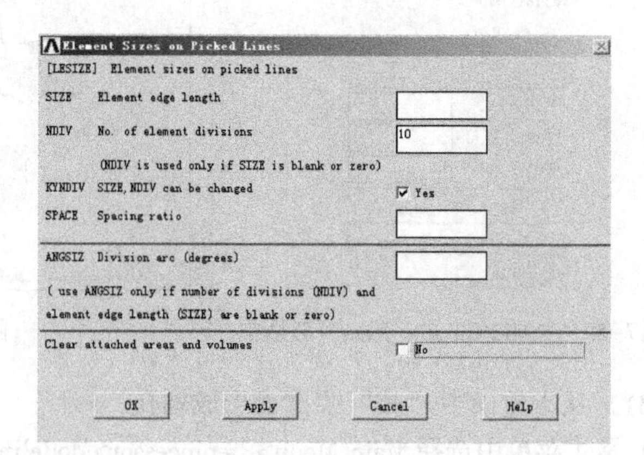

图 7-55　线划分控制

4）在“Mesh Tool”菜单的“Mesh”右侧下拉列表框中选择“Areas”，单击“Mesh”按钮，打开“Mesh Areas”菜单，选择要划分的面，单击“Pick All”按钮，如图 7-56 所示。

5）ANSYS 会根据执行的线控制信息来划分面，划分后的面如图 7-57 所示。

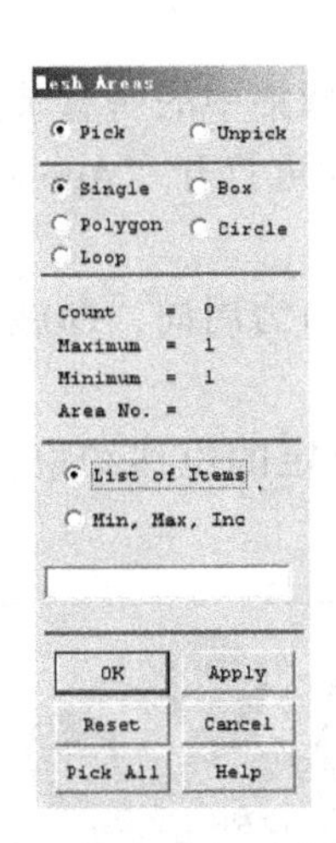

图 7-56　进行面选择

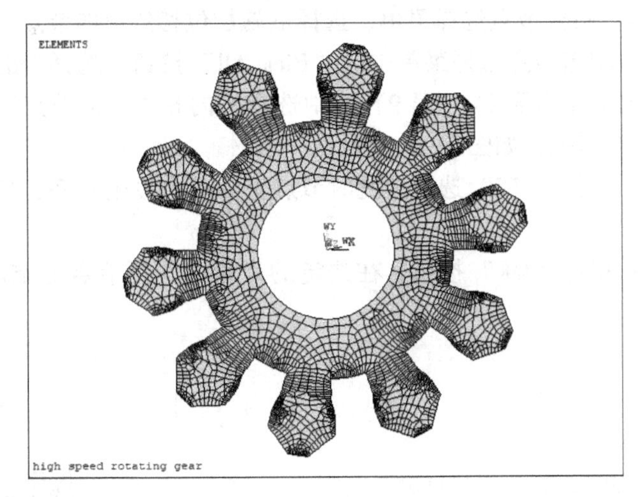

图 7-57　面划分的结果

7. 添加约束和载荷

建立有限元模型后，就需要定义分析类型和施加的边界条件及载荷。本实例中载荷为转速为 65 rad/s 旋转形成的离心力，位移边界条件为将内孔边缘节点的周向位移固定。

（1）施加位移边界

实例中位移边界条件为将内孔边缘节点的周向位移固定。为施加周向位移，需要将节点坐标系旋转到柱坐标系下。具体操作步骤如下：

1）从应用菜单中选择 Utility Menu>WorkPlane>Change Active CS to>Global Cylindrical，将激活坐标系并切换到总体柱坐标系下。

2）从主菜单中选择 Utility Menu>Preprocessor>Modeling>Move>Modify>Rotate Node CS>To Active CS，打开节点选择菜单，选择欲旋转的坐标系的节点。

3）单击节点选择菜单中的“Pick All”按钮，选择所有节点，所有节点的节点坐标系都将被旋转到当前激活坐标系（总体坐标系）下。

4）从应用菜单中选择 Utility Menu>Select>Entities，打开“Select Entities”对话框，如图 7-58 所示。

5）在“Select Entities”对话框的第一个下拉列表框中选择“Nodes”选项。

6）在对话框的第二个下拉列表框中选择“By Location”选项。

7）在位置选项中列出了位置属性的 3 个可用项（即表示位置的 3 个坐标分量），选中“X coordinates（X 坐标）”单选按钮，表示要通过 X 坐标来进行选取。注意此时激活坐标系为柱坐标系，“X”代表的是径向。

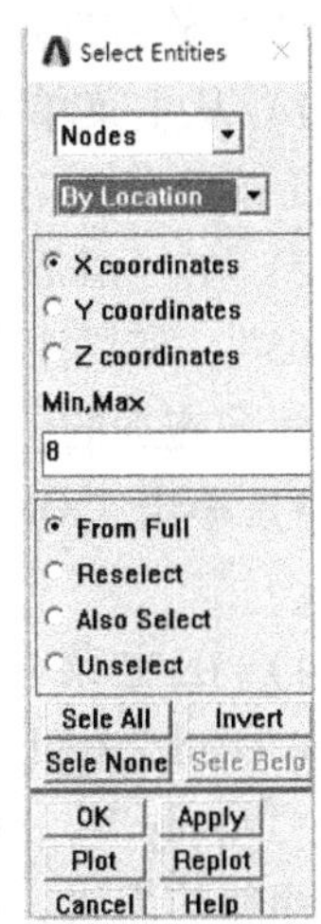

图 7-58　“Select Entities”对话框

8）在“Min，Max”文本框中输入用最小值和最大值构成的范围，输入“8”，表示选择径向坐标为 8 的节点，即内孔边上的节点。

9）单击“OK”按钮，将符合要求的节点添加到选择集中。

10）从主菜单中选择 Main Menu>Solution >Define Loads>Apply> Structural>Displac ement> on Nodes，打开节点选择菜单，选择欲施加位移约束的节点。

11）单击节点选择菜单中的“Pick All”按钮，选择当前选择集中的所有节点（当前选择集中的节点为第 4）~第 9）步中选择的内孔边上的节点），即可打开“Apply U，ROT on Nodes”对话框，如图 7-59 所示。

12）选择“UY”选项，此时节点坐标系为柱坐标系，Y 方向为周向，即施加周向位移约束。

13）单击“OK”按钮，在选定的齿轮内圆周节点上施加指定的位移约束，如图 7-60 所示。

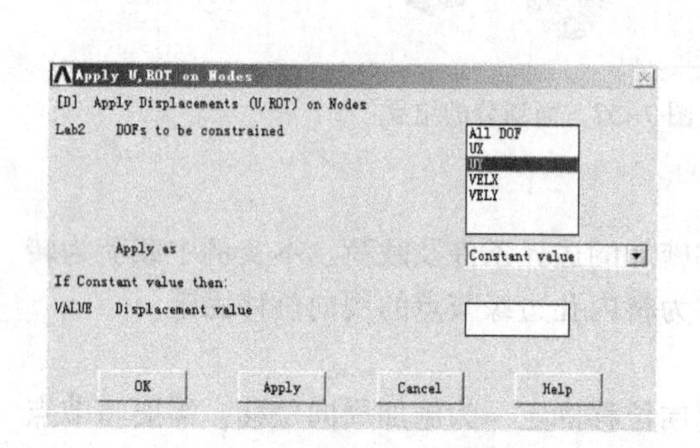

图 7-59 “施加位移约束”对话框

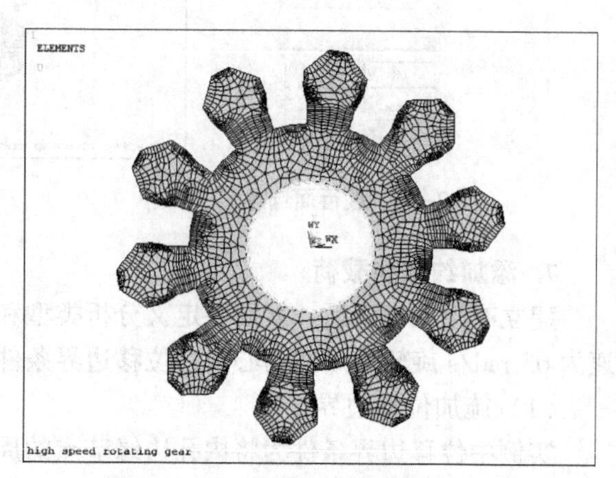

图 7-60 施加的周向位移约束

14）从应用菜单中选择 Utility Menu>Select>Everything，再选取所有图元、单元和节点。

（2）施加转速惯性载荷及压力载荷并求解

1）从主菜单中选择 Main Menu>Solution >Define Load>Apply>Structural>Inertia>Angular Velocity>Global，打开“Apply Angular Velocity”对话框，如图 7-61 所示。

2）在“Global Cartesian Z-comp”文本框中输入“65”。需要注意的是，转速是相对于总体笛卡儿坐标系施加的，单位是 rad/s。

3）单击“OK”按钮，施加转速引起的惯性载荷。

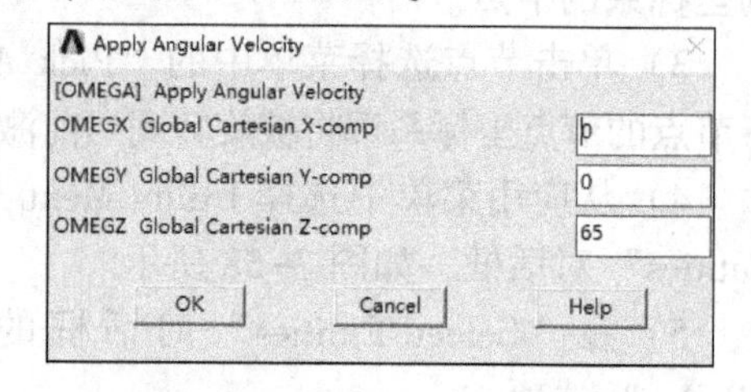

图 7-61 “Apply Angular Velocity”对话框

4）在主菜单中选择 Main Menu > Solution > Define Load > Apply > Structural > Pressure > On lines，打开“Apply U，ROT on Lines”对话框，任选齿轮两个相邻的齿边，单击“OK”按钮，选择齿边如图 7-62 所示。在弹出的“Apply PRES on Lines”对话框中输入压力 5MPa，即在“Load PRES value”文本框中输入“5”，单击“OK”按钮，施加齿轮啮合产生的压力，如图 7-63 所示。

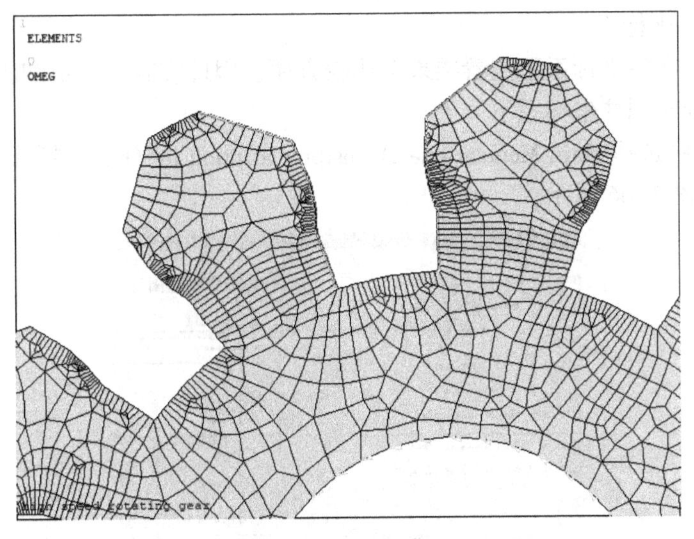

图 7-62　施加压力

5）单击“SAVE_DB”按钮，保存数据库。

8. 求解

1）从主菜单中选择 Main Menu>Solution>Solve>Current LS，打开“Solve Current Load Step”对话框，如图 7-64 所示，查看列出的求解选项。

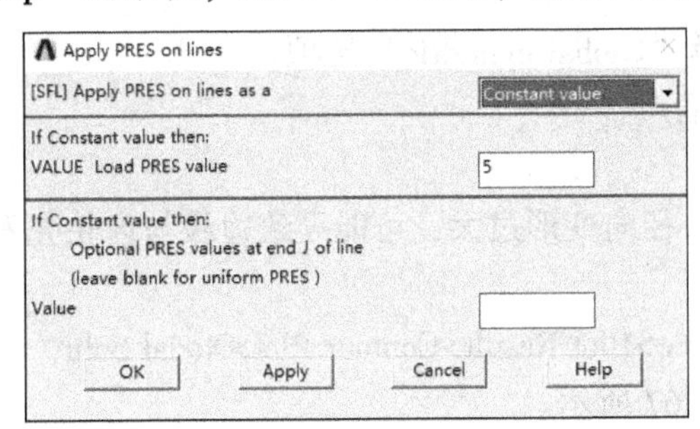

图 7-63　施加压力

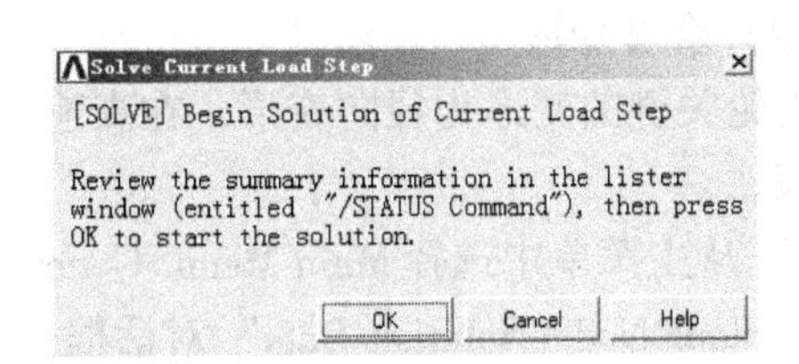

图 7-64　“Solve Current Load Step”对话框

2）查看列表中的信息，并确认无误后，单击“OK”按钮，开始求解。

3）求解完成后打开如图 7-65 所示的“Note”对话框，提示求解结束。

图 7-65　提示求解完成

4）单击“Close”按钮，关闭“Note”对话框。

9. 查看结果

求解完成后，就可以利用 ANSYS 软件生成的结果文件（例如，对于静力分析，就是 Jobname. RST）进行后处理。静力分析中通常通过 POST1 后处理器就可以处理和显示大多数的结果数据。

(1) 旋转结果坐标系

对于旋转件，在柱坐标系下查看结果会比较方便，因此在查看变形和应力分布之前，首先将结果坐标系旋转到柱坐标系下。

1）从主菜单中选择 Main Menu>General Postproc>Option for Outp，打开“Options for Output”对话框，如图 7-66 所示。

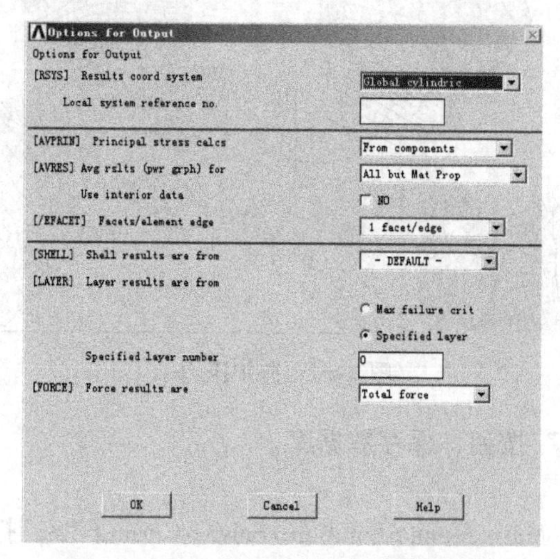

图 7-66 “Options for Output”对话框

2）在“Result coord system”下拉列表中选择“Global cylindric”选项。

3）单击“OK”按钮，接受设定，关闭对话框。

(2) 查看变形

齿轮关键的变形为径向变形，在高速旋转时，径向变形过大，可能导致边缘与齿轮壳发生摩擦。

1）从主菜单中选择 Main Menu>General Postproc>Plot Result>Contour Plot>Nodal Solu，打开“Contour Nodal Solution Data”对话框，如图 7-67 所示。

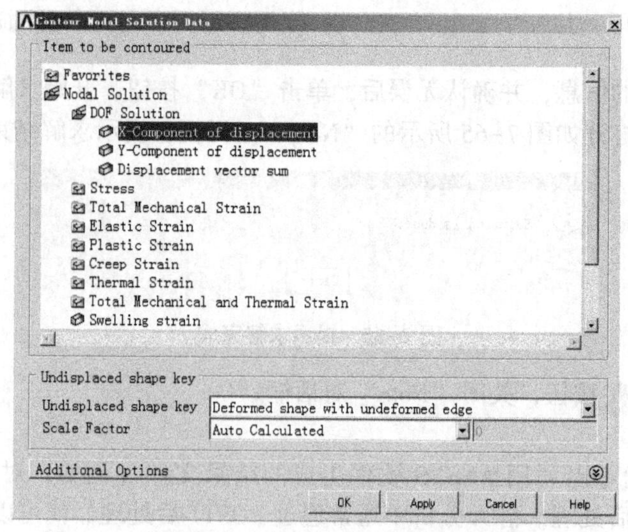

图 7-67 “Contour Nodal Solution Data”对话框（一）

2）在“Item to be contoured”选项组中选择“DOF solution”选项。

3）再选择“DoF Solution”下的“X-Component of displacement”选项，此时，结果坐标系为柱坐标系，X向位移即为径向位移。

4）在“Undisplaced Shape Key”下拉列表框中选择“Deformed shape with undeformed edge”选项。

5）单击“OK”按钮，在图形窗口中显示出变形图，包含变形前的轮廓线，如图7-68所示。图中下方的色谱表明不同的颜色对应的数值（带符号），可以看出在边缘处的最大径向位移只有0.76e-6 mm，变形还是很小的。

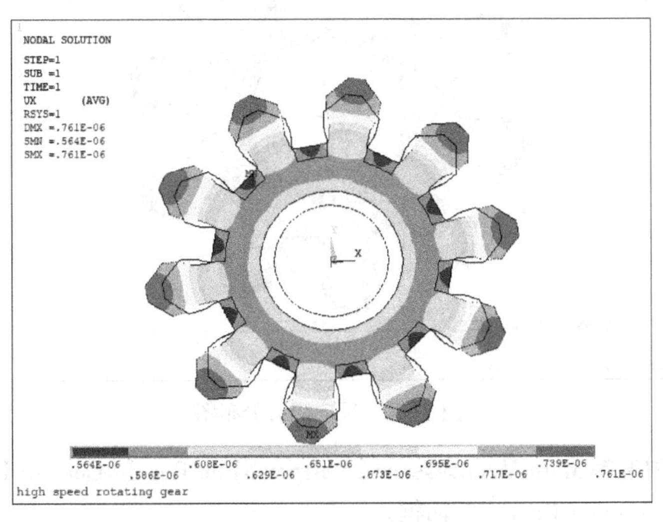

图7-68　径向变形图

（3）查看径向力

齿轮高速旋转时的主要应力有径向力，因此需要查看该方向上的应力。

1）从主菜单中选择Main Menu>General Postproc>Plot Result>Contour Plot>Nodal Solu，打开“Contour Nodal Solution Data”对话框，如图7-69所示。

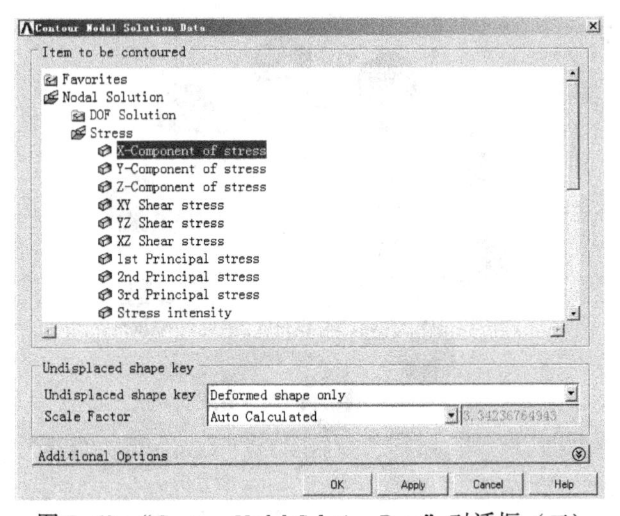

图7-69　“Contour Nodal Solution Data”对话框（二）

2）在“Item to be contoured”选项组中选择“Stress”选项。

3）再选择“Stress”下的“X-Component of stress”选项。

4）在“Undisplaced Shape Key”下拉列表框中选择“Deformed shape only”选项。

5）单击“OK”按钮，图形窗口中显示出 *X* 方向（径向）应力分布图，如图 7-70 所示。

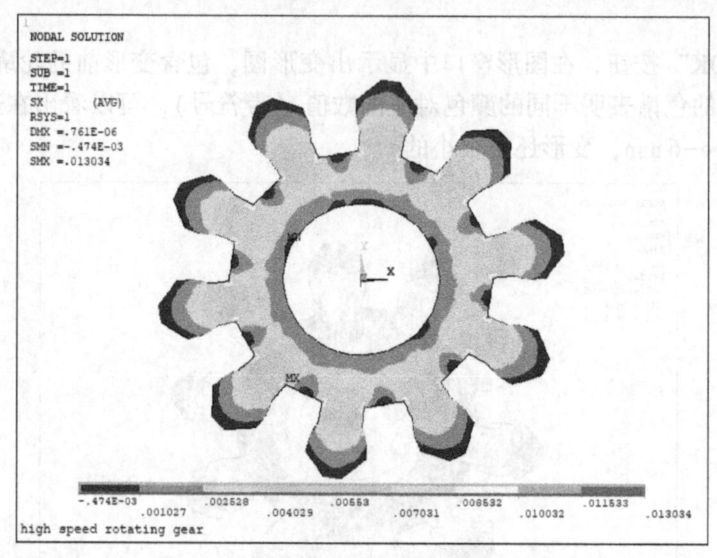

图 7-70　径向应力分布图

6）从主菜单中选择 Main Menu>General Postproc>Plot Result>Contour Plot>Nodal Solu，打开“Contour Nodal Solution Data”对话框。

7）在“Item to be contoured”选项组中选择“Stress”选项。

8）再选择“Stress”下的“Von Mises Stress”选项。

9）在“Undisplaced Shape Key”下拉列表框中选择“Deformed shape only”选项。

10）单击“OK”按钮，图形窗口中显示出 Von Mises 等效应力分布图，如图 7-71 所示。

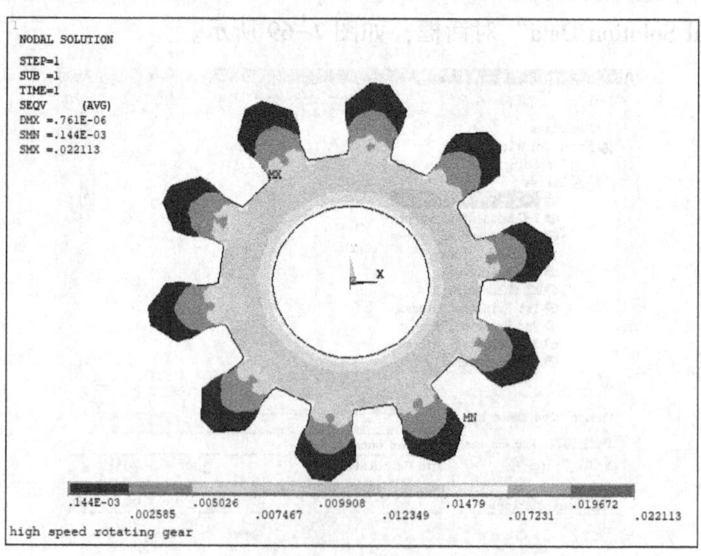

图 7-71　Von Mises 等效应力分布图

(4) 查看周向应力

齿轮高速旋转时的主要应力也有周向应力，有必要查看这个方向上的应力。

1）从主菜单中选择 Main Menu>General Postproc>Plot Result>Contour Plot>Nodal Solu，打开“Contour Nodal Solution Data”对话框。

2）在“Item to be contoured”选项组中选择“Stress”选项。

3）再选择“Stress”下的“Y-Component of stress”选项。

4）在“Undisplaced Shape Key”下拉列表框中选择“Deformed shape only”选项。

5）单击“OK”按钮，图形窗口中显示出 Y 方向（周向）应力分布图，如图 7-72 所示。

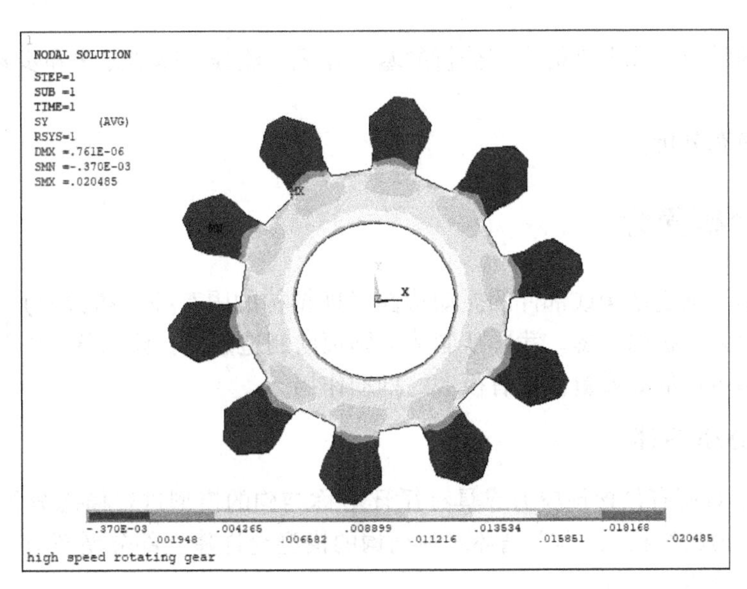

图 7-72 周向应力分布图

通过以上分析可知，在高速旋转的齿轮上，由于旋转引起的齿轮的应力和变形都很小。

7.4 本章小结

本章首先介绍了结构静力分析中涉及的基本概念。然后介绍了 ANSYS 分析过程，包括设置分析类型、选择单元类型、添加材料属性、建立几何模型、划分网格、添加约束和载荷、输出选项设定、求解和查看结果 9 项内容。最后以一个齿轮的静力分析为例，详细说明了在 ANSYS 软件中结构静力分析的具体操作过程。

思考与练习

1. 结构静力分析的载荷类型主要有哪几种？
2. 简述结构静力分析过程。

第8章 模态分析

【内容】

本章介绍了模态分析的概念，并对几种模态计算方法进行了阐述。通过飞机机翼的模态分析实例，介绍了模态分析的计算过程。

【目的】

通过本章的学习使读者掌握模态分析的基本知识、流程、基本方法和步骤。

【实例】

飞机机翼模态分析。

8.1 模态分析简介

模态分析用于确定结构或部件的振动特性（即结构的固有频率和振型），也是进行谐响应分析和瞬态动力分析的前提。我国从制造大国迈向制造强国，模态分析作为一种重要的技术手段，对于制造业的高质量发展有极大的推动作用。

8.1.1 模态分析概述

ANSYS 可以对所有包含预应力或具有循环对称结构的模型进行模态分析（如旋转的涡轮叶片等带预应力的结构），具有循环对称结构的模型允许建立部分循环对称结构来完成对整个结构的模态分析。

ANSYS 结构分析中的模态分析是线性分析，任何非线性特性，如塑性和接触（间隙）单元，即使定义了也将被忽略。ANSYS 提供了 7 种模态计算方法，分别是子空间法、分块 Lanczos 法、PowerDynamics 法、缩减法、非对称法、阻尼法和 QR 阻尼法，其中阻尼法和 QR 阻尼法允许结构中存在阻尼。

8.1.2 模态分析基础

1. 动力学控制方程

结构控制方程为

$$\boldsymbol{M}\ddot{\boldsymbol{u}}+\boldsymbol{C}\dot{\boldsymbol{u}}+\boldsymbol{K}\boldsymbol{u}=\boldsymbol{F} \tag{8-1}$$

式中，$\boldsymbol{M}$ 为质量矩阵；$\boldsymbol{C}$ 为阻尼矩阵；$\boldsymbol{K}$ 为刚度矩阵；$\boldsymbol{F}$ 为结构外载矢量。$\ddot{\boldsymbol{u}}$、$\dot{\boldsymbol{u}}$ 和 $\boldsymbol{u}$ 分别为加速度矢量、节点速度矢量和节点位移场函数。式（8-1）是动力学有限元分析的基础，也是谐响应分析和瞬态动力分析的基础。

当没有结构外载矢量时，式（8-1）所求的解为不受外部干扰的结构的固有特性解，反映了结构的固有属性，求解所得的频率称为结构的固有频率，对应的位移解称为结构的固有振型，此分析过程称为结构的模态分析，其控制方程为

$$\boldsymbol{M}\ddot{\boldsymbol{u}}+\boldsymbol{C}\dot{\boldsymbol{u}}+\boldsymbol{K}\boldsymbol{u}=0 \tag{8-2}$$

2. 无阻尼模态分析

在无阻尼模态分析中，结构控制方程不考虑阻尼的作用，式（8-2）退化为

$$\boldsymbol{M}\ddot{\boldsymbol{u}}+\boldsymbol{K}\boldsymbol{u}=\boldsymbol{0} \tag{8-3}$$

对于线性系统，式（8-3）中位移解的形式为

$$\boldsymbol{u}=\boldsymbol{\phi}_i\cos(\omega_i t) \tag{8-4}$$

式中，$\boldsymbol{\phi}_i$ 为第 i 阶模态对应振型的特征向量；ω_i 为第 i 阶模态的固有频率（单位为 rad/s）；t 为时间（单位为 s）。

把式（8-4）代入式（8-3），得

$$(\boldsymbol{K}-\omega_i^2\boldsymbol{M})\boldsymbol{\phi}_i=0 \tag{8-5}$$

当结构自由振动时，各结点振型 $\boldsymbol{\phi}_i$ 不可能都为 0，因此，式（8-5）中系数行列式等于 0，即

$$\det|(\boldsymbol{K}-\omega_i^2\boldsymbol{M})|=0 \tag{8-6}$$

求解式（8-6）则可得到各阶模态的固有频率 ω_i，再代入式（8-5）中得到固有频率对应的振型特征向量 $\boldsymbol{\phi}_i$。

ANSYS 采用下式输出结构的固有频率

$$f_i=\frac{\omega_i}{2\pi} \tag{8-7}$$

式中，f_i 的单位为 Hz，即 rad/s。

如果模态的约束不足导致产生刚体运动，则总体刚度矩阵 $\boldsymbol{K}$ 为半正定型，会出现固有频率为 0 的情况。

3. 有阻尼模态分析

在有阻尼模态分析中，其控制方程为式（8-2），设节点位移为

$$\boldsymbol{u}=\boldsymbol{\psi}_i e^{\lambda_i t} \tag{8-8}$$

代入式（8-2）得

$$(\lambda_i^2\boldsymbol{M}+\lambda_i\boldsymbol{C}+\boldsymbol{K})\boldsymbol{\psi}_i=0 \tag{8-9}$$

式中，矩阵$[\lambda_i^2\boldsymbol{M}+\lambda_i\boldsymbol{C}+\boldsymbol{K}]$为系统的特征矩阵。式（8-9）是一个二次特征值问题，其有非零解的充要条件为

$$|\lambda_i^2\boldsymbol{M}+\lambda_i\boldsymbol{C}+\boldsymbol{K}|=0 \tag{8-10}$$

式（8-10）是一个关于 λ_i 的二次代数方程，有 $2n$ 个特征根 $\lambda_i(i=1,2,\cdots,2n)$，$n$ 为系统的自由度。通常 λ_i 都是复数，由于阻尼矩阵的正定性，而且质量矩阵、阻尼矩阵、刚度矩阵都是实数矩阵，所以 λ_i 一定具有负的实部，且共轭成对出现。复特征值对应的特征矢量也都是共轭复数形式，每一对共轭复数特征根都对应着系统中具有的特定频率与衰减率的一种衰减振动。

对称结构存在重根，所以频率相同，并且这对重根对应的振型也相同，只不过相位振型相互之间存在一定的角度，特别是圆形结构就存在这种情况。因此，建议用户使用序列检查工具。

4. 复数特征解

对于包含陀螺效应的旋转软化结构或需要考虑阻尼的结构，则使用 QR Damped 法求解模态振型和复特征值，复特征值为

$$\overline{\lambda}_i=\sigma_i\pm \mathrm{i}\omega_i \tag{8-11}$$

式中，$\overline{\lambda}_i$ 为复数特征值；σ_i 为复数特征值的实部；ω_i 为复数特征值的虚部，即带阻尼的固有频率，$\mathrm{i}=\sqrt{-1}$。

特征值的虚部 ω_i 代表系统的稳态角频率，特征值的实部 σ_i 代表系统的稳定性。如果 $\sigma_i<0$，则第 i 阶特征值是稳定的，系统位移幅度将按指数规律递减；如果 $\sigma_i>0$，则第 i 阶特征值是不稳定的，位移幅值将按指数规律递增（换句话说，负的 σ_i 表示按指数规律递减的稳定响应，正的 σ_i 则表示按指数规律递增的不稳定响应）；如果不存在阻尼，特征值的实部将为零。

ANSYS 得到的特征值结果实际上是被 2π 除过的，这样给出的频率是以 Hz（周/s）为单位的，所以结果的特征值实部为 $\sigma_i/(2\pi)$，结果的特征值虚部为 $\omega_i/(2\pi)$。

模态阻尼比由下式给出

$$\alpha_i=\frac{-\sigma_i}{|\lambda_i|}=\frac{-\sigma_i}{\sqrt{\sigma_i^2+\omega_i^2}} \tag{8-12}$$

式中，α_i 为第 i 阶特征值的模态阻尼比，它的物理意义是实际阻尼与临界阻尼之比。

对数衰减率表示任意连续峰值的比值，它的表达式为

$$\delta_i=\ln\left(\frac{u_i(t+T_i)}{u_i(t)}\right)=2\pi\frac{\sigma_i}{\omega_i} \tag{8-13}$$

式中，δ_i 为第 i 阶特征值的对数衰减率；T_i 为第 i 阶特征值的阻尼周期，即 $T_i=\frac{2\pi}{\omega_i}$。

该系统的动力响应由下式给出

$$\boldsymbol{u}=\boldsymbol{\phi}_i e^{\overline{\lambda}_i t} \tag{8-14}$$

式中，t 为时间。

8.2 模态计算方法

ANSYS 提供了 7 种模态提取方法，分别如下。

1）分块 Lanczos 法。

2）子空间法。

3）PCG Lanczos 法。

4）非对称（Unsymmetric）法。

5）阻尼法（Damp）法。

6）QR 阻尼法。

7）模态叠加法。

1. 分块 Lanczos 法

分块 Lanczos 法特征值求解器是默认求解器，它采用 Lanczos 算法，用一组向量来实现 Lanczos 递归计算。这种方法和子空间法一样精确，但速度更快。

计算某系统特征值在一定范围内的固有频率时，采用分块 Lanczos 法提取模态特别有效；求解从频谱中间位置到高频范围内的固有频率时，求解收敛速度与求解低阶频率时基本

一样快。因此，当采用频移频率来提取 n 阶模态时，该方法提取大于起始频率的 n 阶模态的速度与提取 n 阶低频模态的速度基本相同。

2. 子空间法

子空间法使用子空间迭代技术，其内部使用广义 Jacobi（雅可比）迭代算法。由于该方法采用完整的 ***K*** 和 ***M*** 矩阵，因此精度很高，但是计算速度比缩减法慢。这种方法经常用于计算精度要求高，但无法选择主自由度的情况。

做模态分析时如果模型包括大量的约束方程，使用子空间法提取模态应当采用波前求解器，或者使用分块 Lanczos 法提取模态。当分析中存在大量的约束方程时，如果采用 JCG（雅可比共轭梯度矩阵迭代计算）求解组集内部单元刚度，则要求有很大的内存。

3. PCG Lanczos 法

PCG Lanczos 法内部使用 Lanczos 算法，并且与 PCG 迭代求解器相结合。在对三维实体元素组成的模型进行计算时，该方法明显优于分块 Lanczos 法。在计算时，PCG Lanczos 法只能找到最低的特征值，如果 MODOPT 命令请求一个特征频率范围，PCG Lanczos 法求得的所有特征频率都低于特征频率范围的最小值，以及在给定特征频率范围内所要求求得的特征频率的数量。因此，对于输入特征频率范围较低的值，如远小于零的问题，不推荐采用 PCG Lanczos 法。

4. 非对称法

非对称法也采用完整的 ***K*** 和 ***M*** 矩阵，适用于刚度和质量矩阵为非对称的问题。此方法采用 Lanczos 算法，如果系统是非保守的（如轴安装在轴承上），这种算法将得到复数特征值和特征向量。特征值的实部表示固有频率；虚部是系统稳定性的量度，负值表示系统是稳定的，而正值表示系统是不稳定的。此方法不进行 Sturm 序列检查，因此有可能遗漏一些高频模态。

5. 阻尼法

阻尼法用于阻尼不能被忽略的问题，如转子动力学研究。该方法使用完整矩阵（刚度矩阵 ***K***、质量矩阵 ***M*** 及阻尼矩阵 ***C***）。阻尼法采用 Lanczos 算法并计算得到复数特征值和特征向量。此方法不能用 Sturm 序列检查，因此，有可能遗漏所提取频率的一些高频段模态。

在有阻尼的系统中，不同节点上的响应可能存在相位差，对任何节点，幅值都应该是特征向量实部和虚部分量的矢量和。

6. QR 阻尼法

QR 阻尼法同时具有分块 Lanczos 法与复 Hessenberg 法的优点，其最关键的思想是，以线性合并无阻尼系统少量数目的特征向量近似表示前几阶复阻尼特征值。采用实特征值求解无阻尼振型之后，运动方程将转化到模态坐标系。然后采用 QR 阻尼法，就可以在特征空间中求解出来一个相对较小的特征值问题。

该方法能很好地解决大阻尼系统模态问题，阻尼可以是任意阻尼类型，即可以是比例阻尼或非比例阻尼。由于该方法的计算精度取决于提取的模态数目，所以建议提取足够多的基频模态，特别是阻尼较大的系统更应当如此，这样才能保证得到好的计算结果。该方法不建议用于提取临界阻尼或过阻尼系统的模态。QR 阻尼法不输出实部和虚部特征值（频率），仅输出实特征向量（模态振型）。

7. 模态叠加法

Supernode 模态叠加法主要利用超节点（SNODE）求解器解决多个模式（最多 10000 以上）的大型对称特征值问题。通常，执行后续的模态叠加或 PSD 分析需要寻找多种模式，这样就可以解决更高频率范围的响应。超节点是某组元素中的一组节点，模型的超级节点由程序自动生成。该方法首先计算每个 Supernode 的固有模式，然后使用 Supernode 固有模式对模型进行计算，如果要求的模式数超过 200 个，这种方法提供的解决时间比分块 Lanczos 法或 PCG Lanczos 法要快。超节点解决方案的准确性可以通过 SNOPTION 命令来控制，在使用超节点模式提取方法时，不允许使用“集总质量矩阵”选项（LUMPM，ON），而使用“一致质量矩阵”选项，同时也不考虑 LUMPM 设置。

8.3 模态分析基本流程

建立模态分析的有限元模型，需先定义工作类型、指定分析设置、定义载荷和边界条件及指定加载过程设置，然后进行固有频率的有限元求解。在得到初始解后，再对模态进行扩展，以便查看结果。模态分析过程主要由以下 8 个步骤组成。

1）建模。

2）划分网格。

3）激活模态分析。

4）设置模态分析选项。

5）定义载荷。

6）指定载荷步选项。

7）求解。

8）观察结果。

1. 建模

先指定工作名和分析标题，然后在前处理器（PREP7）中定义单元类型、单元实常数、材料性质及建立几何模型。

在模态分析中只有线性行为是有效的，如果指定了非线性行为，也将被当作是线性的来处理。例如，如果包括了接触单元，则系统取其初始状态的刚度值并且不再改变此刚度值。

材料的性质可以是线性的，还可以是各向同性的或正交各向异性的、恒定的或和温度相关的。在模态分析中必须指定弹性模量 EX（或某种形式的刚度）和密度 DENS（或某种形式的质量），而非线性特性将被忽略。

2. 划分网格

利用选定的单元完成几何模型的网格划分，和结构静力分析网格划分步骤相同。

3. 激活模态分析

（1）进入 ANSYS 求解器

命令：/SOLU

GUI：Main Menu>Solution

（2）指定分析类型和分析选项

ANSYS 提供的用于模态分析的选项见表 8-1，表中的每一个选项都将在下文详细解释。

表 8-1　分析类型和分析选项

选　　项	命　　令	GUI 选择途径
New Analysis	ANTYPE	Main Menu>Solution>Analysis Type-New Analysis
Analysis Type：Modal	ANTYPE	Main Menu>Solution>Analysis Type-New Analysis>
Mode Extraction Method	MODOPT	Main Menu>Solution>Analysis Options
Number of Modes to Extract	MODOPT	Main Menu>Solution>Analysis Options
No. Of Modes to Expand	MXPAND	Main Menu>Solution>Analysis Options
Mass Matrix Formulation	LUMPM	Main Menu>Solution>Analysis Options
Prestress Effects Calculation	PSTRES	Main Menu>Solution>Analysis Options

4. 设置模态分析选项

1）设置新的分析类型，选项为 New Analysis。

2）确定模态分析类型，选项为 Modal[ANTYPE]，如图 8-1 所示。

3）提取模态的方法，选项为 Modal Extraction Method[MODOPT]，如图 8-2 所示。

在如图 8-2 所示的对话框中选择提取模态的方法。对于大多数的应用，选择分块 Lanczos 法、PCG Lanczos 法、子空间法、非对称法、模态叠加法、阻尼法或 QR 阻尼法都适用。一旦选用某种模态提取方法，ANSYS 程序自动选择对应的求解器。

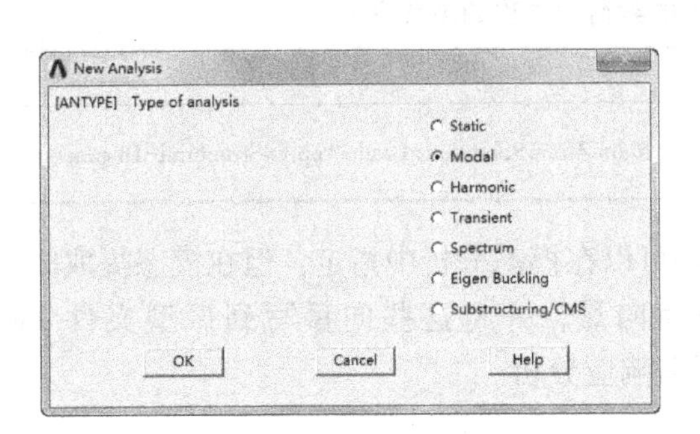

图 8-1　确定模态分析类型

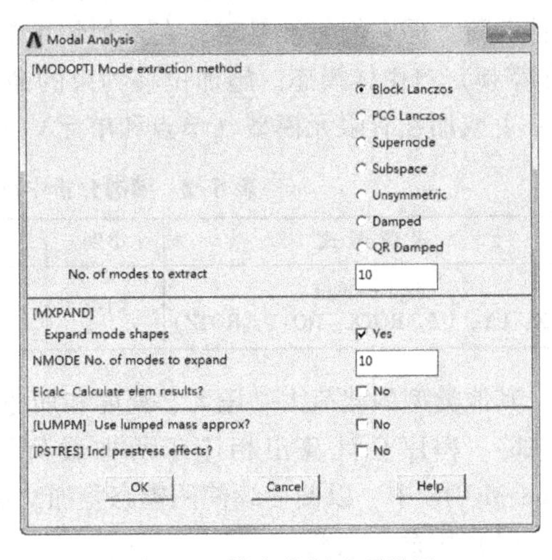

图 8-2　模态分析选项设置

4）提取模态阶数，选项为 No. of Modes to Extract[MODOPT]。

除缩减法以外的其他模态提取方法，都必须设置该选项。对于非对称法和阻尼法，应该提取比必要阶数更多的模态。

5）扩展模态阶数，选项为 No. of Modes to Expand[MXPAND]。

严格意义上讲，扩展这个词意味着将缩减解扩展到完整的自由度集上。而在模态分析中，用扩展这个词是指将振型写入结果文件，也就是说，扩展模态不仅适用于缩减模态提取方法得到的缩减振型，而且也适用于其他模态提取方法得到的完整振型。因此，如果想在随后的后处理中查看振型，必须先进行模态扩展。

该选项只在采用非对称法和阻尼法时要求设置。如果想得到单元求解结果，则不论采取何种模态提取方法都需要选中图 8-2 中的“Calcucate elem results”选项。在单点响应谱分析和动力学设计分析方法（SPOPT，DDAM）中，模态的扩展可能要放在谱分析命令之后，并按命令 MXPAND 设置的重要性因子 SIGNIF 数值有选择地进行。如果要在谱分析之后才进行模态扩展，则不选中“Model Analysis”对话框“Expand mode shapes”选项后的“Yes”复选框。模态叠加法不需要扩展模态。

6）采用质量矩阵公式，选项为 Mass Matrix Formulation[LUMPM]。

此选项用于指定质量矩阵的计算方式，默认的质量矩阵为一致单元矩阵。建议在大多数应用中采用一致质量矩阵，对有些包含薄膜结构的问题，如细长梁和非常薄的壳，采用集中质量矩阵近似，可产生较好的结果。另外，使用集中质量矩阵时求解时间短，需要的内存少。

7）预应力效应，选项为 Prestress Effects [PSTRES]。

该选项用于确定是否考虑预应力对结构振型的影响，默认分析过程不包括预应力效应，即结构是处于无应力状态。在分析中如希望包含预应力的影响，则必须首先进行静力学或瞬态分析生成单元文件。如果预应力效果选项是打开的，则同时要求当前及随后的求解过程中，质量矩阵（LUMPM）的设置应和静力分析中质量矩阵的设置保持一致。

5. 定义载荷

在典型的模态分析中，唯一有效的载荷是零位移约束。如果在某个自由度处指定了一个非零位移约束，程序将以零位移约束替代在该自由度处的设置，可以施加除位移约束之外的其他载荷，但它们将被忽略。在未加约束的方向上，程序将计算刚体运动（零频）及高频（非零频）自由体模态。施加位移约束的命令见表 8-2，载荷可以加在实体模型（点、线、面）上或加在有限元模型（节点和单元）上。

表 8-2　模态分析中可施加的载荷和位移约束命令

载荷形式	类别	命令	GUI 途径
Displacement（UX，UY，UZ，ROTX，ROTY，ROTZ）	约束	D	Main Menu>Solution>Load-Apply>Structural-Displacement

其他类型的载荷力、压力、温度和加速度等可以在模态分析中指定，但在模态提取时将被忽略。程序会计算出相应于所加载荷的载荷向量，并将这些向量写到振型文件 Jobname. MODE 中，以便后续使用模态叠加法进行谐响应分析。

（1）用命令加载

在模态分析中可以用来加载的命令见表 8-3。

表 8-3　模态分析中的加载命令

载荷形式	实体或 FE 模型	图素	施加	删除	列表	运算	加载设置
Displacement	实体模型	关键点	DK	DKDELE	DKLIST	DTRAN	—
	实体模型	线	DL	DLDELE	DLLIST	DTRAN	—
	实体模型	面	DA	DADELE	DALIST	DTRAN	—
	FE 模型	节点	D	DDELE	DLIST	DSCALE	DSYM，DCUM

（2）利用 GUI 施加载荷

施加载荷操作均可通过一系列的下拉菜单来进行。在求解菜单中选取载荷操作类型

(Apply、Delete 等)，然后选择载荷类型（Displacement 等)，最后选取要施加载荷的对象(keypoint、line、node 等)。例如，要在一条线上施加位移载荷，则可按如下操作实现。

GUI：Main Menu>Solution>Loads-Apply>Structural-Displacement>On Lines

6. 指定载荷步选项

模态分析中唯一可用的载荷步选项是阻尼选项，见表 8-4。

表 8-4　载荷步选项

阻尼（动力学）选项	命令	GUI 途径
Alpha（质量）阻尼	ALPHAD	Main Menu>Solution>Load Step Opts-Time/Frequenc>Damping
Beta（刚度）阻尼	BETAD	Main Menu>Solution>Load Step Opts-Time/Frequence>Damping
恒定阻尼比	DMPRAT	Main Menu>Solution>Load Step Opts-Time/Frequence>Damping
材料阻尼比	MP，DAMP	Main Menu > Solution > Load Step Opts - Other > Change Mat Props > Temp Dependent-Polynomial

阻尼只在有阻尼的模态提取中使用，在其他模态提取中阻尼将被忽略。如果模态分析存在阻尼并指定了阻尼模态提取方法，那么计算出的特征值将是复数解。

如果在模态分析后将进行单点响应谱分析，则在这样的无阻尼模态分析中可以指定阻尼。虽然阻尼并不影响特征值解，但如用它计算每个模态的有效阻尼比，此阻尼比将用于计算谱产生的响应。

7. 求解

建立好带边界条件的有限元模型后，对此模型进行求解，其求解命令和界面操作如下：

命令：SOLVE

GUI：Main Menu>Solution>Solve-Current LS

8. 观察结果

模态分析的结果（即模态扩展处理的结果）被写入到结构分析结果文件 Jobname. RST 中，分析结果包括固有频率、扩展模态、相对应力和力分布。

可以在 POST1[/POST1]即通用后处理器中观察模态分析的结果。模态分析的一些常用后处理操作主要包括以下几方面。

(1) 读取结果数据

读入合适子步的结果数据。每阶模态在结果文件中被存为一个单独的子步，例如，扩展了 6 阶模态，结果文件中将有由 6 个子步组成的一个载荷步，其读取结果数据的命令及菜单如下。

命令：SET，SBSTEP

GUI：Main Menu>General Postproc>Read Results-substep

(2) 列表显示所有频率

以下命令和菜单用于列出所有已扩展模态对应的频率。

命令：SET，LIST

GUI：Main Menu>General Postproc>List Results>Results Summary

(3) 图形显示变形

用图形显示每阶频率所对应的模态振型的命令和菜单如下。

命令：PLDISP

GUI：Main Menu>General Postproc>Plot Results>Deformed Shape

PLDISP 命令的“KUND”选项可设置将未变形形状叠加在显示结果中。

(4) 云图显示结果项

命令：PLNSOL 或 PLESOL

GUI：Main menu>General PostProc>Plot Results>Contour Plot-Nodal Solu 或 Element Solu

采用“云图显示”选项可绘制所有结果项的等值线图，如应力（SX，SY，SZ 等）、应变（EPELX，EPELY，EPELZ 等）和位移（UX，UY，UZ 等）。PLNSOL 和 PLESOL 命令的“KUND”选项可用来设置将未变形形状叠加在显示结果中。

(5) 单元表显示结果

① 定义单元表要显示的结果，其命令和菜单如下。

命令：ETABLE

GUI：Main Menu>General Postproc>Element Table>Define Table

② 绘制单元表数据和线单元数据的云图结果，其命令和菜单如下。

命令：PLETAB，PLLS

GUI：Main Menu>General Postproc>Element Table>Plot Element Table

Main Menu>GeneralPostproc>Plot Results>Contour Plot-Line Elem Res

(6) 列表显示结果项

命令：PRNSOL（列表显示节点结果）

PRESOL（列表显示单元结果）

PRRSOL（列表显示反作用结果）

GUI：Main Menu>General PostProc>List Results>solution option

Main Menu>GeneralPostProc>List Results>Reaction Solu

8.4 飞机机翼模态分析实例

8.4 飞机机翼模态分析实例

下面以飞机机翼的模态分析为例进行介绍，使读者加深对本章内容的理解。

8.4.1 问题描述

图 8-3 所示为飞机机翼模型简图。机翼沿长度方向轮廓一致，且它的横截面由直线和样条曲线定义。机翼的一端固定在机体上，另一端为悬空的自由端。机翼由低密度聚乙烯制成，其物理参数为，弹性模量 38×10^3psi，泊松比 0.3，密度 1.033×10^{-3} slug/in^3。求解机翼的模态振型。

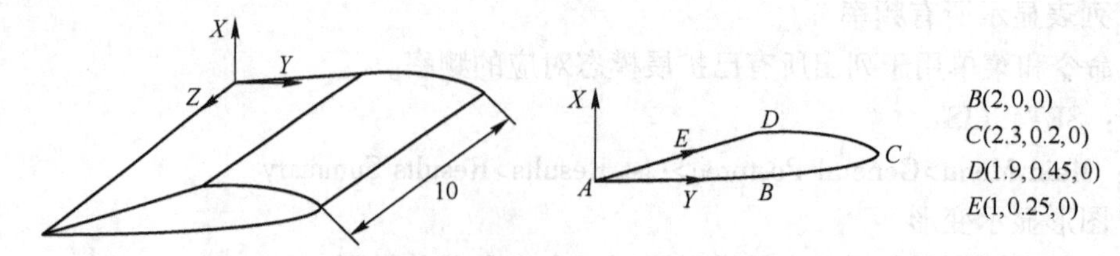

图 8-3 飞机机翼模型简图（图中尺寸的单位为：in）

8.4.2 分析步骤

1. 定义标题和设置参数

1）选择菜单 Utility Menu>File>Change Title，弹出“Change Title”对话框。

2）在“Change Title”对话框中输入“Modal analysis of a model airplane wing”，单击“OK”按钮完成标题更改并关闭对话框。

3）选择菜单 Main Menu>Preferences，弹出“Preferences for GUI Filtering”对话框。

4）在“Preferences for GUI Filtering”对话框中选中“Structural”选项，单击“OK”按钮完成设置。

2. 定义单元类型

1）选择菜单 Main Menu>Preprocessor>Element Type>Add/Edit/Delete，弹出“Element Types”对话框，如图 8-4 所示。

2）单击“Add”按钮，弹出“Library of Element Types”对话框，如图 8-5 所示，在左侧的列表框中选择“Solid”选项。

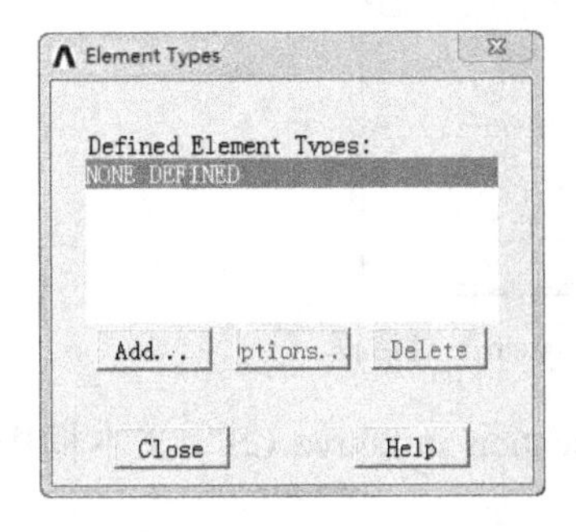

图 8-4 “Element Types”对话框

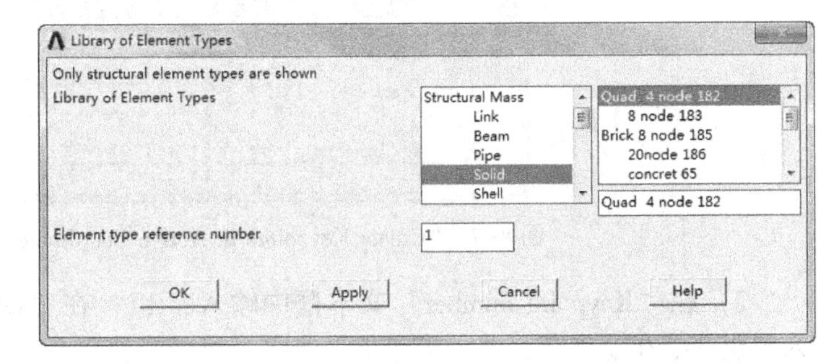

图 8-5 “Library of Element Types”对话框

3）在右侧的列表框中选择“Quad 4 node 182”选项。

4）单击“Apply”按钮。

5）在右侧的列表框中选择“Brick 8 node 185”，单击“OK”按钮。

6）单击“关闭”按钮，关闭对话框。

3. 定义材料性质

1）选择菜单 Main Menu>Preprocessor>Material Props>Material Model，打开“Define Material Model Behavior”对话框，如图 8-6 所示。

2）在“Material Models Available”列表框中选择“Structural>Linear>Elastic>Isotropic”选项，打开“Linear Isotropic Properties for material Number 1”对话框。

3）在“EX”文本框中输入“38000”。

4）在“PRYX”文本框中输入“0.3”，单击“OK”按钮，关闭对话框。

5）选择“Structural>Density”打开“Density for Material Number 1”对话框。在“DENS”文本框中输入“1.033E-3”，单击“OK”按钮，关闭对话框。

6）完成以上操作后“Material Model Number1”出现在“Define Material Models Behavior”对话框的“Material Models Defined”列表框中。

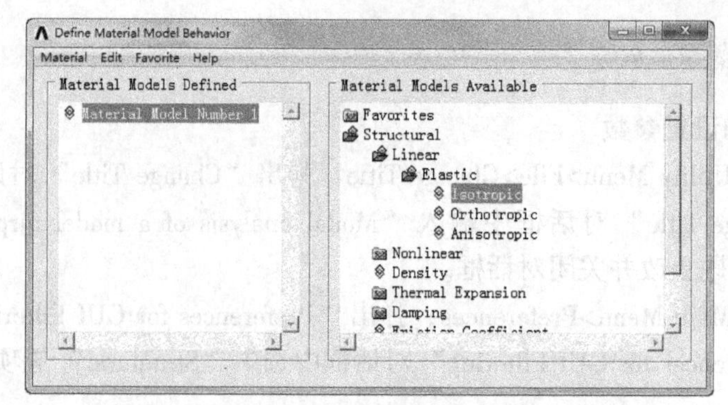

图 8-6 “Define Material Model Behavior”对话框

7）选择菜单 Material>Exit，退出“Define Material Model Behavior”对话框。

4. 创建关键点

1）选择菜单 Main Menu>Preprocessor>Modeling>Create>Keypoint>In Active CS，弹出“Create Keypoints in Active Coordinate System”对话框，如图 8-7 所示。

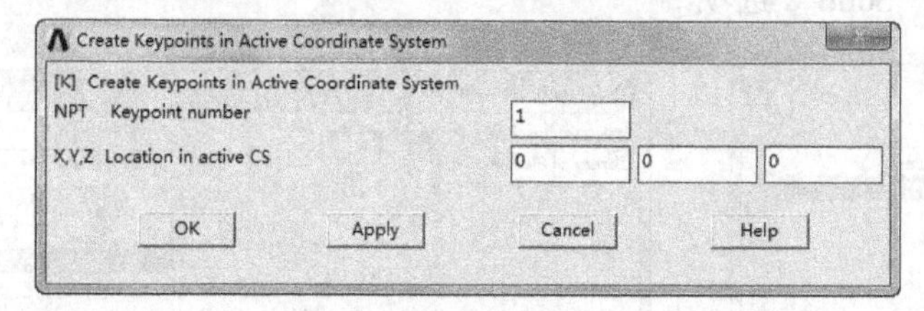

图 8-7 “Create Keypoints in Active Coordinate System”对话框

2）在“Keypoint number”文本框中输入“1”，在“Location in active CS”文本框中输入“0，0，0”。

3）单击“Apply”按钮。

4）重复步骤 2）和 3），输入关键点 2~5 的坐标值：(2,0,0)、(2.3,0.2,0)、(1.9,0.45,0)与(1,0.25,0)。

5）在输入完最后一点坐标值之后，单击“OK”按钮。

6）选择菜单 Utility Menu>Plot Ctrls>Window Controls>Window Options，弹出“Window Options”对话框。

7）在“Window Options”对话框的“Location of triad”列表框中选中“Not shown”，单击“OK”按钮完成设置。

8）选择菜单 Utility Menu>Plot Ctrls>Numbering，弹出“Plot Numbering Controls”对话框。

9）将“Plot Numbering Controls”对话框中的“Keypoint numbers”设置为“ON”，单击“OK”按钮完成设置。

5. 在关键点之间创建线

1）选择菜单 Main Menu>Preprocessor>Modeling>Create>Lines>Straight Line，弹出如图 8-8 所示的“Create Straight Line”拾取菜单。

2）在绘图区域按顺序选中关键点 1 和 2，绘出一条直线。

3）在绘图区域按顺序选中关键点 5 和 1，绘出另一条直线。

4）单击“OK”按钮。

5）选择菜单 Main Menu>Preprocessor>Modeling>Create>Lines>Splines>With options>Spline thru KPs，弹出“B-Spline”拾取菜单，如图 8-9 所示。

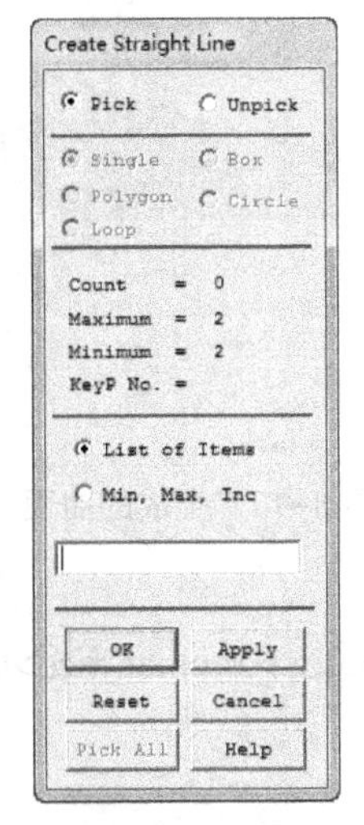

图 8-8 “Create Straight Line”拾取菜单

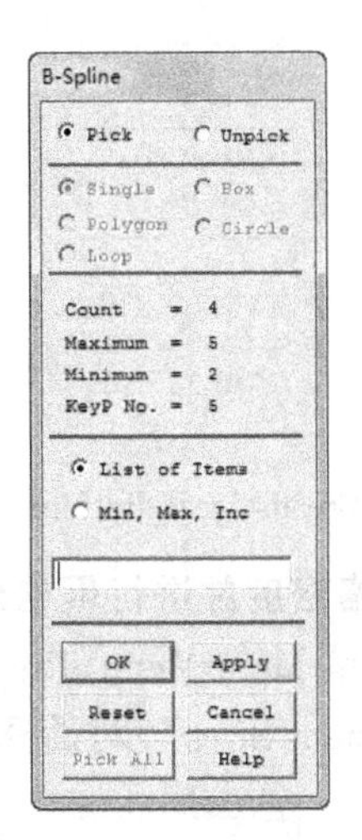

图 8-9 “B-Spline”拾取菜单

6）按顺序选中关键点 2、3、4、5，然后单击“OK”按钮，弹出“B-Spline”对话框，如图 8-10 所示。

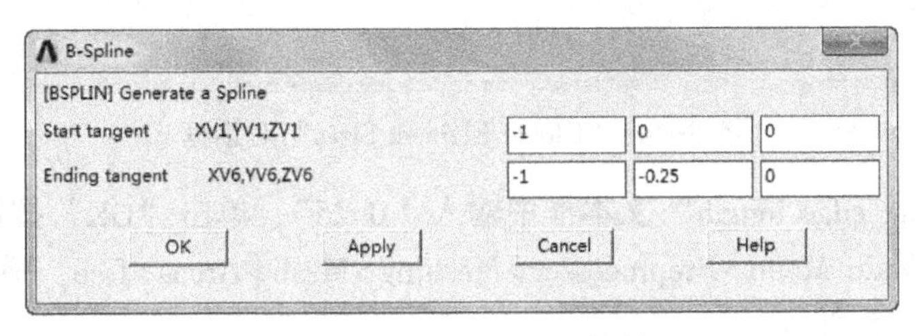

图 8-10 “B-Spline”对话框

7）在“XV1，YV1，ZV1”文本框中输入“-1，0，0”，在“XV6，YV6，ZV6”文本框中输入“-1，-0.25，0”。

8）单击“OK”按钮，在绘图区域显示出机翼的曲线部分，如图 8-11 所示。

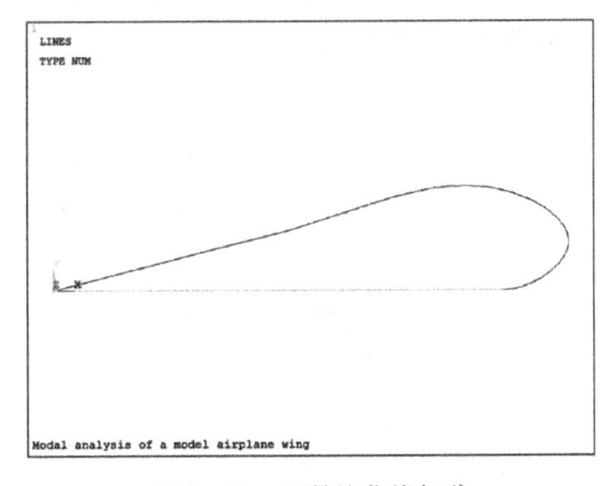

图 8-11 机翼的曲线部分

6. 创建横截面

1）选择菜单 Main Menu>Preprocessor>Modeling>Create>Areas>Arbitrary>By lines，弹出“Create Areas by Lines”拾取菜单，如图 8-12 所示。

2）在绘图区域内选择所有的曲线，单击“OK”按钮，生成如图 8-13 所示的曲面。

3）单击工具栏中的“SAVE_DB”按钮进行存盘。

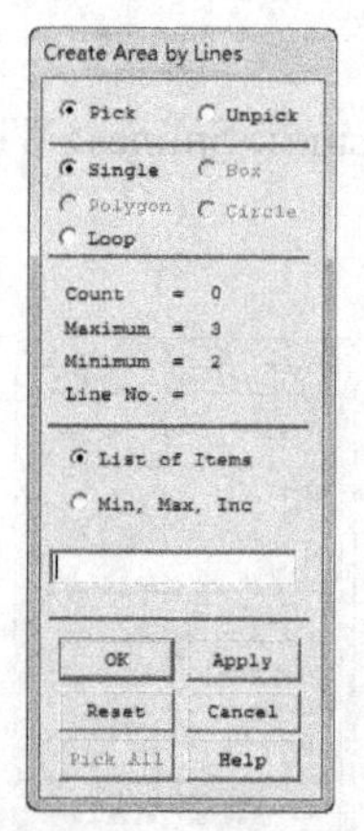

图 8-12 “Create Areas By Lines”拾取菜单

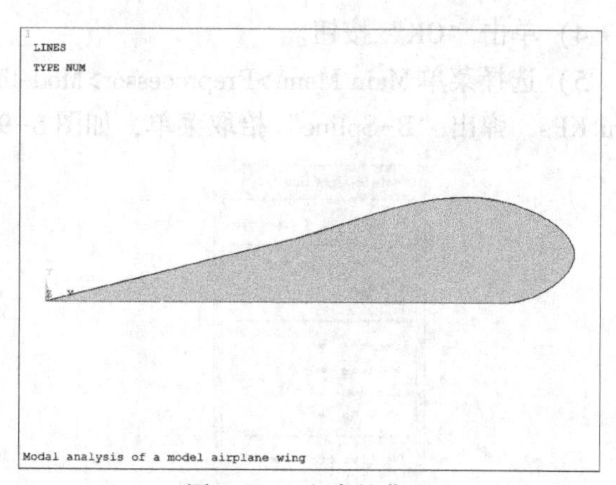

图 8-13 生成的曲面

7. 定义网格密度并进行网格划分

1）选择菜单 Main Menu>Preprocessor>Meshing>Size Contrls>Manual Size>Global>Size，弹出“Global Element Sizes”对话框，如图 8-14 所示。

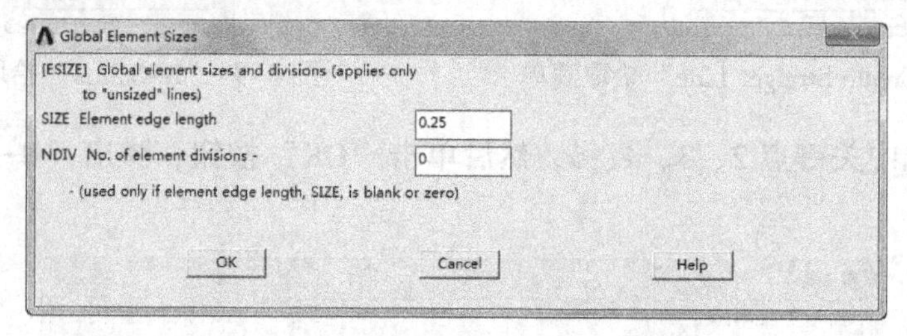

图 8-14 “Global Element Sizes”对话框

2）在“Element edge length”文本框中输入“0. 25”，单击“OK”按钮。

3）选择菜单 Main Menu>Preprocessor>Meshing>Mesh>Areas>free，弹出“Mesh Areas”拾取菜单，如图 8-15 所示。

4）单击“Pick All”按钮，如果出现警告信息，忽略并关闭信息窗口，生成的有限元模型如图 8-16 所示。

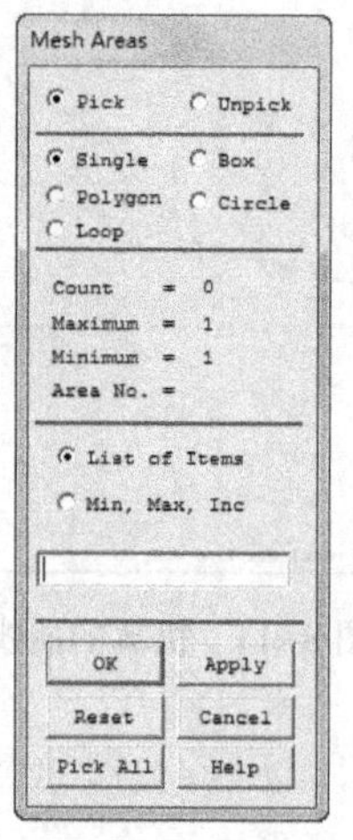

图 8-15 “Mesh Areas”拾取菜单

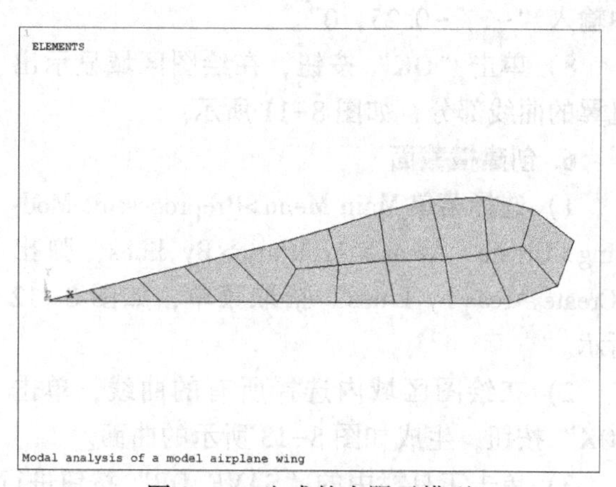

图 8-16 生成的有限元模型

5）单击 Toolbar 上的“SAVE_DB”按钮并保存。

6）选择菜单 Main Menu>Preprocessor>Meshing>Size Contrls>Manual Size>Global>size，弹出“Global Element Sizes”对话框。

7）在“No. of element divisions”文本框中输入“10”，单击“OK”按钮。

8. 将网格划分面积嵌入网格划分体积

1）选择菜单 Main Menu > Preprocessor > Meshing Attributes>Default Attribs，弹出“Meshing Attributes”对话框，如图 8-17 所示。

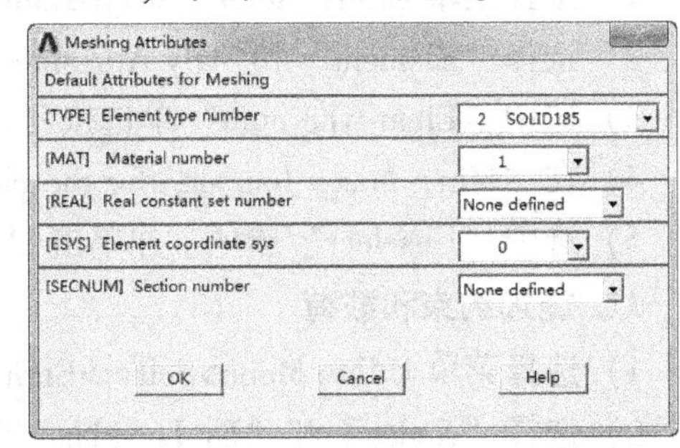

图 8-17 “Meshing Attributes”对话框

2）在“Element type number”下拉列表框中选择“2 SOLID185”，单击“OK”按钮。

3）选择菜单 Main Menu > Preprocessor > Modeling>Operate>Extrude>Areas>By XYZ offset，弹出“Extrude Area by Offset”拾取菜单。

4）单击“Pick All”按钮，弹出“Extrude Areas by XYZ Offset”对话框。

5）在“Offset for extrusion”文本框中输入“0，10，0”。

6）单击“OK”按钮，如果出现警告信息，忽略并关闭信息窗口。

7）选择菜单 Utility Menu>Plot Ctrls>Pan-Zoom-Rotate。

8）单击工具栏中的“SAVE_DB”按钮并保存。

9. 指定分析类型和分析选项

1）选择菜单 Main Menu>Solution>Analysis Type>New Analysis，弹出如图 8-18 所示的“New Analysis”对话框。

2）选中“Modal”单选按钮并单击“OK”按钮。

3）选择菜单 Main Menu>Solution>Analysis Type>Analysis Options，弹出“Modal Analysis”对话框，如图 8-19 所示。

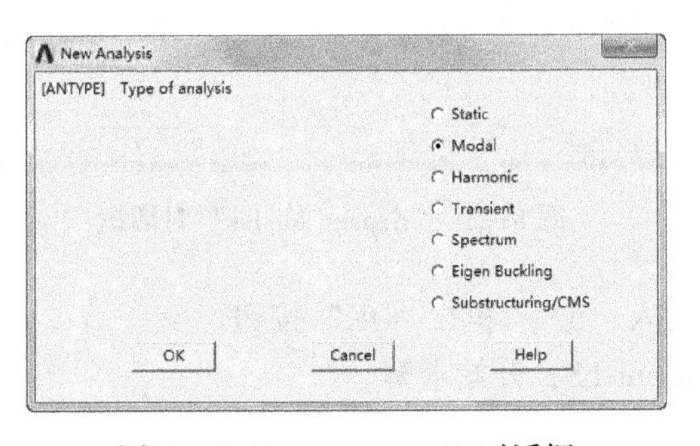

图 8-18 “New Analysis”对话框

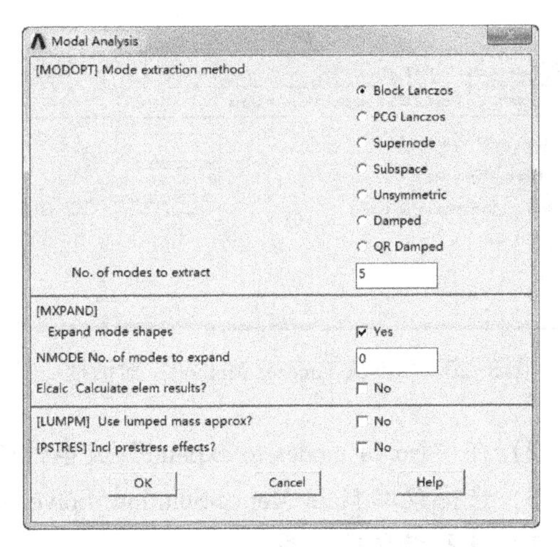

图 8-19 “Modal Analysis”对话框

4）选中“Block Lanczos”单选按钮。

5）在“No. of modes to extract”文本框中输入“5”。

6）单击“OK”按钮，弹出“Block Lanczos Method”对话框，如图 8-20 所示。

7）使用默认设置并单击“OK”按钮。

10. 取消 PLANE182 单元的选定

1）选择菜单 Utility Menu>Select>Entites，弹出“Select Entities”对话框。

2）选择“Element”和“By Attributes”选项。

3）选中“Elem type num”单选按钮。

4）在“Min，Max，Inc. area for the element type number”文本框中输入“1”。

5）选中“Unselect”选项，并单击“OK”按钮。

11. 施加约束和载荷

1）选择菜单 Utility Menu>Select>Entities，弹出“Select Entities”对话框。

2）选择“Nodes”和“By Location”选项。

3）选中“Z coordinates”单选按钮。

4）在“Min，Max，Inc. area for the Z coordinate location”文本框中输入“0”。

5）选择“From Full”选项，并单击“OK”按钮。

6）选择菜单 Main Menu>Solution>Define Loads >Apply >Structural > Displacement > On Nodes，弹出“Apply U，ROT on Nodes”拾取菜单。

7）单击“Pick All”按钮，弹出“Apply U，ROT on Nodes”对话框。单击“ALL DOF”按钮。再单击“OK”按钮关闭对话框。

8）选择菜单 Utility Menu>Select>Everything，选择当前工作文件中的所有元素（包括几何体和建模单元、节点等）。

12. 将模态扩展并求解

1）选择菜单 Main Menu>Solution>Load Step Opts>Expansion Pass>Single Expand>Expand mode，弹出“Expand Modes”对话框，如图 8-21 所示。

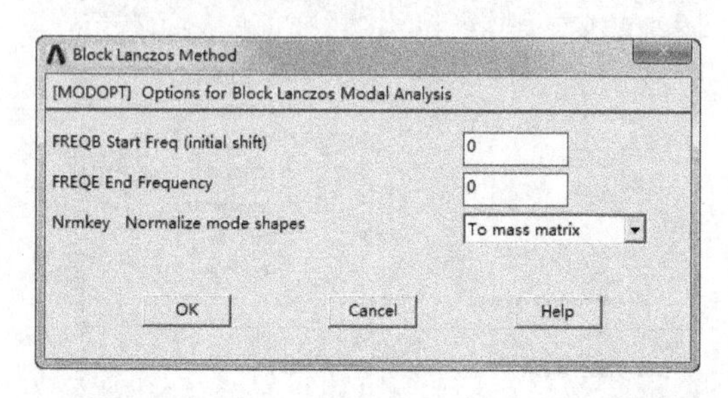

图 8-20 “Block Lanczos Method”对话框

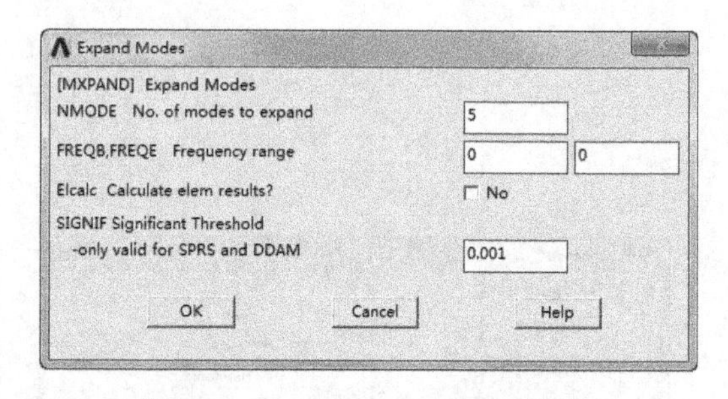

图 8-21 “Expand Modes”对话框

2）在“No. of modes to expand”文本框中输入“5”，单击“OK”按钮。

3）选择菜单 Main Menu>Solution>Solve>Current LS，开始求解。

13. 进行结果后处理

1）选择菜单 Main Menu>General Postproc>Results Summary，观察弹出信息内容，然后关闭。

2）选择菜单 Main Menu>General Postproc>Read Results>First Set，读入第一阶模态结果。

3）选择菜单 Utility Menu>Plot Ctrls>Animate>Mode Shape，弹出“Animate Mode Shape”对话框，如图 8-22 所示。

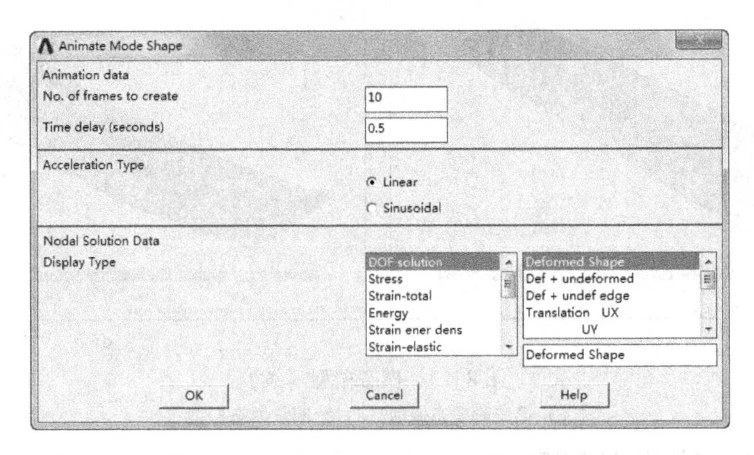

图 8-22 “Animate Mode Shape”对话框

4）单击“OK”按钮，观察显示动画。

5）选择菜单 Main Menu>General Postproc>Read Results>Nest Set，读入下一阶模态结果。

6）选择菜单 Utility Menu>Plot Ctrls>Animate>Mode Shape，打开“Anitnate Mode Shape”对话框。

7）单击“OK”按钮，观察显示动画。

8）重复步骤 1)~3）观察剩余的 3 个模态。飞机机翼模型的各阶模态频率见表 8-5，其对应的模态振型如图 8-23 所示。

表 8-5 机翼模型的各阶模态频率

阶次（SET）	1	2	3	4	5
频率/Hz	2. 1870	5. 7259	12. 123	13. 801	32. 153

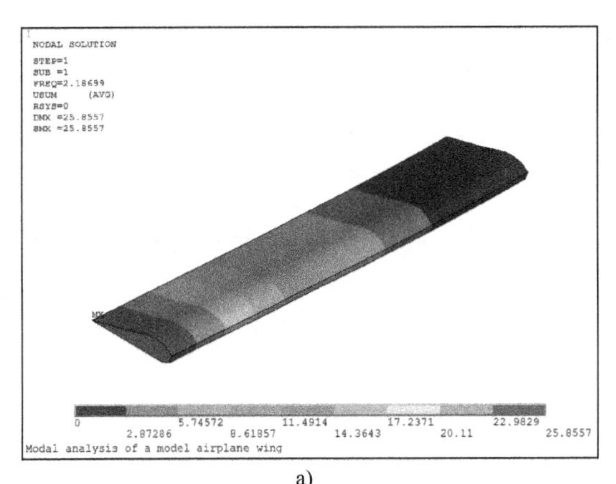

a)

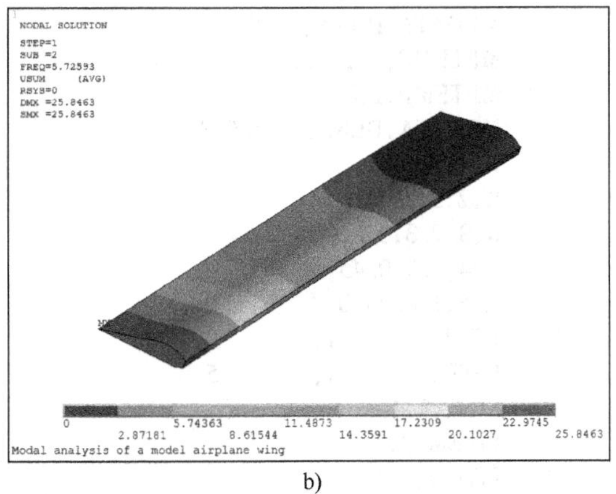

b)

图 8-23 模态振型

a）第一阶模态振型 b）第二阶模态振型

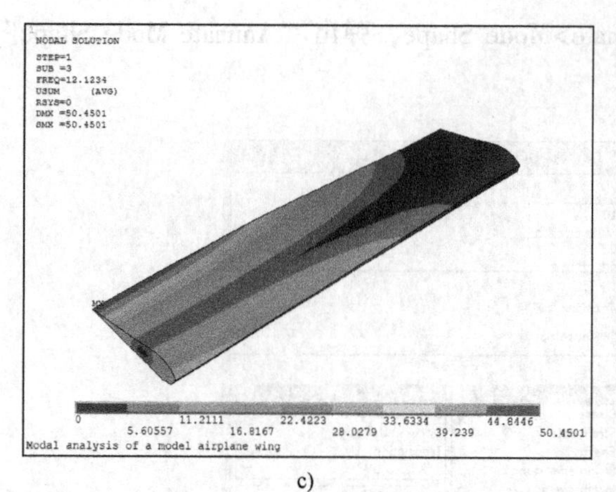

c)

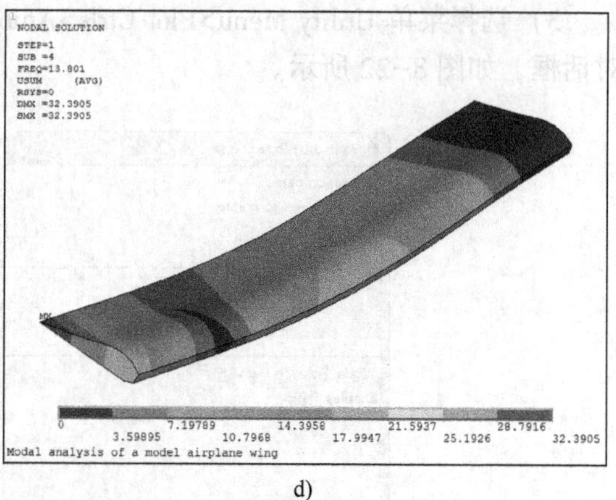

d)

图 8-23　模态振型（续）

c）第三阶模态振型　d）第四阶模态振型

14. 保存文件并退出 ANSYS

1）选择菜单 Utility Menu>File>Save as，保存为“Plane_resu. db”文件。

2）单击工具栏中的“QUIT”按钮，弹出“EXIT”对话框。

3）在“EXIT”对话框中选择“Quit-No Save”，并单击“OK”按钮，不保存文件模式并退出。

8.4.3　命令流模式

```
/PREP7
/TITLE,Modal analysis of a model airplane wing
/NOPR
ET,1,PLANE182
ET,2,SOLID185
ETDEL,3
MPTEMP,,,,,,,,
MPTEMP,1,0
MPDATA,EX,1,,38000
MPDATA,PRXY,1,,0.3
MPTEMP,,,,,,,,
MPTEMP,1,0
MPDATA,DENS,1,,1.033e-3
K,1,,,,
K,2,2,,,
K,3,2.3,0.2,0,
K,4,1.9,0.45,0,
K,5,1,0.25,0,
LSTR,       1,       2
LSTR,       1,       5
FLST,3,4,3
FITEM,3,2
FITEM,3,3
FITEM,3,4
FITEM,3,5
BSPLIN,,P51X,,,,,-1,0,0,-1,-0.25,0,
FLST,2,3,4
```

```
FITEM,2,2
FITEM,2,3
FITEM,2,1
AL,P51X
ESIZE,0.25,0,
MSHKEY,0
CM,_Y,AREA
ASEL, , , ,         1
CM,_Y1,AREA
CHKMSH,'AREA'
CMSEL,S,_Y
AMESH,_Y1
CMDELE,_Y
CMDELE,_Y1
CMDELE,_Y2
ESIZE, ,10,
FLST,2,1,5,ORDE,1
FITEM,2,1
VEXT,P51X, , ,0,0,10,,,,
/UI,MESH,OFF
FINISH
/SOL
ANTYPE,2
MODOPT,LANB,5
EQSLV,SPAR
MXPAND,0, , ,0
LUMPM,0
PSTRES,0
MODOPT,LANB,5,0,0, ,OFF
ESEL,U,TYPE,,1
NSEL,S,LOC,Z,0
NSEL,S,LOC,Z,0
NSEL,ALL
NSEL,S,LOC,Z,0
FLST,2,27,1,ORDE,2
FITEM,2,1
FITEM,2,-27
D,P51X, , , , , ,ALL, , , , ,
ALLSEL,ALL
SOLVE
FINISH
```

8.5 本章小结

本章详细阐述了 ANSYS 模态分析的概念及其求解的基本步骤，通过飞机机翼模态分析实例，说明了模态分析的一般过程，使读者能够初步掌握 ANSYS 软件的模态分析功能。

思考与练习

1. 理解模态分析的概念和理论。
2. 简述模态分析的过程。

第9章　谐响应分析

【内容】

本章首先简要介绍了谐响应分析，其次介绍了谐响应分析的步骤，最后以汽车悬架系统为实例介绍了谐响应分析过程。

【目的】

通过本章的学习使读者掌握谐响应分析的概念和分析流程，掌握谐响应分析的步骤，并且能对工程中的谐响应问题进行分析。

【实例】

汽车悬架系统的谐响应分析。

9.1　谐响应分析简介

任何持续的周期载荷都会在结构中产生持续的周期响应，此响应一般称为谐响应。谐响应分析在制造业发展中的作用主要体现在对结构动力特性的预测、设计的改进和故障的诊断等方面，对提高产品的稳定性和可靠性以及推动制造业的发展起着重要的作用。

谐响应分析是用于确定线性结构在承受随时间按正弦（简谐）规律变化的载荷时的稳态响应技术，分析的目的是计算出结构在多种频率下的响应，并得到一些响应值（通常是位移）对应频率的曲线。从这些曲线上可以找到峰值响应，并进一步观察峰值频率对应的应力。

9.1.1　谐响应分析理论概述

谐响应分析只计算结构的稳态受迫振动，在激励开始时的瞬态振动不在谐响应分析中考虑。图9-1a所示为标准谐响应分析系统，F和ω已知，u未知；图9-1b所示为结构的稳态和瞬态谐响应分析。

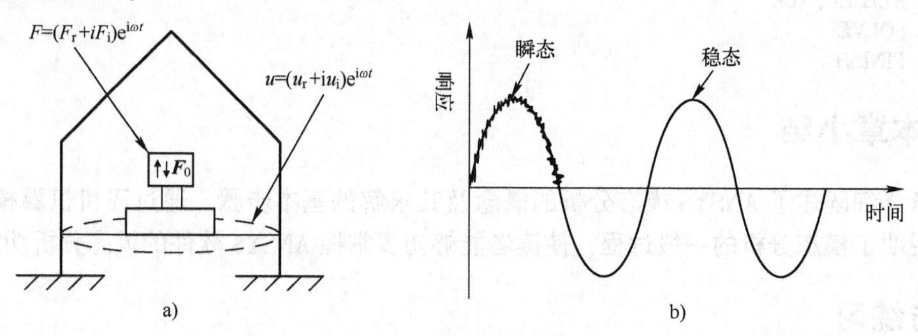

图9-1　谐响应分析示例

谐响应分析是一种线性分析，任何非线性特性，如塑性和接触（间隙）单元，即使被定义了也将被忽略。但在分析中可以包含非对称矩阵，如分析流体与结构的相互作用。谐响应分析同样也可以用于分析有预应力的结构，如小提琴的弦（假设简谐应力比预加的拉伸应力小得多）。

谐响应分析控制方程形式与式（8-1）相同，为

$$M\ddot{u}+C\dot{u}+Ku=F \tag{9-1}$$

此时，外力载荷 F 为随时间简谐变化，所引起的结点位移也是随时间变化的，这里定义为

$$\left.\begin{aligned}u&=(u_r+iu_i)e^{i\omega t}\\F&=(F_r+iF_i)e^{i\omega t}\end{aligned}\right\} \tag{9-2}$$

式中，u_r 为位移矢量的实部；u_i 为位移矢量的虚部；F_r 为载荷矢量的实部；F_i 为载荷矢量的虚部；$\omega=2\pi f$ 为圆频率。将式（9-2）代入式（9-1）中，并消去 $e^{i\omega t}$，有

$$(K-\omega^2M+i\omega C)(u_r+iu_i)=F_r+iF_i \tag{9-3}$$

对于每一个节点位移，可以以两种形式输出：一种按照式（9-2）的形式输出（u_r，u_i）；另一种按照幅值和相位输出（u_{max}，θ），即

$$\left.\begin{aligned}u_{max}&=\sqrt{u_r^2+u_i^2}\\\theta&=\arctan(u_i/u_r)\end{aligned}\right\} \tag{9-4}$$

对于每一个单元的惯性力，将分别输出单元的实部和虚部，即

$$\left.\begin{aligned}F_r^m&=\omega^2M^eu_r\\F_i^m&=\omega^2M^eu_i\end{aligned}\right\} \tag{9-5}$$

式中，F_r^m 为单元惯性力的实部；F_i^m 为单元惯性力的虚部；u_r 及 u_i 分别为节点位移的实部和虚部；M^e为单元的质量矩阵。

对于每一个单元的阻尼力，也将分别输出单元的实部和虚部，即

$$\left.\begin{aligned}F_r^c&=-\omega^2C^eu_r\\F_i^c&=\omega^2C^eu_i\end{aligned}\right\} \tag{9-6}$$

式中，F_r^c 为单元阻尼力的实部；F_i^c 为单元阻尼力的虚部；C^e 为单元的阻尼矩阵。最后得到的节点响应将包括惯性力、阻尼力及静力这 3 部分作用响应的叠加。

9.1.2 谐响应分析的求解方法

谐响应分析可以采用 3 种方法求解，分别是完全法（Full Method）、缩减法（Reduced Method）和模态叠加法（Mode Superposition Method）。还有另外一种方法，就是将简谐载荷指定为有时间历程的载荷函数而进行瞬态动力学分析，这是一种相对开销较大的方法。下面对前 3 种方法的优缺点进行比较分析。

1. 完全法（Full Method）

完全法是 3 种方法中最常用的方法。它采用完整的系统矩阵计算谐响应（没有矩阵缩减），矩阵可以是对称的或非对称的。这种方法的优点如下：

1）容易使用，不用考虑如何选取主自由度和振型。

2）因使用完整矩阵，故不涉及质量矩阵的近似。

3）有非对称矩阵，这种矩阵在声学或轴承问题中很典型。

4）用单一处理过程计算出所有的位移和应力。

5）允许施加各种类型的载荷。例如，节点力、外加的（非零）约束、单元载荷（压力和温度）。

6）允许采用实体模型上所加的载荷。

完全法的缺点是预应力选型不可用，当采用 Frontal 方程求解器时，通常比其他方法开销大，但采用 JCG 求解器或 JCCG 求解器时，完全法的效率很高。

2. 缩减法（Reduced Method）

缩减法通常采用主自由度和缩减矩阵来压缩问题的规模。主自由度处的位移被计算出来后，解可以被扩展到初始的完整 DOF 集上。这种方法的优点如下。

1）在采用 Frontal 方程求解时比完全法更快且开销小。

2）可以考虑预应力效果。

缩减法的缺点如下。

1）初始解只计算出主自由度的位移。要得到完整的位移、应力和力的解，则需执行扩展处理。

2）不能施加单元载荷（压力、温度等）。

3）所有载荷必须施加在用户定义的自由度上，这就限制了采用实体模型所加的载荷。

3. 模态叠加法（Mode Superposition Method）

模态叠加法通过对模态分析得到的振型（特征向量）乘上因子并求和来计算出结构的响应。这种方法的优点如下。

1）对于许多问题，此方法比缩减法或完全法更快且开销小。

2）在模态分析中施加的载荷可以通过 LVSCALE 命令用于谐响应分析中。

3）解可以按结构的固有频率聚集，这样便可产生更光滑、更精确的响应曲线图。

4）可以包含预应力效果。

5）允许考虑振型阻尼（阻尼系数为频率的函数）。

模态叠加法的缺点如下。

1）不能施加非零位移。

2）在模态分析中使用 PowerDynamic 法时，初始条件中不能有预加的载荷。

谐响应分析的 3 种方法共同的局限性如下。

1）所有载荷必须随时间按正弦规律变化。

2）所有载荷必须有相同的频率。

3）不允许有非线性特征。

4）不计算瞬态效应。

可以通过进行瞬态动力分析来克服这些限制，就是将谐载荷表示为有时间历程的载荷函数。

9.2 谐响应分析的基本步骤

本节以完全法为例来介绍谐响应分析。完全法谐响应分析由以下 3 个主要步骤组成。

1）建立模型（前处理）。

2）加载和求解。

3）观察模型（后处理）。

9.2.1 建立模型

在这一步中需指定文件名和分析标题，然后在前处理 PREP7 模块中依次定义单元类型、单元实常数和材料特性，建立几何模型，划分网格等，其步骤同静力分析相同，但需记住以下两个要点。

1）在谐响应分析中，只有线性行为是有效的，如果有非线性单元，将按线性单元处理。例如，如果分析中包含接触单元，则它们的刚度取初始状态值并在计算过程中不再发生变化。

2）必须指定弹性模量 EX（或某种形式的刚度）和密度 DENS（或某种形式的质量）。材料特性可以是线性的、各向同性的或各向异性的、恒定的或和温度相关的，非线性材料将被忽略。

9.2.2 加载和求解

有限元模型完成后，将进入求解器，完成加载和求解环节。此模块中需要定义分析类型，定义载荷选项和指定载荷步选项，然后开始有限元求解。进入求解器的命令和操作如下：

命令：/SOLU

GUI：Main Menu>Solution

1. 定义分析类型

ANSYS 提供的用于谐响应分析的求解选项见表 9-1。

表 9-1 分析类型和选项

选　项	命　令	GUI 路径
新的分析	ANTYPE	Main Menu>Solution>Analysis Type>New Analysis
谐响应分析	ANTYPE	Main Menu>Solution>Analysis Type>New Analysis>Harmonic
求解方法	HROPT	Main Menu>Solution>Analysis Type>Analysis Options
输出格式	HROUT	Main Menu>Solution>Analysis Type>Analysis Options
质量矩阵	LUMPM	Main Menu>Solution>Analysis Type>Analysis Options
方程求解器	EQSLV	Main Menu>Solution>Analysis Type>Analysis Options
模态数	HROPT	Main Menu>Solution>Analysis Type>Analysis Options
输出选项	HROUT	Main Menu>Solution>Analysis Type>Analysis Options
预应力	PSTRES	Main Menu>Solution>Analysis Type>Analysis Options

下面对表 9-1 中各项进行详细的解释。

（1）New Analysis

选择 New Analysis（新的分析）。在谐响应分析中 Restart 不可用，如果需要施加另外的简谐载荷，可以重新进行一次新分析。

（2）Analysis Type：Harmonic Response

选择分析类型为 Harmonic Response（谐响应分析），弹出如图 9-2 所示的“Harmonic

Analysis”对话框。图中所列选项的说明如下。

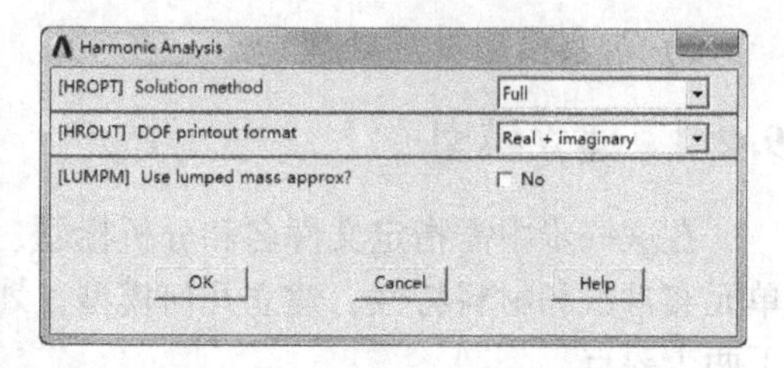

图 9-2 “谐响应分析”对话框

1）[HROPT] Solution method，即选择求解方法，有完全法、缩减法或模态叠加法 3 种。

2）[HROUT] DOF printout format，此选项确定在输出文件 Jobname. Out 中谐响应分析的位移解的列出方式。可以选择的方式有“Real + imaginary”(实部和虚部，默认形式）和“Amplitude + phase”(幅值和相位角)。

3）[LUMPM] Use lumped mass copprox，此选项用于指定是否采用集中质量矩阵近似。

说明：建议在大多数应用中采用默认的质量矩阵形成方式。但对于包含“薄膜”的结构，如细长梁或者非常薄的壳，采用集中质量矩阵近似通常会产生较好的结果。另外，采用集中质量矩阵求解时间短，需要内存小。

设置完“Harmonic Analysis”对话框后单击“OK”按钮，则会根据设置的 Solution method [HROPT]（求解方法）弹出相应的菜单。如果“Solution method”设置为“Full”，那么会弹出“Full Harmonic Analysis”的对话框，如图 9-3 所示。此对话框用于选择方程求解器和预应力。可选的求解器有 Jacobi Conj Grad（JCG）求解器、Inc Cholesky C G（ICCG）求解器，以及 Sparse Solver（SPARSE）求解器。对大多数结构模型，建议采用 SPARSE 求解器。

如果“Solution method”设置为“Method Superpos'n”，那么会弹出“Mode Sup Harmonic Analysis”对话框，如图 9-4 所示。此对话框用于设置最多模态数、最少模态数及模态输出选项。“[HROUT] Maximum/Minimum mode number”用于设置采用模态叠加法时的最多模态数和最少模态数，“[HROPT] Spacing of solutions”用于设置模态输出格式。

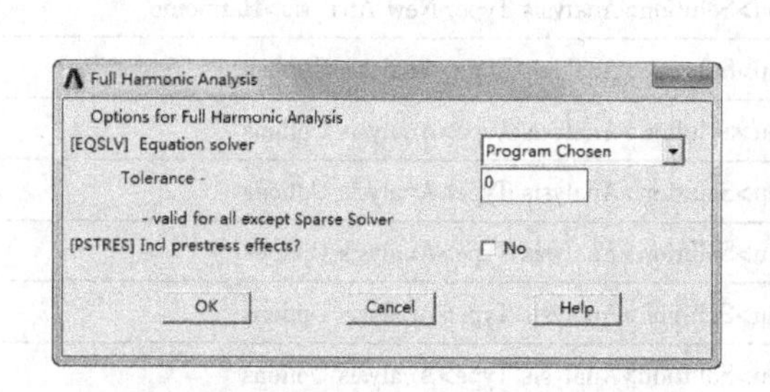

图 9-3 “Full Harmonic Analysis”对话框

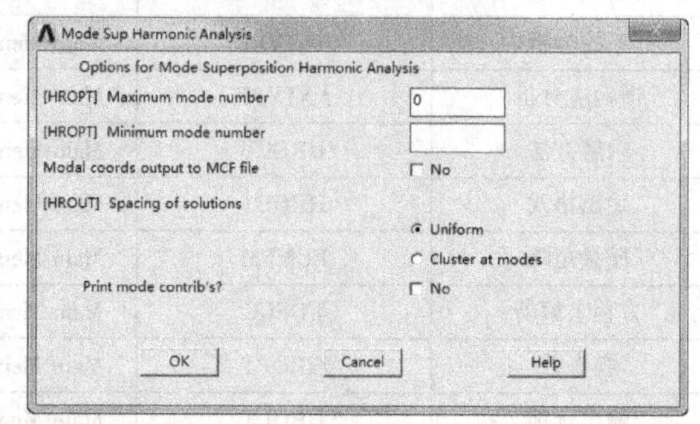

图 9-4 “Mode Sup Harmonic Analysis”对话框

2. 定义载荷选项并加载

根据定义，谐响应分析假定所施加的所有载荷随时间按简谐（正弦）规律变化。指定一个完整的简谐载荷需输入 3 条信息：Amplitude（幅值）、Phase angle（相位角）和 Harmonic freq range（强制频率范围）。其中，幅值与相位角的关系如图 9-5 所示。

幅值是载荷的最大值，载荷可以用表 9-2 中的命令来指定。相位角是时间的度量，它表示载荷是滞后的还是超前的，只有当施加多组有不同相位的载荷时，才需要分别指定其相

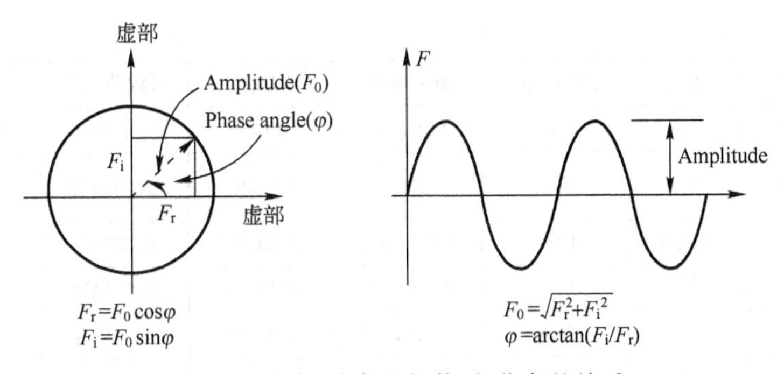

图 9-5 实部/虚部和幅值/相位角的关系

位角。用户可以通过命令或者 GUI 路径在 VALUE 和 VALUE2 位置指定实部和虚部值，对于表面载荷和实体载荷，只能指定为 0 相位角（没有虚部）。不过也有例外情况，即在用完全法或者模态叠加法求解谐响应问题时，表面压力的非零虚部可以通过表面单元 SURF153 和 SURF154 来指定。

表 9-2 在谐响应分析中施加载荷

载荷类型	类别	命令	GUI 路径
位移约束	Constraints	D	Main Menu>Solution> Define Loads> Apply>Structural>Displacement
集中力或力矩	Forces	F	Main Menu>Solution> Define Loads> Apply>Structural>Force/Moment
压力（PRES）	Surface Loads	SF	Main Menu>Solution> Define Loads>Apply>Structural>Pressure
温度（TEMP） 流体（FLUE）	Body loads	BF	Main Menu>Solution> Define Loads>Apply>Structural>Temperature
重力，向心力等	Inertia Loads		Main Menu>Solution> Define Loads>Apply>Structural>Other

载荷的频带是指谐波载荷（周期函数）的频率范围，可以利用 HARFRQ 命令将它作为一个载荷步选项来指定。

谐响应分析不能计算频率不同的多个强制载荷同时产生的响应，例如，两个具有不同转速的机器同时运转的情形。但在 POST1 中可以对两种载荷状况进行叠加以得到总体响应。

在分析过程中，可以施加、删除、修正或者显示载荷，相应命令见表 9-3。

表 9-3 谐响应分析的载荷命令

载荷	模型	图元	施加载荷	删除载荷	列表载荷	对载荷操作	设定载荷
位移约束	实体	关键点	DK	DKDELE	DKLIST	DTRAN	
	实体	线	DL	DLDELE	DLLIST	DTRAN	
	实体	面	DA	DADELE	DALIST	DTRAN	
	有限元	节点	D	DDELE	DLIST	DSCALE	DSYM，DCUM
集中力	实体	关键点	FK	FKDELE	FKLIST	FTRAN	
压力	实体	线	SFL	SFLDELE	SELLIST	SFTRAN	SFGRAD
	实体	面	SFA	SFADELE	SFALIST	SFTRAN	SFGRAD
	有限元	节点	F	FDELE	FLIST	FSCALE	FCUM

（续）

载荷	模型	图元	施加载荷	删除载荷	列表载荷	对载荷操作	设定载荷
	有限元	节点	SF	SFDELE	SFLIST	SFSCALE	SFGRAD，SFCUM
	有限元	单元	SFE	SFEDELE	SFELIST	SFESCALE	SFGRAD，SFBEAM，SFFUN，SFCUM
温度或者流体	实体	关键点	BFK	BFKDELE	BFKLIST	BFTRAN	
	实体	线	BFL	BFLDELE	BFLLIST	BFTRAN	
	实体	面	BFA	BFADELE	BFALIST	BFTRAN	
	实体	体	BFV	BFVDELE	BFVLIST	BFTRAN	
	有限元	节点	BF	BFDELE	BFLIST	BFSCALE	BFCUM
	有限元	单元	BFE	BFEDELE	BFELIST	BFSCALE	BFCUM
惯性力			ACEL				
			OMEGA				
			DOMEGA				
			CGOMGA				
			DCGOMG				

3. 指定载荷步选项

谐响应分析中使用的普通选项、动力选项和输出控制选项的命令及 GUI 路径见表 9-4，下面分别详述。

表 9-4　载荷步选项

选　项	命　令	GUI 路径
		普通选项
谐响应分析的子步数	NSUBST	Main Menu>Solution> Load Opts> Time/Frequence>Freq and Substeps
连续载荷	KBC	Main Menu>Solution> Load Step Opts>Time/Frequenc>Time-Time Step or Freq and Substeps
		动力选项
载荷频带	HARFRQ	Main Menu>Solution> Load Opts> Time/Frequenc>Freq and Substeps
阻尼	ALPHAD，BETAD，DMPRAT	Main Menu>Solution> Load Step Opts>Time/Frequenc>Damping
		输出控制选项
输出	OUTPR	Main Menu>Solution> Load Step Opts>OutputCtrls>Solu Printout
数据库和结果文件输出	OUTRES	Main Menu>Solution> Load Step Opts>OutputCtrls>DB/Results File
结果外推	ERESX	Main Menu>Solution> Load Step Opts>OutputCtrls>Integration Pt

（1）普通选项

谐响应分析频率和子步选项如图 9-6 所示。

- [NSUBST] Number ofsubsteps：可用此选项计算任何数目的谐响应解。解（或子步）将均布于指定的频率范围内 [HARFQR]。

- [KBC] Stepped or rampedbc：载荷可以 Stepped 或 Ramped 方式改变，默认方式是 Ramped，即载荷的幅值随各子步逐渐增长。如果用命令[KBC,1]设置了 Stepped 载荷，则在频率范围内的所有子步载荷将保持恒定的幅值。

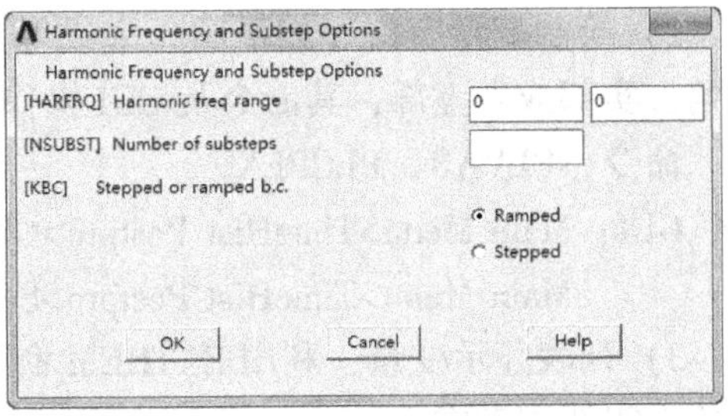

图 9-6　谐响应分析频率和子步选项

(2) 动力学选项

- [HARFRQ] Harmonic freq range：在谐响应分析中必须指定强制频率范围（以周/时间为单位），然后指定在此频率范围内要计算解的数目。
- Damping：必须指定某种形式的阻尼，否则在共振处的响应将无限大。选项有 Alpha（质量）阻尼（ALPHAD）、Beta（刚度）阻尼（BETAD）和恒定阻尼比（DMPRAT）。

(3) 输出控制选项

- Print Output[OUTPR]：此选项用于指定输出文件 Jobname. OUT 中要包含的结果数据。
- Database and Results File Output[OUTRES]：此选项用于控制结果文件 Jobname. RST 中包含的数据。
- Extrapolation of Results[ERESX]：此选项用于设置将结果幅值添到节点处且采用默认的外插方式来得到单元积分点的结果。

4. 设置完成后，对所设置的问题进行求解

命令：SOLVE

GUI：Main Menu>Solution>Solve>Current LS

完成求解后，离开求解器，准备进入下一步的后处理模块。

命令：FINISH

GUI：Close the Solution Menu

9.2.3　观察模型

谐响应的结果被保存到结果分析文件 Jobname. RST 中。如果结构定义了阻尼，响应将与载荷异步，所有的结果将是复数形式，并以实部和虚部存储。

通常可以用 POST26 和 POST1 观察结果。一般的处理顺序是首先用 POST26 找到临界强制频率，即模型中所关注的点产生最大位移（或应力）时的频率，然后用 POST1 在这些临界强制频率处处理整个模型。

1. POST26 观察结果

1）用如下方法定义变量：

- NSOL 命令：用于定义基本数据（节点位移）。
- ESOL 命令：用于定义派生数据（单元数据，如应力）。
- RFORCE 命令：用于定义反作用力数据。

以上命令可以通过以下菜单命令进行操作。

GUI：Main Menu>TimeHist Postpro>Define Variables

2）绘制变量表格（如不同频率或者其他变量），然后利用 PLCPLX 命令绘制幅值、相位角、实部或者虚部，其命令及 GUI 操作如下。

命令：PLVAR，PLCPLX

GUI：Main Menu>TimeHist Postpro>Graph Variables

Main Menu>TimeHist Postpro>Setting>Graph

3）列表显示变量，利用 EXTREM 命令显示极值，然后利用 PRCPLX 命令显示幅值、相位角、实部或者虚部。

命令：PRVAR，EXTREM，PRCPLX

GUI：Main Menu>TimeHist PostPro>List Variables>List Extremes

Main Menu>TimeHist PostPro>List Extremes

Main Menu>TimeHist PostPro>Setting>List

POST26 里面还有许多其他函数，例如，对变量进行数学运算、将变量移动到数组参数里面等。

2. POST1 观察结果

观察在时间历程后处理器里面特殊时刻的结果，可利用 POST1 后处理器。可以用 SET 命令（或者相应 GUI）读取谐响应分析的结果，不过它只能读取实部或者虚部，不能两种同时读取。结果的幅值是实部和虚部的平方根。用户可以显示结构变形形状、应力和应变云图等，也可以图形显示矢量，还可以利用 PRNSOL、PRESOL、PRRSOL 等命令列表显示结果。

（1）显示变形图

命令：PLDISP

GUI：Main Menu>General Postproc>Plot Results>Deformed Shape

（2）显示变形云图

命令：PLSOL 或 PLESOL

GUI：Main Menu>General Postproc>Plot Results>Contour Plot>Node Solu / Element Solu

该命令可以显示所有变量的云图，例如，应力（SX，SY，SZ…）、应变（EPELX，EPELY，EPELZ…）和位移（UX，UY，UZ…）等。

（3）绘制矢量

命令：PLVECT

GUI：Main Menu>General Postproc>Plot Results>Vector Plot>Predefined

（4）列表显示

命令：PRNSOL（节点结果）

PRESOL（单元结果）

PRRSOL（反作用力结果）

GUI：Main Menu>General Postproc>List Results>Nodal Solution

Main Menu>GeneralPostproc>List Results>Element Solution

Main Menu>GeneralPostproc>List Results>Reaction Solution

在列表显示之前，可以利用 NSORT 和 ESORT 命令对数据进行分类。

命令：NSORT，ESORT

POST1 后处理器还包含很多其他的功能，例如，将结果映射到路径来显示、将结果转化坐标系显示和载荷工况叠加显示等。

9.3　汽车悬架系统的谐响应分析实例

9.3　汽车悬架系统的谐响应分析实例

下面以汽车悬架系统为例，进行谐响应分析。

9.3.1　问题描述

悬架是车架与车桥之间传力连接装置的总称，它的功能是把路面作用于车轮上的力和力矩都通过悬架传递到车架上，以保证汽车的正常行驶。汽车在行驶过程中，由于路面不会绝对的平坦，路面作用于车轮的垂直反力往往是冲击性的，这种冲击力如果达到很大的值，就会影响驾驶员和乘客的乘坐舒适性，同时会影响车身姿态、操作稳定性和行驶速度。本实例采用 ANSYS 谐响应分析对汽车悬架在路面激励下的特性进行了分析。

9.3.2　分析步骤

1. 模型描述

（1）模型的基本参数

本实例所选用的是 1/4 悬架模型，如图 9-7 所示。选用的悬架模型参数如下：簧载质量 m_1 为 500 kg，非簧载质量 m_2 为 60 kg，悬架减振器弹簧刚度 k_1 为 30000 N/m，阻尼系数 c_1 为 2000 N/m · s^{-1}，轮胎的等效刚度 k_2 为 300000 N/m，H_1 为 0. 18 m，H_2 为 0. 22 m。

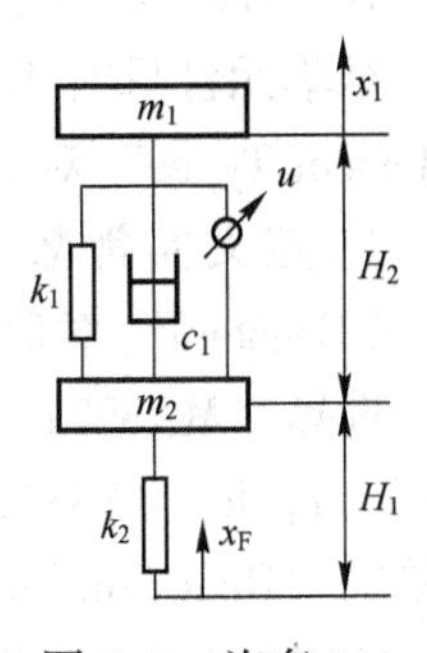

图 9-7　汽车 1/4 悬架模型简图

（2）单元的选择及材料常数

本实例使用 MASS21 单元模拟簧载质量和非簧载质量，使用弹簧阻尼单元 COMBINE14 模拟悬架和轮胎。

（3）边界条件

悬架的唯一载荷为路面的平面度激励，本实例假设路面平面度激励为正弦载荷，幅值为 0. 006 m，初始相位为 0，计算频率从 0~50 Hz。悬架系统只有一个竖直方向的自由度，通过设置单元关键字来控制。

2. GUI 操作步骤

（1）定义文件名

选择菜单 Utility Menu > File > Change Jobname，操作后在弹出对话框的文本框中输入 “Suspensior”，单击 “OK” 按钮。

（2）定义单元和单元属性

1）定义单元。选择 Main Menu > Preprocessor > Element Type > Add/Edit/Delete 命令，弹出 “Element Types” 对话框，如图 9-8 所示，单击 “Add” 按钮，弹出 “Library of Element Types” 对话框，如图 9-9 所示。在左侧列表框中选择 “Structural Mass” 选项，然后在右侧列表框中选择 “3D mass 21” 选项，单击 “Apply” 按钮。继续在 “Library of Element Types” 对话框左边的列表框中选择 “Structural Combination” 选项，然后在右边的列表框中选择

"Sping-damperl4" 选项，单击 "OK" 按钮。

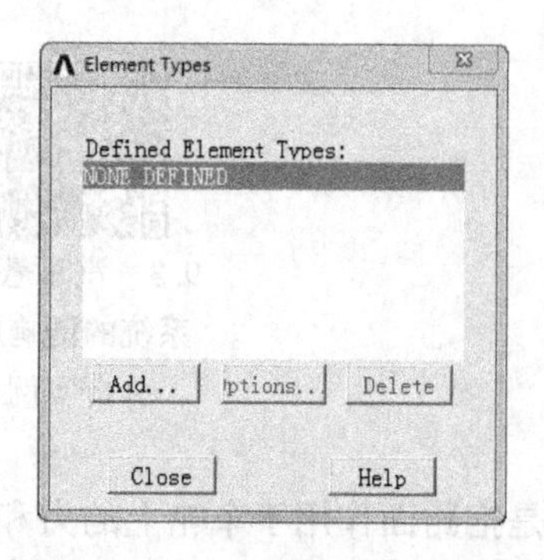

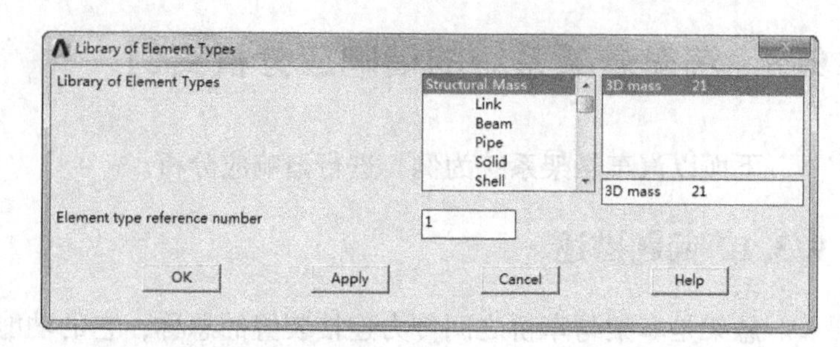

图 9-8 "Element Types" 对话框　　图 9-9 "Library of Element Type" 对话框

2）定义单元属性。在 "Element Types" 对话框中选择 "MASS21"，单击 "Options" 按钮，弹出 "MASS21 element type options" 对话框，设置关键字 "K3" 为 "2D w/o iner"（含义是质量单元 21 为二维平面且不包含转动自由度），单击 "OK" 按钮。在 "Element Types" 对话框中选择 "COMBIN14"，单击 "Options" 按钮，弹出 "COMBIN14 element type options" 对话框，设置单元关键字 "K2" 为 "Longitude UY DOF"（含义为弹簧阻尼单元 14 为一维单元且只有 UY 一个自由度），单击 "OK" 按钮，然后单击 "Close" 按钮，关闭 "Element Types" 对话框。

3）定义实常数。选择 MainMenu > Preprocessor > Real Constants > Add/Edit/Delete，弹出 "Real Constant" 对话框。单击 "Add" 按钮，弹出 "Element Type for Real Constants" 对话框。选择 "MASS21" 选项，单击 "OK" 按钮；弹出如图 9-10 所示的 "Real Constant Set Number1，for MASS21" 对话框，在 "MASS" 文本框中输入 "500"，单击 "OK" 按钮。继续单击 "Real Constant" 对话框中的 "Add" 按钮，在弹出的对话框中选择 "MASS21"，单击 "OK" 按钮；在弹出的 "Real Constant Set Number 1，for MASS21" 对话框的 "MASS" 文本框中输入 "60"，单击 "OK" 按钮。继续单击 "Add" 按钮，在弹出的对话框中选择 "COMBIN14"，单击 "OK" 按钮，弹出如图 9-11 所示的 "Real Constant Set Number 3，for COMBIN14" 对话框，在 "K" 文本框中输入 "30000"，在 "CVI" 文本框中输入 "2000"，单击 "OK" 按钮。继续单击 "Add" 按钮，在弹出的对话框中选择 "COMBIN14"，再单击 "OK" 按钮；在弹出的 "Real Constant Set Numer 3，for COMBIN14" 对话框的 "K" 文本框中输入 "300000"，单击 "OK" 按钮，然后单击 "Close" 按钮。

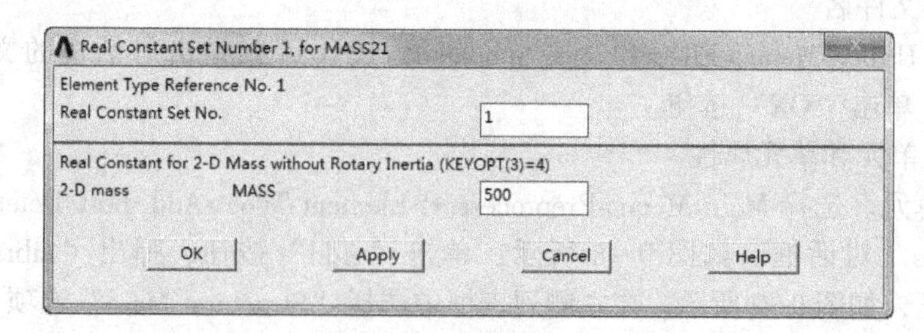

图 9-10 "Real Constant Set Number1，for MASS21" 对话框

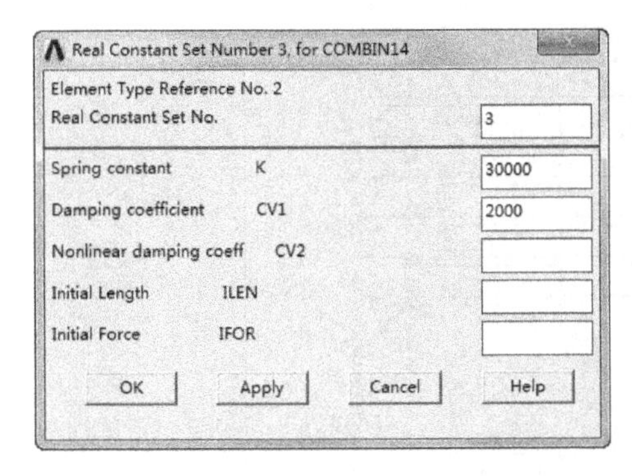

图 9-11 “Real Constant Set Number3 for COMBIN14”对话框

(3) 建立有限元模型

1) 定义节点。选择 Main Menu>Preprocessor>Modeling>Create>Nodes>In Active CS，弹出如图 9-12 所示的“Create Nodes in Active Coordinate System”对话框，在“Node number”文本框中输入“1”，在“Location in active CS”文本框中分别输入“0、0”。单击“Apply”按钮，继续在“Node Number”文本框中输入“2”，在“Location in active CS”文本框中分别输入“0，0.18”。单击“Apply”按钮，继续在“Node number”文本框中输入“3”，在“Location in active CS”文本框中分别输入“0、0.4”，单击“OK”按钮。定义节点生成的结果如图 9-13 所示。

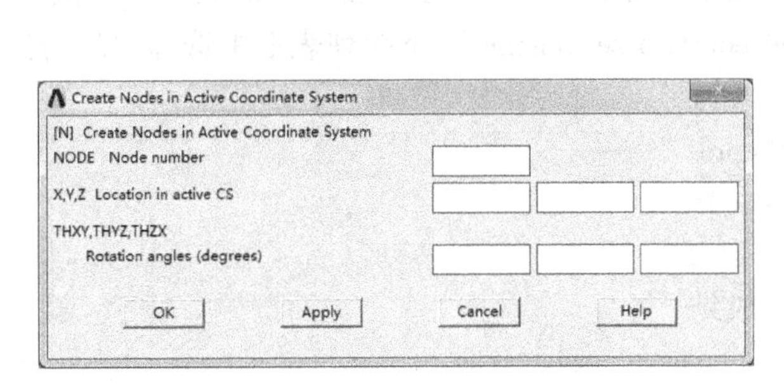

图 9-12 “Create Nodes in Active Coordinate System”对话框

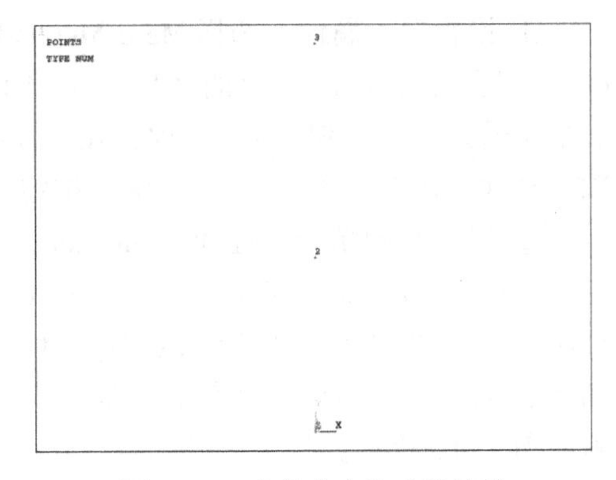

图 9-13 定义节点生成的结果

2) 建立轮胎单元。

① 设置单元属性。选择 Main Menu>Preprocessor>Modeling>Create>Element>Elem Attributes，弹出如图 9-14 所示的“Element Attributes”对话框，在“Element type number”下拉列表框中选择“2 COMBIN14”选项，在“Real constant set number”下拉列表框中选择“4”选项，其他采用默认值，单击“OK”按钮

② 建立轮胎单元。选择 Main Menu>Preprocessor>Modeling>Create>Elements>Auto Numbered>Thru Nodes，操作后弹出拾取菜单，拾取节点 1 和节点 2，单击“OK”按钮。轮胎单元生成结果如图 9-15 所示。

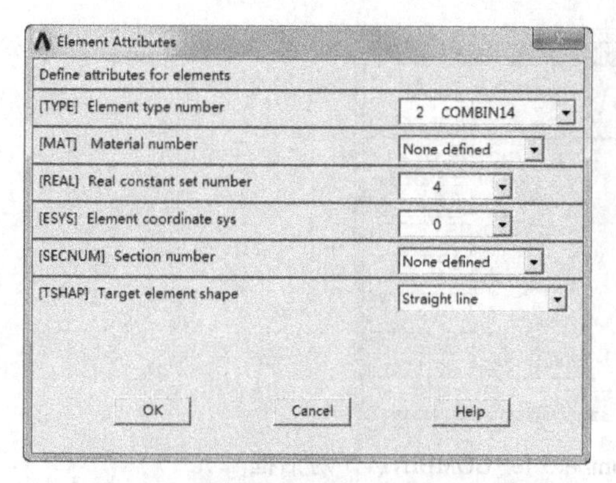

图 9-14 “Element Attributes”对话框

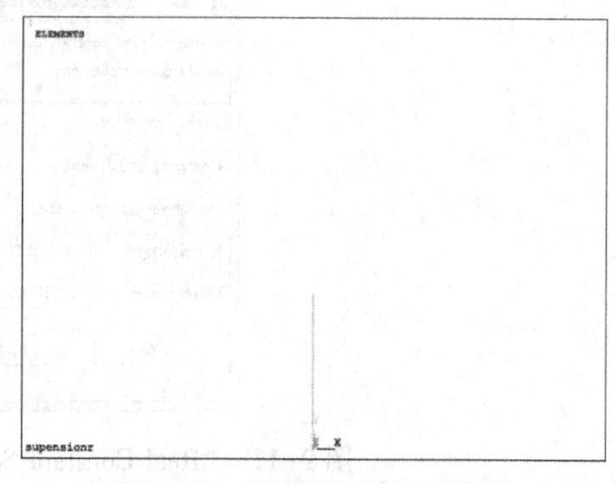

图 9-15 轮胎单元生成结果

3）建立非簧载质量单元。

① 设置单元属性。选择 Main Menu>Preprocessor>Modeling>Create>Elements>Elem Attributes，弹出如图 9-14 所示的“Element Attributes”对话框。在“Element type number”下拉列表框中选择“MASS21”选项，在“Real constant set number”下拉列表框中选择“2”选项，其他采用默认值，单击“OK”按钮。

② 建立非簧载质量单元。选择菜单 MainMenu>Preprocessor> Modeling>Create>Elements>Auto Numbered>Thru Nodes，操作后弹出拾取菜单，拾取节点 2，单击“OK”按钮。

4）建立悬架单元。

① 设置单元属性。选择 Main Menu>Preprocessor>Modeling>Create>Element>Elem Attributes，弹出如图 9-14 所示的“Element Attributes”对话框，在“Element typenumber”下拉列表框中选择“COMBIN14”选项，在“Real constant set number”下拉列表框中选择“3”选项，其他采用默认值，单击“OK”按钮。

② 建立悬架单元。选择 Main Menu>Preprocessor>Modeling>Create>Elements>Auto Numbered>Thru Nodes，操作后弹出拾取菜单，拾取节点 2 和节点 3，单击“OK”按钮。悬架单元生成结果如图 9-16 所示。

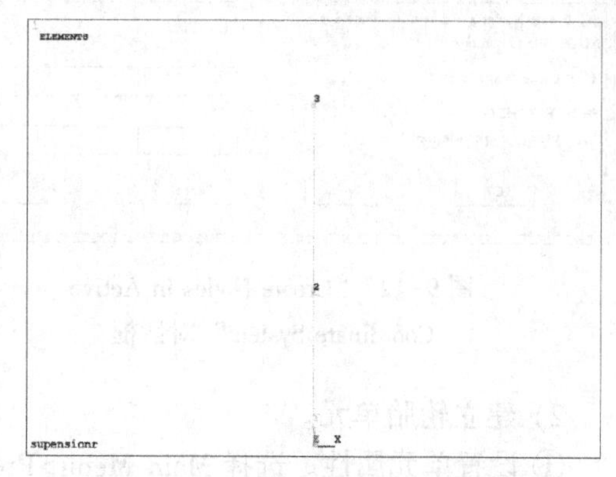

图 9-16 悬架单元的生成结果

5）建立簧载质量单元。

① 设置单元属性。选择 Main Menu>Preprocessor > Modeling > Create > Elements > ElementAttributes，弹出如图 9-14 所示的“Element Attribute”对话框。在“Element type number”下拉列表框中选择“MASS21”选项，在“Real constant set number”下拉列表框中选择“1”选项，其他采用默认值，单击“OK”按钮。

② 建立簧载质量单元。选择 MainMenu > Preprocessor > Modeling > Create > Elements > Auto Numbered>Thru Nodes，操作后弹出拾取菜单，拾取节点 3，单击“OK”按钮。

（4）设置求解条件

1）展开求解。选择菜单 Main Menu>Solution>Unabridged Menu。

2）定义求解类型。选择菜单 Main Menu>Solution>Analysis Type>New Analysis，弹出如图 9-17 所示的“New Analysis”对话框。选择“Harmonic”，单击“OK”按钮，弹出如图 9-18 所示的“Harmonic Analysis”对话框。在“Solution method”下拉列表框中选择“Full”选项，其他采用默认设置，单击“OK”按钮，采用弹出对话框的默认设置，再单击“OK”按钮。

（5）定义边界条件

选择 Main Menu>Preprocessor>Loads>Define Loads>Apply>Structural>Displacement>On Nodes，操作后弹出拾取菜单，拾取节点 1，单击“OK”按钮，弹出如图 9-19 所示的“Apply U，ROT on Nodes”对话框。设置“Lab2 DOFs to be Constrained”为“UY”，即约束竖直方向的自由度，设置“VALUE Real part of disp”为“0.006”，即载荷的实部为 0.006，设置“VALUE2 Imag part of disp”为“0”，即载荷虚部为 0，这样可以保证载荷的初始相位角为 0，单击“OK”按钮。

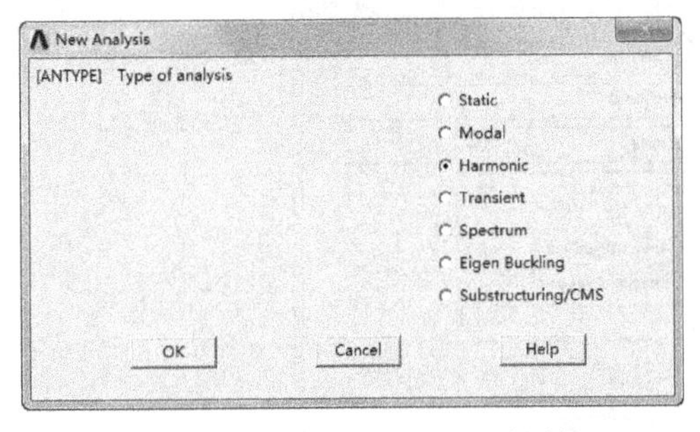

图 9-17 “New Analysis”对话框

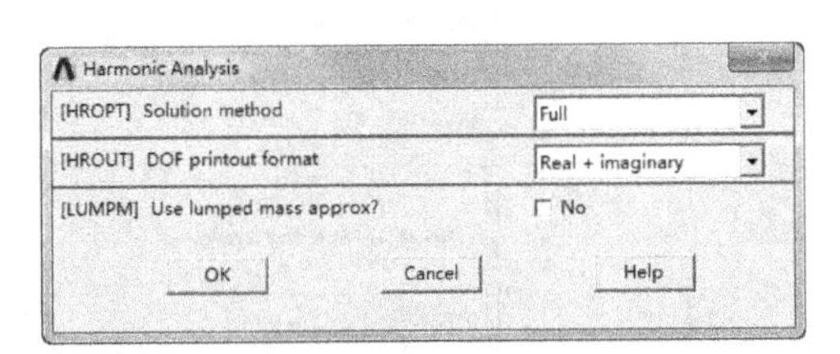

图 9-18 “Harmonic Analysis”对话框

（6）定义载荷步

1）定义输出每一个子步。选择 Main Menu>Solution>Load Step Opts>Output Ctrls>DB/Results File，在弹出的对话框中将“FREQ”选项设置为“Every substep”，单击“OK”按钮。

2）定义求解频率范围。选择 Main Menu>Solution> Load Step Opts> Time/Frequenc>Freq and Substps>，弹出如图 9-20 所示的“Harmonic Frequency and Substep Options”对话框。在“Harmonic freq range”文本框中输入“0”和“50”，在“Number of substeps”文本框中输入“500”，即求解频率从 0~50 Hz，每隔 0.1 Hz 求解一次，并选中“Ramped”单选按钮，单击“OK”按钮。

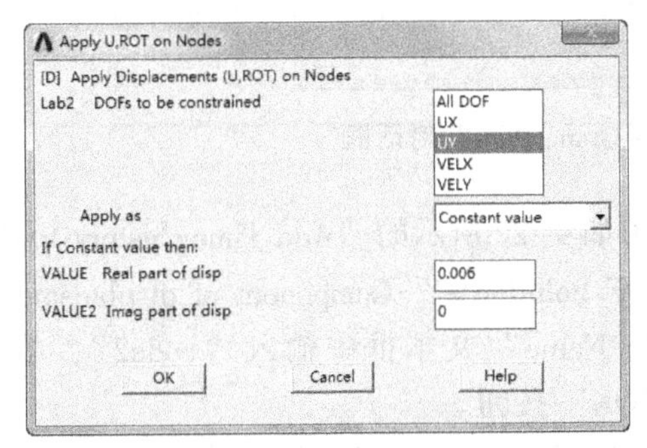

图 9-19 “Apply U，ROT on Nodes”对话框

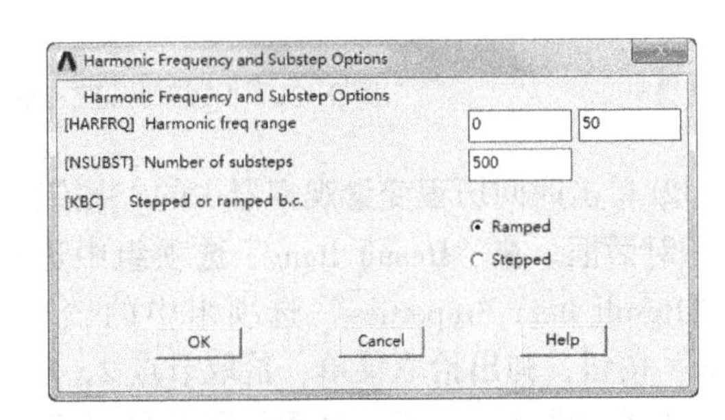

图 9-20 “Harmonic Frequency and Substep Options”对话框

(7) 求解

选择 Main Menu>Solution>Current LS，操作后弹出“Solution”对话框，单击“OK”按钮，然后单击“YES”按钮。

(8) 后处理

1) 进入时间历程后处理器，并打开时间历程变量观察器，选择菜单 Main Menu>Time Hist Postpro。

2) 观察结果 UY 随频率的变化规律。

① 设置输出格式。选择菜单 Utility Menu>PlotCtrls>Style>Graphs>Modify Axes，弹出如图 9-21 所示的“Axes Modifications for Graph Plots”对话框。在“X-axis label”文本框中输入“Frequency”，在“Y-axis label”文本框中输入“Amplitude”，在“Axis number size fact”文本框中输入“1.9”，以设置图中坐标轴的字体，单击“OK”按钮。

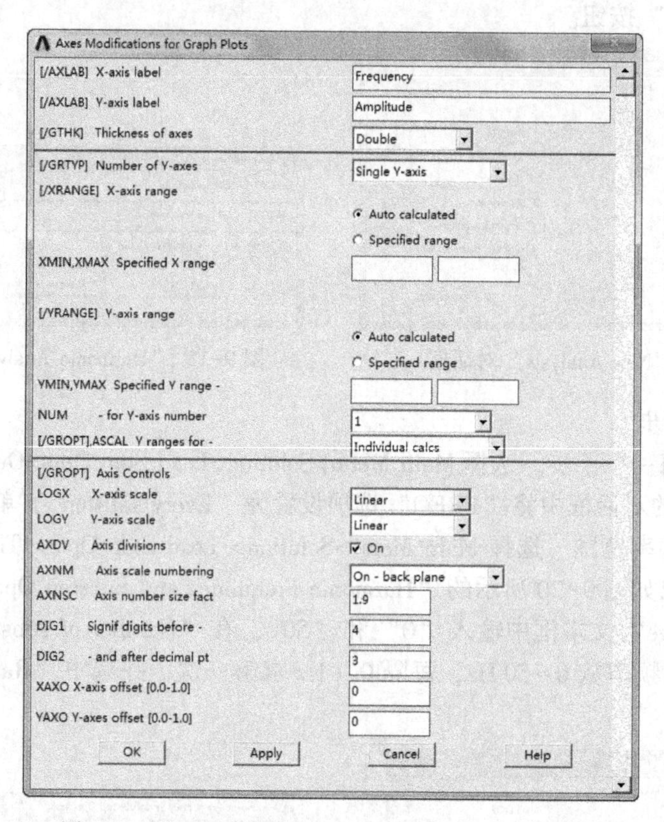

图 9-21 “Axes Modifications for Graph Plots”对话框

② 单击时间历程变量观察器中的 + 按钮，弹出如 9-22 所示的“Add Time-history Variable”对话框。在“Result Item”选项组中选择 DOF Solution>Y-Component of displacement，在“Result Item Properties”选项组中的“Variable Name”文本框中输入“node2”，单击“OK”按钮，弹出拾取菜单，拾取节点 2，单击“OK”按钮。

③ 在如图 9-23 所示时间历程变量观察器中，选择“Variable List”中的“node2”，然后单击按钮，则可以观察到其幅值和频率的关系，如图 9-24 所示。

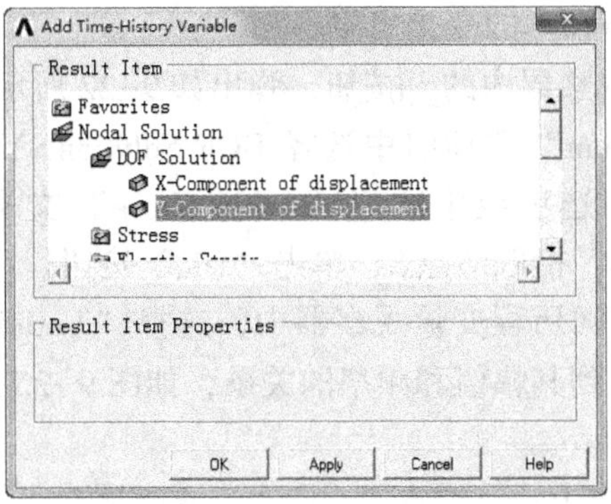

图 9-22 “Add Time-History Variable” 对话框

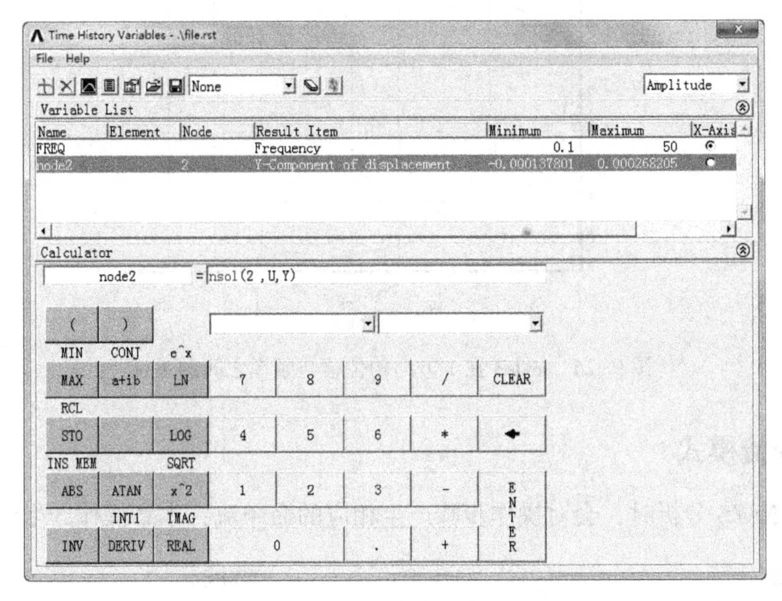

图 9-23 时间历程变量观察器

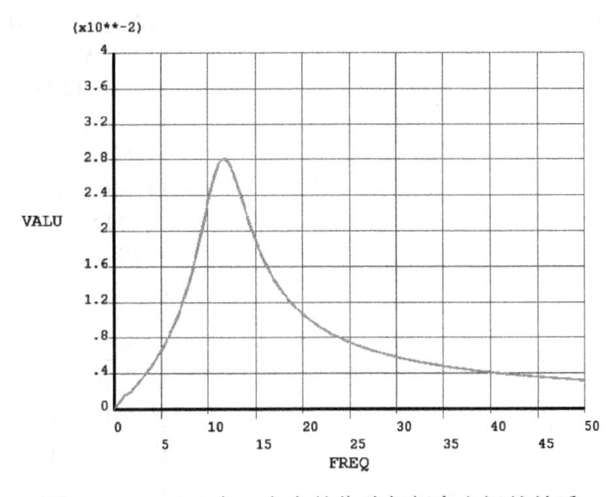

图 9-24 node2 在 Y 方向的位移与频率之间的关系

3）观察节点 3 的 UY 随频率的变化规律。

① 单击时间历程变量观察器中的按钮，弹出如 9-22 所示的“Add Time-history Variable”对话框。在“Result Item”选项组中选择 DOF Solution>Y-Component of displacement，在“Result Item Properties”选项组中的“Variable Name”文本框中输入“node3”，单击“OK”按钮，弹出拾取菜单，拾取节点 3，单击“OK”按钮。

② 在如图 9-23 所示时间历程变量观察器中，选择“Variable List”中的“node3”，然后单击按钮，则可以观察到其幅值和频率的关系，如图 9-25 所示。

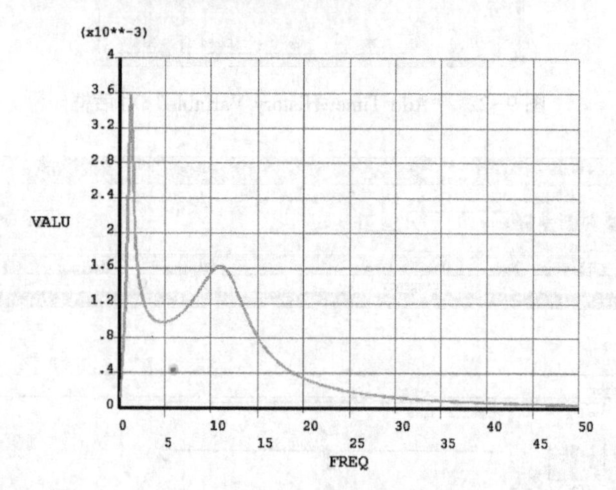

图 9-25　node3 在 Y 方向的位移与频率之间的关系

9.3.3　命令流模式

在进行 ANSYS 分析时，会对操作步骤产生相应的命令流，本章操作产生的命令流如下。

```
/PREP7
ET,1,MASS21
ET,2,COMBIN14
KEYOPT,1,1,0
KEYOPT,1,2,0
KEYOPT,1,3,4
KEYOPT,2,1,0
KEYOPT,2,2,2
KEYOPT,2,3,0
R,500, ,
RDEL,500
R,1,500,
R,2,60,
R,3,30000,2000, , , , ,
RMORE, ,
R,4,300000, , , , , ,
RMORE, ,
N,1, , , , , , ,
N,2, ,0.18, , , , ,
N,3, ,0.4, , , , ,
TYPE,   2
MAT,
REAL,       4
ESYS,       0
SECNUM,
TSHAP,LINE
FLST,2,2,1
FITEM,2,1
FITEM,2,2
E,P51X
TYPE,   1
MAT,
REAL,       2
ESYS,       0
SECNUM,
TSHAP,LINE
E,      2
TYPE,   2
MAT,
REAL,       3
```

```
ESYS,       0
SECNUM,
TSHAP,LINE
FLST,2,2,1
FITEM,2,2
FITEM,2,3
E,P51X
TYPE,   1
MAT,
REAL,       1
ESYS,       0
SECNUM,
TSHAP,LINE
E,      3
FINISH
/SOL
ANTYPE,3
HROPT,FULL
HROUT,ON
LUMPM,0
EQSLV, ,1e-008,
PSTRES,0
FLST,2,1,1,ORDE,1
FITEM,2,1
/GO
D,P51X, ,0.06, , , ,UY, , , , ,
HARFRQ,0,50,
NSUBST,500,
KBC,0
SOLVE
FINISH
/POST26
FILE,'ansys','rst','.'
/UI,COLL,1
NUMVAR,200
SOLU,191,NCMIT
STORE,MERGE

FILLDATA,191,,,,1,1
REALVAR,191,191
NSOL,2,2,U,Y, UY_2,
STORE,MERGE
NSOL,3,3,U,Y, UY_3,
STORE,MERGE
FINISH
```

9.4 本章小结

谐响应分析是工程中常常用到的分析方法，它使设计人员能够预测结构的持续动力特性，从而能够验证其设计可否成功地克服共振、疲劳及其他受迫振动引起的有害结果。谐响应分析共有 3 种方法，完全法、缩减法和模态叠加法。本章的实例是基于完全法，如果换成另外两种方法，其步骤也大体相同，读者可以自行尝试。

思考与练习

1. 简述谐响应分析的概念。
2. 简述谐响应分析的过程。

第10章　瞬态动力学分析

【内容】

本章介绍瞬态动力学分析的基本概念及分析方法和基本步骤，并以哥伦布阻尼弹簧自由振动作为瞬态动力学分析的实例。

【目的】

通过学习基本理论及方法，掌握用 ANSYS 进行瞬态动力学分析的过程。

【实例】

哥伦布阻尼弹簧自由振动分析。

10.1　瞬态动力学分析的基本概念

瞬态动力学分析，也称时间历程分析，用于分析在随时间变化的载荷作用下结构的响应问题。它的输入数据是作为时间函数的载荷，可以是静态载荷、瞬态载荷和简谐载荷的随意组合。输出数据是随时间变化的位移及其他导出量，如应力、应变、反作用力等。载荷和时间的相关性使得惯性力和阻尼作用都比较重要，如果系统的惯性力和阻尼作用可以忽略，就可以用静力学分析代替瞬态分析。

瞬态动力学分析比静力学分析更加复杂，因为按“工程”时间计算，瞬态动力学分析通常占用更多的计算机资源和人力。可以先做如下预备工作以节省大量资源。

1）分析一个较简单的模型。简单模型更有利于全面了解所有的动力学响应所需要的理论知识。创建梁、质量体和弹簧组成的模型，以最小的代价深入地理解动力学知识。

2）如果分析包括非线性特性，建议利用静力学分析掌握非线性特性对结构响应的影响规律。在某些场合，动力学分析中是没必要包括非线性特性的。

3）掌握结构动力学特性。通过模态分析计算结构的固有频率和振型，了解这些模态被激活时结构的响应状态。同时，固有频率对计算正确的积分时间步长十分有用。

描述结构动力学特性的基本力学变量与第9章的谐响应分析问题类似，只是外部激励的载荷随时间任意变化。

10.2　瞬态动力学分析方法

在瞬态动力学分析中，时间是计算的跟踪参数。在整个时间历程中，载荷是时间的函数，有两种变化方式，即 Ramped（载荷按照线性渐变方式变化）和 Stepped（载荷按照解体突变方式变化）。依据载荷变化方式可以将整个时间历程划分成多个载荷步（LoadStep），每个载荷步代表载荷发生一次突变或一次渐变阶段。在每个载荷步时间内，载荷增量又可以划分为多个子步（Substep），在子步载荷增量的条件下程序进行迭代计算即 Iteration。经过多个子步的求解实现一个载荷步的解，进而求出多个载荷步的解，实现整个载荷时间历程的求解。

ANSYS 在进行瞬态动力学分析中可以采用 3 种方法，即 Full（完全）法、Reduced（缩减）法和 Mode Superposition（模态叠加）法。瞬态动力学的 3 种分析方法及其特点见表 10-1。

表 10-1　瞬态动力学的 3 种分析方法及其特点

方　法	处理方式	特　点
完全法（Full）	采用完整的系统矩阵计算瞬态响应	功能最强大，允许包括非线性的类型
缩减法（Reduce）	采用主自由度及缩减矩阵计算瞬态响应	需定义主自由度，计算速度快
模态叠加法（Mode Superposition）	从模态分析中得到模态振型上因子并求和，计算瞬态响应	首先需计算模态及振型，计算速度快

1. 完全法

完全法采用完整的系统矩阵计算瞬态响应（没有矩阵缩减）。它是 3 种方法中功能最强的，允许包括各类非线性特性（塑性、大变形、大应变等）。如果分析中不想包括任何非线性特性，应当考虑使用另外两种方法之一，这是因为完全法是 3 种方法中开销最大的方法。

完全法的优点如下。

1）容易使用，不必关心选择主自由度或振型。

2）允许各种类型的非线性特性。

3）采用完整矩阵，不涉及质量矩阵近似。

4）只一次分析就能得到所有的位移和应力。

5）允许施加所有类型的载荷，包括节点力、外加的（非零）位移（不建议采用）和单元载荷（压力和温度），还允许通过 TABLE 数组参数指定表边界条件。

6）允许在几何模型上施加载荷。

完全法的主要缺点是比其他方法开销大。

2. 缩减法

缩减法通过采用主自由度及缩减矩阵压缩问题规模。在主自由度处的位移被计算出来后，ANSYS 可将解扩展到原有的完整自由度集上。

缩减法的优点是比完全法快且开销小。

缩减法的缺点如下。

1）初始解只计算主自由度的位移，第二步进行扩展计算，得到完整空间上的位移、应力和力。

2）不能施加单元载荷（压力，温度等），但允许施加加速度。

3）所有载荷必须加在用户定义的主自由度上（限制在实体模型上施加载荷）。

4）整个瞬态分析过程中时间步长必须保持恒定，不允许用自动时间步长。

5）唯一允许的非线性特性是简单的点-点接触（间隙条件）。

3. 模态叠加法

模态叠加法通过对模态分析得到的振型（特征值）乘上因子并求和来计算结构的响应。此法是 ANSYS/Professional 程序中唯一可用的瞬态动力学分析法。

模态叠加法的优点如下。

1）对于许多问题，它比缩减法或完全法更快，开销更小。

2）在模态分析不采用 Power Dynamics 方法的情况下，通过 LVSCALE 命令将模态分析中施加的单元载荷引入到瞬态分析中。

3）允许考虑模态阻尼（阻尼比作为振型号的函数）。

模态叠加法的缺点如下。

1）整个瞬态分析过程中时间步长必须保持恒定，不允许采用自动时间步长。

2）唯一允许的非线性特性是简单的点-点接触（间隙条件）。

3）不能施加强制非零位移。

10.3 瞬态动力学分析的基本步骤

本节采用完全法来进行瞬态动力学分析的介绍，模态叠加法和缩减法与完全法计算步骤类同，有部分选项的差异，读者可自行学习。

完全法瞬态动力学分析，在 ANSYS/Multiphsics、ANSYS/Mechauioal 及 ANSYS/Structural 模块中可以使用，由以下步骤组成。

1）前处理（建立模型和划分网格）。

2）建立初始条件。

3）设置求解控制。

4）设置其他求解选项。

5）施加载荷。

6）设定多载荷步。

7）瞬态求解。

8）后处理（观察结果）。

1. 前处理

指定文件名和分析标题，然后用 PREP7 定义单元类型，单元实常数，材料性质及几何模型。这些与大多数分析是相似的。

（1）完全法瞬态动力学分析的注意事项

1）可以用线性和非线性单元。

2）必须指定弹性模量 EX（或某种形式的刚度）和密度 DENS（或某种形式的质量）。材料特性可以是线性的或非线性的、各向同性的或各向异性的、恒定的或和温度有关的。

（2）划分合理的网格密度

1）网格密度应当密到足以确定感兴趣的最高阶振型。

2）对应力或应变感兴趣的区域比只考察位移的区域的网格密度要更细一些。

3）如果要包含非线性特性，网格密度应当密到足以捕捉到非线性效应。例如，塑性分析要求在较大塑性变形梯度的区域有合理的积分点密度（即要求较密的网格）。

4）如果对波传播效果感兴趣（如一根棒的末端准确落地），网格密度应当密到足以解算出波动效应，基本准则是沿波的传播方向每一波长至少有 20 个单元。

2. 建立初始条件

在进行完全法瞬态动力学分析之前，用户需要正确建立初始条件和正确使用载荷步。

瞬态动力学分析中载荷为时间的函数。为了定义这样的载荷，用户需要将载荷-时间关系曲线划分成合适的载荷步。载荷-时间曲线上的每个“拐角”对应一个载荷步，如图 10-1 所示。

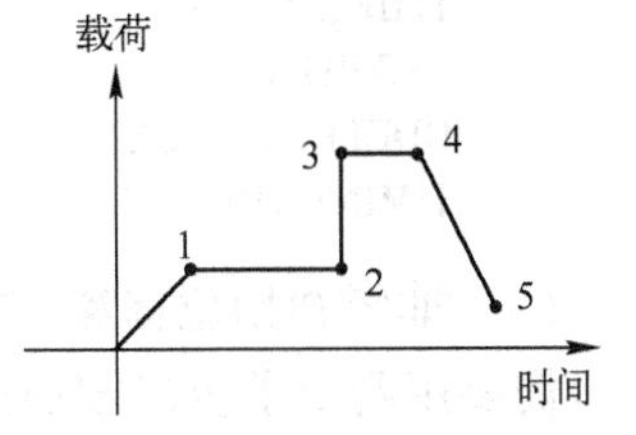

图 10-1　载荷-时间关系曲线

第一个载荷步通常被用来建立初始条件，然后为第二和后续瞬态载荷步施加载荷并设置载荷步选项。对于每个载荷步，都要指定载荷值和时间值，同时指定其他的载荷步选项，如是采用阶梯加载还是斜坡加载方式施加载荷，是否使用自动时间步长等。然后，将每个载荷步写入载荷步文件，最后一次性求解所有载荷步。

施加瞬态载荷的第一步是建立初始条件（即零时刻时的情况）。瞬态动力学分析要求给定两种初始条件（因为要求解的方程是两阶的）：初始位移（u_0）和初始速度（$\dot{u}_0$），如果没有进行特意设置，u_0 和 $\dot{u}_0$ 都被假定为 0。初始加速度（$\ddot{u}_0$）一般假定为 0，但可以通过在一个小的时间间隔内施加合适的加速度载荷来指定非零的初始加速度。

施加不同组合形式的初始条件的步骤介绍如下。

（1）零初始位移和零初始速度

这是默认的初始条件，即如果 $u_0=\dot{u}_0=0$，则不需要指定任何条件。在第一个载荷步中可以加上对应于载荷-时间关系曲线的第一个拐角处的载荷。

（2）非零初始位移及/或非零初始速度

可以用 IC 命令设置这些初始条件。

命令：IC

GUI：MainMenu>Solution>-Loads-Apply>Initial Condit'n > Define

不能定义矛盾的初始条件。例如，在某单一自由度处定义了初始速度，而在所有其他自由度处的初始速度又定义为 0，这样就潜在地产生了冲突的初始条件。在大多数情形下，要在模型的每个未约束自由度处定义初始条件，如果这些条件对各自由度是不同的，那么就可以较容易地明确指定初始条件。

（3）零初始位移和非零初始速度

非零速度是通过对结构中需指定速度的部分，加上小时间间隔上的小位移来实现的。例如，$\dot{u}_0=0.25$，可以通过在时间间隔 0.004 内加上 0.001 的位移来实现，命令流如下：

```
TIMINT,OFF
D,ALL,UY,.001
TIME,.004
LSWRITE
DDEL,ALL,UY
TIMINT,ON
```

（4）非零初始位移和非零初始速度

和上面的情形相似，不过施加的位移是真实数值而非小数值。例如，若 $u_0=1$，且 $\dot{u}_0=2.5$，则应当在时间间隔 0.4 内施加一个值为 1.0 的位移来实现，命令流如下：

```
TIMINT,OFF
D,ALL,UY,1.0
TIME,.4
LSWRITE
DDELE,ALL,UY
TIMINT,ON
```

（5）非零初始位移和零初始速度

需要用两个子步(NSUBST,2)来实现，所加位移在两个子步间是阶跃变化的(KBC,1)。如果位移不是阶跃变化的（或只用一个子步），所加位移将随时间变化，从而产生非零初速度。下面的命令流说明了如何施加初始条件 $u_0 = 1.0$，$\dot{u}_0 = 0$。

```
TIMINT,OFF
D,ALL,UY,1.0
TIME,.001
NSUBST,2
KBC,1
LSWRITE
TIMINT,ON
TIME,...
DDELE,ALL,UY
KBC,0
```

（6）非零初始加速度

非零初始加速度可以近似地通过在小的时间间隔内，指定要加的加速度（ACEL）来实现。例如，施加初始加速度为 9.81 的命令流如下：

```
ACEL,,9.81
TIME,.001
NSUBST,2
KBC,1
LSWRITE
TIME,...
DDELE,...
KBC,0
```

3. 设置求解控制

设置求解控制包括定义分析类型、分析选项及载荷步设置。执行完全法瞬态动力学分析，可以使用“Solution Controls”对话框进行这些选项的设置。“Solution Controls”对话框提供了完全法瞬态动力学分析所需要的默认设置，用户只需要设置少量的必要选项。

如果完全瞬态动力学分析需要初始条件，必须在分析的第一个载荷步设置，然后反复利用“Solution Controls”对话框为后续载荷步设置载荷步选项。

如果不习惯使用“Solution Controls”对话框（Main Menu>Solution>-Analysis Type-Sol" n Control)，也可以沿用标准 ANSYS 求解命令进行求解控制设置。选择 GUI 菜单路径进入求解控制器，Main Menu>Solution> Analysis Type-Sol ' n Control，弹出“Solution Controls”对话框，如图 10-2 所示。

从图 10-2 所示可以看到，该对话框主要包括 5 个选项卡：Basic、Transient、Sol ' n

Options、Nonlinear 和 Advanced NL。

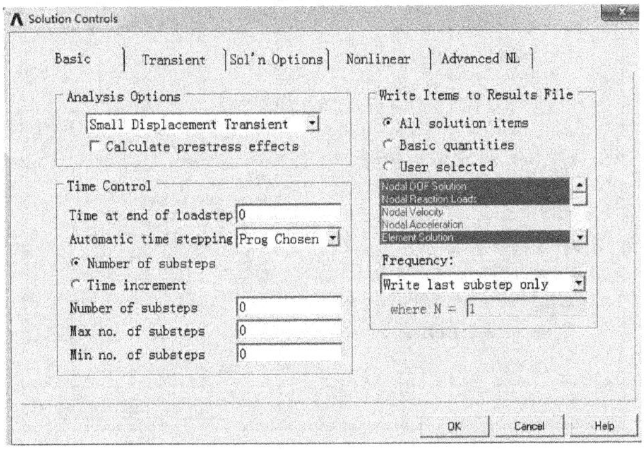

图 10-2 “Solution Controls”对话框

(1)“Basic”选项卡

“Solution Controls”对话框的“Basic”选项卡总是处于激活状态，其中只包含 ANSYS 分析所需要设置的最少选项。如果“Basic”选项卡已经满足控制要求，其他高级选项卡只有默认状态不符合求解控制时，才需要进一步进行调整。一旦单击任何选项卡中的“OK”按钮，所有“Solution Controls”对话框中的选项设置都定义到 ANSYS 数据库中，同时关闭“Solution Controls”对话框。

在完全法瞬态动力学分析中，以下这些选项需要特殊考虑。

1)“Analysis Options”选项组。如果执行一个新分析希望忽略大位移效应，如大变形、大转角和大应变，就选择小位移瞬态。如果希望考虑大变形（如弯曲的细长杆件）或大应变（如金属成形），就选择大位移瞬态。如果希望重启动一个失败的非线性分析，或者已完成的静态预应力分析或完全法瞬态动力分析，而后希望继续下面的时间历程计算，就可以选择重启动当前分析。

2)“Time Control”选项组。记住该载荷步选项（瞬态动力学分析中也称为时间步长优化）基于结构的响应增大或减小积分时间步长。对于多数问题，建议打开自动时间步长与积分时间步长的上下限。NSUBST 和 DELTIM 是载荷步命令，用于指定瞬态分析积分时间步长。通过“DELTIM”和“NSUBST”命令指定积分步长上下限，有助于限制时间步长的波动范围，默认值为不打开自动时间步长。积分时间步长是运动方程时间积分中的时间增量。时间积分增量可以直接或间接指定（即通过子步数目）。时间步长的大小决定求解的精度，它的值越小，精度就越高。使用时应当考虑多种因素，以便计算出一个好的积分时间步长。

3) 当设置 OUTRES 时，在完全法瞬态动力学分析中，默认时只将最后子步（时间点）写入结果文件（Jobname. RST），为了将所有子步写入，需要设置所有子步的写入频率。同时，默认时只有 1000 个结果序列能够写入结果文件，如果超过这个数目（基于用户的 OUTRES 定义），程序将认为出错而终止，使用命令/CONFIG，NRES 可以增大限制数。

(2)“Transient”选项卡

利用“Transient”选项卡设置其中的瞬态动力选项，这些选项的具体信息，需打开“Solution Controls”对话框的“Transient”选项卡查看，如图 10-3 所示。

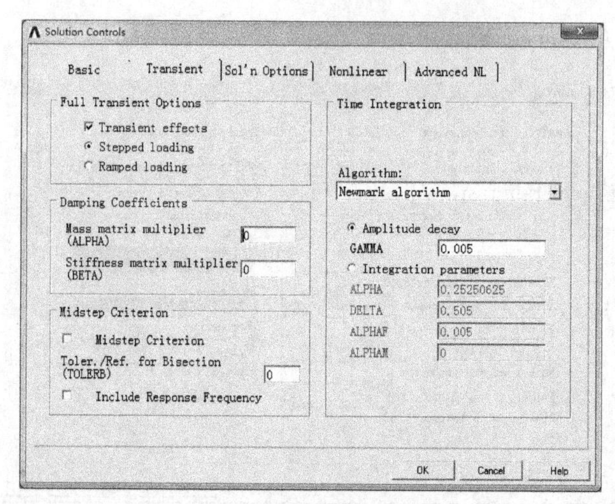

图 10-3 “Solution Controls”对话框的“Transient”选项卡

在完全法瞬态动力学分析中，以下这些选项需特殊考虑。

1）TIMINT 是动力载荷步选项，用于指定是否打开时间积分效应“TIMINT”。对于需要考虑惯性和阻尼效益的分析，必须打开时间积分效应（否则当作静力进行求解），所以默认值为打开时间积分效应。进行完静力分析之后接着进行瞬态分析时，该选项十分有用；也就是说，前面的载荷步必须关闭时间积分效应。

2）ALPHAD（alpha，mass 或 damping）和 BETAD（beta 或 stiffness，damping）是动力载荷步选项，用于指定阻尼。大多数结构中都存在某种形式的阻尼，必须在分析中给予考虑。

3）TINTP 是动力载荷步选项，用于指定瞬态积分参数。瞬态积分参数控制 Newmark 时间积分方法，默认值为采用恒定的平均值加速度积分算法。

（3）其他选项

“Solution Controls”对话框中还包括其他选项卡，如“Sol'n Options”选项卡、“Nonlinear”选项卡和“Advanced NL”选项卡，均可以用于完全法瞬态分析，设置方法与静力分析完全一致。需要强调的是，瞬态动力学分析中不能采用弧长法（arc-length）。

瞬态动力学分析中，可用的求解控制选项见表 10-2。

表 10-2 求解控制选项

选　项	命　令	GUI 路径
普通选项（General Options）		
时间	TIME	Main Menu>Solution>Load Step Opts>Time/Frequenc>Time-Time Step
阶跃载荷或者倾斜载荷	KBC	Main Menu>Solution>Load Step Opts>Time/Frequenc>Time-Time Step or Freq and Substeps
积分时间步长	NSUBSTDELTIM	Main Menu>Solution>Load Step Opts>Time/Frequenc>Time and Substeps
开关自动调整时间步长	AUTOTS	Main Menu>Solution>Load Step Opts>Time/Frequenc>Time and Substeps
瞬态动力学选项（Dynamics Options）		
时间积分影响	TIMINT	Main Menu > Solution > Load Step Opts > Time/Frequenc > Time Integration > Newmark Parameters

（续）

选　　项	命　　令	GUI 路径
瞬态动力学选项（Dynamics Options）		
瞬态时间积分参数（用于 Newmark 方法）	TINPT	Main Menu > Solution > Load Step Opts > Time/Frequenc > Time Integration > Newmark Parameters
阻尼	ALPHADBE TADDMPRAT	Main Menu>Solution>Load Step Opts>Time/Frequenc>Damping
非线性选项（Nonlinear Option）		
最多迭代次数	NEQIT	Main Menu>Solution>Load Step Opts>Nonlinear>Equilibrium Iter
迭代收敛精度	CNVTOL	Main Menu>Solution>Load Step Opts>Nonlinear>Transient
预测校正选项	PRED	Main Menu>Solution>Load Step Opts>Nonlinear>Predictor
线性搜索选项	LNSRCH	Main Menu>Solution>Load Step Opts>Nonlinear>LineSearch
蠕变选项	CRPLIM	Main Menu>Solution>Load Step Opts>Nonlinear>Creep Criterion
终止求解选项	NCNV	Main Menu>Solution>Analysis Type>Sol' n Controls>Advanced NL
输出控制选项（Output Control Options）		
输出控制	OUTPR	Main Menu>Solution>Load Step Opts>OutputCtrls>Solu Printout
数据库和结果文件	OUTRES	Main Menu>Solution>Load Step Opts>OutputCtrls>DB/Results File
结果外推	ERESX	Main Menu>Solution>Load Step Opts>OutputCtrls>Integration Pt

4. 设置其他求解选项

还有一些选项并不出现在“Solution Controls”对话框中，因为它们很少被使用，而且默认值很少需要进行调整，ANSYS 提供有相应的菜单路径用于设置这些选项。

（1）应力刚化效应

利用 SSTIF 命令可以让一些具有应力刚化效应算法的单元包含应力刚化效应，其命令及菜单如下：

命令：SSTIF

GUI：Main Menu>Solution>Unabridged Menu>Analysis Options

应力刚化效应的使用须注意以下几点。

1）默认时，如果 NLGEOM（几何大变形）设置为“ON”，则应力刚化效应为打开。在一些特殊条件下，应当关闭应力刚化效应。

2）应力刚化仅用于非线性分析。如果执行线性分析“NLGEOM，OFF”，应当关闭应力刚化效应。

3）在分析之前，应当预计机构不会出现屈曲（分岔，突然穿过）破坏。

一般情况下，包含应力刚化效应能够加速非线性收敛特性。在某些特殊计算中出现收敛困难时，可以关闭应力刚化效应，如局部失效时。

（2）Newton-Raphson 选项

该选项只用于非线性分析，指定求解过程中切线矩阵修正的频率。

命令：NROPT

GUI：Main Menu>Solution>Unabridged Menu>Analysis Options

（3）预应力效应

在分析中可以包含预应力效应，需要上一次静力或瞬态分析的单元文件。

命令：PSTRES

GUI：Main Menu>Solution>Unabridged Menu>Analysis Options

（4）阻尼选项

大多数结构中都存在某种形式的阻尼，必须在分析中给予考虑。除在“求解控制”对话框中设置 ALPHAD 和 BETAD 阻尼外，还可以在完全法瞬态动力学分析中设置材料阻尼“MP，DAMP”，单元阻尼 COMBIN7 等。

命令：MP，DAMP

GUI：Main Menu>Solution>Unabridged Menu>Load Step Opts-Other>Change Mat Props>Temp Dependent-Polynomial

（5）质量矩阵模式

该分析选项用于指定集中质量矩阵模式，对于大多数应用，建议采用默认模式。但是，某些薄壁结构，如纤细梁或薄壳等，集中质量近似模式能够提供更好的结果，并且，集中质量近似模式耗机时最短，内存要求最少。

命令：LUMPM

GUI：Main Menu>Solution>Unabridged Menu>Analysis Options

（6）蠕变准则

该非线性载荷步选项在自动时间步长时指定蠕变准则。

命令：CRPLIM

GUI：Main Menu>Solution>Unabridged Menu>-Load Step Opts-Nonlinear>Creep Criterion

（7）打印输出

使用该载荷步选项以便让所有结果数据写进输出文件（Jobname. OUT）。

命令：OUTPR

GUI：Main Menu>Solution>Unabridged Menu>Load Step Opts-Output Ctrls>Solu Printout

（8）结果外推

使用该载荷步选项可以将单元积分点结果复制到节点，而不是将它们的结果外推到节点（默认方式），以便检查单元积分点上的结果。

命令：ERESX

GUI：Main Menu>Solution>Unabridged Menu>-Load Step Opts-Output Ctrls>Integration Pt

5. 施加载荷

利用 ANSYS 进行瞬态动力学分析时，可以在几何模型或有限元模型上施加的载荷有约束（Displacement）、集中力（Force）、力矩（Moment）、面载荷（Pressure）、体载荷（Temperature、Fluence）和惯性力（Gravity，Spinning）等。

瞬态动力学分析允许施加的载荷见表 10-3。除惯性载荷外，其他载荷均可以施加到几何模型（关键点、线和面）或有限元模型（节点和单元）上。在分析过程中，可以施加、删除载荷，或对载荷进行操作或列表。

表 10-3 瞬态动力学分析中可用的载荷

载荷类型	范畴	命令	GUI 路径
Displacement： --UX，UY，UZ ROTX，ROTY，ROTZ	约束	D	Main Menu>Solution>Define Load>Apply>Structural>Displacemen
Force，Moment： FX，FY，FZ MX，MY，MZ	力	F	Main Menu>Solution>Define Load>Apply>Structural>Force/Moment
Pressure：PRES	面载荷	SF	Main Menu>Solution>Define Load>Apply>Structural>Pressure
Temperature：TEMP Fluence：FLUE	体载荷	BF	Main Menu>Solution>Define Load>Apply>Structural>Temperature
Gravity，Spinning	惯性载荷		Main Menu>Solution>Define Load>Apply>Structural>Other

6. 设定多载荷步

以定义多载荷步为例，对于多载荷步中的每一个载荷步，都可以根据需要重新设定载荷求解控制和选项，并且可以将所有信息写入文件。

在 ANSYS 中，进行多载荷步加载的常用方法有 3 种。

1）连续多载荷步加载法。

2）定义载荷步文件批加载法。

3）定义表载荷加载法。

在每一个载荷步中，可以重新设定的载荷步选项包括 TIMNT，TINTP，ALPHAD，BETAD，MP，DAMP，TIME，KBC，NSUBST，DELTIM，AUTOTS，NEQIT，CNVTOL，PRED，LNSRCH，CRPLIM，NCNV，CUTCONTROL，OUTPR，OUTRES，ERESX 和 RESCONTROL.

将当前载荷步设置保存到载荷步文件中的命令及菜单如下。

命令：LSWRITE

GUI：Main Menu>Solution>Load Step Opts>Write LS File

下面是一个载荷步操作的命令流示例。

```
TIME,…              ! 第一个载荷步时间
Load,…              ! 第一个载荷步载荷值
KBC,…               ! 载荷类型
TIME,…              ! 第二个载荷步时间
Load,…              ! 第二个载荷步的值
LSWRITE             ! 将载荷写入到载荷文件
TIME,…              ! 第三个载荷步结束时间
Load,…              ! 第三个载荷步载荷值
KBC,…               ! 载荷类型
LSWRITE             ! 将载荷写入到载荷文件中
```

7. 瞬态求解

（1）只求解当前载荷步

命令：SOLVE

GUI：Main Menu>Solution>Solve> Current LS

（2）多载荷步求解

命令：LSSOLVE

GUI：Main Menu>Solution>Solve>From LS File

8. 后处理

瞬态动力学分析的结果被保存到结构分析结果文件 Jobname. RST 中，可以用 POST1 和 POST26 观察结果。POST1 用于观察在给定时间点上整个模型的结果，POST26 用于观察模型中指定点处呈现为时间函数的结果。

（1）使用 POST1

1）从数据文件中读入模型数据。

命令：RESUME

GUI：Utility Menu > File > Resume from

2）读入需要的结果集。用 SET 命令可根据载荷步及子步序号或时间数值指定数据集。

命令：SET

GUI：Main menu> GeneralPostproc> Read Results > By Time/Freq

如果指定的时刻没有可用结果，得到的结果将是和该时刻相距最近的两个时间点对应结果之间的线性插值。

3）显示结构的变形状况、应力或应变等的等值线或者向量的向量图（PLVECT）。要得到数据的列表表格，可用 PRNSOL，PRESOL 或 PRRSOL 命令等。

① 显示变形形状。

命令：PLDISP

GUI：Main menu> GeneralPostproc>Plot Results> Deformed Shape.

② 显示变形云图。

命令：PLNSOL 或 PLESOL

GUI：Main menu> General Postproc>Plot Results>Contour Plot>Nodal Solu or Element Solu

PLNSOL 和 PLESOL 命令的 KUND 参数可用来选择是否将变形的形状叠加到结果中。

③ 显示反作用力和力矩。

命令：PRRSOL

GUI：Main menu> General Postproc>List Results> Reaction Solu.

④ 显示节点力和力矩。用户可以列出选定的一组节点的总节点力和总力矩，由此就可以选定一组节点并得到作用在这些节点上的总力的大小。

命令：FSUM

GUI：Main menu> General Postproc>Nodal Calcs> Total Force Sum

同样，也可以查看每个选定节点处的总力和总力矩。对于处于平衡态的物体，除非存在外加的载荷或反作用载荷，否则所有节点的总载荷应该为零。

命令：NFORCE

GUI：Main menu> GeneralPostproc>Nodal Calcs> Sum Each Node

还可以设置要观察的是力的哪个分量，即合力（默认）、静力分量、阻尼分量或惯性力分量。

命令：NFORCE

GUI：Main menu> GeneralPostproc>Options for Outp

⑤ 显示线单元（如梁单元）结果。

命令：ETABLE

GUI：Main menu> General Postproc> Element Table>Define Table

对于线单元，如梁单元、杆单元及管单元，用此选项可得到派生数据（应力、应变等）。有关细节可查阅 ETABLE 命令。

⑥ 绘制矢量图。

命令：PLVECT

GUI：Main menu> General Postproc> Plot Results> Vector Plot> Predefined

⑦ 列表显示结果。

命令：PRNSOL（节点结果）

　　　PRESOL（单元-单元结果）

　　　PRRSOL（反作用力数据）

　　　NSORT，ESORT（对数据进行排序）

GUI：Main menu> GeneralPostproc>List Results>Nodal Solution

　　　Main menu> General Postproc>List Results>Element Solution

　　　Main menu> GeneralPostproc>List Results>Reaction Solution

　　　Main menu> GeneralPostproc>List Results>Sorted Listing>Sort Nodes

（2）使用 POST26

1）POST26 需用到结果项、频率对应关系表，即 variables（变量）。每一个变量都有一个参考号，1 号变量被内定为频率。用以下命令定义变量。

- NSOL：用于定义基本数据（节点位移）。
- ESOL：用于定义派生数据（单元数据，如应力）。
- RFORCE：用于定义反作用力数据。
- FORCE：合力或合力的静力分量、阻尼分量和惯性力分量。
- SOLU：时间步长、平衡迭代次数和响应频率等。

GUI：Main menu> TimeHist Postpro > Define Variable。

2）绘制变量变化曲线或列出变量值。通过观察整个模型关键点处的时间历程分析结果，就可以找到进一步用于 POST1 后处理器的临界时间点。

命令：PLVAR（绘制变量变化曲线）

　　　PLVAR，EXTREM（变量值列表）

GUI：Main menu> TimeHist Postpro > Graph Variables

　　　Main menu>TimeHist Postpro > List Variables

　　　Main menu>TimeHist Postpro > List Extremes

10.4　哥伦布阻尼的自由振动分析实例

10.4　哥伦布阻尼的自由振动分析实例

下面以哥伦布阻尼的自由振动为例进行分析，使读者加深对本章内容的理解。

10.4.1 问题描述

一个哥伦布阻尼弹簧-质量块系统，如图 10-4 所示，质量块被移动 Δ 位移，然后释放。假定表面摩擦力是一个滑动常阻力 F，求系统的位移时间关系。哥伦布阻尼弹簧-质量块系统中的材料属性、载荷条件和初始条件（采用英制单位）见表 10-4。

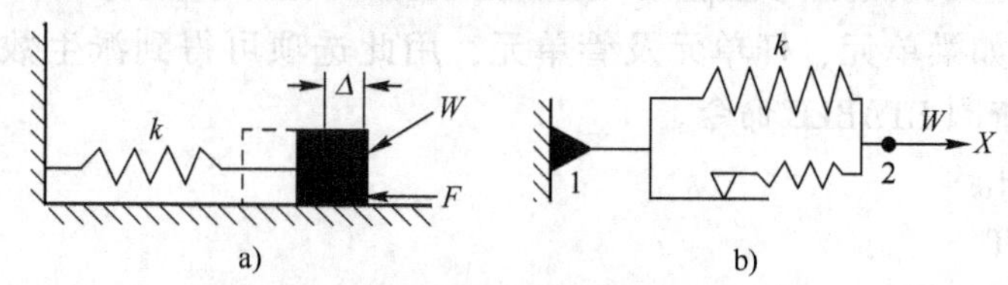

图 10-4 哥伦布阻尼弹簧-质量块系统

a）模型简图 b）有限元模型

表 10-4 哥伦布阻尼弹簧-质量块系统参数

材料属性	载荷条件	初始条件		
$W=10\,\text{lb}$	$\Delta=-1\,\text{in}$		u_0	$\dot{u}$
$k=30\,\text{lb/in}$	$F=1.875\,\text{lb}$	$t=0$	-1	0.0
$m=10\,W/g$				

10.4.2 哥伦布阻尼弹簧自由振动分析

1. 模型建立

（1）定义工作标题

选择 Utility Menu > File > Change Title，弹出“Change Title”对话框，在相应文本框中输入“FREE VIBRATION WITH COULOMB DAMPING”，然后单击“OK”按钮。

（2）定义单元类型

选择 Main Menu > Preprocessor > Element Type > Add/Edit/Delete，弹出“Element Types”对话框，如图 10-5a 所示。单击“Add”按钮，弹出“Library of Element Types”对话框，在左侧列表框中选择“Combination”，在右侧列表框中选中“Combination-40”，如图 10-5b 所示，单击“OK”按钮，回到如图 10-5a 所示的对话框。

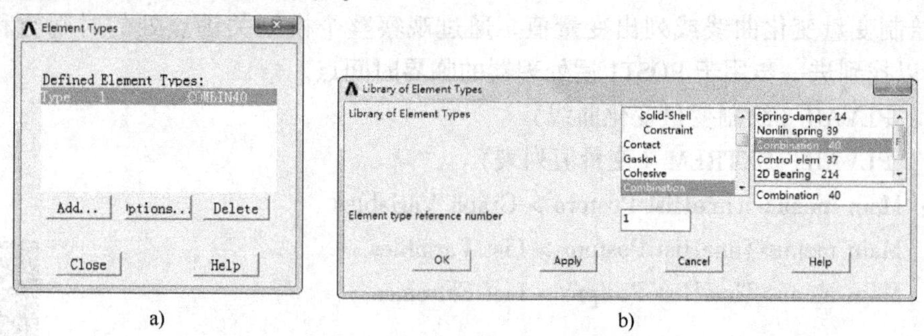

图 10-5 “Element Types”对话框和“Library of Element Types”对话框

（3）定义单元属性

在如图 10-5a 所示的对话框中单击“Options”按钮，弹出“COMBIN40 element type

options”对话框，如图 10-6 所示。在“Element degree (s) of freedom K3”下拉列表中选择“UX”，在“Mass location K6”下拉列表中选择“Mass at node J”，单击“OK”按钮，回到如图 10-5a 所示的对话框。单击“Close”按钮关闭该对话框。

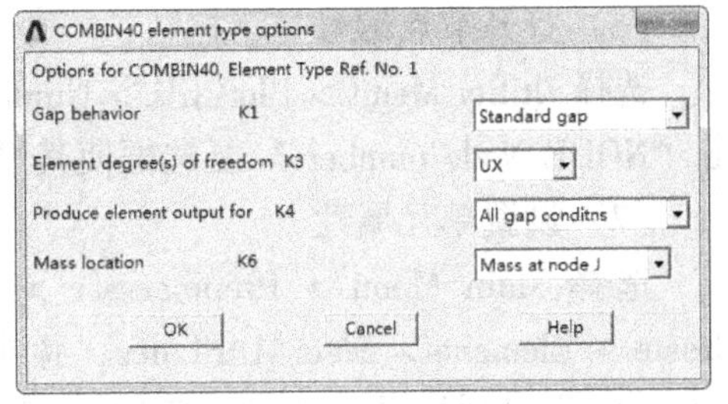

图 10-6 “COMBIN40 element type options”对话框

(4) 定义实常数

选择 Main Menu > Preprocessor > Real Constants > Add/Edit/Delete，弹出“Real Constants”对话框，单击“Add”按钮，弹出“Element Typefor Real Constants”对话框，如图 10-7a 所示。在该对话框中选取“Type 1 COMBIN40”，单击“OK”按钮。弹出“Real Constants Set Number 1, for COMBIN40”对话框，在“Spring constant K1”文本框中输入“1000”，在“Mass M”文本框中输入“10/386”，在“Limiting sliding force FSLIDE”文本框中输入“1.875”，在“Spring const (par to slide) K2”文本框中输入“30”，如图 10-7b 所示，单击“OK”按钮。接着单击“Real Constants”对话框的“Cancel”按钮，关闭该对话框，退出实常数定义。

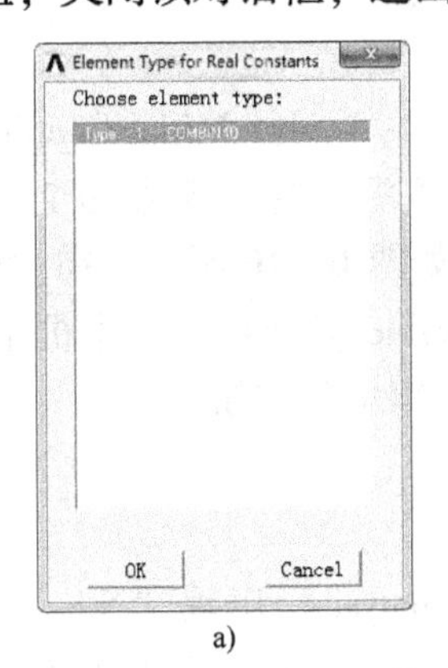

a)

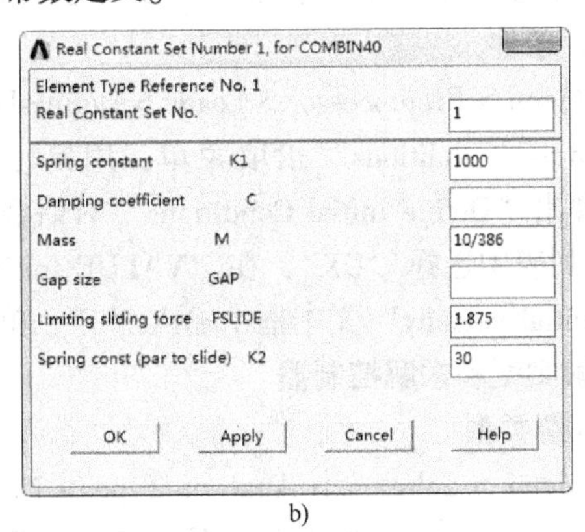

b)

图 10-7 实常数定义对话框

(5) 创建节点

选择 Main Menu > Preprocessor > Modeling > Create > Nodes > In ActiveCS，弹出“Create Nodes in Active Coordinate System”对话框。在“NODE Node number”文本框中输入“1”，如图 10-8 所示。在“X, Y, Z Location in active CS”文本框中分别输入“0、0、0”，单击“Apply”按钮；接着在“NODE Node number”文本框中输入“2”，在“X, Y, Z Location in active CS”文本框中分别输入“1、0、0”，单击“OK”按钮。

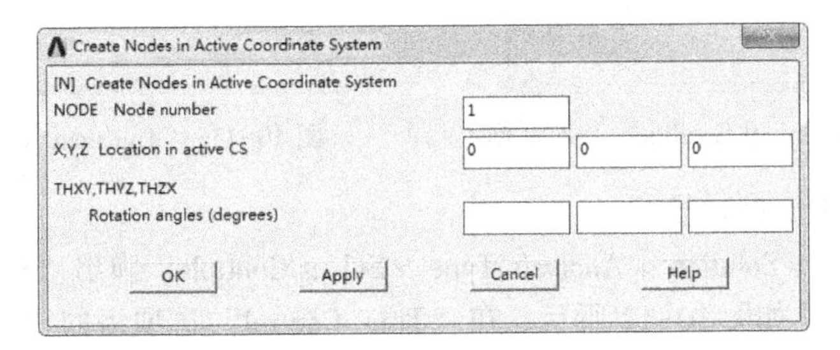

图 10-8 “Create Nodes in Active Coordinate System”对话框

(6) 打开节点编号显示控制

选择 Utility Menu > PlotCtrls > Numbering，弹出“Plot Numbering Controls”对话框，单击“NODE Node numbers”复选框使其显示为“On”，单击“OK”按钮。

(7) 设置单元属性

选择 Main Menu > Preprocessor > Modeling > Create > Elements > Elem Attributes，弹出“Element Attributes”对话框。在“[TYPE] Element type number”下拉列表中选择“1 COMBIN40”，在“[REAL] Real constant set number”下拉列表中选择“1”，如图 10-9 所示。

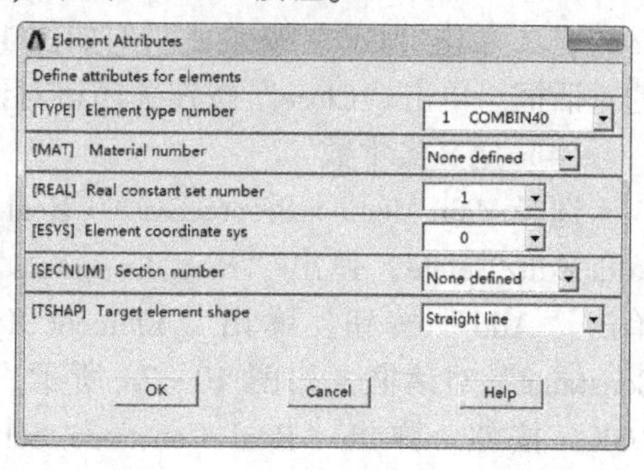

图 10-9 “Element Attributes”对话框

(8) 创建单元

选择 Main Menu > Preprocessor > Modeling > Create > Elements > AutoNumbered > Thru Nodes，弹出“Elements from Nodes”拾取菜单。用鼠标在屏幕上拾取编号为 1 和 2 的节点，单击“OK”按钮，屏幕上在节点 1 和节点 2 之间出现一条直线。

2. 建立初始条件

选择 Main Menu > Preprocessor > Loads > Define Loads > Apply> Initial Condit’n > Define，弹出“Define Initial Conditions”拾取菜单，用鼠标在屏幕上拾取编号为 2 的节点，单击“OK”按钮，弹出“Define Initial Conditions”对话框，如图 10-10 所示。在“Lab DOF to be specified”下拉列表中选择“UX”，在“VALUE Initial value of DOF”文本框中输入“-1”，在“VALUE2 Initial velocity”文本框中输入“0”，单击“OK”按钮。

3. 设置求解类型和求解控制器

(1) 定义求解类型

选择 Main Menu > Solution > Analysis Type > New Analysis，出现“New Analysis”对话框，选中“Transient”，单击“OK”按钮，弹出“Transient Analysis”对话框，如图 10-11 所示。在“[TRNOPT] Solution method”右面选中“Full”单选按钮（通常它也是默认选项），单击“OK”按钮。

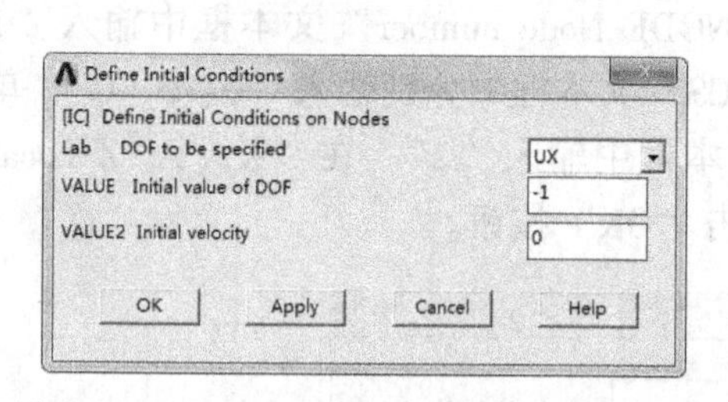

图 10-10 “Define Initial Conditions”对话框

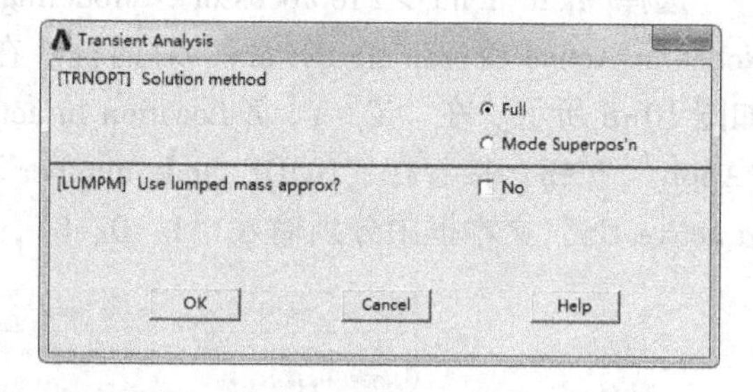

图 10-11 “Transient Analysis”对话框

(2) 设置基本求解控制器

选择 Main Menu > Solution > Analysis Type > Sol’n Controls，弹出“Solution Controls”对话框（求解控制器），如图 10-12 所示。在“Time Control”选项组的“Time at end of load-step”文本框中输入“0.2025”，在“Automatic time stepping”下拉列表中选择“Off”，选中

"Number of substeps"单选按钮，在"Number of substeps"文本框中输入"404"；在"Write Items to Results File"选项组中选中"All solution items"单选按钮，在"Frequency"下拉列表框中选择"Write every Nth substep"。

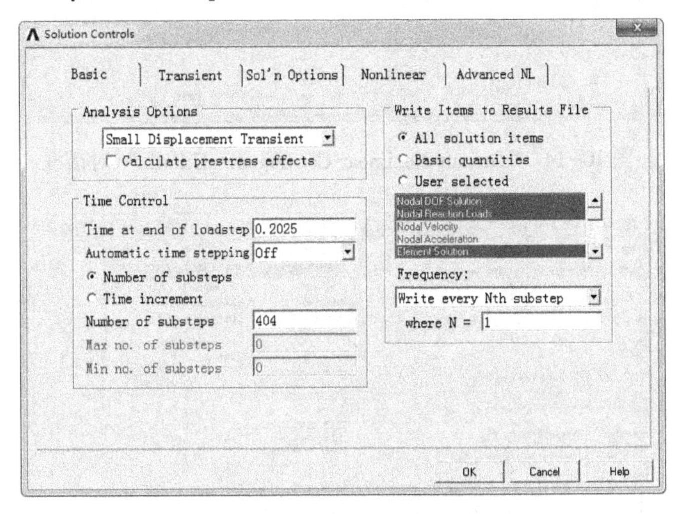

图 10-12 "Solution Controls"对话框

（3）设置非线性求解控制器

在如图 10-12 所示的对话框中，单击"Nonlinear"标签，弹出"Nonlinear"选项卡，如图 10-13 所示。在"Nonlinear"选项卡中单击"Set convergence criteria"按钮，弹出"Default Nonlinear Convergence Criteria"对话框，如图 10-14 所示。单击"Replace"按钮，弹出"Nonlinear Convergence Criteria"对话框，如图 10-15 所示。在"Lab Convergence is based on"右侧的第一个列表框中选择"Structural"，在第二个列表框中选择"Force F"，在"VALUE Reference value of Lab"文本框中输入"1"，在"TOLER Tolerance about VALUE"文本框中输入"0.001"，单击"OK"按钮，接受其他默认设置，返回到如图 10-14 所示的对话框，单击"Close"按钮，返回到如图 10-13 所示的选项卡，再单击"OK"按钮。

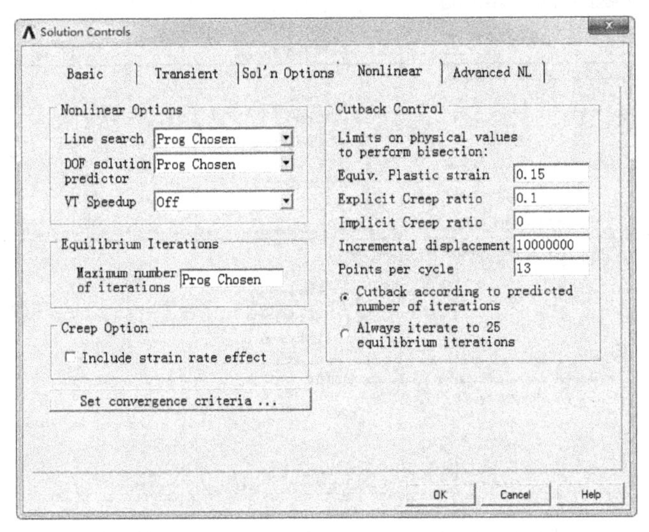

图 10-13 "Solution Controls"对话框的"Nonlinear"选项卡

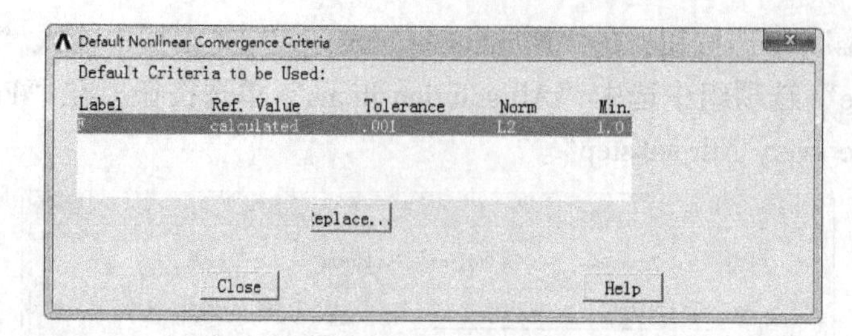

图 10-14 “Default Nonlinear Convergence Criteria”对话框

Nonlinear Convergence Criteria

[CNVTOL] Nonlinear Convergence Criteria

Lab Convergence is based on — Structural / Thermal / Magnetic / Electric / Fluid/CFD; Force F / Moment M / Displacement U / Rotation ROT; Force F

VALUE Reference value of Lab

TOLER Tolerance about VALUE — 0.001

NORM Convergence norm — L2 norm

MINREF Minimum reference value

(Used only if VALUE is blank. If negative, no minimum is enforced)

OK Cancel Help

图 10-15 “Nonlinear Convergence Criteria”对话框

4. 设定其他求解选项

选择 Main Menu > Solution > Load Step Opts> Time/Frequenc > Time and Substeps，弹出“Time and Substep Options”对话框，如图 10-16 所示。在“[KBC] Stepped or ramped b. c”. 右面选择“Stepped”，单击“OK”按钮，接受其他设置。

Time and Substep Options

Time and Substep Options

[TIME] Time at end of load step — 0.2025

[NSUBST] Number of substeps — 404

[KBC] Stepped or ramped b.c. — Ramped / Stepped

[AUTOTS] Automatic time stepping — ON / OFF / Prog Chosen

[NSUBST] Maximum no. of substeps — 0

Minimum no. of substeps — 0

Use previous step size? — Yes

[TSRES] Time step reset based on specific time points

Time points from : — No reset / Existing array / New array

Note: TSRES command is valid for thermal elements, thermal-electric elements, thermal surface effect elements and FLUID116, or any combination thereof.

OK Cancel Help

图 10-16 “Time and Substep Options”对话框

5. 施加载荷和约束

选择 Main Menu > Solution > Define Loads > Apply > Structural >Displacement > On Nodes，弹出“Apply U，ROT on Nodes”拾取菜单，用鼠标在屏幕上拾取编号为 1 的节点，单击“OK”按钮，弹出“Apply U，ROT on Nodes”对话框，在“Lab2 DOFs to be constrained”列表框中选择“UX”，如图 10-17 所示，单击“OK”按钮。

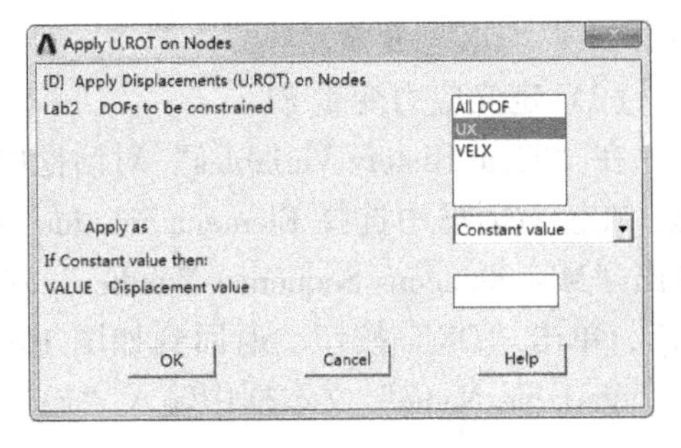

图 10-17 “Apply U，ROT on Nodes”对话框

6. 瞬态求解

1）瞬态分析求解。选择 Main Menu > Solution > Solve > Current LS，弹出“STATUS Command”信息提示框和“Solve Current Load Step”对话框。浏览信息提示框中的信息，如果无误，则选择 File > Close 关闭提示框。单击“Solve Current Load Step”对话框的“OK”按钮，开始求解。

2）当求解结束时，会弹出“Solution is done”的提示框，单击“OK”按钮。此时屏幕显示求解迭代进程，如图 10-18 所示。选择 Main Menu > Finish，退出求解器。

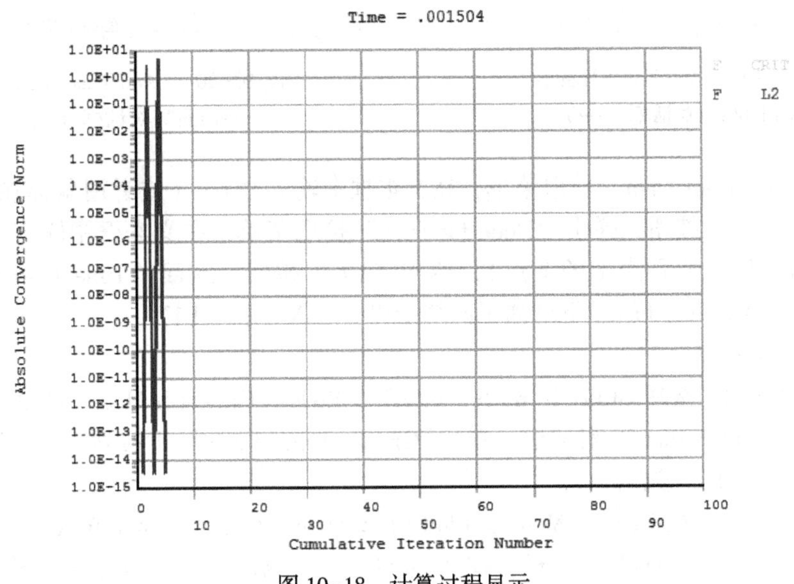

图 10-18 计算过程显示

7. 后处理

（1）进入时间历程后处理

选择 Main Menu > TimeHist PostPro，弹出“Time History Variables”对话框，里面已有默认变量时间（TIME）。要定义位移变量 UX，可在“Time History Variables”对话框中单击左上角的+按钮，弹出“Add Time-History Variable”对话框，如图 10-19 所示。选择 Nodal Solution> DOF Solution > X-Component of displacement，在“Variable Name”文本框中输入“UX”，单击“OK”按钮。弹出“Node for Data”拾取菜单，在拾取菜单文本框中输入“2”，单击“OK”按钮，返回到“Time History Variables”对话框，不过此时变量列表里面

多了一项“UX”变量。

（2）定义应力变量 F1

在“Time History Variables”对话框中单击左上角的+按钮，弹出如图 10-19 所示的对话框，在该对话框中选择 Element Solution > Miscellaneous Items >Summable data（SMISC，1），弹出“Miscellaneous Sequence Number”对话框，在“Sequence number SMIS”文本框中输入“1”，单击“OK”按钮，返回到如图 10-20 所示的“Add Time-History Variable”对话框，在“Variable Name”文本框中输入“F1”，单击“OK”按钮。

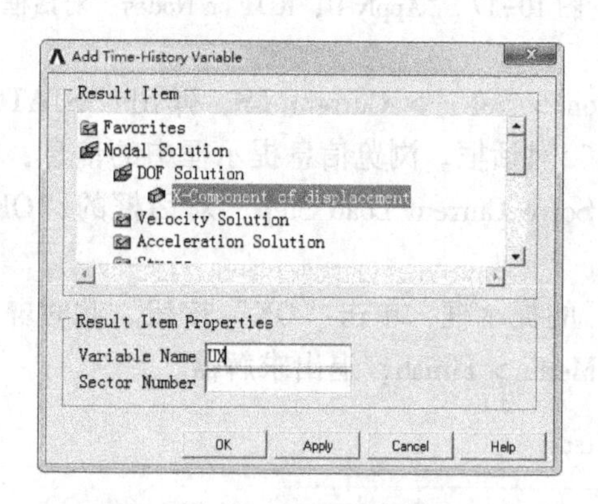

图 10-19 “Add Time-History Variable”对话框（一）

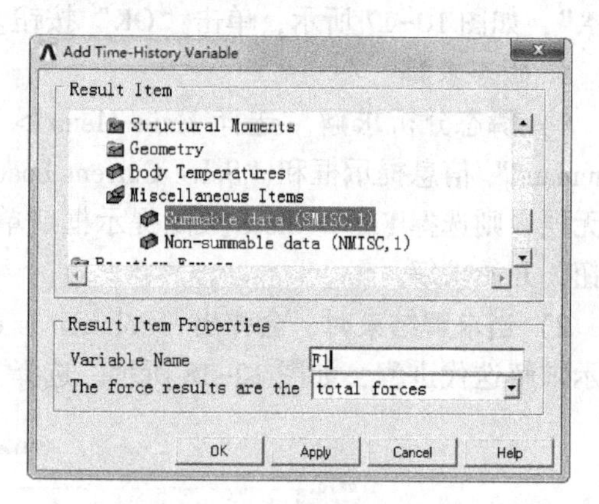

图 10-20 “Add Time-History Variable”对话框（二）

弹出“Element for Data”拾取菜单，在文本框中输入“1”（或者用鼠标在屏幕上拾取单元），单击“OK”按钮，弹出“Node for Data”拾取菜单，在文本框中输入“1”（或者用鼠标在屏幕上拾取编号为 1 的节点），单击“OK”按钮，返回“Time History Variables”对话框。此时“Variable List”下增加了两个变量：“UX”和“F1”。

（3）设置坐标

1）设置坐标 1：选择 Utility Menu > PlotCtrls > Style > Graphs > Modify Grid，弹出“Grid Modifications for Graph Plots”对话框，在“[GRID] Type of grid”下拉列表框中选择“X and Y lines”，单击“OK”按钮。

2）设置坐标 2：选择 Utility Menu > PlotCtrls > Style > Graphs > Modify Axes，弹出“Axes Modifications for Graph Plots”对话框，在“[AXLAB] Y-axis label”文本框中输入“DISP”，单击“OK”按钮。

3）设置坐标 3：选择 Utility Menu > PlotCtrls > Style > Graphs > Modify Curve，弹出“Curve Modifications for Graph Plots”对话框，在“[GTHK] Thickness of curves”下拉列表框中选择“Double”，单击“OK”按钮。

（4）绘制位移曲线图

绘制 UX 变量图：选择 Main Menu > TimeHist PostPro > Graph Variables，弹出“Graph Time-History Variables”对话框。如图 10-21a 所示。在“NVAR1”文本框中输入“2”，单击“OK”按钮，显示如图 10-21b 所示的结果。

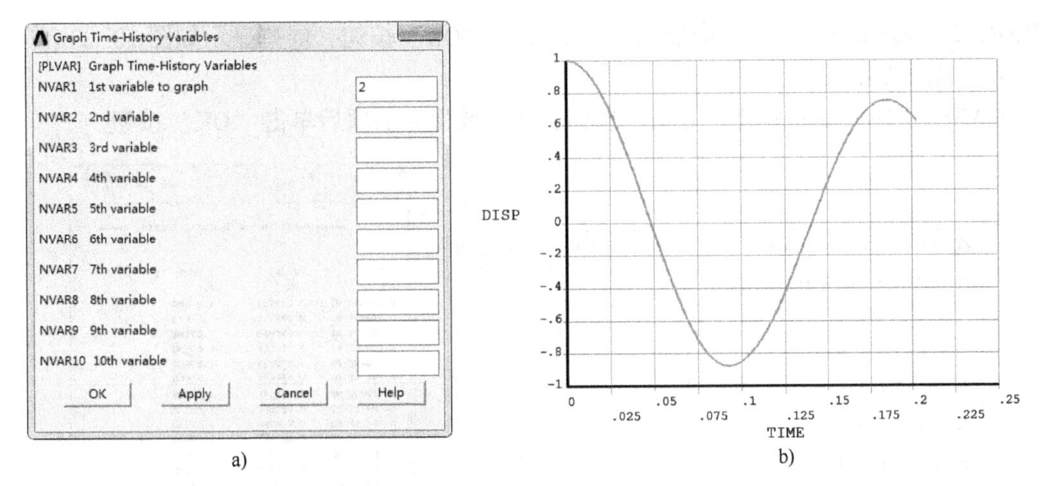

图 10-21　绘制位移曲线图

a）“Graph Time-History Variables” 对话框　b）*X* 方向位移结果

（5）重新设置坐标轴标号

选择 Utility Menu > PlotCtrls > Style > Graphs > ModifyAxes，在 “[AXLAB] Y-axis label” 文本框中输入 “FORCE”，单击 “OK” 按钮。

（6）绘制 F1 变量图

选择 Main Menu > TimeHist PostPro > Graph Variables，弹出 “Graph Time-History Variables” 对话框。在 “NVAR1” 文本框中输入 “3”，单击 “OK” 按钮，屏幕显示如图 10-22 所示。

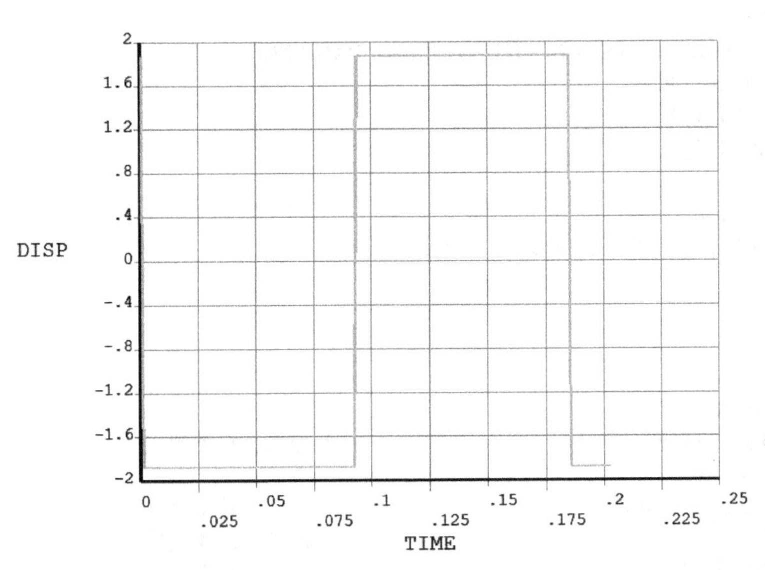

图 10-22　F1 变量图

（7）列表显示变量

选择 Main Menu > TimeHist FostPro > List Variables，弹出 “ List Time-History Variables” 对话框，如图 10-23a 所示。在 “NVAR1 1st variable to list” 文本框中输入 “2”，在

"NVAR2 2nd variable" 文本框中输入 "3"，单击 "OK" 按钮，屏幕显示如图 10-23b 所示。

(8) 退出 ANSYS

在 ANSYS Toolbar 中单击 "Quit" 按钮，选择要保存的项后单击 "OK" 按钮。

a)


```
***** ANSYS POST26 VARIABLE LISTING *****

  TIME          2 UX          1 SMIS   1
                UX            F1
 0.50124E-03   0.999922       1.87500
 0.10025E-02   0.999619      -1.15694
 0.15037E-02   0.999030      -1.87500
 0.20050E-02   0.998168      -1.87500
 0.25062E-02   0.997033      -1.87500
 0.30074E-02   0.995627      -1.87500
 0.35087E-02   0.993949      -1.87500
 0.40099E-02   0.992000      -1.87500
 0.45111E-02   0.989780      -1.87500
 0.50124E-02   0.987291      -1.87500
 0.55136E-02   0.984533      -1.87500
 0.60149E-02   0.981507      -1.87500
 0.65161E-02   0.978213      -1.87500
 0.70173E-02   0.974653      -1.87500
 0.75186E-02   0.970828      -1.87500
 0.80198E-02   0.966738      -1.87500
 0.85210E-02   0.962385      -1.87500
 0.90223E-02   0.957771      -1.87500
 0.95235E-02   0.952896      -1.87500
 0.10025E-01   0.947762      -1.87500
```

b)

图 10-23　列表显示变量

10.4.3 哥伦布阻尼自由振动分析命令流

在进行 ANSYS 分析时，会对操作步骤产生相应的命令流，本章操作产生的命令流如下。

```
/PREP7
/TITLE, FREE VIBRATION WITH COULOMB DAMPING
ET,1,COMBIN40
KEYOPT,1,1,0
KEYOPT,1,3,0
KEYOPT,1,4,0
KEYOPT,1,6,2
R,1,10000, ,10/386, ,1.875,30,   N,1
N,2, 1
E,1, 2
FINISH
/SOLU
SOLCONTROL, 0
ANTYPE, TRANS                          ! 定义分析类型
D,1, UX
IC, 2, UX , -1, 0                      ! 定义初始条件
KBC,1                                  ! 阶跃载荷和边界条件
CNVTOL, F, 1, 0.001                    ! 力收敛准则
TIME, .2025
NSUBST, 404                            ! 定义子步数
OUTRES, , 1
SOLVE
FINISH
/POST26
```

```
NSOL, 2,2,U,X,UX                       ! 定义结点变量
ESOL, 3,1,,SMISC,1,F1                  ! 定义单元变量
PRVAR,2,3
/GRID,1                                ! 设置坐标
/AXLAB,Y,DISP
/GTHK, CURVE,2
PLVAR,2                                ! 显示变量
/AXLAB,Y,FORCE
PLVAR,3
FINISH
```

10.5 本章小结

在工程实践中，只要不能忽略时间积分的影响，就必须采用瞬态动力学分析。这是一种非常常见、非常通用的分析类型，同时其功能也非常强大。只要知道载荷和约束的具体形式(是否随时间变化均可)，就可以针对问题建立合适的模型求解。它不仅可以分析线性问题，同样可以分析非线性问题。一般来说，瞬态动力学分析包括3种方法，完全法、减缩法和模态叠加法。本章实例采用完全法求解，但其步骤和过程是通用的，也就是说，如果要采用减缩法和模态叠加法，其步骤也是如此，只不过中间有些具体的设置不同，读者可以自行练习。

思考与练习

1. 什么是瞬态动力学分析?
2. 简述瞬态动力学分析的过程和步骤。

第11章 接触分析

【内容】

本章首先介绍了接触类型和接触单元，重点对面-面接触分析过程进行了详细的阐述，最后以套管过盈装配分析为例进行了 GUI 操作演示，并给出了相应的命令流。

【目的】

掌握 ANSYS 中对接触单元的设置及其使用，了解接触的定义并能对简单工程接触问题进行分析。

【实例】

套管过盈装配分析。

11.1 接触类型及接触单元简介

接触类型主要分为两类，一类是柔体-刚体接触，另一类是柔体-柔体接触。接触有两部分，被接触的部分称为目标体，接触的部分称为接触体，目标体的接触面称为目标面，接触体的接触面作为接触面。对于柔体-刚体接触，目标体必须是刚体，接触体必须是柔体。当一个面相对其临近的面为刚性时，柔体-刚体接触能够极大简化模型；而柔体-柔体接触类型，目标体和接触体均为变形体。

1. 点-点接触单元

点-点接触单元 CONTA178 通常用于模拟点对点接触行为。为了使用点-点接触单元，用户需要预先知道接触位置。这种类型的接触问题通常涉及接触表面之间相对较小的滑动。

如果两个表面的节点排列在一起，相对滑动变形可以忽略不计，并且如果两个表面的挠度旋转较小，点-点接触单元就可以用来解决面-面接触问题。这些都是典型的小接触面和简单接触面的问题。干涉拟合是一个面-面接触的问题，而点-点接触可以正确地模拟此类问题。另一个点-点接触单元的使用是针对非常精确表面的应力分析，例如，涡轮叶片的应力分析。

除了单向接触行为外，CONTA178 还提供了一个圆柱间隙选项来模拟两个具有较小相对滑动的平行管道之间的接触。这两根管子可以是相邻的，也可以是一根管子在另一根空心管的内部。此外，CONTA178 可以模拟两个刚性球体之间的接触，可以是两个相邻的球体，也可以是一个球体在另一个空心球体内。

2. 点-面接触单元

CONTA175 单元是点-面接触单元。该单元支持大滑动、大变形及接触部件间的不同的网格。使用这类接触单元，不需要预先知道确切的接触位置，接触面之间也不需要保持一致的网格，该单元就可模拟较小的滑动。目标单元一般采用 TARGE169 或 TARGE170。

3. 线-线接触单元

CONTA176 是线-线接触单元。该单元用来模拟梁-梁接触或套筒相对滑动问题。CONTA176 在接触面上支持高阶和低阶单元，该单元支持大滑动和大位移。目标单元采用 TARGE170 单元。

4. 线-面接触单元

CONTA177 是线面接触单元。该单元具有两个或 3 个节点，实常数的设置与面-面接触单元设置相同，支持三维的刚体-柔体和柔体-柔体接触。目标单元采用 TARGE170。

5. 面-面接触单元

ANSYS 支持柔体-刚体和柔体-柔体的面-面接触单元。可选 TARGE169 或 TARGE170 来设置二维和三维的目标面，用 CONTA171、CONTA172、CONTA173、CONTA174 来设置接触面。通过给目标单元和接触单元指定相同的实常数来建立接触对。面-面接触单元常用于过盈装配接触、塑性成形等问题。相对于点-面接触单元 CONTA175，面-面接触单元具有以下几个优点。

1）在接触面和目标面上支持低阶和高阶单元。

2）提供典型工程所需的更好的接触结果，如法向压力和摩擦应力等高线图。

3）对目标面的形状没有限制。表面不连续，可以是物理的，也可以是网格离散化的结果。

4）允许模拟流体压力穿透负荷。

通常使用简单的几何形状（如圆、抛物线、球、锥和圆柱）来模拟平面和曲面作为刚性目标面。

11.2 面-面接触分析

下面针对面-面接触问题，列出接触分析的步骤及相关命令操作。

11.2.1 建立几何模型并划分网格

首先，创建实体来表示接触体的几何形状，然后根据分析类型设置单元类型、实常数和材料属性，最后通过面或体的形式划分网格。

命令：AMESH，VMESH

GUI：Main Menu> Preprocessor> Meshing> Mesh

具体过程可参照前面章节的相关内容。

11.2.2 识别接触对

用户需要自行判断接触区域，一旦确定了接触区域，就可以通过设置接触面和目标面来建立接触对。每一个接触对由不同的实常数加以区别，虽然接触对上的接触面和目标面的数目不受限制，但是接触面和目标面必须具有相同的实常数。接触区域不是固定的，用户可以选择较小的接触区域提高计算效率，但是所选择的接触区域必须包含可能的接触区域。

基于几何模型和潜在的变形，多个目标面可能具有同一个接触面，在这种情况下，用户必须定义不同的接触对，每个接触对具有不同的实常数号。局部接触区域如图 11-1 所示。

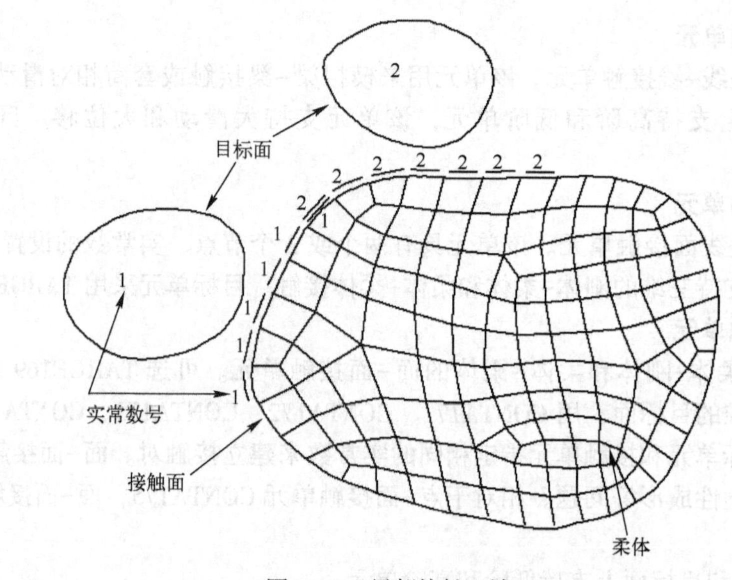

图 11-1　局部接触区域

11.2.3　指定接触面和目标面

接触单元被严格限制不得穿透目标面，但是目标面可以穿透接触面。对于刚体-柔体接触，目标面总是刚性面，而接触面总是柔性面。而对于柔体-柔体接触，选择哪一个面作为接触面或目标面可能会引起穿透量的不同，从而影响求解效果。在这种情况下，用户可以根据以下原则确定目标面和接触面。

1）如果凸面与一个平面或凹面接触，则平面/凹面应当指定为目标面。

2）具有较密的网格面为接触面，而较粗网格的面为目标面。

3）如果一个面比另一个面弹性模量大，则弹性模量小的面应当指定为接触面，而弹性模量较大的面则为目标面。

4）高阶接触单元为接触面，而低阶接触单元为目标面。

5）如果一个面明显比另一个面大，则较大的面应指定为目标面。

6）对于使用 CONTA176 单元的三维梁-梁接触问题，内部的梁应该为接触面且外部梁应该为目标面。然而，当内部梁的刚度大于外部梁时，内部梁应作为目标面。

对于不对称接触，这些指导原则也是正确的。不对称接触的定义为所有的接触单元在一个面上，所有的目标单元在另一个面上的情况，有时也称为“单向接触”，这在模拟面-面接触时最为有效。但是，在某些环境下，不对称接触不能满足要求，这时可以把任意一个面指定为目标面和接触面，然后在接触面与目标面之间生成两组接触对，这就是对称接触，有时也称为“双向接触”。显然，对称接触不如非对称接触计算效率高，但是许多分析问题要求采用对称接触，例如，接触面和目标面区分不清的情况，或两个面都有十分粗糙的网格时就得采用对称接触。

当模型中涉及多个接触对时，接触面和目标面的选取是困难的，用户只需定义对称接触对，通过设置 KEYOPT(8)= 2，程序将根据上述指定接触面和目标面的准则，在内部确定求解阶段使用哪一对为不对称接触对。

11.2.4 定义目标面

目标面可以是二维或三维的刚体或柔体。对于柔体目标面，一般用ESURF命令沿现有网格的边界生成目标单元，也可以按相同的方法生成柔体接触面。用户不能使用下列刚体目标面作为柔体接触面：ACR、CARC、CIRC、CYL1、CONE、SPHE或PILO。

在二维情况下，刚性目标面的形状可以通过一系列直线、圆弧和抛物线来描述，所有这些都可以用TARGE169单元来表示，另外，也可以使用它们的任意组合来描述复杂的目标面。在三维情况下，目标面的形状可以通过三角面、圆柱面、圆锥面和球面来描述，所有这些都可以用TARGE170单元来表示。对于一个复杂的、任意形状的目标面，可以使用低阶或高阶三角形和四边形来建模。

1. 控制节点

刚性目标面可能会与控制节点联系起来，它实际上是一个只有一个节点的单元，其运动控制整个目标的运动，因此可以把控制节点作为刚性目标的控制器。整个目标面的力、力矩、转动和位移可以只通过控制节点来表示。控制节点可能是目标单元中的一个节点，也可能是任意位置的节点。只有当需要转动或加载力矩载荷时，控制节点的位置才是重要的。如果用户定义了控制节点，ANSYS程序只在控制节点上检查边界条件，而忽略其他节点上的任何约束。

2. 基本图元

用户可以使用圆、圆柱、锥和球体来建立目标面（采用实常数定义半径），也可以采用由直线、抛物线、三角形和四元数组组合的图元来定义目标面。基本图元不能在接触设置向导中直接定义，且不支持基于MPC的粘合或无分离接触。

3. 单元类型和实常数

在生成目标单元之前，首先必须定义单元类型，方法如下。

命令：ET

GUI：Main Menu>Preprocessor>Element Type>Add/Edit/Delete

设置目标单元实常数的方法如下。

命令：Real

GUI：Main Menu>Preprocessor>Real Constants

用户使用实常数R1和R2定义目标单元的几何特征，具体设置如下。

1）对于接触单元CONTA171和CONTA172，如果目标形状（TARGE 169）是圆，则R1为半径；如果目标形状是一个超单元，且设置为具有厚度的平面应力[KEYOPT(3)=3]，则R2为单元厚度，默认值为1。

2）对于接触单元CONTA173和CONTA174（也适用于模拟点-面接触的CONTA175和模拟线-面接触的CONTA177），如果目标形状（TARGE170）是圆柱体、圆锥或球体，则R1为半径，R2为圆锥在第二节点处的半径。

3）CONTA176用于模拟三维梁对梁的接触（当用于模拟外部梁对梁的接触时，也可用CONTA177），R1是目标侧圆形梁半径（目标半径），正值用于模拟外部的梁-梁接触，负值用于模拟内部的梁-梁接触。R2是接触侧圆形梁的半径（接触半径），对于外部和内部梁-梁接触都使用正值。

对于TARGE169单元和TARGE170单元，仅需设置实常数R1和R2。

4. 采用直接生成法建立刚性目标单元

为了直接生成目标单元，使用下面的命令和菜单。

命令：TSHAP

GUI：Main Menu>Preprocessor>Modeling>Creat>Element>Elem Attributes

用户可以指定单元形状，可能的形状有直线、抛物线、顺时针圆弧、反时针圆弧、圆、三角形、圆柱、圆锥、球、点和控制节点。一旦用户指定目标单元形状，所有随后生成的单元都将保持这个形状，除非指定另外一种形状。

5. 使用网格划分工具生成刚性目标单元

用户可以用标准的 ANSYS 网格划分功能让程序自动地生成目标单元。ANSYS 程序会基于实体模型生成合适的目标单元形状，而忽略 TSHAP 命令的选项。为了生成一个 pilot 控制节点，可使用下面的命令或 GUI 路径。

命令：KMESH

GUI：Main Menu>Preprocessor>Meshing>Mesh>Keypoints

需要注意的是，KMESH 命令总是生成控制节点。

为了生成点片段，可以使用直接生成方法或在选择的节点上使用 ESURF，POINT 命令。为了生成一个二维刚性目标单元或三维刚性线线段，使用下面的命令和 GUI 路径。

命令：LMESH。

GUI：Main Menu>Preprocessor>Meshing>Mesh>Lines。

ANSYS 在每条线上生成一条单一的线，在 B 样条曲线上生成抛物线线段，在每条圆弧和倒角线上生成圆弧线段，如图 11-2 所示。如果所有的圆弧形成一个封闭的圆，则 ANSYS 生成一个单一的圆，如图 11-3 所示。但是，如果围成封闭圆的弧是从外部输入的几何实体，则 ANSYS 可能无法生成一个单一的圆。

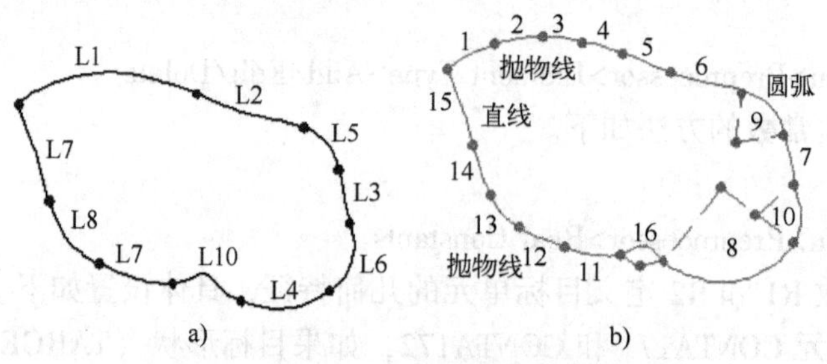

图 11-2 几何实体和相应的刚性目标单元

a）几何模型 b）目标单元

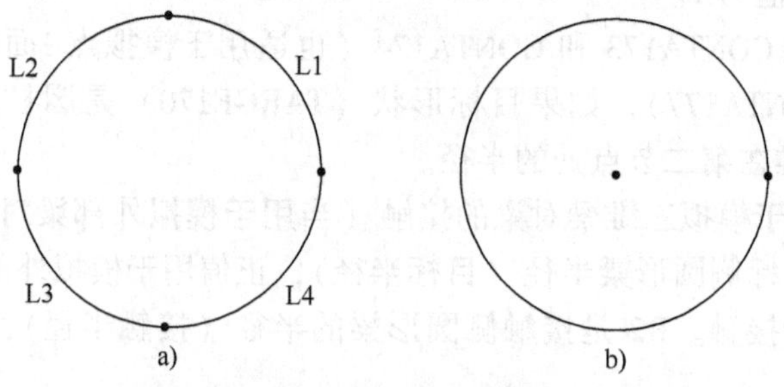

图 11-3 从圆弧线生成单一圆目标单元

a）几何模型 b）单一圆形目标单元

为了生成三维目标单元，使用下面的命令或 GUI 路径。

命令：AMESH

GUI：Main Menu>Preprocessor>Meshing>Mesh>Areas

如果实体模型的表面部分形成了一个完整的球、圆柱或圆锥，那么 ANSYS 程序通过 AMESH 命令，自动生成一个基本三维目标单元。因为生成的单元较少，所以用户分析计算效率更高。对任意形状的表面，应该使用 AMESH 命令来生成目标单元。在这种情况下，网格形状的质量不重要，而目标单元的形状是否能较好地模拟刚性面的表面几何形状显得更为重要。

在所有的面上，推荐使用映射网格。如果在表面某一边界上没有曲率，则在网格划分时，就指定那条边界划分为一份。刚体 TARGE169 单元总是在一条线上按一个单元来划分网格，而忽略 LESIZE 命令的设置，默认单元形状是四边形。如果要采用三角形目标单元，则采用“MSHAPE，1”命令。图 11-4 所示为任意目标面的网格布局。

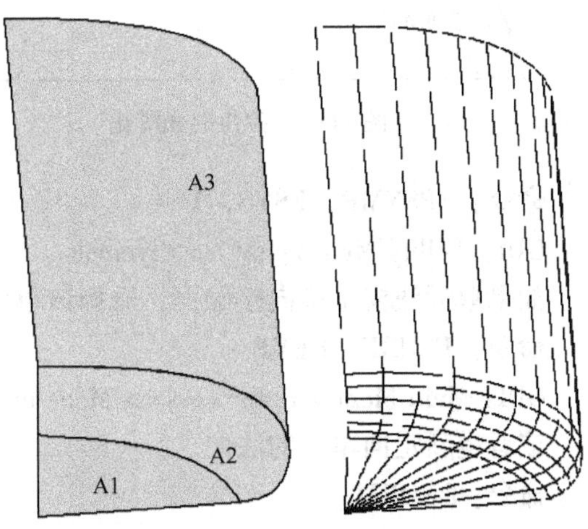

图 11-4 任意目标面的网格布局

下面的命令或 GUI 路径，将尽可能生成一个映射网格，如果不能进行映射，它将生成自由网格。

命令：MSHKEY，2

GUI：Main Menu>Preprocessor>Meshing>Mesh>Areas>Target Surf

如果目标面是平面（或接近平面），则可以选择低阶目标单元（三节点三角形或四节点四边形单元）。如果目标面是曲面，则应该选择高阶目标单元（六节点三角形或八节点四边形）。此时需要在目标单元定义中设置 KEYOPT(1)= 1。

需要注意的是，如果通过程序划分网格（KMESH、LMESH、ESURRF 命令）来建立目标单元，则忽略 TSHAP 命令，ANSYS 会自动选择合适的形状。

6. 建模和划分网格的技巧

一个目标面可能由两个或多个不连续的区域组成。用户应尽可能地通过定义多个目标面来使接触区域限于局部。刚性面上的形状不限制，不要求光滑，但是，要保证刚性目标面上曲面的离散足够，过粗的网格离散可能导致收敛问题。如果刚性面有一个尖锐的凸角，在求解大的滑动问题时很难获得收敛结果。为了避免这些建模问题，在实体模型上可使用线或面的倒角以使尖角光滑化，或者在曲率突变的区域使用更细的网格或高阶单元，如图 11-5 所示。

7. 检验目标面的节点序号（接触方向）

目标面的节点号顺序是很重要的，因为它定义了接触方向。对于二维接触问题，当沿着目标线从节点 1 移向节点 2 时，变形体的接触单元必须位于目标面的右边，如图 11-6 所示。

对三维接触问题，目标三角形单元号应使刚性面的外法线方向指向接触面。外法线通过右手法则来定义。为了检查法线方向，需要显示单元坐标系。

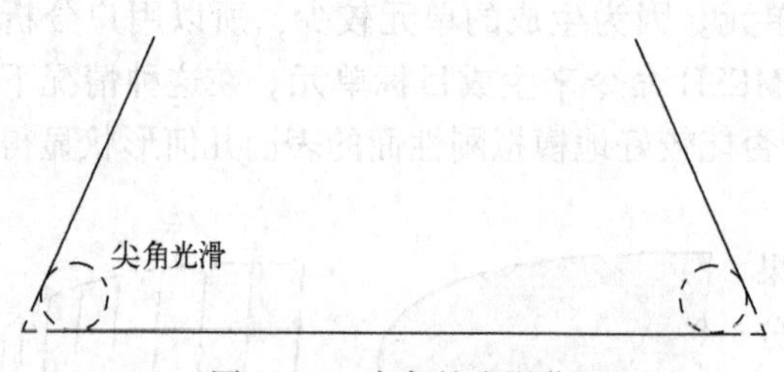

图 11-5　尖角的光滑化

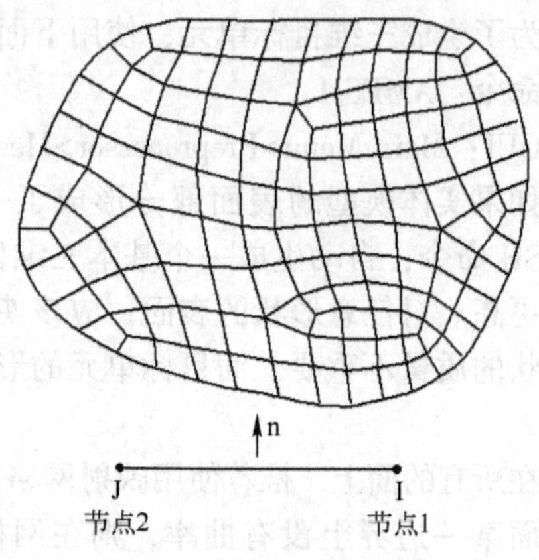

图 11-6　正确的节点排序

命令：/PSYMB，ESYS，1

GUI：Utility Menu>plotCtrls>Symbols

如果单元法向不指向接触面，选择该单元，反转表面法线的方向。

命令：ESURF，REVE

GUI：Main Menu> Preprocessor> Modeling> Create> Elements> Surf/Contact> Surf to Surf

或者重新定向单元的法向。

命令：ENORM

GUI：Main Menu> Preprocessor> Modeling> Move/Modify> Elements> Shell Normals

11.2.5　定义柔体接触面

与目标面单元一样，用户必须定义接触面的单元类型，然后选择正确的实常数，每个接触面的实常数号设定要与对应目标面一致，才可以形成接触对。

1. 单元类型

CONTA171 是两个节点的二维的低阶线单元，可位于两实体、壳或梁单元的表面。

CONTA172 是三个节点的二维高阶抛物线单元，可位于有中间节点的二维实体或梁单元的表面。

CONTA173 是四节点三维的低阶四边形单元，可位于三维实体或壳单元的表面，可退化为三节点的三角形单元。

CONTA174 是八节点三维高阶四边形单元，可位于有中间节点的三维实体或壳单元的表面，可退化成六节点的三角形单元。

CONTA175 是一个二维或三维的一节点单元，可以位于二维低阶和高阶实体、梁单元、三维低阶实体或壳单元表面，通常使用 CONTA175 进行点-面的接触模拟。

CONTA176 是一个三维线单元，它可以位于三维梁和管道单元的表面上。该单元可以是两节点的线或三节点的抛物线，这取决于下伏单元是低阶还是高阶，通常使用 CONTA176 对三维梁-梁接触进行模拟。

CONTA177 是一个三维线单元，它可以位于三维梁和管单元的表面上，三维壳单元的边缘上，或者在三维实体单元的特征边缘上。该单元可以是两节点的线或三节点的抛物线，这取决于下伏单元是低阶还是高阶，通常使用 CONTA177 来模拟三维线-面接触，或三维梁-梁接触。

可以使用以下命令定义接触单元类型。

命令：ET

GUI：Main Menu>Preprocessor>Element Type>Add/Edit/Delete

2. 实常数和材料特性

在定义了单元类型之后，需要选择正确的实常数集。一个接触对中的接触面和目标面必须有相同的实常数号，每个接触对必须有不同的实常数号。

ANSYS 根据下伏单元的材料特性来计算一个合适的接触刚度。在 TB 命令定义塑性材料特性的情况下，接触的法向刚度可能按照系数 100 降低。ANSYS 自动为切向刚度定义一个与 MU 和法向刚度成正比的默认值。如果下伏单元是一个超单元，接触单元的材料必须与超单元形成时的原始结构单元相同。

3. 生成接触单元

既可以通过直接生成法生成接触单元，也可以在下层单元的外表面上自动生成接触单元。推荐采用自动生成法，这种方法更为简单和可靠。可以通过下面 3 个步骤，来自动生成接触单元。

（1）选择节点

选择已划分网格的柔体表面的节点。对每一个面，检查节点排列，如果用户能够确定某一部分节点永远不会接触到目标面，则可以忽略它以便减少计算时间。然而用户必须确保没有漏掉可能会接触到目标面的节点。

命令：NSEL

GUI：Utility Menu>Select>Entities

（2）生成接触单元

命令：ESURF

GUI：Main Menu>Preprocessor>modeling>create>Elements>surf/contact>surf to surf

如果接触单元是附在已有实体单元划分网格的面或体上，程序会自动确定接触计算所需的外法向。如果下伏单元是梁或壳单元，则必须指明哪个表面是接触面。

命令：ESURF,TOP(或 BOTIOM)

GUI：Main Menu>Preprocessor>modeling>create>Elements>surf/contact>surf to>surf

使用“TOP”（默认）选项生成接触单元，它们的外法向与梁单元的法向相同，使用“BOTIOM”选项生成接触单元，它们的外法向与梁或壳单元的法向相反，必须确保梁上的单元或壳单元有一致的法向。如果下伏单元是实体单元，则“TOP”或“BOTIOM”选项不起作用。

（3）检查接触单元外法向

当程序对是否接触进行检查时，接触面的外法线方向至关重要。对于三维单元 CONTA173 和 CONTA174，按节点序号以右手法则来确定单元的外法向。接触面的外法向应该指向目标面，否则，在开始分析计算时，程序可能会认为是要穿透该接触面，而很难找到初始解。在这种情况下，程序一般会立即停止运行。正确和不正确的外法向如图 11-7 所示。对于三维线-线接触单元 CONTA176 和单元 CONTA177，接触节点必须按顺序定义在连续的线端点上。

当发现单元的外法线方向不正确时，必须通过修正不正确单元的节点号来改变它们。

命令：ESURF，REVE

GUI：Main Menu>Preprocessor>Modeling>Create>Elements>Surf/Contact

或者重新排列单元指向，命令和 GUI 如下。

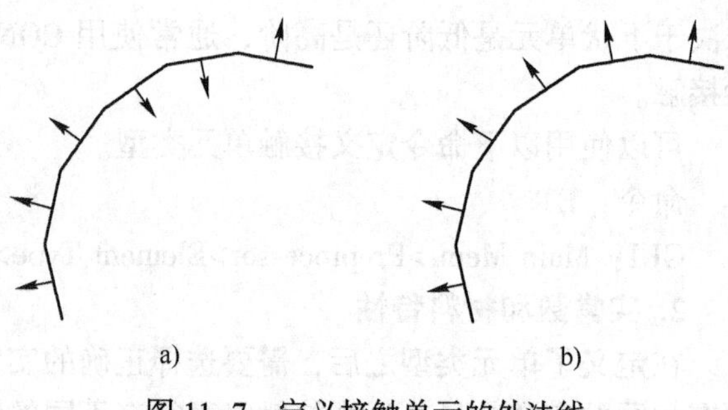

图 11-7　定义接触单元的外法线
a）不正确的方向　b）正确的方向

命令：ENORM

GUI：Main Menu>Preprocessor>Modeling>Move/Modify>Elements>Shell Normals

11.2.6　接触面和目标面的几何修正

一般来说，当网格足够精细时，曲线接触面和目标面可以通过低阶或高阶接触单元很好地进行模拟。然而，一些特殊情况却不是这样的。例如，从第三方软件导入的网格中可能存在线性单元，或带中间节点的二次单元没有在初始几何曲线上。为了避免这样的问题，用户可以使用 SECTYPE 和 SECDATA 截面命令，对球体和旋转体进行几何修正。几何修正功能仅对三维面-面接触单元可用，如 TARGE169、TARGE170、CONTA171、CONTA172、CONTA173 和 CONTA174。

圆修正可应用于接近圆形（或近似圆弧）部分的二维线段，使用命令如下：

```
SECTYPE,SECID,CONTACT,CIRCLE
SECDATA,X0,Y0      ！圆心在笛卡儿坐标系中的位置
```

球面修正可以应用于近似球面（或接近球面）部分的表面，使用命令如下：

```
SECTYPE,SECID,CONTACT,SPHERE
SECDATA,X0,Y0,Z0      ！球心在笛卡儿坐标系中的位置
```

旋转（圆柱）修正可应用于近似旋转部分（或接近旋转）的表面，如圆柱体或圆锥。使用命令如下：

```
SECTYPE,SECID,CONTACT,CYLINDER
SECDATA,X1,Y1,Z1,X2,Y2,Z2    ！圆柱形轴两端在整体笛卡儿坐标系中的位置
```

圆形修正要求在全局笛卡儿坐标中指定圆的中心位置。球面修正要求在全局笛卡儿坐标中指定球体的中心位置。柱面修正要求在整体笛卡儿坐标中输入旋转轴。定义的几何修正可以通过 ID 应用于特定的接触和目标元素。在创建接触和目标单元之前，使用 SECNUM 命令将单元与特定区段的 ID 关联起来，或者使用 EMODIF 命令将特定区段 ID 分配给现有元素。用户可以对同一接触面或目标表面应用多个几何修正。如图 11-8 所示，插销是接触面，对该接触面进行了两种几何修正，圆锥体的旋转修正和球头的球面修正，其中圆柱形槽（靶面）只需进行旋转修正。

需要注意的是，这种几何修正方法均假设接触单元或目标单元角节点（但不一定是二次元的中间节点）的初始位置位于真实的初始几何表面上。几何修正有利于小挠度分析。

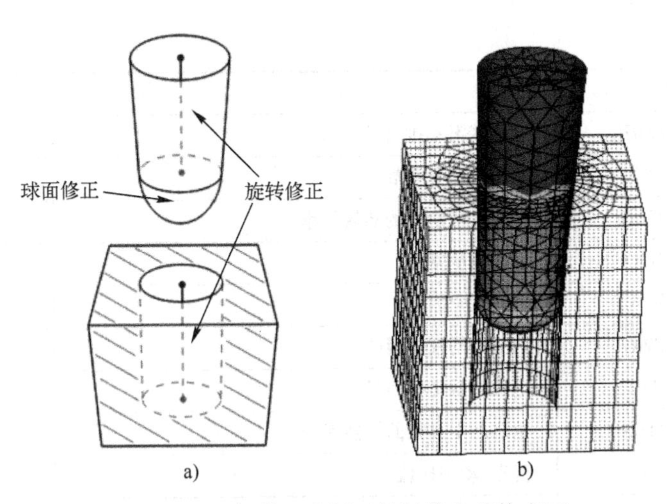

图 11-8　几何修正应用于旋转体和球体表面

a）初始模型　b）有限元模型

11.2.7　设置实常数和单元关键字

1. 设置实常数

ANSYS 通过定义实常数来控制接触单元的接触行为，通常使用 R 和 RMORE 两种命令来定义实常数。在所有的实常数中 R1 和 R2 被用于定义接触单元的几何尺寸，剩下的则需要根据接触行为来设置合适的参数值。接触单元的实常数及默认值（见表 11-1）。

命令：R

GUI：Main Menu>Preprocessor>Real Constants

表 11-1　接触单元的实常数及默认值

序　号	名　字	描　述	程序默认设置
1	R1 [*1*]	与目标几何体相关的半径	0
		目标半径	程序计算
2	R2 [*1*]	与目标几何体相关的半径	0
		超级单元的厚度	1
		接触半径	程序计算
3	FKN	法向罚刚度因子	[*2*]
4	FTOLN	穿透容差因子	0.1
5	ICONT	初始接触闭合因子	0
6	PINB	Pinball 区域	[*3*]
7	PMAX	初始渗透上限值	0
8	PMIN	初始渗透下限值	0
9	TAUMAX	最大摩擦应力	1.00E+20
10	CNOF	接触面偏移量	0
11	FKOP	接触分开时施加的刚度系数	1
12	FKT	切向罚刚度系数	1

（续）

序　号	名　字	描　　述	程序默认设置
13	COHE	粘结区滑动抗力黏聚力	0
14	TCC	热接触传导系数	0
15	FHTG	摩擦耗散能量的热转换率	1
16	SBCT	玻尔兹曼常数	0
17	RDVF	辐射视角因子	1
18	FWGT	热分布的权重因子	0.5
19	ECC	电磁接触传导因子	0
20	FHEG	电磁产生热能的转换因子	1
21	FACT	静态/动态比值	1
22	DC	指数衰减系数	0
23	SLTO	允许的弹性滑动	1%
24	TNOP	允许的最大拉伸接触压力	[4]
25	TOLS	目标单元边界延长系数	[5]
26	MCC	磁导接触系数	0
27	PPCN	压力穿透准则	0
28	FPAT	流体穿透力作用时间	0.01
29	COR	约束系数	1
30	STRM	渐进穿透的载荷步号	1
31	FDMN	法向稳定阻尼因子	1
32	FDMT	切向稳定阻尼因子	0.001
33	FDMD	非稳定性尖叫声阻尼系数	1
34	FDMS	稳定尖叫声阻尼系数	0
35	TBND	临界粘合温度	N/A
36	WBID	内部接触对 ID	N/A
37	PCC	孔隙流体接触渗透系数	0
38	PSEE	孔隙流体渗透系数	0
39	ABPP	环境孔隙压力	0
40	FPFT	间隙孔隙流体参与因子	0
41	FPWT	间隙孔隙流体分布加权因子	0.5

对实常数 FKN、FTOLN、ICONT、PINB、PMAX、PMIN、FKOP 和 FKT，用户既可以定义一个正值，也可以定义一个负值。程序将正值作为比例因子，将负值作为绝对值。程序将下伏单元的厚度作为 FTOLN、ICONT、PINB、PMAX 和 PMIN 的参考值。例如，对 ICON=0.1，则表示初始闭合因子是“0.1＊下伏单元的厚度”，然而 ICON=-0.1，则表明真实调整带是 0.1 单位。如果下伏单元是超单元，则将接触单元的最小长度作为厚度。图 11-9 所示为下伏单元厚度。如果下伏单元是壳或梁单元，则厚度为 4 倍的单元厚度。

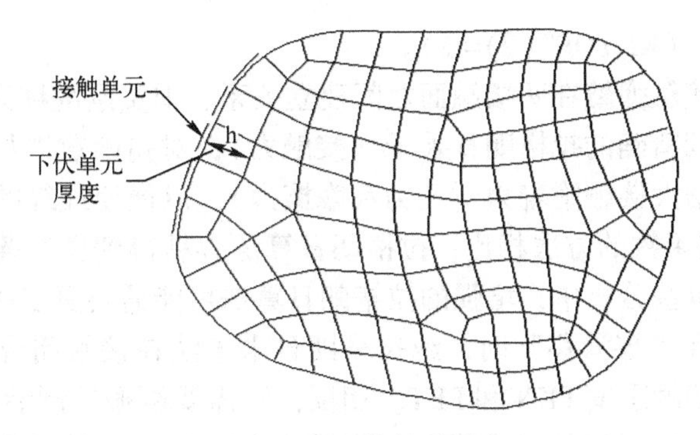

图 11-9　下伏单元厚度

2. 设置单元关键字

每种接触单元都包含有一些关键字的设置，对于大多数的分析而言，使用默认的关键字设置即可满足要求。而对于一些特殊的应用需求，可以更改默认设置来控制接触行为。接触单元的关键字（见表 11-2）。

命令：KEYOPT，ET

GUI：Main Menu>Preprocessor>Element Type>Add/Edit/Delete

表 11-2　接触单元的关键字

关　键　字	描　　述
KEYOPT(1)	自由度
KEYOPT(2)	接触算法（默认为增强的 Lagrangian 算法）
KEYOPT(3)	存在超单元时的应力状态（仅二维）
KEYOPT(4)	接触检测点的位置（仅低阶接触单元）
KEYOPT(5)	CNOF 自动调整
KEYOPT(6)	接触刚度变化范围
KEYOPT(7)	时间步控制
KEYOPT(8)	不对称接触选择
KEYOPT(9)	初始穿透或间隙的影响
KEYOPT10)	接触刚度更新
KEYOPT(11)	壳的厚度影响
KEYOPT(12)	接触面行为（粗糙、绑定等）
KEYOPT(13)	热壳接触的自由度控制
KEYOPT(14)	流体渗透载荷行为
KEYOPT(15)	稳定阻尼效应
KEYOPT(16)	尖叫声阻尼控制

3. 选择接触算法

对于面-面的接触单元，程序提供了以下几种不同的接触算法。

1）罚函数（KEYOPT(2)= 1）。

2）增强拉格朗日法（KEYOPT(2)= 0）。

3）接触法向上的拉格朗日乘子和切向上的罚函数（KEYOPT(2)= 3）。

4）接触方向和切向的纯拉格朗日乘子（KEYOPT(2)= 4）。

5）内部多点约束（KEYOPT(2)= 2）。

罚函数使用一个接触弹簧在两接触面之间建立关系，弹簧刚度称为接触刚度。增强的拉格朗日乘子法可以找到精确的拉格朗日乘子（接触力），对罚函数进行一系列修正迭代，在方程平衡迭代过程中增大接触附着力（压力和摩擦力），以便使最终的穿透值小于允许的容差值（FTOLN）。与罚函数的方法相比，拉格朗日算法容易得到良态条件，对接触刚度的敏感性较小。然而，在有些分析中，增强的拉格朗日算法可能需要更多的迭代或者不收敛。

当发生粘结接触且“零滑移”时，纯拉格朗日乘子法在接触闭合时实施零穿透。纯拉格朗日乘子法不需要接触刚度 FKN 和 FKT。相反，它需要颤振控制参数，FTOLN 和 TNOP。该方法将接触附着力作为附加的自由度添加到模型中，并且需要额外的迭代来稳定接触状态。这种方法与增强的拉格朗日算法相比，计算量增加了。

一种算法是在拉格朗日乘子法应用于接触面法向的同时，罚函数应用于接触的切向。这种算法实施零渗透，并对于粘结接触允许有少量的滑动。它需要设置颤振控制参数 FLTLN 和 TNOP，以及最大允许弹性滑移参数 SLTO。另一种方法是内部多点约束（MPC）算法，它与绑定接触（KEYOPT(12)= 5 或 6）和不分离接触（KEYOPT(12)= 4）结合，以建立多种类型的装备接触和随动约束。

拉格朗日乘子方法（KEYOPT(2)= 3，4）和 MPC 方法（KEYOPT(2)= 2）不支持高斯点检测选项（KEYOPT(4)= 0）用于面-面接触，但支持“节点检测”选项用于点-面接触和面-面接触。当使用这些选项时，注意不要过度限制模型。当接触节点具有规定的边界条件 CE 和 CP 方程时，模型是过约束的，程序通常检测和消除过约束，但是，不能保证程序能消除所有过约束的情况，用户应该仔细地检查模型来解决此问题。拉格朗日乘子法引入了更多的自由度，这可能导致模态分析和线性特征值屈曲分析的杂散模态，而增强的拉格朗日算法是这些分析类型的较好选择。

拉格朗日乘子法（KEYOPT(2)= 3，4）在刚度矩阵中引入零对角线项，任何迭代求解器（如 PCG）都将遇到预处理矩阵奇点，因此，用户需要切换到稀疏求解器。如果在使用 MPC 算法时，在壳-壳接触中出现过约束，则可以切换到惩罚方法或增强的拉格朗日算法。此外，对于三维高阶接触单元（CONTA174），每个接触节点（包括中间节点）都采用拉格朗日乘子法，而当设定 KEYOPT(2)= 3，4 时，则应在接触单元的中心采用惩罚方法。

4. 确定接触刚度与穿透量

对于增强的拉格朗日算法和罚函数法，都需要定义法向和切向接触刚度。接触面和目标面之间穿透量的大小取决于接触刚度，粘结接触的滑动量取决于切向刚度。过大的刚度值可以减小穿透量和滑动量，但会导致总体刚度矩阵病态，从而造成收敛困难。过小的刚度值会引起一定穿透量和滑动量，并且会得到一个不精确的解。理想的状态是，用户应该选取足够大的接触刚度以保证接触穿透量小到可以接受，但同时又应该让接触刚度足够小以确保不引起总刚度矩阵的病态，从而保证结果收敛。

对于接触刚度，程序提供了默认的允许穿透量和允许移动距离。在大多数情况下，用户不需要定义接触刚度。此外，推荐用户设置 KEYOPT(10)= 2，以便允许程序自动更新接触刚度。

（1）法向接触刚度（FKN）和穿透量容差（FTOLN）的使用

对于一些接触问题，用户可以通过实常数 FKN 来定义法向接触刚度因子。通常法向接触刚度因子的取值范围从 0.01～1.0，程序的默认值为 1.0，默认值适用于大多数的分析。此外，FKN 可以通过表格输入定义为主变量的函数，主变量包括时间、温度、初始接触检测点位置（在求解开始时）、前一次迭代的接触压力（正值表示压缩、负值表示张力）和几何穿透（正值表示穿透，负值表示间隙）。

实常数 FTOLN 常与增强拉格朗日算法配合使用。FTOLN 是一个穿透容差因子，应用于接触面的法向，FTOLN 取值范围小于 1.0，通常设置小于 0.2，程序默认值为 0.1，它的大小取决于下伏单元的厚度。

如果穿透量在允许的公差范围内（FTOLN 乘以下伏单元的厚度），则满足接触要求，下伏单元厚度是由接触对中的每个接触单元的平均厚度限定的。如果程序检测到大于此容差的任何穿透量，则全局解仍然被认为是不收敛的，即使残余力和位移增量满足收敛准则。用户可以通过指定 FTOLN 的负值来定义绝对允许穿透量。一般来说，默认接触法向刚度与最终穿透容差成反比，容差越小，接触法向刚度越高。

（2）切向接触刚度（FKT）和弹性滑动（SLTO）的使用

程序会自动定义一个默认的切向刚度值，并且这个刚度值与摩擦因数（MU）和法向接触刚度（FKN）成比例。默认的切向刚度值与默认的法向刚度值是一致的。FKT 为正值时代表切向刚度因子，为负值时取其绝对值。

对于 KEYOPT(10)= 2 或 KEYOPT(10)= 3，程序会基于当前的接触法向压力（PRES）和最大允许弹性滑动值（SLTO）(KT = FKT * MU * PRES/SLTO) 来更新切向刚度。当 FKT 在每一步迭代都进行更新时，实常数 SLTO 可用来控制最大滑动距离。程序提供的默认容差值对于大多数情况都能取得良好的精度。通过定义比例因子或输入绝对值，用户可以修改 SLTO 的默认值（接触对中接触单元平均长度的 1%）。较大的 SLTO 取值可以增加其收敛性，但是会降低计算的精度。程序基于容差、法向压力值和摩擦因数，可以自动得到切向接触刚度 FKT。在某些情况下，用户可以通过定义比例因子（正输入值）或绝对值（负输入值）来更改 FKT。

（3）指定接触刚度的其他注意事项

FKN、FTON、FKT 和 SLTO 可以在每个载荷步中定义，也可以在重新启动运行中进行调整。确定良好的刚度值可能需要进行一些尝试。为了得到良好的刚度值，可以尝试以下步骤作为“试运行”。

1）开始时取一个较低的值。较低的刚度比较高的刚度导致的穿透问题更容易解决。

2）对前几个子步进行计算分析，直到刚好完全建立接触。

3）检查每一个子步中的穿透量和平衡迭代次数。如果总体收敛困难是由过大的穿透量引起的，那么可能低估了 FKN 的值，或者是将 FTOLN 的值取得太小。如果收敛困难是由于不平衡力和位移增量达到收敛值时需要过多的迭代次数引起的，而不是因为穿透量过大，那么 FKN 和 FKT 的值可能被高估了。

4）按需要调整 FKN、FKT、FTOLN 或 SLTO 的值，重新进行完整的分析。如果穿透量控制变成整体平衡迭代中的主因，用户则要增大 FTOLN 值，以允许更大的穿透量，或增大 FKN。

（4）KEYOPT(10)的使用

在分析求解过程中，程序可以自动或根据用户定义的刚度值来调整法向接触刚度和切向接触刚度。在使用增强拉格朗日算法和罚函数算法的情况下，KEYOPT(10)可以控制接触刚度的更新。在大多数的分析中推荐设置 KEYOPT(10)=2，程序可以自动地更新接触刚度，KEYOPT(10)常用的设置如下。

1）KEYOPT(10)=0，如果用户在每个子步都定义了不同的接触刚度值，则在每个载荷步计算完成后，接触刚度都会更新。默认的接触刚度由下伏单元的厚度决定。

2）KEYOPT(10)=2，基于下伏单元的平均应力和允许的穿透量，法向接触刚度将由每一步的迭代自动更新，而第一步迭代默认的法向接触刚度由下伏单元的厚度决定。如果在开始求解时发生了二分，则每发生一次二分，法向接触刚度就减小了 0.2 * 接触刚度。基于当前的接触压力、摩擦因数和允许的滑动量，切向接触刚度将在每一步迭代时自动更新。

用户需要注意，当采用拉格朗日乘子法（KEYOPT(2)=3，4）或 MPC 算法（KEYOPT(2)=2）时，应忽略 KEYOPT(10)。

（5）KEYOPT(6)的使用

默认的更新法向接触刚度的方法适用于大多数应用。然而，在处理某些接触情况时，接触刚度的变化范围可能不够宽。例如：

1）在穿透容差（FTOLN）非常小的情况下，通常需要更大的法向接触刚度。

2）如果遇到收敛困难（由于材料非线性、局部接触等），向下调整刚度可能是有益的。

3）为了稳定初始接触条件并防止刚体运动，需要较小的法向接触刚度。

允许的接触刚度变化旨在通过计算刚度的最佳允许范围来增强 KEYOPT(10)=2 时的刚度更新。若要增加刚度变化范围，可设置 KEYOPT(6)=1，对允许刚度范围进行微调；或设置 KEYOPT(6)=2，对允许刚度范围进行大幅调整。

当接触收敛相对容易时，不推荐使用 KEYOPT(6)，因为它可能产生不必要的接触刚度下降。

（6）颤振控制参数

拉格朗日乘子法（KEYOPT(2)=3，4）不需要接触刚度、FKN 和 FKT，相反，它们需要颤振控制参数 FTOLN 和 TNOP，这种方法假设接触状态保持不变。FTOLN 是最大允许穿透量，TNOP 是最大允许的拉伸接触压力。

当接触状态为闭合时会出现负接触压力。拉伸接触压力是指接触表面之间的分离，但不一定是开放的接触状态。然而，在后处理过程中，接触压力的符号会切换。对于基于接触力的模型，TNOP 是最大允许的拉伸接触力。这适用于 KEYOPT(3)=0 的 CONTA175，KEYOPT(3)=0 或 1 的 CONTA176 和 KEYOPT(3)=0 的 CONTA177。这种行为可以做如下描述。

1）如果上一次迭代的接触状态是打开的，并且当前计算的穿透量小于 FTOLN，则接触保持打开。否则，接触状态切换到闭合，并且进行下一次迭代。

2）如果上一次迭代的接触状态被关闭，并且当前计算的接触压力为正但小于 TNOP，则接触保持闭合。如果拉伸接触压力大于 TNOP，则接触状态从闭合变为打开，程序继续进行下一次迭代。

该程序为 FTOLN 和 TNOP 提供了合理的默认值。FLTN 的默认值为位移收敛容差，TNOP 的默认值为力收敛误差的 10%除以接触节点处的接触面积。

当提供 FTOLN 和 TNOPO 值时，正值为默认的比例因子，负值被用作绝对值（更改默认值）。

设置 FTOLN 和 TNOP 的目的是为了给因接触状态变化而产生的接触颤振提供稳定性。如果容差的值太小，则求解将需要更多的迭代。但是，如果数值太大，当允许一定的穿透量或拉伸接触力时，求解的精度就会受到影响。

5. 选择摩擦模型

在基本的库仑摩擦模型中，两个接触面在开始相对滑动之前，可以在界面上承受一定程度的剪切应力，这种状态被称为粘着状态。库仑摩擦模型定义了等效剪应力 τ，在开始滑动时作为接触压力 p 的一部分（$\tau=\mu p$+COHE，其中 μ 为摩擦因数，COHE 为粘结滑动阻力）。一旦超过剪切应力，两个表面将相对滑动，这种状态称为滑动。粘着/滑动计算可以确定一个点何时从粘着过渡到滑动，反之亦然。

对于无摩擦、粗糙和粘结接触，接触单元刚度矩阵是对称的。涉及摩擦的接触问题会产生不对称的刚度。对于每次迭代，使用不对称的求解器比对称的求解器在计算上要花费更多的时间和内存。由于这个原因，程序采用对称系统的求解器求解大部分摩擦接触问题。如果摩擦应力对整体位移场有实质性影响，且摩擦力的大小高度依赖于解，则对称刚度矩阵的近似求解可以提供低收敛速度。在这种情况下，可选择非对称求解选项（NROPT，UNSEM）以提高收敛性。

（1）摩擦因数

库仑摩擦模型的摩擦因数为 MU，用户可以输入 MU 作为接触元件的材料属性。当 MU=0 时，为无摩擦接触。对于粗糙或绑定接触（KEYOPT(12)=1、3、5 或 6），程序将忽略给定的 MU 值，而认为摩擦阻力无限大。MU 可以设置成与温度、时间、法向压力、滑动距离或滑动相对速度相关。

如果下伏单元是一个超单元，如 MATRIX50 单元，材料属性必须与初始单元一致。该初始单元将装进超单元。

ANSYS 提供了两种库仑摩擦模型：各向同性摩擦（二维和三维接触）和正交各向异性摩擦（三维接触）。各向同性摩擦模型基于一个单元摩擦因数 MU 建立，用户可以使用 TB 命令输入或用 MP 命令指定摩擦因数 MU。正交各向异性摩擦模型基于两个摩擦因数 MU1 和 MU2，用户可使用 TB 命令在两个主方向上指定 MU1 和 MU2。

（2）使用 TAUMAX，FACT，DC，COHE

ANSYS 提供了对经典库仑摩擦扩展的实常数 TAUMAX。TAUMAX 表示最大接触摩擦应力。引入最大接触摩擦应力，无论法向接触压力多大，只要摩擦应力达到了最大接触摩擦应力，接触面之间就会发生相对滑动。当接触压力变得非常大时，就要使用 TAUMAX。TAUMAX 的默认值为 1E20Pa。根据经验，最佳的 TAUMAX 值接近于 $\sigma_y/\sqrt{3}$，其中 σ_y 为材料变形过程中的屈服应力。

如图 11-10 所示，摩擦定律的一个实常数为黏聚力 COHE，默认值为 0，单位为 Pa，它提供了滑动抗力。

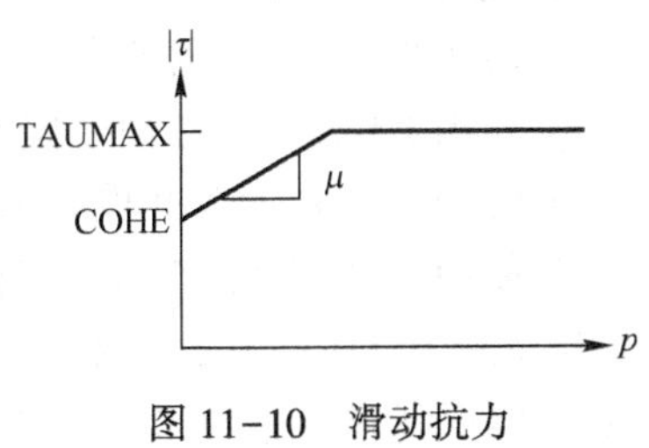

图 11-10 滑动抗力

（3）静态和动态摩擦因数

摩擦因数依赖于接触面的相对滑动速度，通常静摩擦因数高于动摩擦因数。ANSYS 提供了如下关系式表示的指数衰减摩擦模型。

$$\mu = \mathrm{MU}\times[1+(\mathrm{FACT}-1)\exp(-\mathrm{DC}\times V_{\mathrm{rel}})] \quad (11-1)$$

式中，μ 为摩擦因数；MU 为动摩擦因数；FACT 为静摩擦因数与动摩擦因数之比，默认值为最小值 1.0；DC 为衰减系数，默认值为 0，单位为 s/m。当 DC=0 时，对于滑动接触 μ=MU，对于粘结接触 μ=FACT×MU；V_{rel}为 ANSYS 计算的滑动速度。

对于各向同性摩擦模型，如上所述可以使用 MP 命令或 TB 命令输入 MU。对于正交各向异性的摩擦，MU 是由 MU1 和 MU2 来计算等效摩擦因数的，并且使用 TB 命令输入，其关系如下：

$$\mathrm{MU} = \sqrt{\frac{(\mathrm{MU}_1^2+\mathrm{MU}_2^2)}{2}} \quad (11-2)$$

图 11-11 所示为摩擦衰减因数曲线，其中静态摩擦因数为

$$\mu_s = \mathrm{FACT}\times\mathrm{MU} \quad (11-3)$$

如果知道静态和动态摩擦因数及至少一个数据点（μ_1，V_{rel1}），则可以确定摩擦衰减系数为

$$\mathrm{DC} = \frac{1}{V_{\mathrm{rel1}}}\times\ln\left(\frac{\mu_1-\mathrm{MU}}{(\mathrm{FACT}-1)\times\mathrm{MU}}\right) \quad (11-4)$$

如果不指定衰减系数，且 FACT>1.0，当接触进入滑动状态时，摩擦因数会从静摩擦因数突变到动摩擦因数，这种行为类似于动摩擦模型，因为这会导致收敛困难，所以不建议采用。

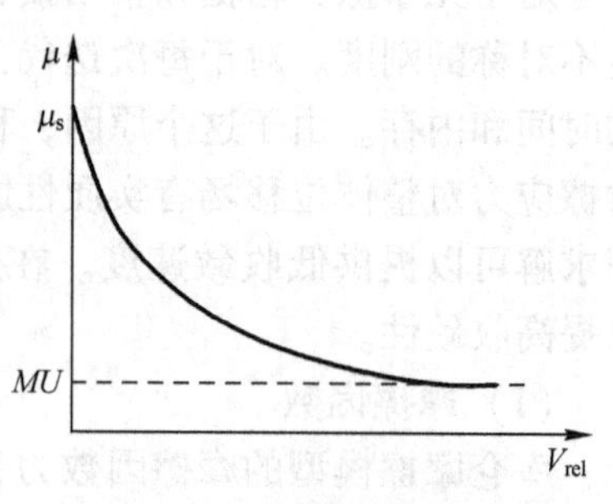

图 11-11　摩擦衰减因数

（4）输入速度强迫摩擦滑动

在静态分析中，用户可以模拟两个柔体或柔体-刚体之间相对匀速的滑动摩擦。在这种情况下，滑动速度不再是节点位移，而只能通过 CMROTATE 命令进行预定义，该命令设置了单元组件中的节点速度作为载荷步开始的初始条件。ANSYS 基于滑动速度方向来确定滑动方向，在制动分析中，该特征主要用于在摩擦接触面上产生滑动接触。

在制动分析中，制动转子的接触对单元需要包含在转动单元组件中，并用 CMROTATE 命令指定速度。建议在单元组件中只包括一类单元，即接触单元或目标单元。

在无摩擦接触、粗糙接触（KEYOPT(12)= 1）、绑定接触（KEYOPT(12)= 2,5,6）、MPC（KEYOPT(12)= 2）接触中，使用 CMROTATE 命令定义速度将被忽略。

当摩擦因数定义为滑动速度的函数或使用实常数 FACT 和 DC 定义静态和动态摩擦时，通过 CMROTATE 命令定义的滑动速度大小将影响求解。

在复数特征值提取分析中使用 QRDAMP 或 DAM 方法，尖叫阻尼的影响将添加到阻尼矩阵中。尖叫阻尼由两部分组成，不稳定阻尼和稳定阻尼。用户可以使用以下方法之一激活不稳定尖叫阻尼。

1）使用 TB，FRIC 命令把摩擦定义为滑动速度的函数。

2）使用 FACT 和 DC 命令定义静态或动态摩擦。

3）使用 FDMD 命令并设置 KEYOPT(16)= 1 来定义一个滑动摩擦速度梯度常数。

4）使用 KEYOPT(16)= 2 直接指定不稳定尖叫阻尼系数，可以为正值或负值。

当使用方法 1）或 2）时，考虑了不稳定尖叫阻尼，用户可以通过将 FDMD 作为比例因子（KEYOPT(16)= 0）来研究不稳定尖叫阻尼的影响。FDMD 的默认值为 1，ANSYS 将把

内部计算的不稳定阻尼乘以定义的因子 FDMD。

用户设置 KEYOPT(16)= 1 并使用 FDMD 就可以直接指定滑动摩擦速度梯度常数。该常数的单位为 TIME/LENGTH，并且一般情况下该值为负值。

用户设置 KEYOPT(16)= 2 并使用 FDMD 就可以直接指定不稳定尖叫阻尼。该常数的单位为 MASS/(AREA×TIME)，并且一般情况下该值为负值。在线性非预应力模态分析中，该方式是唯一能够考虑不稳定尖叫阻尼影响的方法。

默认情况下，程序关闭稳定尖叫阻尼。为了激活该选项，用户必须为实常数 FDMS 输入一个比例因子。FDMS 的默认值为 0，ANSYS 将把内部计算的稳定阻尼乘以定义的 FDMD 比例因子。通过设置 KEYOPT(16)= 1 或 KEYOPT(16)= 2，用户可以使用 FDMS 直接定义尖叫阻尼系数。已定义的阻尼系数单位为 MASS/(AREA×TIME)，并且系数通常情况下为正值。在线性预应力模态分析中，该方法是唯一能够考虑稳定尖叫阻尼影响的方法。

如果尖叫阻尼包括在制动尖叫模态分析中，则该类型模态分析使用 QR Damped 求解器进行求解。需要特别注意不能生成一个比刚度矩阵还大的阻尼矩阵。QR Damped 求解器的计算准确度基于下面的假设：阻尼矩阵的值至少比刚度矩阵幅值低一阶。如果存在大阻尼矩阵并且使用了 QR Damped 求解器，则可能计算出 0 模态，并且通常会被忽略。在这种情况下，非 0 特征值仍然是准确的，所以，建议使用 DAMP（MODOPT，DAMP）来检查最终的计算结果。

6. 接触检测位置的选择

接触检查点位于接触单元的积分点上，积分点一般在单元表面内部。在积分点上约束接触单元，防止接触单元穿透目标单元。原则上，目标面能够穿透接触面，如图 11-12 所示。

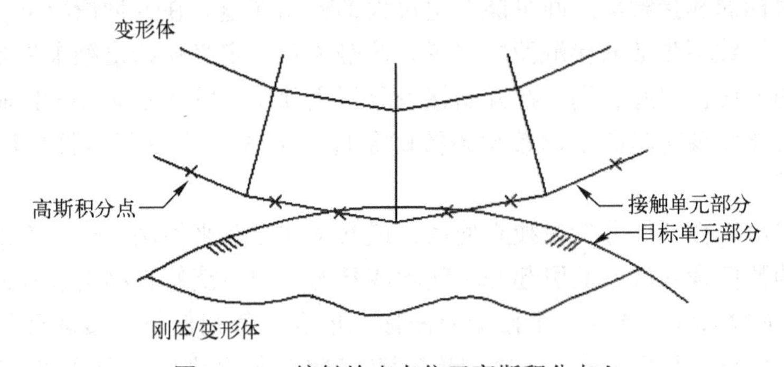

图 11-12　接触检查点位于高斯积分点上

ANSYS 面-面接触单元使用高斯积分点作为默认值，高斯积分点通常会比 Newton-Cotes/Lobatto 节点积分方案产生更精确的结果，Newton-Cotes/Lobatto 用节点本身作为积分点。

节点侦测法（Nodal Detection Algorithms）要求接触面平滑 KEYOPT(4)= 1 或目标面平滑 KEYOPT(4)= 2，该算法减少了运算时间。用户使用该选项仅能处理角点、点-面或边缘-面接触，如图 11-13 所示。KEYOPT(4)= 1 表示接触法向垂直于接触面，KEYOPT(4)= 2 表示接触法向垂直于目标面。当目标面比接触面平滑时，建议使用 KEYOPT(4)= 2。

然而，使用节点作为接触检测点会导致其他收敛困难。例如，节点“滑移”，节点从目标表面的边缘滑落，如图 11-14 所示。为了防止节点滑动，可以使用真正的常量 TOLS 扩展目标面。对于大多数点-点接触问题，建议使用 CONTA175。

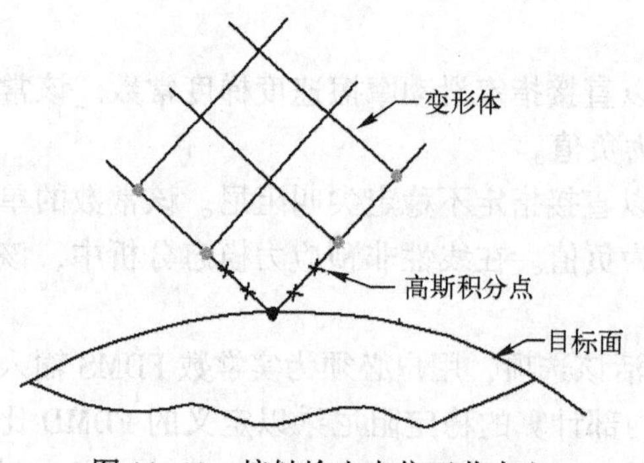

图 11-13 接触检查点位于节点上

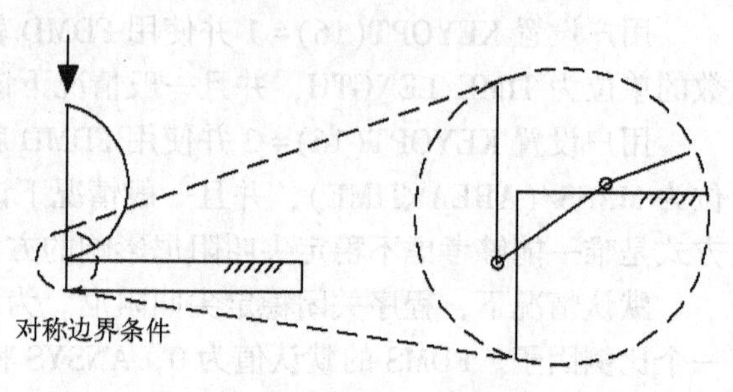

图 11-14 节点“滑移”

7. 调整初始接触条件

在动态分析中，刚体运动一般不会引起问题。然而在静态分析中，当物体没有足够的约束时会产生刚体运动。

如果在模拟中刚体运动只是通过接触来约束，那么必须确保在初始几何体中接触对是接触的，换句话说，要建立模型以便接触对是“刚好接触”的。然而这样做，可能会遇到以下问题。

1）刚体外形是复杂的，很难确定第一个接触点发生在哪。

2）即使实体模型在初始时处于接触状态，在网格划分后由于数值舍入误差，两个面的单元网格之间也可能会产生小缝隙。

3）接触单元的积分点和目标表面单元之间可能存在小缝隙。

同理，在目标面和接触面之间可能发生过大的初始穿透。在这种情况下，接触单元可能会高估接触力，导致不收敛或接触面之间脱开接触关系。定义初始接触也许是建立接触分析模型时最重要的方面，因此，用户在开始接触分析之前应该输入 CNCHECK 命令检查初始接触状态。用户可能发现有时需要调整初始接触条件，ANSYS 提供了多种方法来调整接触对的初始接触条件。

下面的方法可以在开始分析时独立使用，或几个联合起来使用。这些方法可以消除由于生成网格造成的数值舍入误差而引起的小间隙或穿透，但不能修正网格或几何数据的错误。

1）应用实常数 CNOF 指定一个接触面偏移。指定正值则使整个接触面偏向目标面，指定负值则使接触面离开目标面。ANSYS 能够提供 CNOF 值来刚好闭合间隙或减小初始穿透。KEYOPT（5）的设置如下。

① KEYOPT(5)= 1：闭合间隙。

② KEYOPT(5)= 2：减小初始穿透。

③ KEYOPT(5)= 3：闭合间隙或减小初始穿透。

用户也可以使用表格输入来定义 CNOF。使用表格输入可以在总体或局部坐标系中把 CNOF 定义为关于时间或空间位置的函数。

2）使用实常数 ICONT 指定一个小的初始接触闭合因子。初始接触闭合因子是指沿着目标面的“调整带”的深度。ICONT 的正值表示相对于下伏单元厚度的比例因子，负值表示接触闭合差的绝对值。如果关键字 KEYOPT(5)= 0，1，2 或 3，则 ICONT 的默认值为 0。如果关键字 KEYOPT(5)= 5，ANSYS 会根据模型的几何尺寸提供一个很小但有意义的值赋给

ICONT，并且会弹出一个警告信息。如图 11-15a 所示，任何落在“调整带”区域内的接触检查点都将自动移到目标面上。建议使用一个十分小的 ICONT 值，否则可能会发生严重不连续，如图 11-15b 所示。

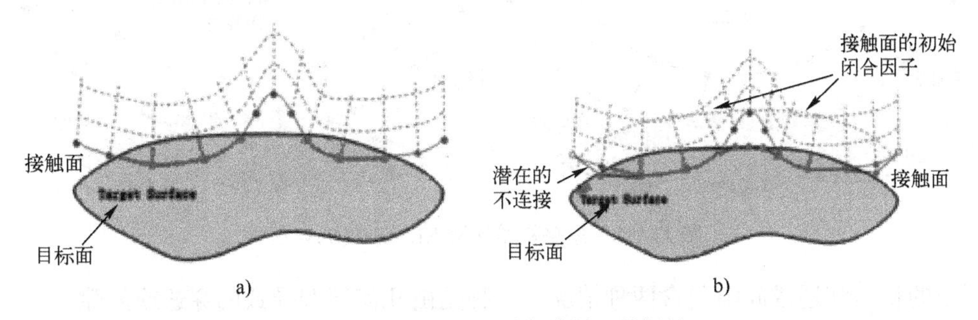

图 11-15　用 ICON 进行接触面的调整

CNOF 与 ICONT 之间的差别是，前者把整个接触面移动 CNOF 的距离，而后者把所有初始分开的刚好位于调整带 ICONT 内的接触点向目标面移动。

3）使用实常数 PMIN 和 PMAX 指定初始允许的穿透范围。如图 11-16 所示，当指定 PMIN 或 PMAX 后，在开始分析时，程序会将目标面移到初始接触状态。

如果穿透大于 PMAX，程序会调整目标面来减少穿透，接触状态的初始调节只通过平移来实现。如果初始穿透小于 PMIN 并且在 pinball 区域里，ANSYS 会调整目标面以保证模型的初始接触。ANSYS 只在平动方向调整初始接触状态。

对于给定载荷或给定位移的刚性目标面，将会执行初始接触状态的调整。对没有指定边界条件的目标面，也同样可以进行初始接触状态的调整。当目标面上的所有节点，有给定的零位移值时，使用 PMAX 和 PMIN 的初始调节将不会被执行。

初始状态调整是一个迭代过程，程序最多进行 20 次迭代。如果目标面仍不能进入可接受的穿透范围，那么将在模型的初始几何形状下进行计算和分析，这时程序会给出一个警告信息，告诉用户可能需要调整初始几何模型。

图 11-17 所示为一个初始接触调整迭代失败的例子。目标面的 UY 被约束，因此初始接触唯一允许的调整是在 x 方向。然而，在此问题中，刚性目标面在 x 方向的任何运动都不会引起初始接触。

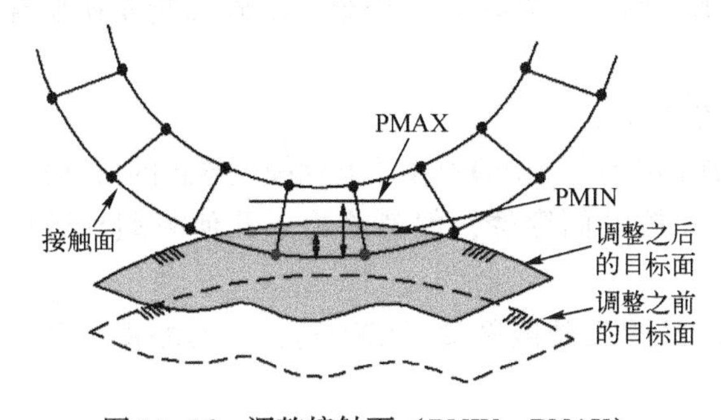

图 11-16　调整接触面（PMIN，PMAX）

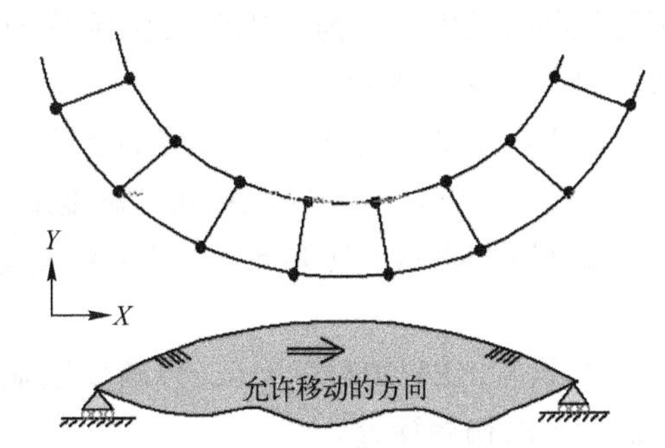

图 11-17　一个初始接触调整迭代失败的例子

对于柔体-柔体接触，约束目标面的 UY 不仅移动整个目标面，还同时移动与目标面相连的整个柔体，应确保没有其他接触面或目标面与柔体相连。

4）如图 11-18 所示，可以通过设置 KEYOPT(9)来调整初始穿透或间隙。

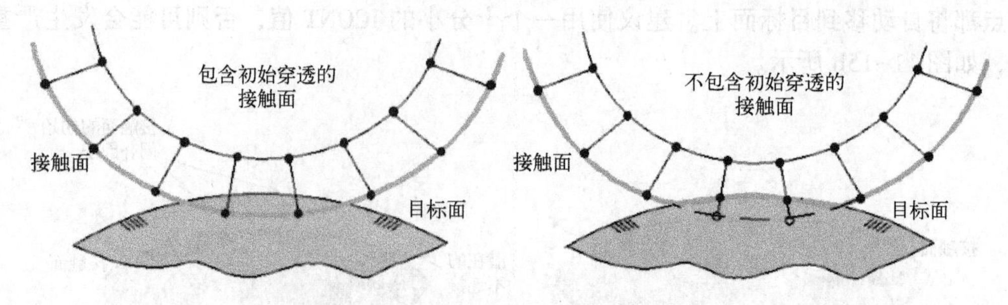

图 11-18　忽略初始穿透 KEYOPT(9)= 1

真正的初始穿透或间隙包含两种情况，一种是由几何模型导致的穿透或间隙，另一种是由接触面的偏移导致的穿透或间隙，初始穿透的组成部分如图 11-19 所示。需要注意的是，KEYOPT(9)的效果取决于其他 KEYOPT 的设置，仅当 KEYOPT(12)= 4 或 5（不分离或始终粘合）时，才考虑初始间隙效应。

KEYOPT(9)提供了下列调整初始穿透或间隙的设置。

① KEYOPT(9)= 0 是默认值，包含了几何和接触面偏移产生的初始穿透或间隙。

② KEYOPT(9)= 1，忽略了由几何和接触面偏移产生的初始穿透或间隙。

③ KEYOPT(9)= 3，仅考虑由接触面偏移导致的初始穿透或间隙，忽略几何模型的因素。

几何穿透
接触面
正的 CNOF
几何穿透加上正偏移
偏移后的接触面
接触面
负的 CNOF
几何穿透加上负偏移
接触面
偏移后的接触面

图 11-19　真正的初始穿透的组成部分

④ KEYOPT(9)= 5，仅考虑由接触面偏移导致的初始穿透或间隙，忽略几何模型的因素。但是当 KEYOPT(12)不等于 4 或 5 时，KEYOPT(9)的这一设置将忽略间隙弹簧的初始力，即在 pinball 区域内的接触面上没有初始力作用。

对于诸如干涉配合之类的问题会出现过度穿透，如果在第一个载荷步中考虑初始穿透，则往往会收敛困难。为了克服收敛困难的问题，用户可以在第一个载荷步施加渐变初始穿透，如图 11-20 所示。

提供渐变穿透功能的 KEYOPT(9)设置介绍如下。

① 设置 KEYOPT(9)= 2，可以渐变地施加初始穿透（CNOF+由于几何模型导致的偏移）。

② 设置 KEYOPT(9)= 4，可以渐变地施加接触面穿透，但忽略由于几何模型导致的穿透。

③ 设置 KEYOPT(9)= 6，以渐变地施加定义的接触偏移量（CNOF），但忽略由于几何原因产生的初始穿透。

当 KEYOPT(12)没有设置为 4 或 5 时，即使在 pinball 区域内检测到接触，KEYOPT(9)的这一设置也将忽略间隙弹簧的初始力。

对于上述的 KEYOPT(9)设置，用户还应该设置“KBC，0”，并在第一个载荷步中不要给定任何其他外载荷，还要确保 pinball 区域足够大，以捕捉到初始穿透。在默认情况下，渐变载荷仅在第一个载荷步激活。

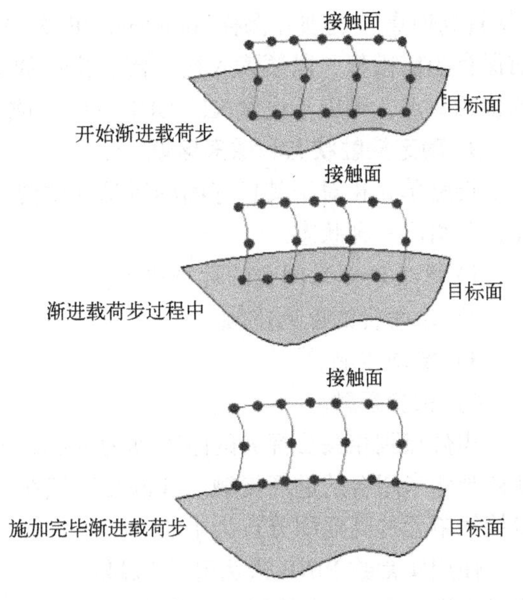

图 11-20　渐变初始穿透

可以组合应用以上方法。例如，如果希望设置十分精确的初始穿透或间隙，但有限元节点的初始坐标可能无法提供足够的精度，这时可以采用以下方法。

① 应用 CNOF 指定穿透（正值）或间隙（负值）。

② 应用 KEYOPT(9)= 5 在第一个子步求解初始穿透，或应用 KEYOPT(9)= 6 逐渐求解初始穿透。

在开始分析时，程序会给出每个目标面的初始接触状态的输出信息，该信息有助于决定每个目标面的最大穿透或最小间隙。而对于给定的目标面，如果没有探测到接触，可能是目标面离接触面太远（超出了 pinball 区域），或者是接触/目标单元已经被杀死。

8. 接触单元节点向目标面移动

可以按照下面的操作调整初始接触状态以便闭合间隙。

1）使用实常数 ICONT 定义一个初始接触调整量，ICONT 可能改变接触检查面的形状。

2）使用实常数 CNOF 定义一个接触偏移量，CNOF 不改变接触检查面的形状。

3）通过设置 KEYOPT(9)= 1 忽略穿透量。这种设置也不改变接触检查面的形状，但是，这种方法并不能真正地调整接触点的物理位置，而是调整了接触检查位置。

使用方法 1）进行初始调整，仅在接触分析开始时起作用，这时在 ICONT 范围中的每一个接触检查点都被应用到目标面上的初始接触。由于方法 2）和 3）的接触采用调整偏移整个接触检查面的方法来闭合存在的任意间隙，所以，方法 2）和 3）就会在整个分析中的接触面和目标面之间引入刚性区。如果接触面存在大转动，这个刚性区会产生一定量残余力，ANSYS 提供了 CNCHECK，ADJUST 命令来解决该问题。在下列情况下，这两个命令可以真实地把接触节点移向目标面。

1）仅当使用“节点检查”选项 KEYOPT(4)= 1 或 2 或使用 CONTA175、CONTA177，还可以使用设置 KEYOPT(3)= 0 的 CONTA176。

2）初始张开节点在 ICONT 区域中。

3）使用 KEYOPT(9)= 1 设置初始张开节点。

用户输入 CNCHECK，ADJUST 命令后，被移动的节点的坐标系将被修改，如图 11-21 所示。

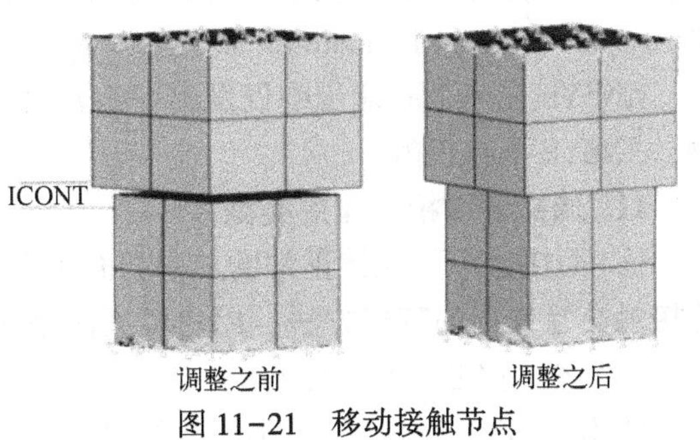

图 11-21　移动接触节点

在前处理中，用户可以改变其他与接触相关的设置，如设置 KEYOPT(4)= 0 来使用

“检查高斯点”选项并保存 Jobname. DB 文件。建议用户在输入 CNCHECK，ADJUST 命令之前保存当前模型，以便读入初始接触构形的 Jobname. DB 文件。对于那些不想使用物理移动的接触节点，可以不设置 KEYOPT(4)= 1 或 2。

9. 确定接触状态和球形区域

接触单元相对于其目标面的运动和位置，决定了接触单元的状态，程序检测每个接触单元，并给出一种状态。

1）STAT=0 未闭合的远场接触。

2）未闭合的近场接触。

3）滑动接触。

4）粘合接触。

积分点到相关目标面的距离称为 pinball 区域。当目标面进入 pinball 区域后，接触单元就被当作未闭合的进场接触。pinball 区域在二维中是一个圆环，在三维中是一个球体，它们以接触单元的高斯积分点为中心。

使用实常数 PINB 来为球形区域指定一个比例因子（正值），或其绝对值（负值），用户可以设置 PINB 为任意值。默认时，ANSYS 认为考虑大变形影响，并将球形区域半径定义为下伏单元厚度的 4 倍（刚体-柔体接触），或下伏单元厚度的 2 倍（柔体-柔体接触）。如果用户关闭大变形影响，则默认的球形区域半径为激活大变形影响的一半。对于“不分离接触”和“总是粘结接触”选项，PINB 的默认值与上面讨论值存在差别。如果为实常数 CNOF（接触面偏移）输入一个值，而默认 PINB 值小于 CNOF 的绝对值，则 PINB 的默认值将设置为 1. 1 * CNOF 的绝对值。

10. 在自接触中避免伪接触

在一些自接触问题中，在十分接近的几何位置上，ANSYS 可能错误地设定接触面和目标面之间的接触，如图 11-22 所示。

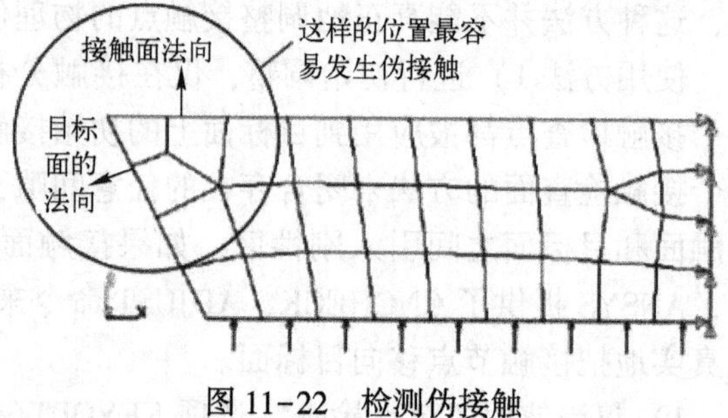

图 11-22　检测伪接触

ANSYS 在每一个载荷步中第一次检测到伪接触时会发出一个警告。如果 ANSYS 在第一个载荷步中发现伪接触，则可以看到这样的信息：“Contact element x has too much penetration related to target element y. We assume it (may be more elements) is spurious contact.”

如果 ANSYS 检测到归类为伪接触的突变，则可以看到这样的信息：“Contact element x status changed abruptly with target element y. We assume it (may be more elements) is spurious contact.”

ANSYS 在一个载荷步中仅发出一次这样的信息，在该载荷步中如果还存在其他的伪接触，ANSYS 不再提醒。

11. 选择表面相互作用类型

面-面接触单元支持正常的单向接触模型及其他力学表面相互作用模型。作为程序提供的接触交互作用的替代方法，用户可以使用 userinter 子程序定义自己的接触模型。

(1) 使用 KEYOPT(12)

使用 KEYOPT(12)模拟不同的接触表面行为。

1）KEYOPT(12)= 0 为标准的单向接触模式，此时如果接触面发生了分离，则法向压力等于 0。

2）KEYOPT(12)= 1 为理想粗糙度接触模式，用来模拟无滑动的、表面完全粗糙的摩擦接触问题。这种设置对应于摩擦因数无限大，定义的摩擦因数 MU 被忽略。

3）KEYOPT(12)= 2 为不分离接触，接触面和目标面一旦接触，在其后的分析中就连在一起（虽然允许有相对滑动）。

4）KEYOPT(12)= 3 为绑定接触模式，目标面和接触面一旦接触，随后就在所有方向上绑定。

5）KEYOPT(12)= 4 为不分离接触模式，其中的接触积分点，或初始时在球形区域内，或一旦接触，就总是与目标面、接触面的法向连在一起，但允许滑动。调整 FKOP，可用“软弹簧”把这些区域联系在一起。

6）KEYOPT(12)= 5 为绑定接触模式，其中接触积分点，或者初始在球形区域内，或者一旦接触，就总是与目标面沿接触面的法向和切向绑定在一起。

7）KEYOPT(12)= 6 绑定接触模式，其中初始接触的接触积分点保持与目标面的接触，而初始处于打开状态的接触积分点，在整个分析期间保持打开状态。

对于所有类型的绑定接触（KEYOPT(12)= 2、3、4、5 和 6），可以使用“debonding”选项来模拟接触的分离。

对于不分离和总是绑定的接触，可以通过使用一个较小的 PINB 值来防止伪接触。对于小变形分析，PINB 的默认值为 0.25 倍的接触单元厚度；对于大变形分析，PINB 的默认值为 0.5 倍的接触单元厚度。

对于初始绑定接触（KEYOPT(12)= 6），通过使用一个较大 ICON 值来捕获接触，当设置 KEYOPT(5)= 0 或 4 时，ICONT 的默认值为接触单元厚度的 0.05 倍。

（2）使用 FKOP

当接触状态张开时，实常数 FKOP 为施加的刚度因子，FKOP 仅能应用在不分离或绑定接触分析中（KEYOPT(12)= 2 或 6）。如果 FKOP 以正值输入，则作为比例因子，真实地接触张开刚度等于 FKOP 乘以接触闭合时施加的接触刚度。如果 FKOP 以负值输入，则为真实地接触张开刚度。FKOP 的默认值为 1。

不分离或绑定接触，在接触发生张开时，产生“回拉”力，这个力可能不足以阻止分离，为了减小分离，可定义一个较大的 FKOP 值。有时希望接触面分离，但又需要在接触面之间建立联系来阻止刚体运动，在这种情况下，可以指定较小的 FKOP 值，以使接触面之间保持联系。

（3）使用 TBND

在大多数焊接过程中，接触表面周围的材料超过临界温度后，表面开始熔化并融合，要对此现象进行模拟，可以使用实常数 TBND 指定临界温度。一旦接触表面的温度超过临界温度，接触点就会变为绑定接触，即使温度随后下降到临界值以下，接触状态仍将保持绑定状态。接触表面温度可从耦合热结构分析求解的温度场中获得。

12. 超级单元的使用

面-面接触单元可以模拟刚体与另一直线弹性体接触的小幅相对运动。弹性体使用超级单元来建模，极大地减少了接触迭代中涉及的自由度的数目，任何接触或目标节点必须是超级单元的主节点或超级单元的从节点。当接触对建立在用于生成超级单元的初始单元上时，接触状态不会从其初始状态改变。

由于超级单元仅由一组节点自由度组成，因此不可能在其上定义接触面和目标面的曲面几何形状，所以，在将接触面和目标面组装成一个超级单元之前，必须在初始单元的表面上定义接触面和目标面。从超级单元中获取的信息包括节点连接和装配刚度，但没有材料性质或应力状态（无论是轴对称、平面应力或平面应变）。限制条件是，用于接触单元的材料属性集必须与初始单元在组装成超级单元之前使用的材料属性相同。

使用 KEYOPT(3) 为带有超级单元的二维分析进行参数设置，对 CONTA171 和 CONTA172 单元的设置如下。

1）不使用任何超级单元 KEYOPT(3)=0。

2）仅使用超级单元的对称接触 KEYOPT(3)=1。

3）仅使用超级单元并考虑厚度的平面应力或平面应变 KEYOPT(3)=2。

4）仅使用超级单元并考虑厚度的平面应力问题 KEYOPT(3)=3。对于这种情况，使用实常数 R2 来指定厚度。

在三维接触分析（CONTA173，CONTA174）中，不使用 KYOPT(3) 于指定超级单元存在时的应力状态，程序可以自动检测底层单元是否是超级单元。

对于没有超级单元的二维和三维分析，接触单元的 KEYOPT(3) 在某些情况下可以用来控制法向接触刚度的单位。注意，当超级单元存在时，法向接触刚度的单位是力/长度[3]。

13. 施加稳定的接触阻尼

由于没有很好地建立接触面初始接触条件，接触分析开始会产生刚体位移，可能由以下原因引起。

1）接触对两侧的单元网格由于数值舍入误差引入了小间隙，甚至在初始接触状态下建立了实体模型。

2）接触单元和目标单元的积分点之间存在小间隙。

3）对于基于表面投影的接触，即使在接触节点上观察到几何穿透，也可能存在数值间隙距离，这是因为数值距离是在平均意义上在重叠区域上得到的。

对于标准接触 KEYOPT(12)=0 或粗糙接触 KEYOPT(12)=1，用户可以使用实常数 FDMN 和 FDMT 来定义沿着接触法向和切向的接触阻尼比例因子。对于张开接触，稳定接触方法的目的是衰减接触面和目标面之间的相对运动，并提供一定量的抗力来减少刚体运动的趋势。

指定的阻尼系数应该足以防止刚体运动，但是不能过大，必须保证能够完成求解。理想值完全取决于具体问题、载荷步的时间和子步的数量。

4）使用 FDMN、FDMT 和 KEYOPT(15)。程序基于以下几个因素计算阻尼系数。

① 接触刚度。

② 球形区域半径。

③ 间隙距离。

④ 子步数量。

5）当前子步的时间尺寸增量。一般来说，当其他初始接触调整方法没有效果或对特殊的问题不合适时，则可使用稳定接触阻尼方法。如果接触中存在以下情况，则自动稳定接触方法将不能使用。

① 使用基于接触的高斯点 KEYOPT(4)=0。

② 整个接触对为张开状态。

③ 除了以上两种情况外，在任意接触节点能够检测到几何穿透。

不使用自动稳定接触方法，可能会发生刚体运动。当希望关闭自动稳定接触计算时，则可以设置 KEYOPT(15)=1。可以通过手动指定实常数 FDMN 和 FDMT 来激活稳定接触阻尼方法。

使用 FDMN 的正值来指定法向的阻尼比例因子，默认值为 1。通过指定一个负值，用户能够修改内部法向阻尼系数，该阻尼系数的单位为 $Pa/(m \cdot s^{-1})$。对于基于力的接触模型，阻尼系数单位为 $N/(m \cdot s^{-1})$。

使用 FDMT 的正值来指定切向的阻尼比例因子。只有激活法向阻尼系数后，才能激活切向接触阻尼，FDMT 的默认值为 0.0001。通过指定 FDMT 为负值来覆盖内部计算的切向阻尼系数。

如果下列条件都满足，则稳态阻尼系数被激活：

① 标准接触 KEYOPT(12)=0 或粗糙接触 KEYOPT(12)=1。

② 接触状态为近场接触。

③ 计算为第一载荷步，除非 KEYOPT(15)=2 或 3。

④ 在前一个子步，整个接触对为张开接触状态，除非 KEYOPT(15)=3。

当 KEYOPT(15)=0，1 或 2 时，如果任意接触检查点在前一个子步为闭合状态，则稳定阻尼将不能施加在当前子步。但当 KEYOPT(15)=3 时，并且当前接触状态为近场接触，则总是使用稳定阻尼方法。

14. 考虑厚度的影响

使用 KEYOPT(11)可以考虑壳（二维和三维）、梁（二维）的厚度。对于刚体-柔体接触，ANSYS 将自动移动接触面到壳/梁的底面或顶面。对于柔体-柔体接触，ANSYS 将自动移动与壳/梁单元相连的接触面和目标面。默认时程序不考虑单元厚度，用中面来表示梁和壳，而穿透距离从中面计算。

通过设置 KEYOPT(11)来考虑梁或壳的厚度时，是从前一个子步指定的底面或顶面来计算接触距离的。需要注意的是，当使用壳或梁单元的节点位于中面时，仅能使用 KEYOPT(11)=1 考虑厚度。

在与 KEYOPT(11)=1 选项结合在一起指定接触偏移（CNOF）时，CNOF 是从壳/梁的顶面或底面计算的，而不是中面。当与 SHELL181、SHELL208、SHELL209、SHELL281 或 ELBOW290 一起使用时，还可以考虑变形过程的变化。

15. 使用单元生死选项

面-面接触的接触单元和目标单元允许被激活或杀死。这些元素可以被移除以进行部分分析，然后再重新激活其后分析过程。这一特性对于模拟复杂的金属成形过程非常有用，因为在分析的不同阶段，多个刚性目标表面需要与接触表面相互作用。例如，回弹模拟通常需要在成形过程结束时移除刚性工具。

在分析开始时，禁用目标单元（EKILL 命令）时要小心。在禁用目标单元时，程序不再跟踪初始接触条件，因此即使在以后的加载步骤中重新激活目标单元（EALIVE 命令），也不会考虑初始穿透或间隙 KEYOPT(9)对接触单元的影响。

11.2.8 控制刚性目标面的运动

刚性目标表面在其原始结构中定义，然后由“pilot”节点定义整个表面的运动（如果没有定义“pilot”节点，则定义目标表面上的不同节点）。

在下列任何情况下，必须使用“pilot”节点来控制整个目标表面的边界条件。

1）目标面上作用着给定的外力。

2）目标面发生旋转。

3）目标面和其他单元相连（如结构质量单元 MASS21 等）。

4）目标表面的运动受平衡条件的调节。

5）当模拟表面约束或刚体时。

“pilot”节点的自由度代表整个刚体表面的运动，包括二维中的两个平移自由度和一个旋转自由度，以及三维中的三个平移和三个旋转自由度。可以应用边界条件（位移、初始速度、集中载荷和旋转等）于“pilot”节点上，为了考虑刚体的质量，需要在“pilot”节点上定义一个质量单元（MASS 21）。可以在“pilot”节点上定义一个随动单元（FOLLW 201），单元指定的外力和力矩将跟随“pilot”节点运动。

默认情况下，对于目标单元，当 KEYOPT(2)= 0 时，程序会检查每个目标表面的边界条件。如果满足以下条件，程序将目标面上的节点视为固定的。

1）对于目标面上的节点没有明确的边界条件或给定的力。

2）目标面上的节点未连接到其他元素。

3）约束方程和节点耦合都没有用于约束目标面上的节点。

在每个加载过程结束时，程序解除设置的约束条件，存储在结果文件（Jobname. RST）和数据库文件（Jobname. DB）中的约束条件可能会因为这种更改而更新。在重新启动分析时，应该仔细检查当前约束条件是否是预期的。

可以通过在目标单元定义中设置 KEYOPT(2)= 1 来控制目标节点的约束条件。而在使用“pilot”节点时，需要注意目标面上的一些限制条件。

1）每个目标表面只能有一个“pilot”节点。

2）“pilot”节点可以是目标单元上的节点之一，也可以是任意位置的节点，但是，它不应该是接触单元上的节点。只有在应用旋转或力矩时，“pilot”节点的位置才变得重要。对于每个“pilot”节点，程序自动定义一个内部节点和一个内部约束方程。通过内部约束方程将“pilot”节点的转动自由度与内部节点的平移自由度连接起来。通常，不应将外部约束方程（CE）或节点耦合（CP）应用于“pilot”节点。

3）当目标单元的 KEYOPT(2)= 0（默认）时，程序忽略除“pilot”节点以外的所有节点上的边界条件。

4）当 KEYOPT(2)= 0（默认）时，只有“pilot”节点才能连接到其他元素。

5）通过为目标单元设置 KEYOPT(2)= 1，可以将边界条件应用于任何刚性目标节点，而不仅是“pilot”节点。在这种情况下，需要确保刚性目标表面不受约束或过度约束。即使在 KEYOPT(2)= 1 的情况下，ANSYS 仍然建议用户在“pilot”节点上应用所有边界条件。

11.2.9 定义求解和载荷步选项

接触问题的收敛性很大程度上取决于特定问题，下面列出的选项要么典型的，要么推荐用于大多数面-面接触分析。

1. 步长的控制

时间步长必须足够小，以描述适当的接触。如果时间步长太大，则接触力的光滑传递会被破坏。为避免这一现象出现，推荐打开自动时间步长。

命令：AUTO,ON

GUI：Main Menu>Solution>Unabridged Menu>Load Step Opts>Time/Frequenc>Time-Time Step or Time and Substeps

2. 算法的选择

如果在迭代期间接触状态变化，可能会发生不连续，为了避免收敛慢，使用修改的刚度阵，将“牛顿-拉普森”选项设置成“FULL”。

命令：NROPT,FULL,OFF

GUI：Main Menu>Solution>Unabridged Menu>Analysis Type>Analysis Options

3. 平衡迭代过程

不要使用自适应下降因子，对于面-面接触的问题，自适应下降因子通常不会提供任何帮助，因此建议关掉它。设置合理的平衡迭代次数，一个合理的平衡迭代次数通常在25~50之间。

命令：NEQIT

GUI：Main Menu>Solution>Unabridged Menu>Load Step Opts>Nonlinear>Equilibrium Iter

4. 搜索方法

因为大的时间增量会使迭代趋向于不稳定，使用“线性搜索”选项可使计算稳定化。

命令：LNSCRH

GUI：Main Menu>Solution>Unabridged Menu>Load Step Opts>Nonlinear>Line Search

5. 时间步长预测器的打开

只有在大转动和动态分析中，才可打开“时间步长预测器”选项。

命令：PRED

GUI：Main Menu>Solution>Unabridged Menu>Load Step Opts>Nonlinear>Predictor

在接触分析中许多不收敛问题是由于用了太大的接触刚度引起的，因此，应检验是否使用了合适的接触刚度（FKN）。

11.2.10 求解

接触问题的求解过程与静力结构及动力学问题的求解过程相同，具体可参见前面章节内容。

11.2.11 观察结果

接触分析的结果主要包括位移、应力、应变、接触压力和滑动等，可以在通用后处理器（POST1）或时间历程后处理器（POST26）中查看结果。

1. 在 POST1 中查看结果

进入 POST1，如果用户的模型不在当前数据库中，使用"恢复"命令（resume）来恢复它。

命令：/POST1

GUI：Main Menu>General Postproc

需要读入所期望的载荷步和子步的结果，可通过载荷步和子步数实现，也可以通过时间来实现。

命令：SET

GUI：Main Menu>General Postproc>Read Results>By Pick

用户可以使用下面的任何一个选项来显示结果。

（1）显示变形

命令：PLDISP

GUI：Main Menu>General Postproc>Plot Results>Deformed Shape

（2）等值显示

命令：PLESOL

GUI：Main Menu>General Postproc>Plot Results>Contour Plot>Noded Solu

（3）列表显示

命令：PRNSOL，PRESOL，PRRSOL，PRETAB，RITER，NSORT，ESORT

GUI：Main Menu>General Postproc>List Results>Noded Solution

（4）动画显示

命令：ANIME

GUI：Uility menu>Plotctrls>Animate

2. 在 POST26 中查看结果

可以使用 POST26 来查看一个非线性结构对加载历程的响应，比较一个变量和另一个变量的变化关系，以及某个节点的塑性应变与时间的关系。

（1）进入 POST26，恢复不在当前数据库中的模型

命令：/POST26

GUI：Main Menu>TimHist Postpro

（2）定义变量

命令：NSOL,ESOL,RFORCE

GUI：Main Men >Time ListPostpro>Define Variable

（3）画曲线或列表显示

命令：PLVAR，PRVAR，EXTREM

GUI：Main Menu>Time ListPostproc>Graph Variable（ List Variable / List Extremes ）

11.3 套管过盈装配分析实例

本书实例为套管过盈装配分析，对过盈配合和将轴拔出两个工况均进行了分析，分别采用 GUI 和命令流两种方式进行。

11.3 套管过盈装配分析实例

1. 建立模型

1）设置分析标题。从菜单中选择 Utility Menu>File>Change Title，在相应文本框中输入“Contact Analysis”，单击“OK”按钮。

2）定义单元类型。从菜单中选择 Main Menu>Preprocessor>Element Type>Add/Edit/Delete，弹出“Element Types”对话框，如图 11-23 所示。单击“Add”按钮，弹出如图 11-24 所示的“Library of Element Types”对话框。单击“Structural>Solid”和“Brick8 node 185”，再单击“OK”按钮，然后单击“Element Types”对话框的“Close”按钮。

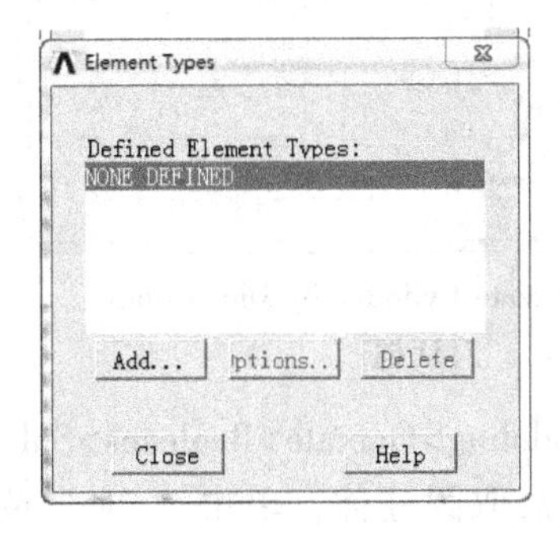

图 11-23 “Element Types”对话框

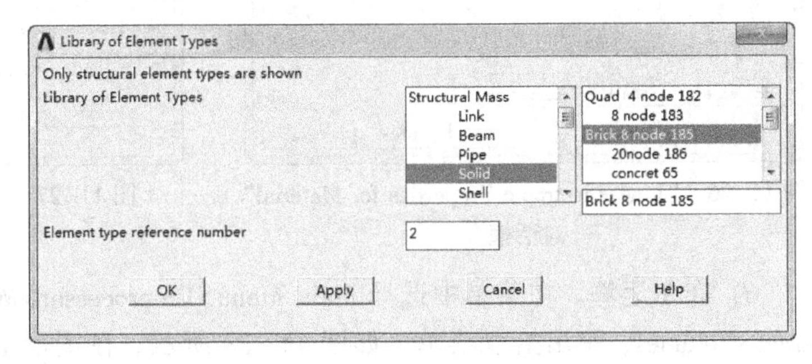

图 11-24 “Library of Element Types”对话框

3）定义材料性质。从菜单中选择 Main Menu>Preprocessor>Material Props>Material Models，弹出如图 11-25 所示的“Define Material Model Behavior”对话框，在“Material Models Available”区域中连续单击 Structural>Linear>Elastic>Isotropic，弹出如图 11-26 所示“Linear Isotropic Properties for Material Number1”对话框，在“EX”文本框中输入“3E+007”，在“PRXY”文本框中输入“0.25”，单击“OK”按钮，然后在“Define Material Models Behavior”对话框中单击 Material>Exit 退出。

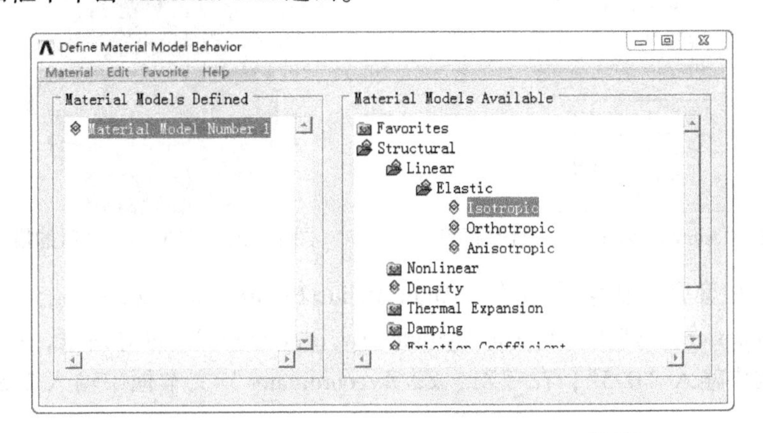

图 11-25 “Define Material Model Behavior”对话框

4）生成圆柱。在菜单中选择 Main Menu>Preprocessor>Modeling >Create>Volumes>Cylinder>By Dimensions，弹出如图 11-27 所示的“Create Cylinder By Dimensions”对话框，在“RAD1 Outer radius”文本框中输入“2”，在“Z1，Z2 Z-coordinates”文本框中输入 3 和 5，单击“OK”按钮。

5）生成圆柱孔。在菜单中选择 Main Menu>Preprocessor>Modeling>Create>Columes>

Cylinder>By Dimensions，弹出“Create Cylinder By Dimensions”对话框，在“RAD1 Outer radius”文本框中输入“0.45”，在“Z1，Z2 Z-coordinates”文本框中分别输入 3 和 5，单击“OK”按钮。

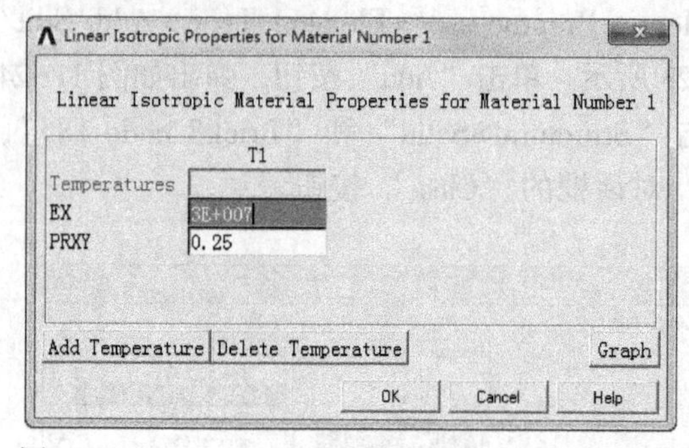

图 11-26 “Linear Isotropic Properties for Material”对话框

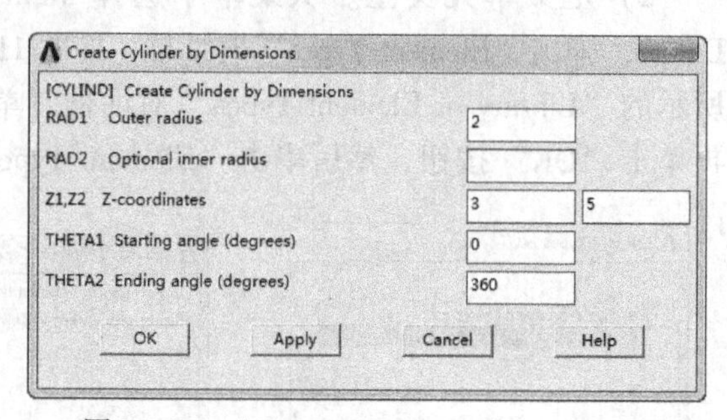

图 11-27 “Create Cylinder By Dimensions”对话框

6）布尔运算。在菜单中选择 Main Menu>Preprocessor>Modeling>Operate>Booleans>Substract>Volumes，弹出拾取菜单，如图 11-28 所示。在图形上拾取圆柱体，单击“OK”按钮，结果显示如图 11-29 所示。

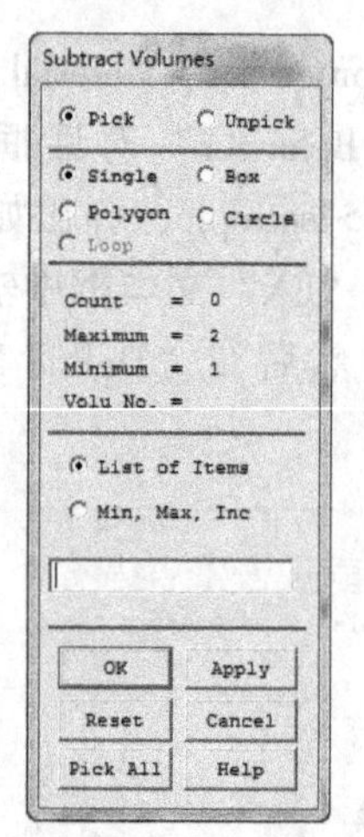

图 11-28 “Subtract Volumes”拾取菜单

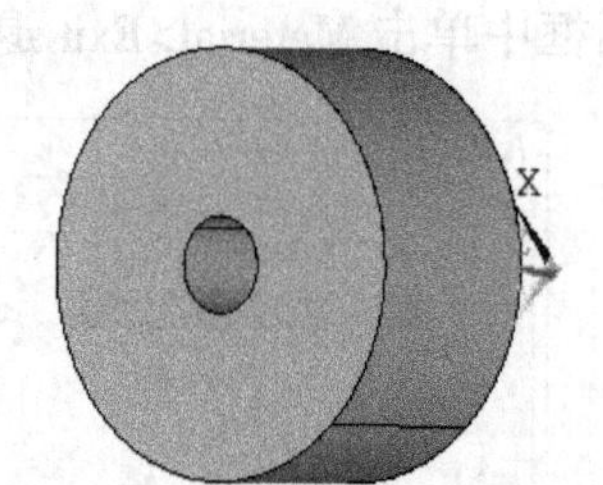

图 11-29 布尔相减之后的模型

7）生成圆柱套管。从菜单中选择 Main Menu>Preprocessor>Modeling>Create>Volumes>Cylinder>By Dimesions，弹出“Create Cylinder By Dimensions”的对话框，在“RAD1 Outer radius”文本框中输入“0.5”，在“Z1，Z2 Z-coordinates”文本框中输入 2.5 和 5.5，单击“OK”按钮。

8）显示工作平面。从菜单中选择 Utility Menu>Workplane>Display Working Plane。

9）设置工作平面。从菜单中选择 Utility Menu>Workplane>WP Setting，弹出“WP Settings”拾取菜单，如图 11-30 所示，单击选中“Grid and Triad”，单击“OK”按钮。

10）移动工作平面。从菜单中选择 Utility Menu>Workplane>Offset WP By Increments，弹出“Offset WP”拾取菜单，如图 11-31 所示，在角度文本框中输入“90”，然后单击 按钮，单击“OK”按钮。

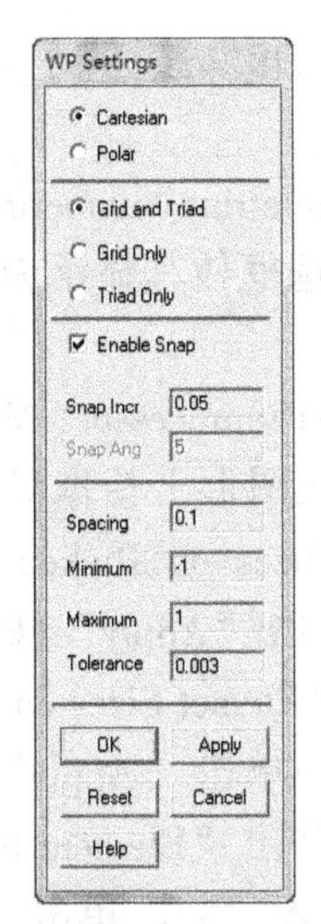

图 11-30 “WP Settings”拾取菜单

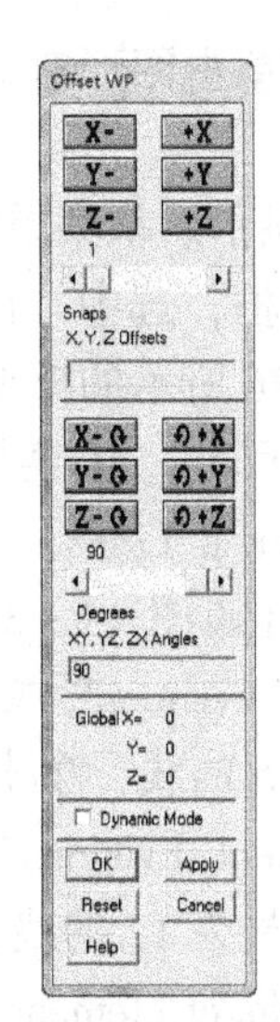

图 11-31 “Offset WP”拾取菜单

11）体分解操作。从菜单中选择 Main Menu>Preprocessor>Modeling>Operate>Booleans>Divide>Volu By Workplane，弹出“Divide Vol By WP”拾取菜单，单击“Pick All”按钮，结果如图 11-32 所示。

12）保存数据。单击图形窗口工具条上的“SAVE _ DB”按钮。

13）体删除操作。从菜单中选择 Main Menu>Preprocessor>Modeling>Delete>Volumes and Below，弹出拾取菜单。在图形上拾取下边的套筒和套管，单击“OK”按钮，屏幕显示如图 11-33 所示。

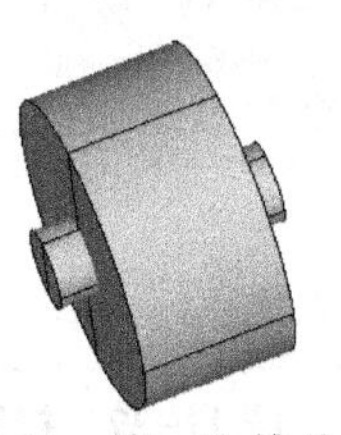

图 11-32 第一次体分解图

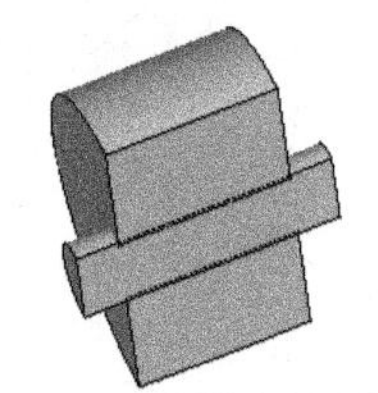

图 11-33 第一次体删除

14）移动工作平面。从菜单中选择 Utility Menu>Workplane>Offset WP By Increments，弹出“Offset WP”拾取菜单，在角度文本框中输入“90”，然后单击+Y按钮，单击“OK”按钮。

15）体分解操作。从菜单中选择 Main Menu>Preprocessor>Modeling>Operate>Booleans>Divide>Volu By Workplane，弹出“Divide Vol By WP”拾取菜单，单击“Pick All”按钮。结果如图 11-34 所示。

16）体删除操作。从菜单中选择 Main Menu>Preprocessor>Modeling>Delete>Volumes and Below，弹出拾取菜单，在图形上拾取套筒和套管，单击“OK”按钮，结果如图 11-35 所示。

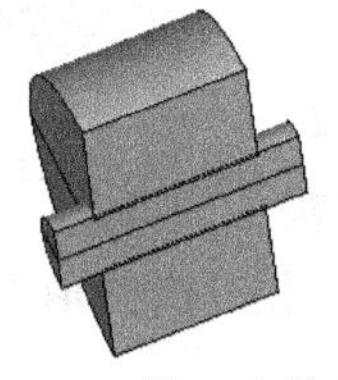

图 11-34 第二次体分解

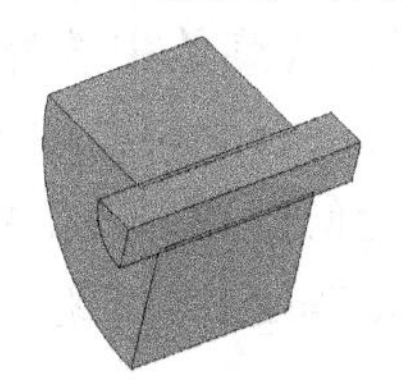

图 11-35 第二次体删除

17）保存数据。单击图形窗口工具条上的“SAVE _ DB”按钮。

2. 划分网格

1）打开线编号显示。从菜单中选择 Utility Menu>Plotctrls>Numbering，弹出“Plot Numbering Controls”对话框，选中“Line Line Numbers”复选框使其显示为“on”，单击“OK”按钮，得到如图 11-36 所示的模型线标号。

2）设置线单元尺寸。从菜单中选择 Main Menu>Preprocessor>Meshing>Size Contrls>Manual Size>Lines>picked Lines，弹出一个拾取菜单。在图形上拾取编号为 18 的线，单击“OK”按钮，又弹出如图 11-37 所示的“Elements Sizes on Picked Lines”对话框。在“NDIV No. of element divisions”文本框中输入“5”，单击“Apply”按钮，弹出拾取菜单。在图形上拾取编号为 5 的线，单击“OK”按钮，弹出“Elemet Sizes on Pick Lines”对话框。在“NDIV No. of element divisions”文本框中输入“5”，单击“Apply”按钮，弹出拾取菜单。在图形上拾取编号为 17 的线，单击“OK”按钮，弹出“Element Sizes on Picked Lines”对话框。在“NDIV No. of element divisions”文本框中输入“5”，单击“OK”按钮。

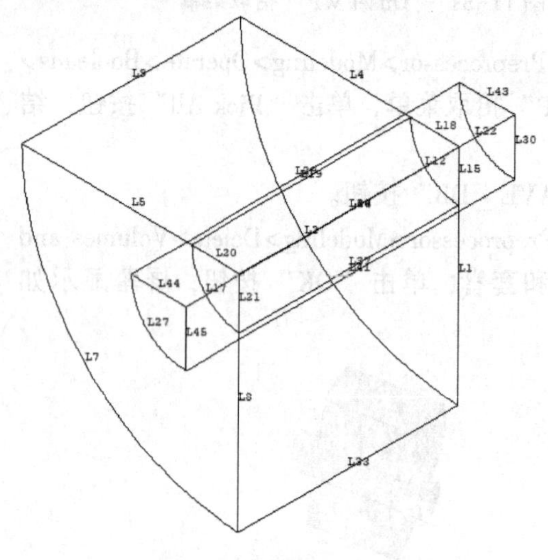

图 11-36　模型线标号

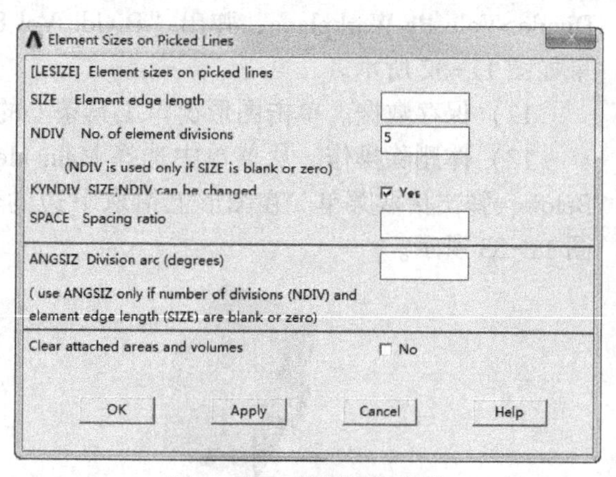

图 11-37　控制网格份数

3）有限元网格的划分。从菜单中选择 Main Menu>Preprocessor > Meshing > Mesh > Volume Sweep > Sweep，弹出“Volume Sweeping”拾取菜单，单击“Pick All”按钮。结果显示如图 11-38 所示。

4）保存数据。单击图形窗口工具条上的“SAVE_DB”按钮。

3. 定义接触对

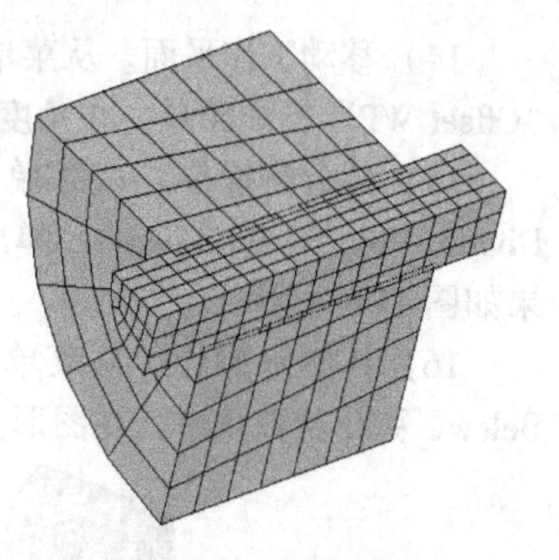
图 11-38　网格显示

1）创建目标面。从菜单中选择 Main Menu>Preprocessor>Modeling>Create>Contact Pair，弹出“Contact Manager”对话框。单击按钮，弹出“Contact Wizard”对话框，接受默认选项。单击“Pick Target”按钮，弹出拾取菜单，在图形上单击拾取套筒的接触面，单击“OK”按钮。

2）创建接触面。再次弹出“Contact Wizard”对话框，单击“Next”按钮，弹出如图 11-39 所示的“Contact Wizard”对话框。在“Contact Element Type”选项组中选中“Surface-to-Surface”，单击“Pick Target”按钮，弹出拾取菜单。在图形上单击拾取圆柱套管的接触面，如图 11-40 所示。单击“OK”按钮，弹出“Contact Wizard”对话框，单击“Next”按钮。

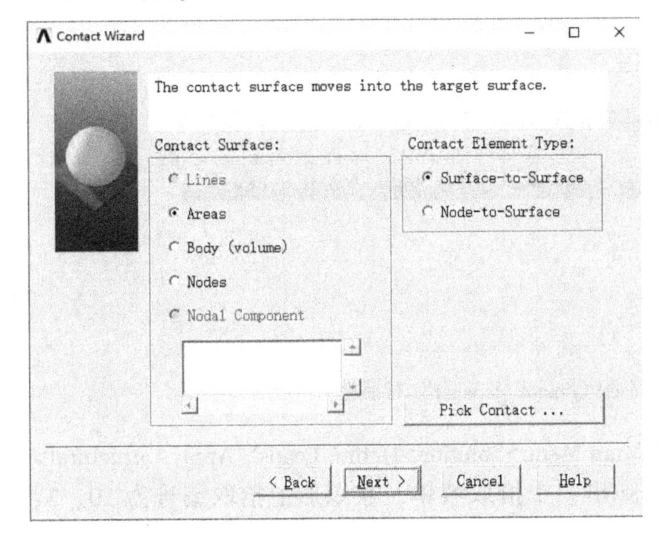

图 11-39 “Contact Wizard”对话框（一）

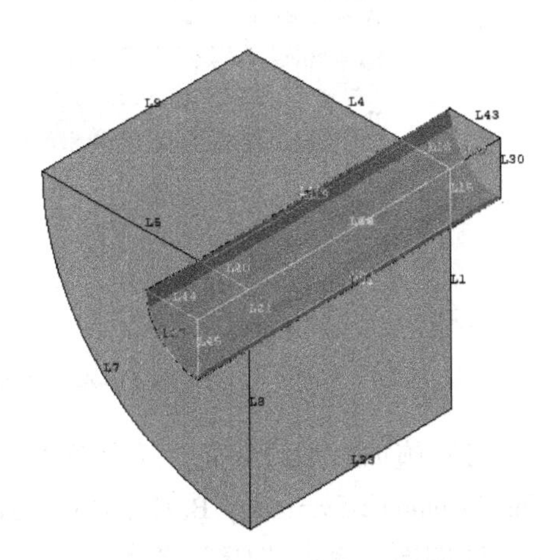

图 11-40 选择接触面

3）设置接触面。从菜单中选择完成 2）中操作后，弹出如图 11-41 所示对话框。在“Coefficient of friction”文本框中输入“0.2”，单击“Optional settings”按钮，弹出如图 11-42 所示的“Contact Properties”对话框。在“Normal Penalty Stiffness”文本框输入“0.1”，单击“OK”按钮。

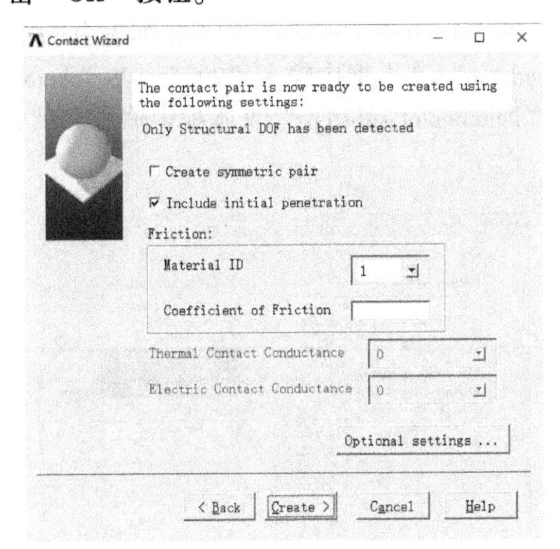

图 11-41 “Contact Wizard”对话框（二）

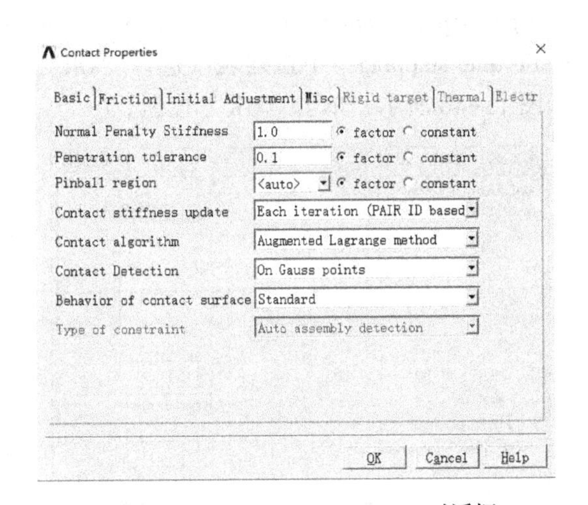

图 11-42 “Contact Properties”对话框

4）生成接触面。回到“Contact Wizard”对话框，单击“Create”按钮，再单击“Finish”按钮，结果如图 11-43 所示。然后关闭如图 11-44 所示的对话框。

4. 施加载荷并求解

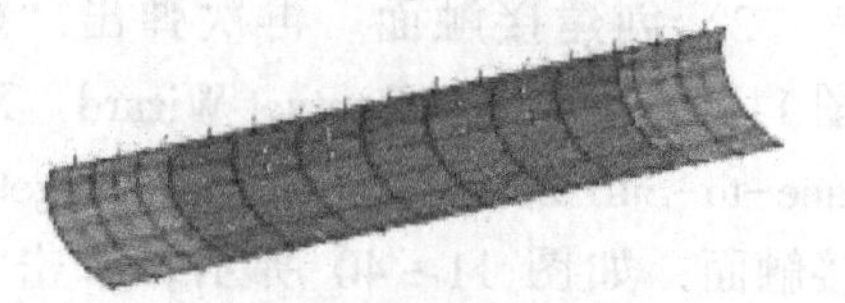

图 11-43　接触面显示

1）打开面编号显示。从菜单中选择 Utility Menu>Plotctrls>Numbering，弹出“Plot Numbering Controls”对话框，选中“AREA Area Numbers”复选框使其显示为“on”，选中“LINE Line Numbers”复选框使其显示为“off”，单击“OK”按钮。

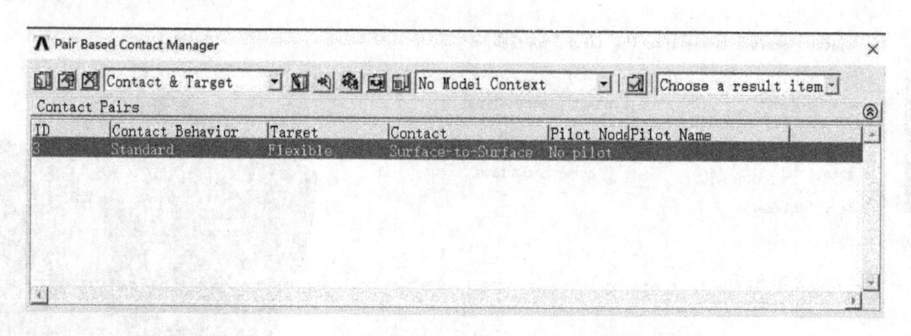

图 11-44　“Pair Based Contact Manager”对话框

2）施加对称约束面。从菜单中选择 Mian Menu>Solution>Define Loads> Apply>Structural>Displacement>Symmetry B. C. >On Areas，弹出一个拾取菜单，在图形上拾取编号为 10、3、4、24 的面，单击“OK”按钮。

3）施加面约束条件。从菜单中选择 Main Menu>Solution>Define Loads>Apply>Structural>Displacement>on Areas，弹出一个拾取菜单，在图形上拾取编号为“9”的面，单击“OK”按钮，弹出如图 11-45 所示的“Apply U，ROT on Areas”对话框。单击选择“All DOF”，然后单击“OK”按钮。

4）对第一个载荷步设定求解选项。从菜单中选择 Main Menu>Solution>Analysis Type>Sol'n Controls，弹出“Solution Controls”对话框，在“Analysis Options”的下拉列表中选择“Large Displacement Static”，在“Time at end of loadstep”文本框中输入“200”，在“Automatic time stepping”下拉列表中选择“Off”，在“Number of substeps”文本框中输入“1”，如图 11-46 所示，单击“OK”按钮。

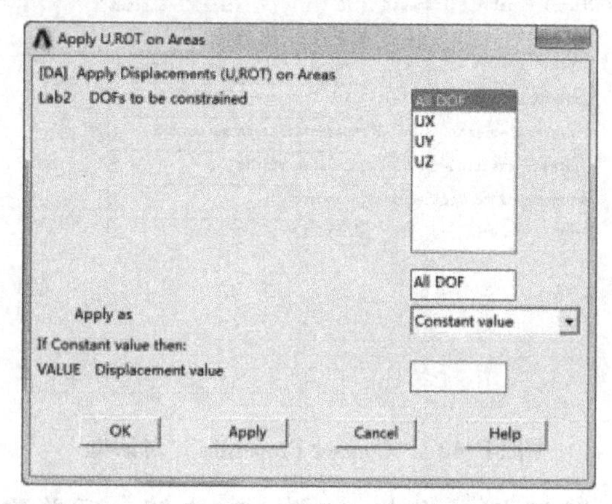

图 11-45　施加位移约束图

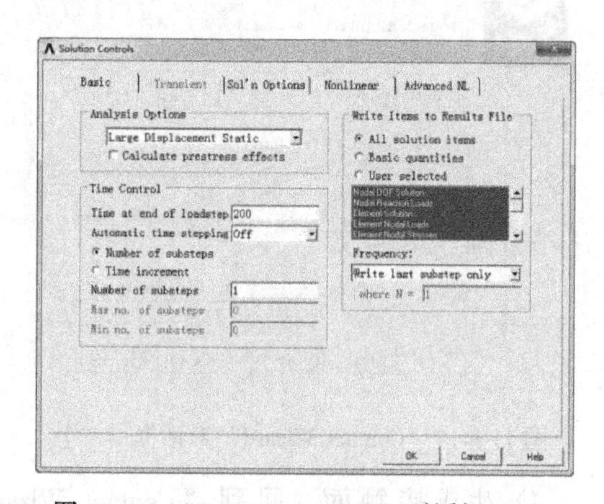

图 11-46　“Solution Controls”对话框（一）

5）第一个载荷步求解。从菜单中选择 Mian Menu>Solution>Solve>Current ls，弹出“/STATUS Command”状态窗口和“Solve Current LS”对话框，仔细浏览窗口中的信息，单击“Solve Current LS”对话框中的“OK”按钮开始求解。

6）选择节点。从菜单中选择 Utility Menu>Select>entities，弹出如图 11-47 所示的“Select Entitises”拾取菜单。在第一个下拉列表中选择“Nodes”，在第二个下拉列表中选择“By Location”，选择“Z coordinates”单选按钮，在“Min，Max”文本框中输入“5”，单击“OK”按钮。

7）施加节点位移。从菜单中选择 Main Menu>Solution>Define Loads>Apply>Structural>Dispiacement>On Nodes，弹出拾取菜单，单击“Pick All”按钮，弹出如图 11-48 所示“Apply U，ROT on Nodes”对话框，在“Lab2 DOFs to be constrained”右侧选中“UZ”，在“VALUE Displacement value”文本框中输入“3”，单击“OK”按钮。

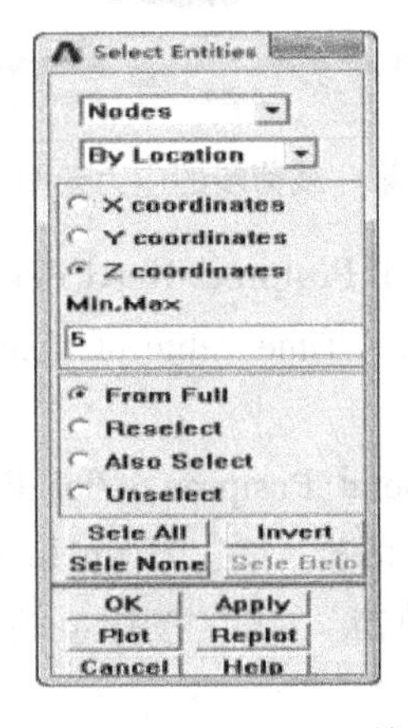

图 11-47 “Select Entities”拾取菜单

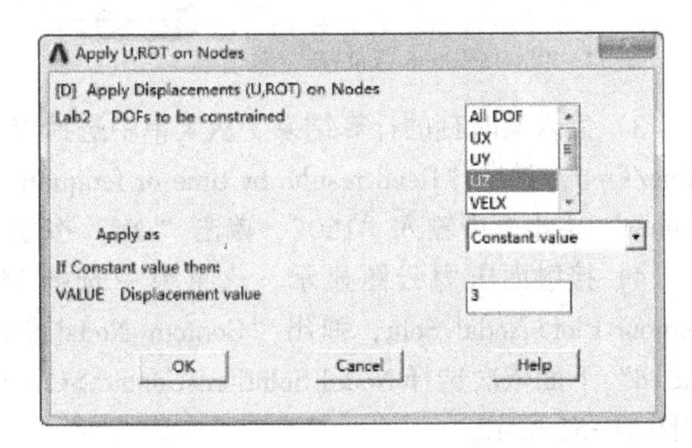

图 11-48 “Apply U，ROT on Nodes”对话框

8）对第二个载荷步设定求解选项。从菜单中选择 Main Menu>Solution>Analysis Type>sol’n Controls，弹出“Solution Controls”对话框。在“Analysis Options”下拉列表中选择“Large Displacement Static”，在“Time at end of loadstep”文本框中输入“200”，在“Automatic time stepping”下拉列表中选择“On”，在“Number of substeps”文本框中输入“100”，在“Max no. of substeps”文本框中输入“1000”，在“Min no. of substeps”文本框中输入“10”，在“Frequency”下拉列表中选择“Write N number of substeps”，在“Where N =”文本框中输入“-10”，如图 11-49 所示，单击“OK”按钮。

9）第二个载荷步求解。从菜单中选择 Mian Menu>Solution>Solve>Current ls，弹出“/STATUS Command”状态窗口和“Solve Current LS”对话框，仔细浏览窗口中的信息，单击“Solve Current LS”对话框中的“OK”按钮开始求解。

5. Post1 后处理

1）读入第一个载荷步的计算结果。从菜单中选择 Main Menu>General Postproc>Read Results>By Load Step，弹出“Read Results By Load Step Number”对话框。在“LSTEP Load step number”文本框中输入“1”，单击“OK”按钮。

2）Von-mises 应力云图显示。从菜单中选择 Main Menu>General Postproc>Plot Results>Contour Plot>Nodal Solo，弹出“Contour nodal solution”对话框。在“Item to be contoured”下

面依次选择 Nodal Solution>Stess>Von mises Stress，单击“OK”按钮，结果显示如图 11-50 所示。

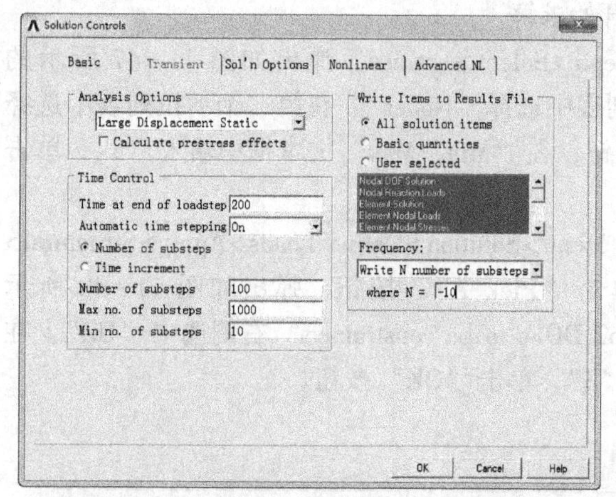

图 11-49 “Solution Controls”对话框（二）

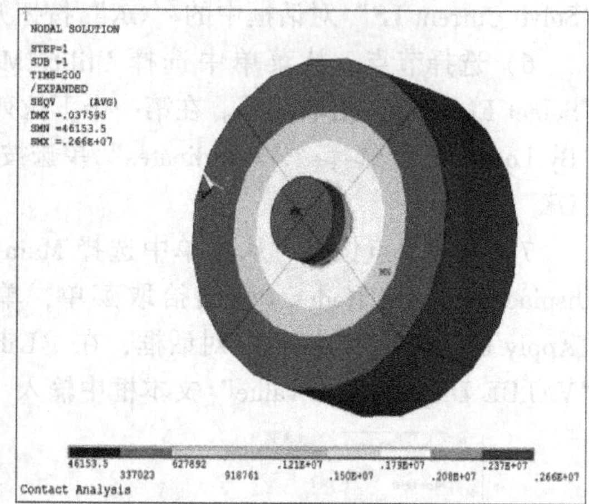

图 11-50 第一载荷步的应力云图

3）读入某时刻的计算结果。从菜单中选择 Main Menu>General Postproc>Read Results>By Time/Freq，弹出“Read results by time or fenquency”对话框，在“Time value of time or frequency”文本框中输入“160”，单击“OK”按钮。

4）接触面压力云图显示。从菜单中选择 Main Menu>General Postproc>Plot Results>Contour Plot>Nodal Solu，弹出“Contour Nodal Solution Data”对话框，在“Item to be contoured”下面依次选择 Nodal Solution>Contact>Contact Pressure，单击“OK”按钮，结果显示如图 11-51 所示。

5）读取第二个载荷步的计算结果。从菜单中选择 Main Menu>General Postproc>Read Results>By Load Step，弹出“Read Results By Load Step Number”对话框，在“LSTEP Load step number”文本框中输入“2”，单击“OK”按钮。

6）Von-mises 应力云图显示。从菜单中选择 Menu>General Postproc>Plot Results>Contour Plot>Nodal Solo，弹出“Contour Nodal Solution”对话框，在“Item to be contoured”下依次选择 Nodal> Solution>Stress>Von mises Stress，单击“OK”按钮，结果显示如图 11-52 所示。

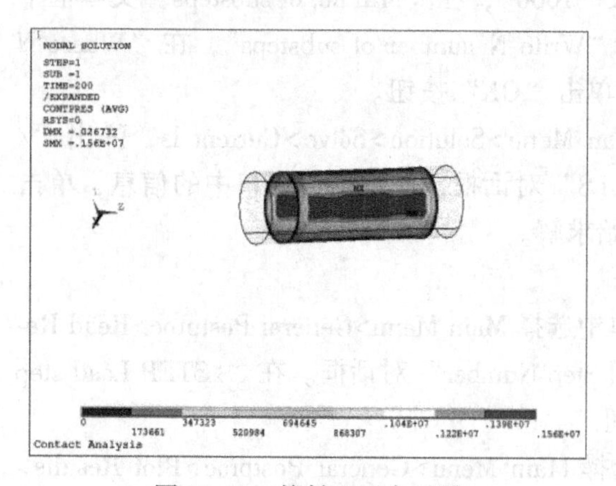

图 11-51 接触面压力云图

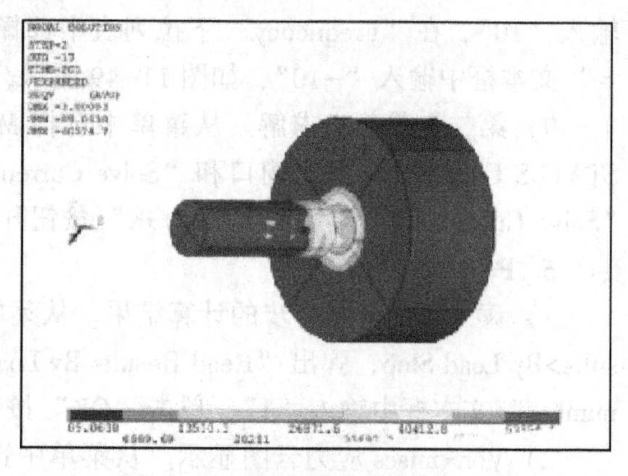

图 11-52 套管拔出时的应力云图

6. 命令流

```
/PREP7
ET,1,SOLID185                            ! 定义单元类型
MP,EX,1,2.1E5                            ! 定义材料属性
MP,PRXY,1,0.3
CYL4,0,0,34,0,100,90,25                  ! 创建四分之一圆环
CYL4,0,0,25,0,35,90,150
VGEN,,2,,,,,-10,,,1
LESIZE,17,,,15,,,,,1                     ! 定义线的分网尺寸
LESIZE,19,,,15,,,,,1
LESIZE,18,,,2,,,,,1
LESIZE,20,,,2,,,,,1
LESIZE,22,,,20,,,,,1
LESIZE,5,,,10,,,,,1
LESIZE,7,,,10,,,,,1
LESIZE,6,,,8,,,,,1
LESIZE,8,,,8,,,,,1
LESIZE,10,,,3,,,,,1
VSWEEP,ALL                               ! 用扫掠方式对创建的体进行网格划分
/COM,CONTACT PAIR CREATION-START
MP,MU,1,0.2                              ! 定义接触摩擦因数
MAT,1
R,3                                      ! 定义接触实常数
REAL,3
ET,2,170                                 ! 定义接触单元类型
ET,3,174
R,3,,,0.1,0.1,,
NROPT,UNSYM
! * Generate the target surface          ! 下面创建目标面
ASEL,S,,,4
CM,_TARGET,AREA
TYPE,2
NSLA,S,1
ESLN,S,0
ESURF,ALL
! 下面创建接触面
ASEL,S,,,9
CM,_CONTACT,AREA
TYPE,3
NSLA,S,1
ESLN,S,0
ESURF,ALL
CMDEL,_TARGET
CMDEL,_CONTACT
ALLSEL,ALL
EPLOT
FINISH
/SOLU                                    ! 进入求解器
DA,5,SYMM                                ! 定义面的对称位移边界条件
DA,6,SYMM
```

```
DA,11,SYMM
DA,12,SYMM
DA,3,ALL,                          ! 定义面的位移约束条件
ANTYPE,0                           ! 指定分析类型为静力分析
NLGEOM,1                           ! 考虑大变形影响
AUTOTS,0
TIME,100
SOLVE                              ! 求解第一载荷步
NSUBST,150,10000,10
OUTRES,ALL,ALL
AUTOTS,1
TIME,250
NSEL,S,LOC,Z,140                   ! 选定轴向坐标为 140 的所有节点
D,ALL,UZ,40
ALLSEL,ALL
SOLVE                              ! 求解第二载荷步
/EXPAND,4,POLAR,HALF,,90           ! 进行模型扩展
/REPLOT
/POST1                             ! 进入同样后处理器
SET,1,LAST,1,                      ! 指定查看的载荷步
PLNSOL,S,EQV,0,1                   ! 查看等效应力的云图
SET,,,1,,120,,
ESEL,S,ENAME,,174
EPLOT
PLNSOL,CONT,PRES,0,1
PLNS,S,EQV
ANDATA,0.5, ,1,0,0,1,1,1           ! 查看动画显示
/POST26
RFORCE,2,925,F,Z, FZ_2             ! 定义约束反力变量
PLVAR,2,                           ! 绘制变量-时间曲线
FINISH
```

11.4 本章小结

本章首先介绍了常用的接触类型及接触单元类型，其次基于面-面接触类型，对 ANSYS 的接触分析方法进行了详细说明，最后采用 GUI 和 APDL 两种方法对套管过盈装配问题进行了分析。该章节的相关内容有助于读者更好地理解和处理工程应用中的各种接触问题。

思考与练习

1. 试述 ANSYS 中提供了几种不同的接触单元及其各自的特点。
2. 简述接触分析的过程。

第 12 章　非线性分析

【内容】

本章对 3 种非线性分析进行了简介，给出了非线性静态分析和瞬态分析的步骤，最后通过弹塑性圆板在静载荷和周期点载荷作用下的非线性实例，进一步使读者对非线性分析有一个具体的认识。

【目的】

通过本章的学习，使读者基本了解关于非线性分析的基本概念，掌握非线性分析的基本步骤和方法，能够对工程中的简单非线性问题进行分析。

【实例】

弹塑性圆板在静载荷和周期点载荷作用下的非线性分析。

12.1　非线性分析简介

小到工作生活，大到我国的复兴道路上，如航天工业、人类登月等重要的设备中，非线性行为随处可见，真实的工程系统或多或少会受到非线性因素的影响。例如，当用订书针钉书时，金属订书针将永久地弯曲成另外一种形状（图 12-1a）。如果在一个木架上放置重物，随着时间的推移木架将越来越下垂（图 12-1b）。当在汽车或货车上装载货物时，它的轮胎和下面路面间的接触面将随货物质量而变化（图 12-1c）。如果将上述例子的载荷变形曲线画出来，将发现它们都显示了非线性结构的基本特征——结构刚度改变。

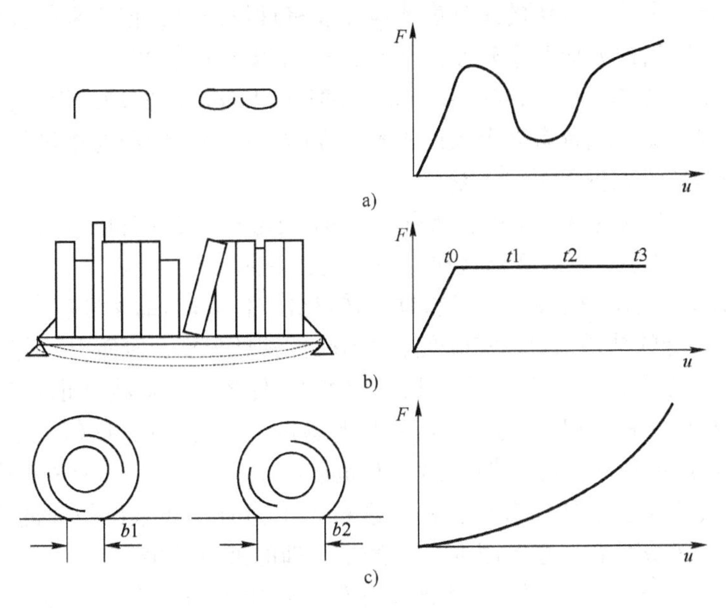

图 12-1　结构非线性行为的常见例子

引起结构非线性的原因很多，一般可分成3种主要类型：几何非线性、材料非线性和状态非线性。

1. 几何非线性

如果结构经受大变形，其几何形状的变化可能会引起结构的非线性响应。如图12-2所示的钓鱼竿，随着竖向载荷的增加，杆不断弯曲以至于力臂明显地变短，导致杆端显示出在较高载荷下不断增长的刚度。几何非线性的特点是大位移、大转动。

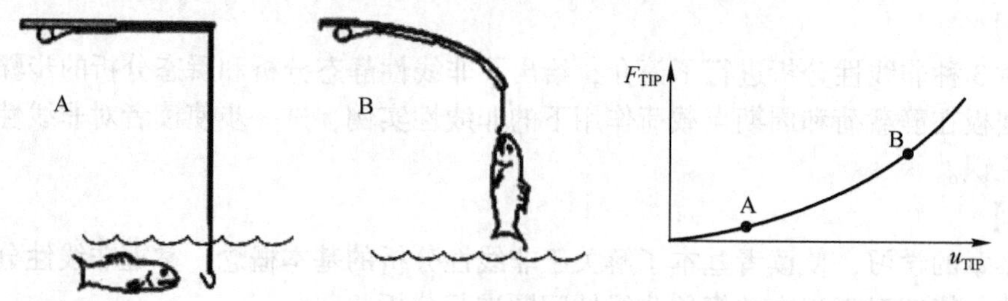

图12-2　钓鱼竿体现的几何非线性

（1）大应变效应

一个结构的总刚度依赖于它的组成部件（单元）的方向和刚度。当一个单元的节点经历位移后，该单元对总体结构刚度的贡献可以通过两种方式改变。首先，如果这个单元的形状改变，它的单元刚度将改变。其次，如果这个单元的取向改变，它的局部刚度转化为全局部件的变形也将改变。

大应变分析说明单元的形状和取向改变会导致刚度改变。因为刚度受位移影响，所以在大应变分析中需要迭代求解来得到正确的位移。通过设置“NLGEOM，ON”来激活大应变效应。此效应改变单元的形状和取向，并且还随单元转动表面载荷。在大多数实体单元（包括所有的大应变和超弹性单元）及部分的壳单元中大应变特性是可用的。在ANSYS/Linear Plus程序中大应变效应是不可用的。

大应变处理对一个单元经历的总旋度或应变没有理论限制，但应限制应变增量以确保精度。因此，总载荷应当被分成几个较小的子步，这可以用命令NSUBST，DELTIM，AUTOTS实现，或通过界面GUI路径Main Menu>Solution>Time/Frequent实现。当系统是非保守系统，在模型中有塑性或摩擦，或者有多个大位移解存在时，使用小的载荷增量具有双重重要性。

（2）对几何非线性情况的处理方法

1）应力-应变。在大应变求解中，所有应力-应变输入和结果都以真实应力和真实（或对数）应变为依据。要从小工程应变转换成对数应变，使用$\varepsilon=\text{In}(1+\varepsilon_{eng})$。要从工程应力转换成真实应力，使用$\sigma_{ture}=\sigma_{eng}(1+\varepsilon_{eng})$（这种应力转化仅对不可压缩塑性应力-应变数据是有效的）。为了得到可接受的结果，对真实应变超过50%的塑性分析，应使用大应变单元。

2）单元形状。在进行大应变分析的任何迭代时，低劣单元形状（也就是，大的纵横比，过度的顶角及具有负面积的已扭曲单元）将是有害的。因此，必须像注意单元的原始形状一样注意单元已扭曲的形状。除了探测出具有负面积的单元外，ANSYS程序对于求解中遇到的低劣单元形状不会发出任何警告，必须进行人工检查。如果已扭曲的网格是不能接受的，可以人工改变开始网格（在容限内）以产生合理的最终结果。

3）应力刚化。结构的面外刚度可能严重地受结构中面内应力状态的影响。面内应力和横向刚度之间的耦合，统称为应力刚化，在薄的、高应力的结构中是最明显的。一个鼓面，当它绷紧时会产生竖向刚度，这是应力强化结构的一个普通的例子。尽管应力刚化理论假定单元的转动和应变是小的，但在某些结构的系统中，刚化应力仅可以通过进行大挠度分析得到。在其他的系统中，刚化应力可采用小挠度或线性理论得到。

对于大多数实体单元，应力刚化的效应与所研究的问题相关，其在大变形分析中的应用可能提高也可能降低收敛性。在大多数情况下，首先应该尝试一下应力刚化效应 OFF 的分析。如果是在模拟一个受到弯曲或拉伸载荷的薄壁结构，当用应力刚化 OFF 时遇到收敛困难，则可尝试打开应力刚化。

应力刚化不建议用于包含“不连续单元”（由于状态改变，刚度上经历突然的不连续变化的非线性单元，如各种接触单元，SOLID65 等）的结构。对于这样的问题，当应力刚化为 ON（开）时，结构刚度上的不连续线性很容易导致求解“胀破”。

对于桁、梁和壳单元，在大挠度分析中通常应使用应力刚化。实际上，在应用这些单元进行非线性屈曲和后屈曲分析时，只有当打开应力刚化时才能得到精确的解［对于 BEAM4 和 SHELL63，通过设置单元 KEYOPT(2)=1，激活大挠度分析中“NLGEOM，ON”的应力刚化］。然而，当应用杆、梁或者壳单元来模拟刚性连杆，耦合端或者结构刚度的大变化时，不应使用应力刚化。

注意：无论何时使用应力刚化，务必定义一系列实际的单元实常数。使用不“成比例”（也就是，人为的放大或缩小）的实常数将影响对单元内部应力的计算，并且将相应地降低该单元的应力刚化效应，其结果将是降低解的精度。

4）旋转软化。旋转软化是指用动态质量效应调整（软化）旋转物体的刚度矩阵。在小位移分析中，这种调整近似于由于大的环形运动而导致几何形状改变的效应。通常它和预应力 PSTRES 命令（GUI 路径：Main Menu>Solution>Analysis Options）一起使用，这种预应力由旋转物体中的离心力所产生。旋转软化不便和其他变形非线性、大挠度和大应变一起使用。旋转软化用 OMEGA 命令中的 KPSIN 来激活（GUI 路径：Main Menu>Preprocessor>Loads>-Loads-Apply | -Structural-Other>Angular Velocity）。

2. 材料非线性

非线性的应力-应变关系是结构非线性的常见原因。许多因素可以影响材料的应力-应变性质，包括加载历史（如在弹-塑性响应状况下）、环境状况（如温度）和加载的时间总量（如在蠕变响应状况下）。ANSYS 的材料非线性分析包括弹塑性分析、超弹性分析、蠕变分析等，本章只介绍弹塑性分析。

塑性是一种在给定载荷下，材料产生永久变形的材料特性。对大多的工程材料来说，当其应力低于比例极限时，应力-应变关系是线性的。另外，大多数材料在其应力低于屈服点时，表现为弹性行为。也就是说，当移走载荷时，其应变也完全消失。

由于屈服点和比例极限相差很小，因此在 ANSYS 程序中，假定它们相同。在应力-应变的曲线中，低于屈服点的称作弹性部分；超过屈服点的称作塑性部分，也称作应变强化部分。塑性分析中考虑了塑性区域的材料特性。当材料中的应力超过屈服点时，塑性被激活，也就是说，有塑性应变发生。而屈服应力本身可能是某个参数的函数（温度、应变率、以前的应变历史、侧限压力和其他参数）。

（1）塑性分析时 ANSYS 输入

当使用 TB 命令选择塑性选项和输入所需常数时，应该考虑以下几点。

1）常数应该是塑性选项所期望的形式。例如，分析时总是需要应力和总的应变，而不是应力与塑性应变。

2）进行大应变分析时，应力-应变曲线数据应该是真实应力、真实应变。对双线性选项（BKIN，BISO），输入常数 σ_y 和 E_T 可以按下述方法来确定：如果材料没有明显的屈服应力 σ_y，通常以产生 0.2%的塑性应变所对应的应力作为屈服应力，而 E_T 可以通过在分析中所预期的应变范围内来拟合实验曲线得到。

其他有用的载荷步选项如下。

① 使用的子步数（使用的时间步长）。既然塑性是一种与路径相关的非线性，因此需要使用许多载荷增量来加载。

② 激活自动时间步长。

③ 如果在分析所经历的应变范围内，应力-应变曲线是光滑的，使用“预测器”选项，这能够极大地降低塑性分析中的总体迭代数。

（2）塑性分析中输出量

在塑性分析中，对每个节点都可以输出下列量。

- EPPL：塑性应变分量 ε_x^{pl}，ε_y^{pl} 等。
- EPEQ：累加的等效塑性应变。
- SEPL：根据输入的应力-应变曲线估算出的对于 EPEQ 的等效应力。
- HPRES：静水压应力。
- PSV：塑性状态变量。
- PLWK：单位体积内累加的塑性功。

如果一个单元的所有积分点都是弹性的（EPEQ=0），那么节点的弹性应变和应力从积分点外插得到。如果任一积分点是塑性的（EPEQ>0），那么节点的弹性应变和应力实际上是积分点的值，这是程序的默认情况，但可以人为改变它。

（3）塑性分析中的一些基本原则

下面的这些原则有助于进行一个精确的塑性分析。

1）所需要的塑性材料常数必须能够描述所经历的应力或应变范围内的材料特性。

2）缓慢加载。应该保证在一个时间步内，最大的塑性应变增量小于 5%，一般来说，如果 Fy 是系统刚开始屈服时的载荷，那么在塑性范围内的载荷增量应按以下所示来近似。

- $0.05*Fy$：对用面力或集中力加载的情况。
- Fy：对用位移加载的情况。

3）当模拟类似梁或壳的几何体时，必须有足够的网格密度，为了能够充分地模拟弯曲反应，在厚度方向必须至少有两个单元。

4）除非区域的单元足够大，否则应该避免应力奇异。由于建模而导致的应力奇异有：单点加载或单点约束，凹角，模型之间采用单点连接，单点耦合或接触条件。

5）如果模型的大部分区域都保持在弹性区内，那么可以采用下列方法来降低计算时间：在弹性区内不使用 TB 命令，仅使用线性材料特性，在线性部分使用子结构。

（4）查看塑性分析结果

查看结果时要注意以下方面。

1）感兴趣的输出项（如应力、变形、支反力等）对加载历史的响应应该是光滑的，一条不光滑的曲线可能表明使用了太大的时间步长或太粗的网格。

2）每个时间步长内的塑性应变增量应该小于 5%，这个值在输出文件中以“Max Plastic Strain Step”输出，也可以使用 POST26 来显示这个值。

3）塑性应变等值线应该是光滑的，通过任一单元的梯度不应该太大。

4）画出某点的应力-应变图。应力是指输出量 SEQV（Mises 等效应力），总应变由累加的塑性应变 EPEQ 和弹性应变得出。

3. 状态非线性

许多普通结构表现出一种与状态相关的非线性行为。例如，一根只能拉伸的电缆可能是松的，也可能是绷紧的；轴承套可能是接触的，也可能是不接触的；冻土可能是冻结的，也可能是融化的。这些系统的刚度由于系统状态的改变而变化，状态改变也许和载荷直接有关（如在电缆情况中），也可能由某种外部原因引起（如在冻土中的紊乱热力学条件）。接触是一种很普遍的非线性行为，接触是状态变化非线性中一个特殊而重要的子集，详见接触分析章节。

12.2 非线性分析的方程求解

ANSYS 程序的方程求解器通过计算一系列的联立线性方程来预测工程系统的响应，然而，非线性结构的行为不能直接用这样一系列的线性方程表示，需要通过一系列的、带校正的线性近似来求解非线性问题。

一种近似的非线性求解是将载荷分成一系列的载荷增量，可以在几个载荷步内或者在一个载荷步的几个子步内施加载荷增量。在每一个增量的求解完成后，继续进行下一个载荷增量之前，程序将调整刚度矩阵以反映结构刚度的非线性变化。但是，纯粹的增量近似不可避免地会随着每一个载荷增量积累误差，导致结果最终失去平衡，如图 12-3a 所示。

ANSYS 程序通过使用牛顿-拉普森平衡迭代方法解决了这个问题，并迫使在每一个载荷增量的末端解达到平衡收敛（在某个容限范围内）。图 12-3b 所示为在单自由度非线性分析中牛顿-拉普森平衡迭代的使用。在每次求解前，NR 方法估算出残差矢量，这个矢量是回复力（对应于单元应力的载荷）和所加载荷的差值，然后使用非平衡载荷进行线性求解，且核查收敛性。如果不满足收敛准则，重新估算非平衡载荷，修改刚度矩阵，获得新解，持续这种迭代过程直到问题收敛。

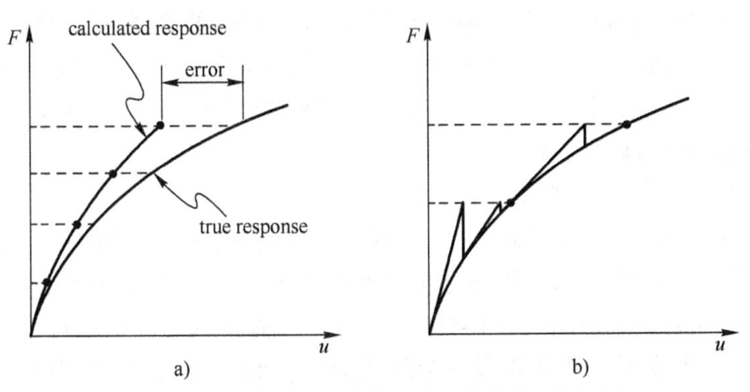

图 12-3 纯粹增量近似与牛顿-拉普森近似对比

a）纯粹增量式求解 b）牛顿-拉普森迭代求解（两个载荷增量）

ANSYS 程序提供了一系列命令来增强问题的收敛性，如自适应下降、线性搜索、自动载荷步长及二分等，均可被激活以加强问题的收敛性。如果不能得到收敛解，那么程序继续计算下一个载荷步或者终止（依据发出的指示）。

12.3 非线性静态分析步骤

尽管非线性分析比线性分析更加复杂，但处理方法基本相同，只是在非线性分析的过程中，添加了需要的非线性特性。

非线性静态分析是静态分析的一种特殊形式，如同任何静态分析的处理流程，主要由前处理、设置求解控制、设置其他求解控制、加载、求解和观察结果等过程组成。

1. 前处理

非线性分析在前处理中可能包括特殊的单元或非线性的材料性质，但是这一步对线性和非线性的分析基本上是一样的。如果模型中包含大应变效应，应力-应变数据必须使用真实应力和真实应变（或对数）来表示。非线性分析与线性分析的不同之处是，前者需要许多载荷增量，并且总是需要平衡迭代。

2. 设置求解控制

设置求解控制包括定义分析类型、设置分析的常用选项和指定载荷步选项。在做结构非线性静态分析时，可以应用“Solution Controls”对话框来设置。该对话框对许多非线性静态分析提供了默认设置。“Solution Controls”对话框的默认设置，基本上与自动求解控制的设置相同。由于“Solution Controls”对话框是非线性静态分析的推荐工具，下面将详细论述。如不想用此对话框，可以使用标准的 ANSYS 求解命令集或相应的菜单（GUI：Main Menu>Solution>Unabridged Menu>Option）操作。

（1）打开“Solution Controls”对话框

选择菜单：Main Menu>Solution>-Analysis Type-Sol'n Control，打开“求解控制”对话框。下面将介绍“Solution Controls”对话框中的内容。可以在相应标签下，按“HELP”按钮进入帮助系统。

（2）“Basic”选项卡

“Solution Controls”对话框共有 5 个选项卡，其中最基本的选项位于第一个选项卡上，其他选项卡依此提供更高级的控制。进入对话框后，默认的选项卡就是“Basic”选项卡。“Basic”选项卡中的内容，提供了 ANSYS 分析所需要的最少设置。如果“Basic”选项卡中的设置满足要求，就不必调整其他选项卡中的更高级的设置。单击“OK”按钮以后，设置才能作用于 ANSYS 数据库，并关闭对话框。

在非线性静态分析中的一些特殊考虑如下。

1）在设置 ANTYPE 和 NLGEOM 时，如果是执行新的分析，选择“Large Displacement Static”，但要记住并不是所有的非线性分析都产生大变形。如果想重新启动一个已失败的非线性分析，选择“Restart Current Analysis”。在第 1 载荷步以后（即在首次运行 SOLVE 命令后），不能再改变这个设置。通常要做一个新的分析，而不是重新启动分析。

2）在进行时间设置时，记住这些选项可在任何载荷步改变。非线性分析要求在一个时间步上有多个子步，以使 ANSYS 能够逐渐地施加载荷，并取得精确解。NSUBST 和 DELTIM

命令产生的效果相同（建立载荷步的开始、最小和最大时间步），但互为倒数。NSUBST 命令定义一个载荷步上的子步数，而 DELTIM 命令显式地定义时间步大小。如果自动时间步 AUTOTS 关闭，则起始子步大小用于整个载荷步。

3）OUTRES 命令控制结果文件（Jobname. RST）中的数据。默认时，在非线性分析中把最后一个子步的结果写入此文件。结果文件只能写入 1100 个结果集（子步），但可以用/CONFIG，NRES 命令来增大这一限值。

（3）“Transient”选项卡

这个选项卡的内容用来设置瞬态分析控制，只有在“Basic”选项卡中选择了瞬态分析时该选项卡才能应用，否则呈灰色，如图 12-4 所示。

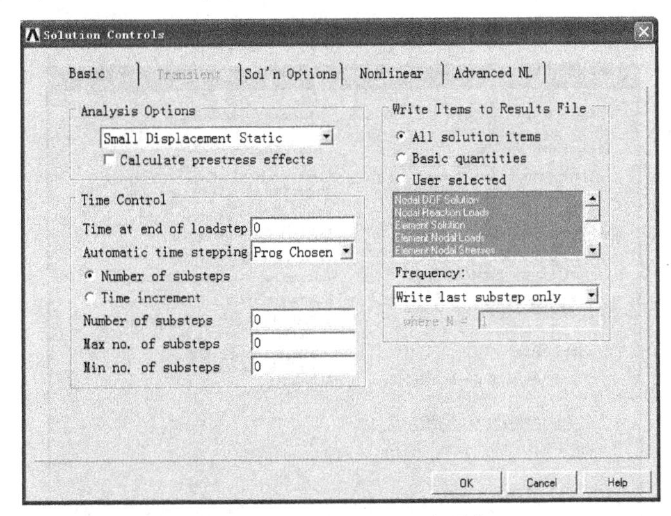

图 12-4 “Transient”选项卡

（4）“Sol’n Options”选项卡

如图 12-5 所示，该选项卡用于设置：指定方程求解器，对于多重启动指定参数。求解器的形式有以下 7 种。

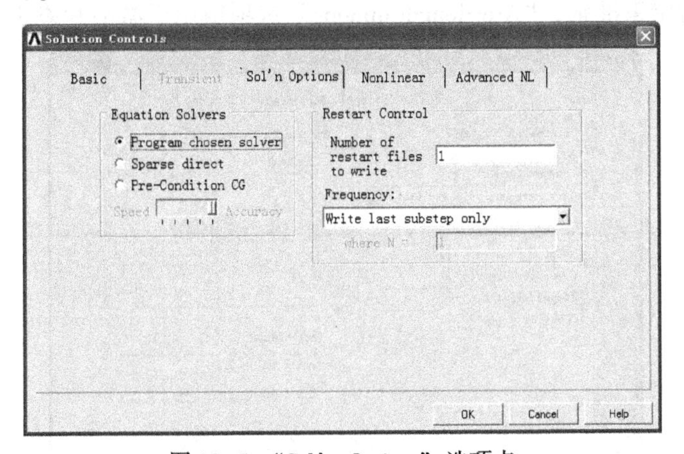

图 12-5 “Sol’n Options”选项卡

1）程序选择求解器。ANSYS 将根据问题的领域自动选择一个求解器。

2）稀疏矩阵求解器。对于线性和非线性、静力和完全瞬态分析为默认项。

3）PCG 求解器。对于大规模/高波前、巨型结构推荐使用。

4）AMG 求解器。其应用与 PCG 求解器相同，但是提供平行算法，在用于多处理器环境时，转向更快。

5）DDS 求解器。通过网络在多处理器系统中提供平行算法。

6）迭代求解器。自动选择，只适用于线性静力/完全瞬态结构分析或稳态温度分析。

7）波前直接求解器。

（5）“Nonlinear” 选项卡

Nonlinear 选项卡设置的选项如图 12-6 所示。该选项卡可以设置的内容包括线性搜索、激活 DOF、指定每个子步的最大迭代次数、指明是否包含蠕变计算、设置收敛准则和控制二分等。

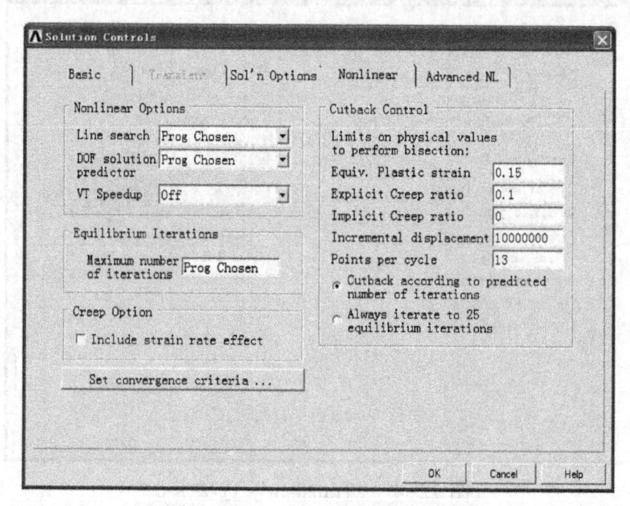

图 12-6 “Nonlinear” 选项卡

（6）“Advanced NL” 选项卡

用 Advanced NL 选项卡设置的选项如图 12-7 所示。其中 “Termination Criteria” 选项组用于设置终止分析结束准则，“Arc-length options” 选项组用于激活和终止弧长法控制。

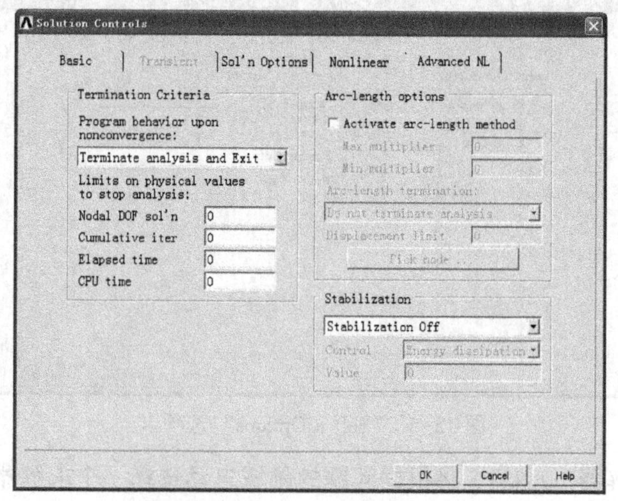

图 12-7 “Advanced NL” 选项卡

（7）设置其他高级分析选项

大多数情况下，ANSYS 的自动求解控制采用激活稀疏矩阵直接求解器（EQSLV，SPARSE），这是默认的求解器。其他求解器还包括波前直接求解器和 PCG 求解器。对于实体单元（如 SOLID92 或 SOLID45），使用 PCG 求解器可能更快，尤其是在三维模型中。如果采用 PCG 求解器，可以考虑用 MSAVE 命令降低内存应用，对于线性材料特性的 SOLID92 单元，使用 MSAVE 命令来触发单元，此命令只能用于小应变静力或完全瞬态分析。模型中不符合上述条件的其他部分，应用总体集成刚度矩阵来求解。对于符合上述条件的模型部分，用“MSAVE，ON”命令可以节省 70%的内存，但求解时间可能增加，这与计算机的配置和 CPU 速度有关。

与 ANSYS 中的迭代求解器不同，稀疏矩阵求解器是一个强大的求解器。虽然 PCG 求解器能够求解不定矩阵方程，但若遇到一个病态矩阵，如果不能收敛，PCG 求解器在迭代至指定的迭代次数后将停止迭代。在发生这种问题时，程序会触发二分。在完成二分后，如果矩阵是良态的，稀疏矩阵求解器可以继续求解。最后整个非线性载荷步可以得到求解。

在结构非线性分析中，选择稀疏矩阵求解器，还是选择 PCG 求解器，可参照以下的原则。

1）如果是梁、壳或者梁、壳、实体结构，选择稀疏矩阵求解器。

2）如果是三维结构，而且自由度数相对较大（200000 个自由度或以上），选择 PCG 求解器。

3）如果问题是病态（由不良单元形状引起），或在模型的不同区域材料特性相差巨大，或者位移边界条件不足，选择稀疏矩阵求解器。

（8）设置其他高级载荷步选项

1）自动时间步。ANSYS 的自动求解控制打开自动时间步长“AUTOTS,ON”。这一选项允许程序确定子步间载荷增量的大小，决定在求解期间是增加还是减小时间步（子步）长。在一个时间步的求解完成后，下一个时间步长的大小取决于 4 种因素，即在最近过去的时间步中使用的平衡迭代的数目（更多次的迭代成为时间步长减小的原因），对非线性单元状态改变预测（当状态改变临近时减小时间步长），塑性应变增加的大小和蠕变增加的大小。

2）收敛准则。程序将连续进行平衡迭代直到满足收敛准则 CNVTOL，或者直接达到允许的平衡迭代的最大次数 NEQIT。如果默认的收敛准则不满意，可以自己定义收敛准则。

ANSYS 的自动求解控制等于 0.5%的力（或力矩）的 L2 范数容限（TOLER），这对于大部分情况合适。在大多数情况下，除了进行力范数的检查外，还进行 TOLER 等于 5%的位移 L2 范数的检查。默认时，程序将通过比较不平衡力的平方和的平方根（SRSS）与 VALUE×TOLER 的值来检查力（包括转动自由度时，还有力矩）的收敛。VALUE 的默认值是所加载荷（或在施加位移时，Newton-Raphson 回复力）的 SRSS，或 MINREF（其默认为 0.001），两者取较大者。当结果控制关闭时命令流为“SOLCONTROL，OFF”。对于力的收敛，TOLER 的默认值是 0.001，而 MINREF 的默认为 1.0。

可以添加位移（或者转动）收敛检查。对于位移，程序将收敛检查建立在当前 i 和前一步 $i-1$ 次迭代之间的位移改变（Δu）上，$\Delta u=u_i-u_{i-1}$。

如果明确地定义了任何收敛准则 CNVTOL，默认准则将失效。因此，如果定义了位移收敛检查，必须定义力收敛检查（使用多个 CNVTOL 命令来定义多个收敛准则）。使用严格的收敛准则将提高结果的精度，但将以更多次的平衡迭代为代价。如果想紧缩或放松（不推荐）收敛准则，应当改变 TOLER 至两个数量级。一般地，应当继续使用 VALUE 的默认值，也就是说通过调整 TOLER 而不是 VALUE 来改变收敛准则。应当确保 MINREF = 0.001 的默认值在分析范围内有意义，如果应用某一单位系统，使载荷变得十分小，可能需要指定较小的 MINREF 值。

在非线性分析中，不推荐把两个或多个不相连的结构放在一起分析，因为收敛检查会试图把这些彼此不相连的结构联系起来，通常会产生不希望的残余力。在单一和多自由度系统中检查收敛应在单自由度系统中进行，而且对这一个自由度计算出不平衡力，然后将这个值与给定的收敛准则（VALUE×TOLER）比较。同样，也可以对单自由度的位移或旋转收敛进行类似的检查。

ANSYS 程序提供了 3 种不同的矢量范数用于收敛性检查，分别为无穷范数，L1 范数和 L2 范数。无穷范数在所建模型中的每一个自由度处重复单一自由度检查，L1 范数将收敛准则同所有自由度的不平衡力（或力矩）的绝对值的总和作比较，L2 范数使用所有自由度不平衡力（或力矩）的 SRSS 进行收敛检查。对于位移收敛检查，可以执行附加的 L1、L2 检查。

3）平衡迭代的最大次数。根据问题的物理特性，ANSYS 的自动求解控制把 NEQIT 值设置为 15~26 次平衡迭代。应用小时间步，可减少二次收敛迭代次数。

该选项限制了一个子步中进行的最大平衡迭代次数（如关闭求解控制，默认为 25）。如果在这个平衡迭代次数之内不能满足收敛准则，且如果自动步长是打开的命令 AUTOTS，分析将尝试使用二分法。如果无法使用二分法，那么，分析将依据在 NCNV 命令中发出的指示进行下一个载荷步或终止。

4）预测一修正选项。

如不存在梁或壳单元，ANSYS 的自动求解控制设置为“PRED,ON”。如果当前子步的步长大大减小，PRED 将关闭；对于瞬态分析，则关闭“预测”选项。

对于每一个子步的第一次平衡迭代，可以激活自由度求解预测。此特点将加速收敛，且如果非线性响应是相对平滑的，求解预测特别有用，但在包含大转动或黏弹性的分析中求解预测并不是非常有用。而在大转动分析中，求解预测可能引起发散，因而不推荐使用。

5）线性搜索选项。ANSYS 的自动求解控制，将根据需要关闭或打开线性搜索。对大多数接触问题，LNSRCH 打开；对大多数非接触问题，LNSRCH 关闭。

该收敛增强工具用程序计算出的比例因子（为 0~1 之间的值）乘以计算出的位移增量。因为线性搜索算法是用来对“自适应下降”选项“NROPT”进行替代的，如果“线性搜索”选项是打开的，“自适应下降”选项不应被激活。不建议同时激活线性搜索和自适应下降两个选项。

当存在强制位移时，至少有一次迭代的线性搜索值为 1，计算才可以收敛。ANSYS 调节整个 ΔU 矢量，包括强制位移值，否则，除了强制自由度处以外，小的位移值将随处发生，直到迭代中的线性搜索值为 1，ANSYS 才施加全部位移值。

6）步长缩减准则。为了更好地控制时间步长上的二分和缩减，可应用“CUTCONTROL,Lab ,VALUE,Option”命令。默认时，对于 Lab = PLSLIMIT（最大塑性应变增量极限），VALUE 设置为 15%。设如此大的值，是为了避免由高塑性应变引起的不必要的二分，因为高塑性应变可能是由并不感兴趣的局部奇异引起的。对于显式蠕变（Option=0），Lab=CRPLIM（蠕变增量极限），VALUE 设置为 11%，这对蠕变分析是一个合理的极限。对于隐式蠕变（Option=1），默认为无最大蠕变准则，但是可以指定蠕变率控制。对于二阶动力方程，每个周期的点数（Lab=NPOINT），默认为 VALUE=13，这样可以很小的代价获得有效精度。

3. 设置其他求解控制

以下的选项，不出现在“求解控制”对话框中，这些选项的默认值，一般很少需要改变。

（1）“求解控制”对话框不能设置的高级分析选项

1）应力刚化效应。为了考虑屈曲、分叉行为，ANSYS 在所有几何非线性分析中都包括了应力刚化。如果确定放弃这种效应，则可以关闭应力刚化效应命令“SSTIF,OFF”。在一些单元中，该命令无作用。

命令：SSTIF

GUI：Main Menu>Solution>Unabridged Menu>Analysis Options

2）“牛顿-拉普森”选项。存在非线性时，ANSYS 的自动求解控制将应用自适应下降功能关闭完全“牛顿-拉普森”选项。但在应用于点-点、点-面接触单元的摩擦接触分析中时，自适应下降功能是自动打开的。

命令：NROPT

GUI：Main Menu>Solution>Unabridged Menu>Analysis Options

仅在非线性分析中使用“牛顿-拉普森”选项。该选项指定在求解期间每隔多长时间修改一次正切矩阵。如果不想采用默认值，可以指定下列值中的一个。下面对不同的牛顿-拉普森方程进行介绍。

① 程序选择命令“NROPT,AUTO”。程序基于模型中存在的非线性种类选用这些选项中的一个，需要时牛顿-拉普森方法将自动激活自适应下降功能。

② 完全牛顿-拉普森法（NROPT,FULL）。程序使用完全的牛顿-拉普森方法，则每进行一次平衡迭代，就修改刚度矩阵一次。如果自适应下降功能是打开的，只要迭代保持稳定，也就是只要残余项减小，且没有负主对角线出现，程序将仅使用正切刚度矩阵。如果在一次迭代中探测到发散倾向，程序将抛弃发散的迭代且重新开始求解，应用正切和正割刚度矩阵的加权组合。当迭代回到收敛模式时，程序将重新开始使用正切刚度矩阵。一般复杂的非线性问题自适应下降功能将提高程序获得收敛的能力。

③ 修正的牛顿-拉普森法命令“NROPT,MODI”。使用修正的牛顿-拉普森方法，正切刚度矩阵在每一子步中都被修正。在一个子步的平衡迭代期间矩阵不被改变。该选项不适用于大变形分析，自适应下降功能不可用。

④ 初始刚度牛顿-拉普森法命令“NROPT,INIT”。在每一次平衡迭代中都使用初始刚度矩阵，而且比完全牛顿-拉普森法不易发散，但它要更多次的迭代才能收敛。该选项不适用于大变形分析，自适应下降功能不可用。

⑤ 不对称矩阵完全牛顿-拉普森方法命令“NROPT,UNSYM”。应用不对称矩阵完全牛顿-拉普森方法，刚度矩阵在每一次平衡迭代中都被修正。此外，该选项生成并使用在下面任何一种情况中都可以应用的不对称矩阵。

如对运行压力产生的破坏进行分析，不对称的压力载荷刚度可能有助于取得收敛。可使用命令“SOLCONTROL,INCP”来包括载荷刚度。

如果使用命令“TB,USER”定义不对称材料模型，则不需要使用命令“NROPT,UNSYM”来充分应用所定义的特性。

应首先使用命令“NROPT，FULL”，如果收敛困难的话，再使用命令“NROPT，UNSYM”。注意，应用不对称求解器需要比对称求解器花费更多的计算时间。

如果模型有多态单元，则将在状态改变时进行迭代修正，而不管“牛顿-拉普森”选项如何设置。

（2）“求解控制”对话框不能设置的高级载荷步选项

1）蠕变准则。如果结构表现出蠕变行为，可以使用蠕变准则来调整自动时间步长（命令“CRPLIM，CRCR，OPTION”）。如果自动时间步长AUTOTS关闭，蠕变准则无效，程序将对所有单元计算蠕应变增量（在最近时间步长中蠕变的变化$\Delta\varepsilon_{cr}$）与弹性应变ε_{el}的比值。如果最大比值比判据CR_{CR}大，程序将减小下一个时间步长；如果小，程序可能会增加下一个时间步长。同样，程序将把自动时间步长建立在平衡迭代次数、即将发生的单元状态改变及塑性应变增量的基础上。时间步长将被调整为对应这些项目中的任何一个所计算出的最小值。对于显式蠕变（OPTION=0），如果比值$\Delta\varepsilon_{cr}/\varepsilon_{el}$高于0.25的稳定界限，且如果时间增量不能被减小，解可能发散，分析过程将由于错误信息而终止。这个问题可以通过使最小时间步长足够小来避免（命令DELTIM和NSUBST）。对于隐式蠕变（OPTION=1），默认无最大蠕变极限，但可以指定任意的蠕变率控制。

命令：CRPLIM

GUI：Main Menu>Solution>Unabridged Menu>-Load Step Opts-Nonlinear>Creep Criterion

如果在分析中不需要包括蠕变效应，则应用命令RATE及OPTION=OFF，或把时间步长设置得比前一个时间步长长一些，但不大于1.0E-6。

2）时间步开放控制。该选项可用于热分析，但不能通过“求解控制”对话框来设置热分析选项，必须用ANSYS标准命令集或相应菜单来设置。该选项的主要应用是使最终温度达到稳态的非稳态热分析。在这种情况下，时间步长可很快开放，其默认值是，如果TEMP增量在三个连续子步中小于0.1，则时间步大小可以为开放（默认值=0.1），然后可连续增加时间步长以加快求解效率。

命令：OPNCONTROL

GUI：Main Menu>Solution>Unabridged Menu>-Load Step Opts-Nonlinear>Open Control

3）求解监视。该选项为监视指定节点上的指定自由度的求解值提供了方便，也为快速观察求解收敛效率提供了可能，而不必通过冗长的输出文件来取得这些信息。例如，在一个子步上尝试次数过多，求解监视文件包含的信息将给出指示，要么降低初始时间步，要么增加最小的子步数，可通过NSUBST命令来避免二分次数过多。

命令：MONITOR

GUI：Main Menu>Solution>Unabridged Menu>-Load Step Opts-Nonlinear>Monitor

4）“激活”和“杀死”选项。根据需要指定“生”“死”选项。对选定的单元，可以“杀死”（EKILL）和“激活”（EALIVE），以模拟在结构中移走或添加材料。作为标准的“生”“死”方法以外的另一个方法，可以对所选择的单元在载荷步之间改变材料特性

MPCHG。

命令：EKILL EALIVE

GUI：Main Menu>Solution>-Load Step Opts-Other>Kill Elements

Main Menu>Solution>-Load Step Opts-Other>Activate Elem

程序通过用一个非常小的数（由 ESTIF 命令设置）乘以刚度，并从总质量矩阵消去它的质量来“杀死”一个单元。对杀死单元的单元载荷（压力、热通量、热应变等）同样也设置为零。需要在前处理中定义所有可能的单元，在 SOLUTION 中不可能产生新的单元。若要在分析的后面阶段中“激活”的那些单元，在第一个载荷步前应当被“杀死”，然后在适当的载荷步的开始再重新“激活”。当单元被重新“激活”时，它们具有零应变状态，且(如果“NLGEOM ，ON”）它们的几何构形（长度、面积等）被修改以与它们当前变形后的位置相适应。

另一个在求解过程中影响单元行为的方法是修改选定单元的材料特性。

命令：MPCHG

GUI：Main Menu>Solution>-Load Step Opts-Other>Change MatProps>Change Mat Num

应用命令 MPCHG 时要注意，在求解期间改变它的材料性质参考号，可能会产生不希望的结果，特别是如果改变材料非线性特性（命令 TB）。

5）输出控制选项。除了可以通过“求解控制”对话框设置 OUTRES 外，还可以设置其他输出选项。

命令：OUTPR，ERESX

GUI：Main Menu>Solution>Unabridged Menu>-Load Step Opts-Output Ctrls>Solu Printout

Main Menu>Solution>Unabridged Menu>-Load Step Opts-Output Ctrls>Integration Pt

“打印输出”选项（OUTPR）可在输出文件（Jobname. OUT）中包括所想要的任何结果数据。结果外推（ERESX）是指可复制一个单元的积分点应力和弹性应变结果到节点来替代外推，如果在单元中存在非线性（塑性、蠕变、膨胀）的话，积分点非线性应变总是被复制到节点。

4. 加载

把载荷施加到模型中，惯性载荷和点载荷将保持方向不变，但表面载荷在大变形分析中将跟随结构的变形而变化。可以定义数据表（TABLE 类型的数组参数）来施加复杂边界条件。

5. 求解

进入求解器，对分析的模型进行求解。

命令：SOLVE

GUI：Main Menu>Solution>Solve-Current LS

如定义了多个载荷步，则必须指定时间设置、载荷步选项等，然后保存和求解每个附加的载荷步。

6. 观察结果

1）检查输出文件（Jobname. OUT）是否在所有的子步分析中都收敛。如果不收敛，确定收敛失败的原因；如果解收敛，那么继续进行后处理。

2）进入 POST1。

命令：/ POST1

GUI：Main Menu>General Postproc

3）读取需要的载荷步和子步结果。可以依据载荷步和子步号或者时间来识别，然而不能依据时间来识别出弧长法结果。

命令：SET

GUI：Main Menn>General Postproc>Read Results-Load step

可以使用 SUBSET 或者 APPEND 命令只对选出的部分模型读取或者合并结果数据。

4）显示结果。

① 显示已变形的形状：

命令：PLDISP

GUI：Main Menu>General Postproc>Plot Results>Deformed Shapes

在大变形分析中，一般优先使用真实比例显示“DSCALE,1”。

② 云图显示结果。使用 PLETAB 命令来绘制单元表数据的云图结果，用 PLLS 命令来绘制线单元数据的云图结果。

命令：PLNSOL 或 PLESOL

GUI：Main Menu>General Postproc>Plot Results>Contour Plot-Nodal Solu /Element Solu

使用这些选项来显示应力、应变或者任何其他可用项目的等值线。如果邻接的单元具有不同材料行为（可能由于塑性或多线性弹性的材料性质、不同的材料类型成邻近的单元的生死属性不同而产生），应当注意避免结果中的结点应力平均后出现错误。同样可以绘制单元表数据和线单元数据的云图结果：

命令：PLETAB,PLLS

GUIS：Main Menu>General Postproc>Element Table>Plot Element Table

Main Menu>GeneralPostproc>Plot Results>Contour Plot-Line ElemRes

③ 列表。

命令：PRNSOL（节点结果列表）

PRESOL（结果）

PRRSOL（反作用力数据）

PRETAB

PRITER（子步总计）

GUI：Main Menu>General Postproc>List Results>Nodal Solution

Main Menu>GeneralPostproc>List Results>Element Solution

Main Menu>GeneralPostproc>List Results>Reaction Solution

使用 NSORT 和 ESORT 命令将数据列表进行排序。

5）用 POST26 观察结果。可以使用时间历程后处理器 POST26 来考察非线性结构的载荷历程响应，也可使用 POST26 比较一个 ANSYS 变量对另一个变量的关系。例如，可以用图形表示某一节点处的位移与对应的所加载荷的关系，或者可以列出某一节点处的塑性应变和对应的 TIME 值之间的关系。典型的 POST26 后处理顺序可以遵循以下步骤。

① 根据输出文件（Jobname. OUT）检查是否在所有要求的载荷步内分析都收敛。不应当将设计决策建立在不收敛结果的基础上。

② 如果解收敛，进入 POST26，如果所建模型不在数据库内，发出 RESUME 命令。

命令：/ POST26

GUI：Main Menu>TimeHist Postpro

③ 定义在后处理期间使用的变量。

命令：NSOL，ESOL，RFORCE

GUI：Main Menu>Time Hist Postproc>Define Variables

④ 图形或者列表显示变量。

命令：PLVAR（图形表示变量），PRVAR，EXTREM（列表变量）

GUI：Main Menu>Time Hist Postprac>Graph Variable S

Main Menu>Time HistPostproc>List Variables

Main Menu>Time HistPostproc>List Extremes

12.4 非线性瞬态分析步骤

非线性瞬态分析与非线性静力分析和线性完全瞬态分析相同或相似，对于相同的步骤，本节不再赘述，本节主要论述非线性瞬态分析中的一些附加考虑。

1. 建模

这一步骤与非线性静力学分析相同，但是如果分析中包含时间的积分效应，则必须输入质量密度“MP,DENS”。如果需要，还可以定义与材料相关的结构阻尼“MP,DAMP”。

2. 施加载荷和求解

1）指定瞬态分析类型，定义分析选项，操作与非线性静力分析相同。

2）施加载荷，并指定载荷步选项，这与线性完全瞬态动力学分析相同。瞬态时间历程通常需要多个载荷步，其中第 1 载荷步主要用于建立初始条件。此外，非线性静力分析中所用的一般非线性、生和死、输出控制等，在非线性瞬态分析中也可应用。在非线性瞬态分析中，时间必须大于 0。对于非线性瞬态分析，必须说明是阶梯载荷还是斜坡载荷，采用命令 KBC 来定义。

① 阻尼。Rayleigh 阻尼常用质量矩阵 ALPHAD 和刚度矩阵 BETAD 乘子定义。在非线性分析中，刚度可能激烈变化，除特殊情况外，不要应用 BETAD 命令。

命令：ALPHAD，BETAD

GUI：Main Menu>Solution>Analysis Type-Sol"n Control:Transient Tab

② 时间积分效应 TIMINT。只有在瞬态分析中，时间积分效应才默认打开。对于蠕变、黏弹性、黏塑性和膨胀，应当关闭时间积分效应，这些时间相关效应通常不包括在动力分析中，因为瞬态动力时间步，对于任何明显的长期变形来说，时间都太短。

命令：TIMINT

GUI：Main Menu>Solution>Unabridged Menu>Load Step Opts-Time/Frequenc>Damping

除了在运动学（刚体运动）分析中，一般很少需要调整瞬态积分参数 TINTP，它对 Newmark 方程提供数值阻尼。ANSYS 的自动求解控制会把默认值设为一个新的时间积分，通常用于不稳定状态热问题，这是反向 EULER 方案，它是无条件稳定的。对于像相变这样的高度非线性热问题，这种方案更有效。振荡极限容限默认值为 0.0，以使响应的一阶特征值可用于更精确地确定一个新的时间步值。

命令：TINTP

GUI：Main Menu>Solution>Unabridged Menu>-Load Step Opts-Time/Frequenc>Time Integration

如果用“求解控制”对话框设置求解控制，可在 Transient 选项卡中设置所有相关选项。

3）把各个载荷步的载荷数据写到载荷步文件中。

命令：LSWRITE

GUI：Main Menu>Solution>Write LS File

4）把数据库备份到一个命名文件中。

命令：SAVE

GUI：Utility Menu>File>Save As

5）载荷步文件求解。

命令：LSSOLVE

GUI：Main Menu>Solution>Solve-From LS Files

6）在求解完所有载荷步后，退出求解。

命令：FINISH

GUI：Main Menu>Finish。

3. 观察结果

与非线性静力分析一样，可以用 POST1 来处理某一时刻的结果，其使用方法也相同。时间历程后处理程序 POST26 的应用，也与非线性静力分析中基本相同。

12.5 弹塑性圆板非线性分析实例

12.5 弹塑性圆板非线性分析实例

本节将对静载荷和周期点载荷作用下的弹塑性圆板进行非线性分析，通过非线性分析的例子，可以更好地理解有限元非线性分析的过程。若要定义随动强化塑性曲线、载荷步选项、载荷步的最大和最小子步数、描述外载荷的各载荷步，并输出 ANSYS 非线性分析的临时文件。

ANSYS 应用增量求解方法来得到非线性分析的解。在本实例中，载荷步是按一定数目的子步来增加的，ANSYS 应用 Newton-Raphson 迭代法求解每一个子步，并指定每个载荷步中的子步数，通过子步数控制载荷步中第一个子步的初始载荷增量。ANSYS 可以自动确定一个载荷步中各子步的载荷增量大小，可以控制载荷增量的大小，指定最大和最小子步数。如果把子步数、最大和最小子步数定义为同一值，则 ANSYS 在载荷步的所有子步中应用常数载荷增量。

1. 问题描述

本例将应用轴对称模型，应用四节点 PLANE182 单元及“轴对称”选项来模拟，并采用几何非线性分析。运动约束为：板中心的节点径向位移为 0，板外边缘的节点径向和轴向位移为 0，在第 1 个载荷步施加静载荷，在第 2~7 个载荷步施加周期点载荷。

第 1 个载荷步指定为 11 个子步，保证静载荷在第 1 个子步上的载荷增量为总载荷（0.125 N/m^2）的 1/11。指定最大子步和最小子步分别为 50 和 5，以保证在圆板经受严重非线性行为时，可使载荷增量削减到总载荷的 1/50。如果圆板经受中等程度的非线性行为，则载荷增量可增大到总载荷的 1/5。对于其后的 6 个载荷步（周期点载荷），可以指定 4 个子步，最大子步和最小子步分别为 25 和 2。

在本例分析中，可以监视整个求解的历程，即载荷作用点的竖向位移，以及圆板的固定边下缘节点的反力。

2. 基本数据

圆板半径为 1.0 m，厚度 0.1 m。材料的弹性模量取 16964.29 Pa，泊松比取 0.3，材料为随动强化塑性材料，其强化塑性规律见表 12-1，其模型如图 12-8 所示。

表 12-1　强化塑性规律表

应　　变	应力/Pa
0.00112	19.0
0.00187	22.8
0.00256	25.1
0.00447	29.1
0.00642	31.7

圆板受到的静载荷为均布压力 0.125 N/m^2。

周期点载荷的历程如图 12-9 所示 。

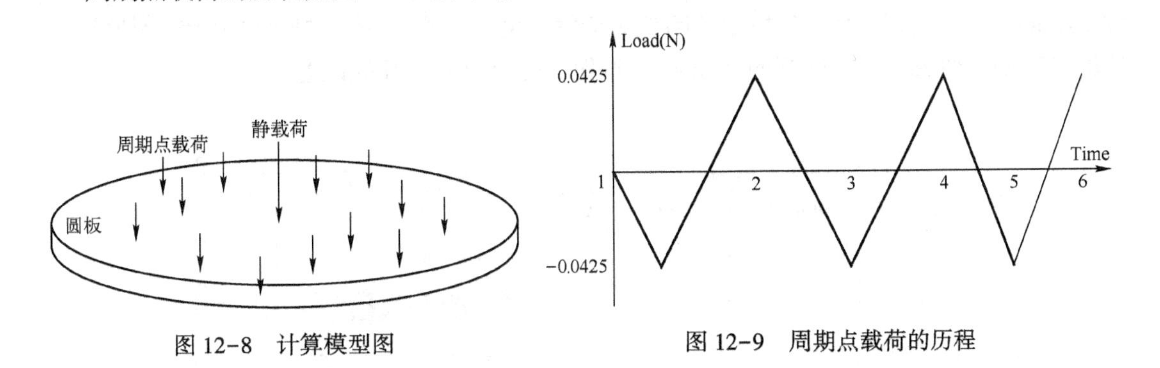

图 12-8　计算模型图　　　　图 12-9　周期点载荷的历程

3. 弹塑性圆板非线性分析过程

（1）设置分析标题和作业名

1）选择菜单 Utility Menu>File>Change Title，弹出如图 12-10 所示的“Change Title”对话框，输入“Cyclic loading of a fixed circular plate”，单击“OK”按钮，完成分析标题的设置。

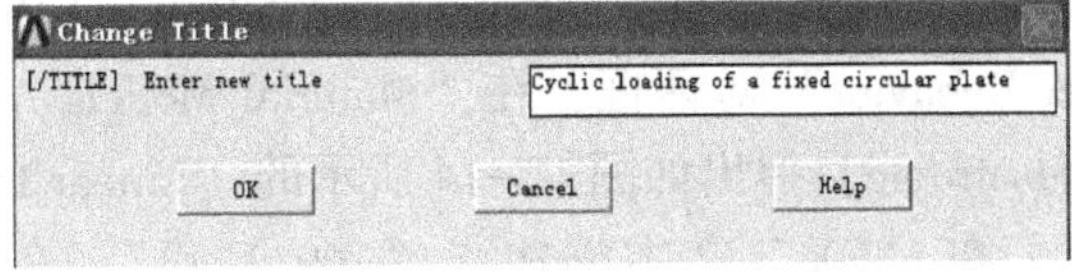

图 12-10　“Change Title”对话框

2）选择菜单 Utility Menu>File>Change Jobname，弹出如图 12-11 所示的“Change Jobname”对话框，输入“axplate”，并单击“OK”按钮完成作业名的设置。

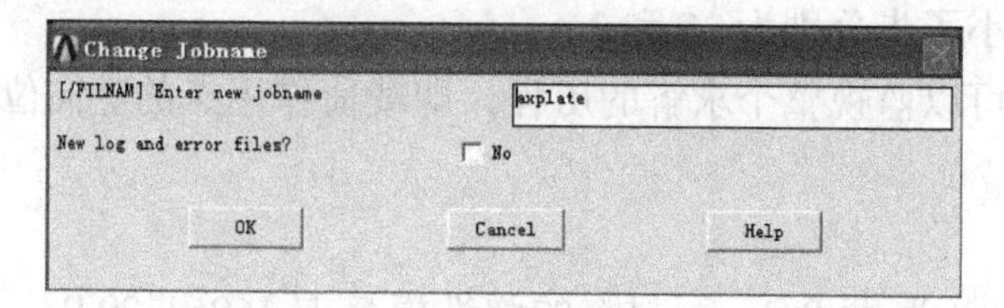

图 12-11 “Change Jobname”对话框

（2）设置单元属性

1）设置单元类型。

① 选择菜单 Main Menu>Preprocessor>Element Type>Add/Edit/Delete，弹出“Element Types”对话框，如图 12-12 所示。单击“Add”按钮，弹出“Library of Element Types”对话框。在左侧列表框选择“Structural>Solid”，在右侧列表框选择“Quad 4node 182”，单击“OK”按钮，完成 PLANE182 单元的设置。

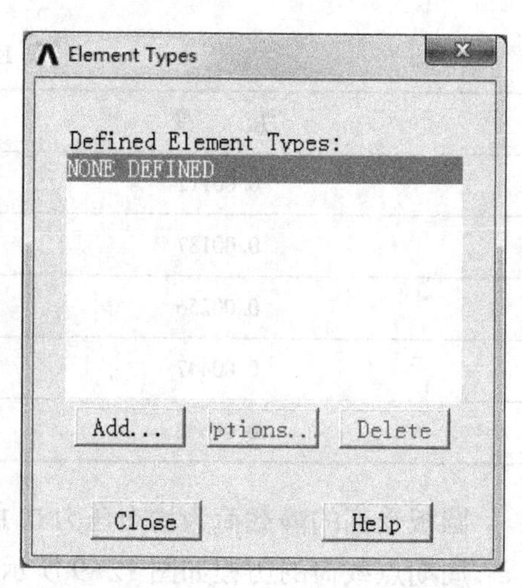

图 12-12 “Element Types”对话框

② 单击“Element Types”对话框的“Options”按钮，弹出“PLANE182 element type options”对话框，如图 12-13 所示。在“K3”下拉列表中选择“Axisymmetric”，单击“OK”按钮关闭该对话框。再单击“Element Types”对话框的“Close”按钮，完成单元属性的设置。

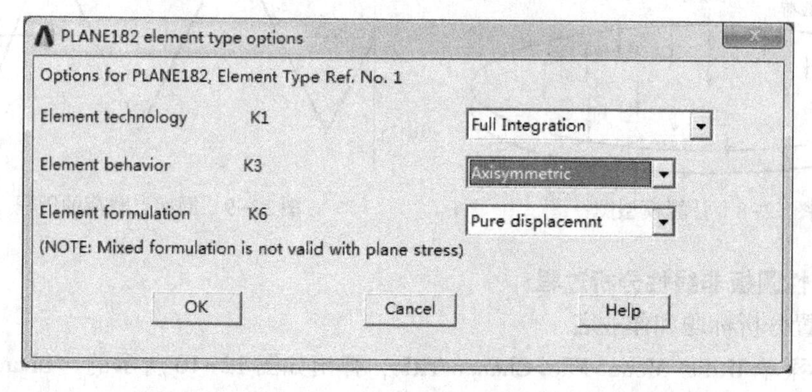

图 12-13 “PLANE182 element type options”对话框

2）设置材料特性。选择菜单 Main Menu>Preprocessor>Material Props>Material Models，弹出“Define Material Model Behavior”对话框，在“Material Models Available”选项组，单击 Structural>Linear>Elastic>Isotropic，弹出如图 12-14 所示的“Linear Isotropic Properties for Material Number 1”对话框，在“EX”文本框输入“16911.23”，在“PRXY”文本框输入“0.3”，单击“OK”按钮，完成“Material Model Number 1”的设置。

3）指定随动强化材料模式（KINH）。

在“Material Models Available”选项组中，单击 Nonlinear > Inelastic > Rate Independent > Kinematic Hardening Plasticity > Mises Plasticity > Multilinear（General），弹出如图 12-15 所示的“Multilinear Kinematic Hardening for Material Number 1”对话框，分别输入应变、应力值“0.00112，19.0”，单击“Add Point”按钮，继续输入应变、应力值“0.00187，22.8”。重复前面的步骤，分别输入“0.00256，25.1；0.00447，29.1；0.00642，31.7”，单击“OK”按钮，完成随动强化材料模式的设置。选择“Material > Exit”，退出“Define Material Model Behavior”对话框。

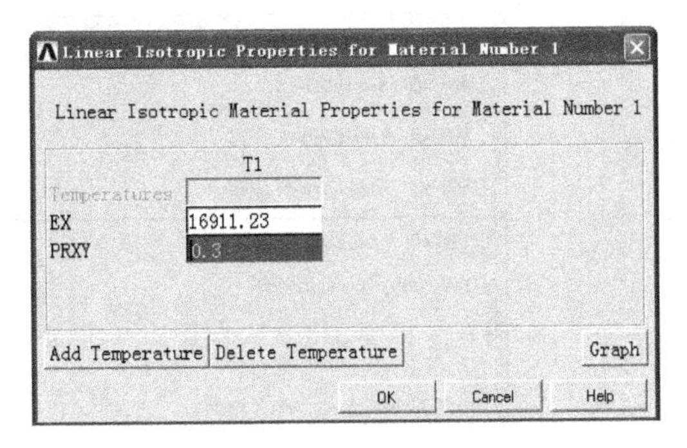

图 12-14 “Linear Isotropic Properties for Material Number 1”对话框

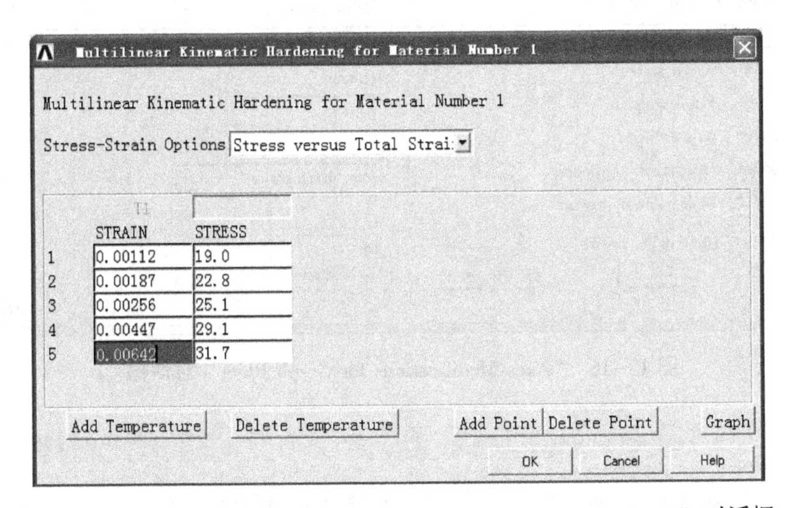

图 12-15 “Multilinear Kinematic Hardening for Material Number 1”对话框

4）设置图形轴标号和显示数据表。

① 选择菜单 Utility Menu>PlotCtrls>Style>Graphs> Modify Axes，弹出“Axes Modifications for Graph Plots”对话框，如图 12-16 所示。在“X-axis label”文本框中输入“Total Strain”。在“Y-axis label”文本框中输入“True Stress”，单击“OK”按钮，完成图形轴标号的设置。

② 选择菜单 Main Menu>Preprocessor>Material Props>Material Models，弹出“Define Material Model Behavior”对话框，如图 12-17 所示。单击“Material Model Number1”和“Multilinear Kinematic（General）”，出现图 12-15 中输入的数据，单击“Graph”，则在图形窗口中显示数据表图形。如果需要，可以修改应力/应变值，然后单击“Graph”显示，直到满意为止，最后单击“OK”按钮。选择菜单 Material > Exit，离开“Define Material Model Behavior”对话框，并在工具条中单击“SAVE_DB”按钮，保存当前数据。

Axes Modifications for Graph Plots

[/AXLAB] X-axis label — Total Strain

[/AXLAB] Y-axis label — True Stress

[/GTHK] Thickness of axes — Double

[/GRTYP] Number of Y-axes — Single Y-axis

[/XRANGE] X-axis range — Auto calculated / Specified range

XMIN,XMAX Specified X range

[/YRANGE] Y-axis range — Auto calculated / Specified range

YMIN,YMAX Specified Y range -

NUM - for Y-axis number — 1

[/GROPT],ASCAL Y ranges for - — Individual calcs

[/GROPT] Axis Controls

LOGX X-axis scale — Linear

LOGY Y-axis scale — Linear

AXDV Axis divisions — On

AXNM Axis scale numbering — On - back plane

AXNSC Axis number size fact — 1

DIG1 Signif digits before - — 4

OK Apply Cancel Help

图 12-16 “Axes Modifications for Graph Plots” 对话框

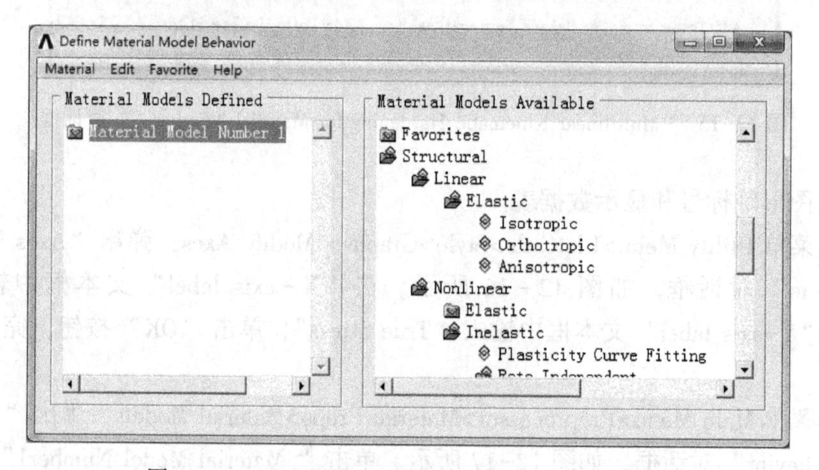

图 12-17 “Define Material Model Behavior” 对话框

(3) 创建几何模型

选择菜单 Utility Menu>Parameters> Scalar Parameters，弹出 “Scalar Parameters” 对话框，如图 12-18 所示。在 “Selection” 文本框中输入 “radius = 1. 0”，单击 “Accept” 按钮，输入 “thick = 0. 1”，单击 “Accept” 按钮，然后单击 “Close” 按钮。选择菜单 Main Menu>

Preprocessor>-Modeling>Create> Areas>Rectangle> By Dimensions，弹出“Create Rectangle by Dimensions”对话框，如图 12-19 所示，在“X-coordinates”文本框中，输入“0，radius”，在“Y-coordinates”文本框中，输入“0，thick”，单击“OK”按钮，则在图形窗口中出现一个长方形，如图 12-20 所示。选择 Utility Menu>Plot>Lines，完成几何模型的创建。

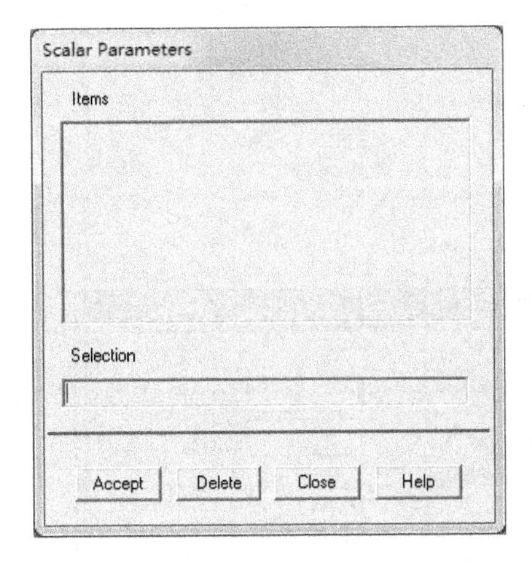

图 12-18 “Scalar Parameters”对话框

图 12-19 “Create Rectangle by Dimensions”对话框

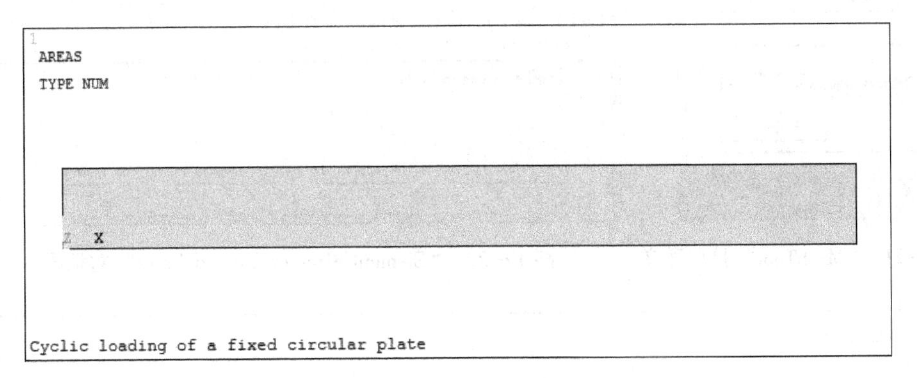

图 12-20 模型创建图

(4) 划分网格

1) 设置单元尺寸。

选择菜单 Main Menu>Preprocessor>Meshing>MeshTool，弹出“MeshTool 拾取菜单”，如图 12-21 所示。选择 Size Controls>Lines>Set，弹出“Element Sizes on Picked Lines”对话框。选择两根竖向的线（2 和 4），然后在对话框中单击“OK”按钮，弹出“Element Sizes on Picked Lines”对话框，如图 12-22 所示。在“No. of element divisions”文本框中输入“8”，单击“OK”按钮。重复上面步骤，选择两根横向的线（1 和 3），在“No. of element divisions”文本框中输入“40”，并单击“OK”按钮，完成单元尺寸的设置。

2) 对四边形划分网格。在“MeshTool”拾取菜单中，选择“Quad”和“Mapped”，然后单击“Mesh”按钮。出现“Mesh Areas”拾取菜单，单击“Pick All”按钮，完成四边形网格的划分，如图 12-23 所示。最后在工具条中单击“SAVE_DB”按钮，完成对当前数据的保存。

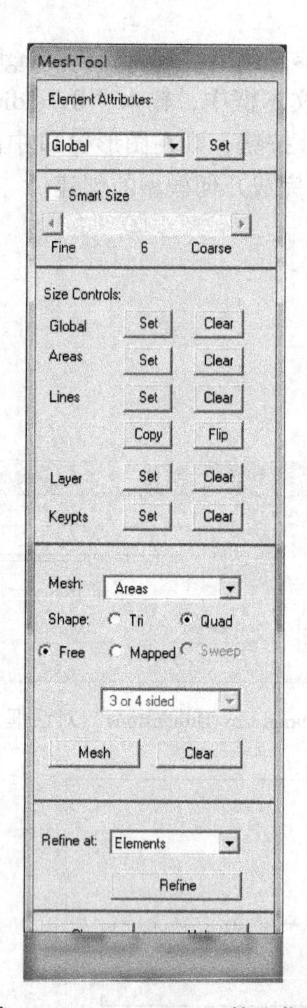

图 12-21 “MeshTool”拾取菜单

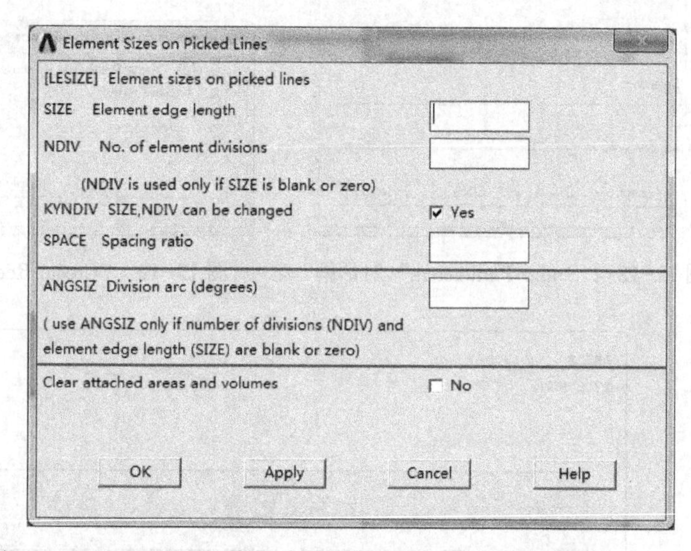

图 12-22 “Element Sizes on Picked Lines”对话框

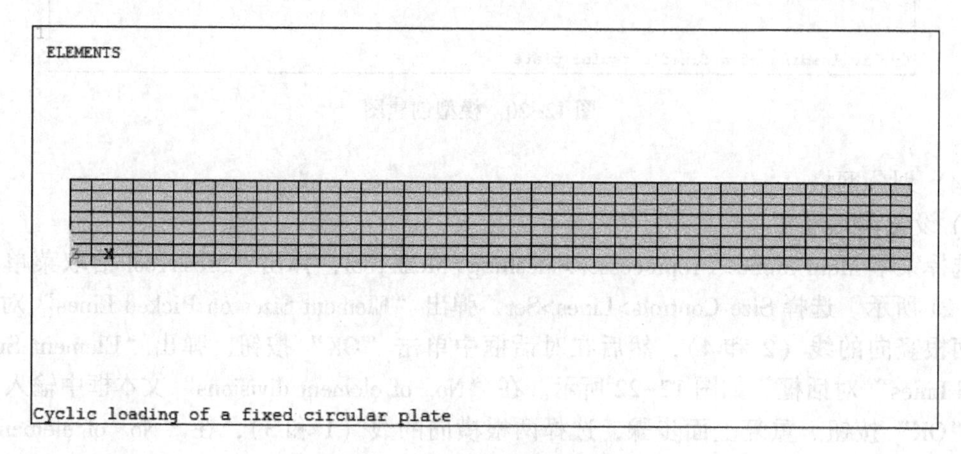

图 12-23 网格划分完成图

（5）施加载荷

1）设置分析和载荷步选项。选择菜单 Main Menu>Solution>Unabridged Menu> Analysis Options，弹出“Static or Steady-State Analysis”对话框，如图 12-24 所示。设置“Large deformation effects”为“ON”，即选中“Large deform effects”复选框，单击“OK”按钮，选择菜单 Main Menu>Solution>Load Step Opt>-Output Ctrls> DB/Results File，弹出“Controls for Database and Results File Writing”对话框，如图 12-25 所示。验证所有的项目都已选，选中“Every substep”，最后单击“OK”按钮，完成载荷的设置。

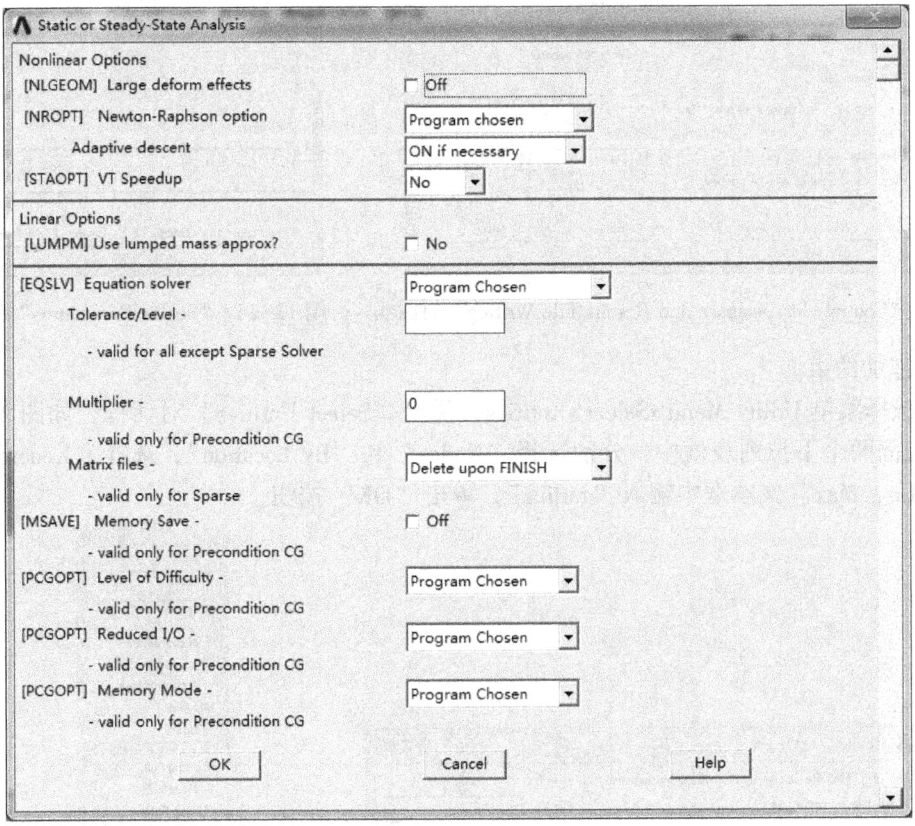

Static or Steady-State Analysis

Nonlinear Options
[NLGEOM] Large deform effects ☐ Off
[NROPT] Newton-Raphson option Program chosen
Adaptive descent ON if necessary
[STAOPT] VT Speedup No
Linear Options
[LUMPM] Use lumped mass approx? ☐ No
[EQSLV] Equation solver Program Chosen
Tolerance/Level -
- valid for all except Sparse Solver
Multiplier - 0
- valid only for Precondition CG
Matrix files - Delete upon FINISH
- valid only for Sparse
[MSAVE] Memory Save - ☐ Off
- valid only for Precondition CG
[PCGOPT] Level of Difficulty - Program Chosen
- valid only for Precondition CG
[PCGOPT] Reduced I/O - Program Chosen
- valid only for Precondition CG
[PCGOPT] Memory Mode - Program Chosen
- valid only for Precondition CG
OK Cancel Help

图 12-24 “Static or Steady-State Analysis”对话框

2）监视位移。可监视对称轴上节点的位移及圆板边的反力。

① 选择菜单 Utility Menu>Parameters>Scalar Parameters，弹出“Scalar Parameters”对话框，如图 12-26 所示。在“Selection”文本框中输入“ntop = node(0,thick,0.0)”，并单击“Accept”按钮；输入“nright = node(radius,0.0,0.0)”，单击“Accept”按钮，最后单击“Close”按钮，关闭该对话框。

② 选择菜单 Main Menu>Solution>Nonlinear>Monitor，弹出“Monitor”拾取菜单。在 ANSYS 输入文本框中输入“ntop”，按〈Enter〉键，单击“OK”按钮。出现“Monitor”对话框，如图 12-27 所示。在“Quantity to be monitored”下拉列表框中选择“UY”，再单击“OK”按钮。

③ 选择菜单 Main Menu>Solution>Nonlinear>Monitor，弹出“Monitor”拾取菜单。在 ANSYS 输入文本框中输入“nright”，按〈Enter〉键，并单击“OK”按钮，弹出“Monitor”对话框。在“Variable to redefine”下拉列表框选择“Variable 2”，在“Quantityto be monitored”下拉列表框中选择“FY”，最后单击“OK”按钮，完成监视位移的设置。

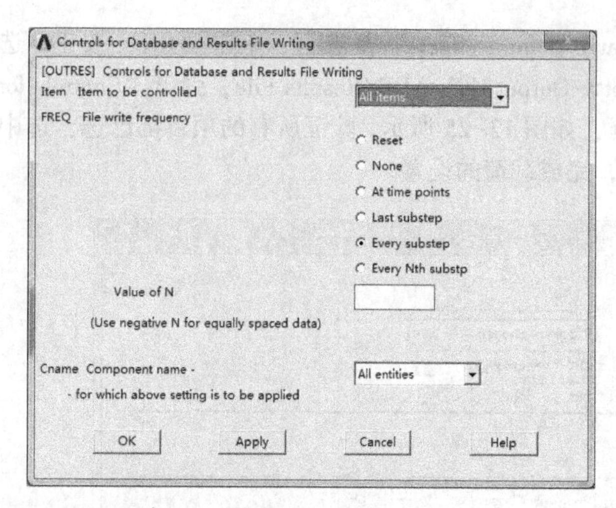

图 12-25 “Controls for Database and Results File Writing”对话框

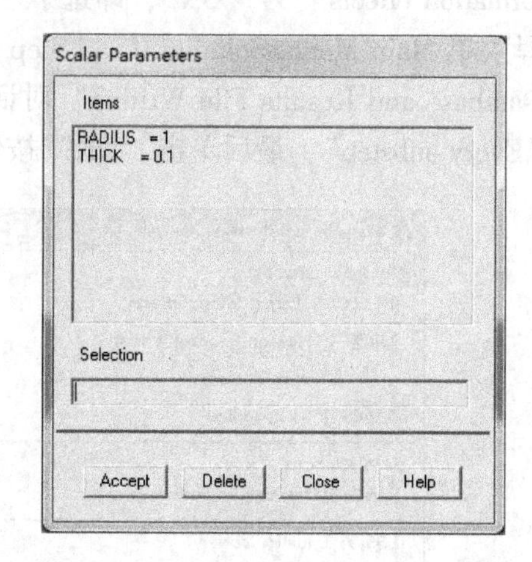

图 12-26 “Scalar Parameters”对话框

3）施加约束。

① 选择菜单 Utility Menu>Select>Entities，弹出“Select Entities”对话框，如图 12-28 所示。在上面两个下拉列表框中，分别选择“Nodes”和“By Location”，选择“Xcoordinates”，并在“Min，Max”文本框中输入“radius”，单击“OK”按钮。

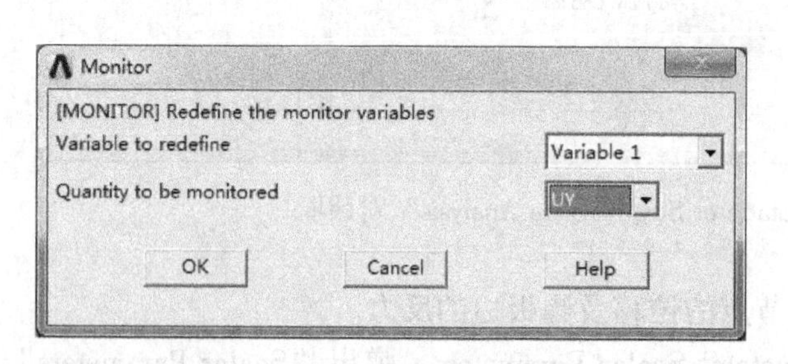

图 12-27 “Monitor”对话框

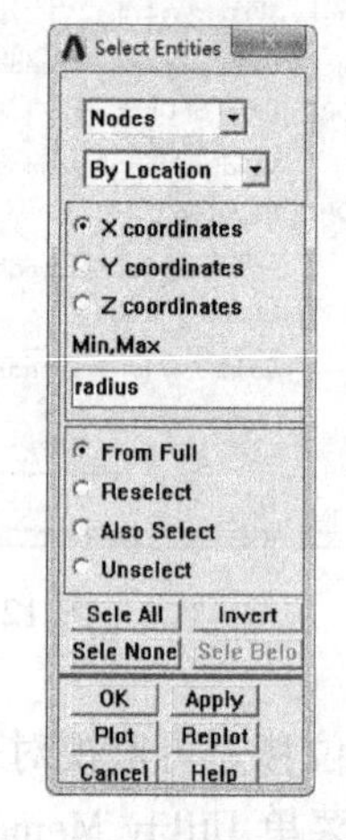

图 12-28 “Select Entities”对话框

② 选择菜单 Main Menu>Solution>Define Loads>Apply>Structural>Displacement>On Nodes，弹出“Apply U，ROT on Nodes”拾取菜单，单击“Pick All”按钮，弹出“Apply U，ROT on Nodes”对话框，如图 12-29 所示。在“DOFs to be constrained”下拉列表框中选择“All DOF”，单击“OK”按钮。

③ 选择菜单 Utility Menu>Select>Entities，弹出“Select Entities”对话框。选择“Nodes”“By Location”“X coordinates”。在“Min，Max”区域输入“0”，单击“OK”按钮，系统将选择位于 $x=0$ 处的所有节点。

④ 选择菜单 Main Menu>Solution> Define Loads>Apply >Structura>Displacement>On Nodes，弹出“Apply U，ROT on Nodes”拾取菜单，单击“Pick All”按钮，弹出“Apply U，ROT on Nodes”对话框。选择“UX”作为约束的自由度，单击“All DOF”使之不被选择，输入

位移值“0.0”，单击“OK”按钮。

⑤ 选择菜单 Utility Menu>Select>Entities，弹出“Select Entities”对话框，选择“Nodes”和“By Location”，单击“Y coordinates”，并在“Min，Max”区域输入“thick”，单击“OK”按钮。选择菜单 Main Menu>Solution> Define Loads>Apply >Structural> Pressure> On Nodes，弹出“Apply PRES on Nodes”拾取菜单，单击“Pick All”按钮，弹出“Apply PRES on nodes”对话框，如图 12-30 所示。在“Load PRES value”文本框中输入“1.25”，单击“OK”按钮。选择菜单 Utility Menu>Select>Everything，最后在工具条中单击“SAVE_DB”按钮，保存当前数据。

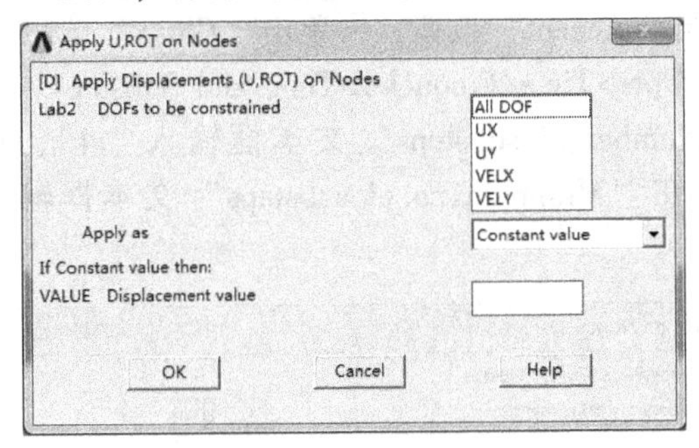

图 12-29 “Apply U，ROT on Nodes”对话框

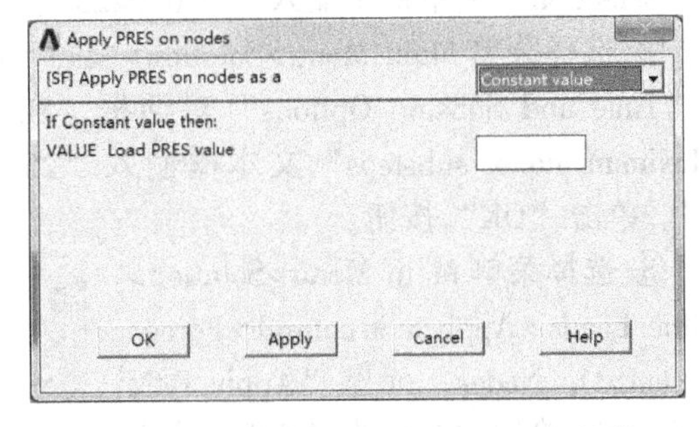

图 12-30 “Apply PRES on nodes”对话框

（6）进行求解

1）保存第一个载荷步。

① 选择菜单 Main Menu>Solution>Load Step Opts>Time/Frequenc>Time and Substeps，弹出“Time and Substep Options”对话框，如图 12-31 所示。在“Number of substeps”文本框输入“10”，在“Maximum no. of substeps”文本框输入“50”，“Minimum no. of substeps”文

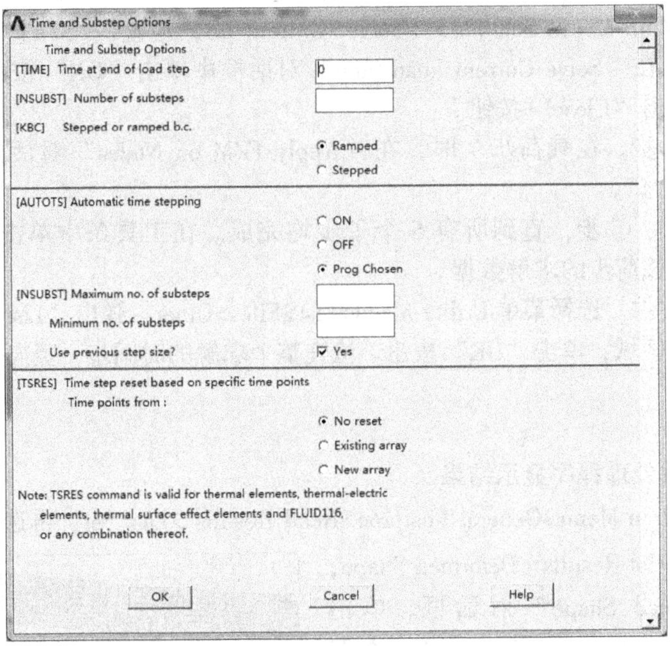

图 12-31 “Time and Substep Options”对话框

本框输入“6”，单击“OK”按钮。

② 选择菜单 Main Menu>Solution>Solve>Current LS，打开“Solve Current Load Step”对话框；然后检查“/STAT”窗口中的内容，然后单击“Close”按钮。

③ 在“Solve Current Load Step”对话框中单击“OK”按钮，开始求解。在求解开始出现的“Information”对话框中单击“OK”按钮，选择菜单 Utility Menu>Plot>Elements，完成保存第一个载荷步的设置。

2）求解后面的 6 个载荷步。

① 选择 Utility Menu>Parameters>Scalar Parameters。弹出“Scalar Parameters”对话框，在“Selection”文本框中输入“f=0.0425”，单击“Accept”按钮，再单击“Close”按钮。

② 选择菜单 Main Menu>Solution>Load Step Opts>Time/Frequenc>Time and Substeps。弹出“Time and Substep Options”对话框，在“Number of substeps”文本框输入“4”，在“Maximum no. of substeps”文本框输入“25”，在“Minimum no. of substeps”文本框输入“2”。单击“OK”按钮。

③ 选择菜单 Main Menu>Solution>Define Loads>Apply>Structural>Force/Moment>On Nodes，弹出“Apply F/M on Nodes”拾取菜单，在 ANSYS 输入文本中输入“ntop”，按〈Enter〉键，单击“OK”按钮，弹出“Apply F/M on Nodes”对话框，如图 12-32 所示。在“Direction of force/mom”下拉列表框中选择“FY”，在“Force/moment value”文本框中输入“-f”，单击“OK”按钮。

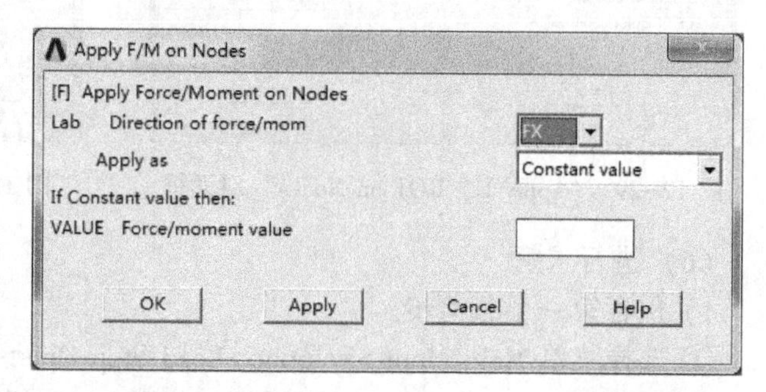

图 12-32 “Apply F/M on Nodes”对话框

④ 选择菜单 Main Menu>Solution> >Solve>Current LS，检查“/STAT”窗中的信息，单击“Close”按钮；在“Solve Current Load Step”对话框中单击“OK”按钮。在求解完成后出现的对话框中单击“Close”按钮。

⑤ 重复③、④步。在载荷步 7 时，在“Apply F/M on Nodes”对话框中设置“Force/moment value”为“f”。

⑥ 重复③、④、⑤步，直到所有 6 个子步均完成。在工具条中单击“SAVE_DB”按钮，保存后面 6 个载荷步的求解数据。

3）检查监视文件。选择菜单 Utility Menu>List>Files>Other，弹出“List File”对话框，选择“axplate. mntr”区域，单击“OK”按钮。检查整个求解的时间步、竖向位移、反力等，单击“Close”按钮。

（7）查看结果

1）应用一般后处理程序显示结果。

① 选择菜单 Main Menu>General Postproc>Read Results >Last Set，再选择菜单 Main Menu >General Postproc>Plot Results> Deformed Shape，弹出“Plot Deformed Shape”对话框。单击“Def + undef edge”，单击“OK”按钮。在图形窗口中显示变形图，如图 12-33 所示。

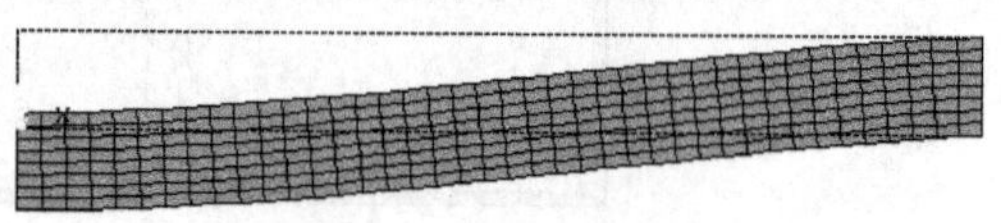

图 12-33 变形图

② 选择菜单 Main Menu>General Postproc>Plot Results> Contour Plot>Element Solu，弹出"Contour Element Solution Data"对话框，在左侧列表框中选择"Strain-plastic"，在右侧列表框中选择"Eqv plastic EPEQ"，单击"OK"按钮。选择 Utility Menu>Plot>Elements，在图形窗口中出现等值线图，如图 12-34 所示。

2）定义时间历程后处理的变量。

① 选择菜单 Utility Menu>Select>Entities，弹出"Select Entities"对话框，如图 12-35 所示，并验证在步骤 1）中的两个下拉列表框中是否选择了"Nodes"和"By Num/Pick"选项。单击"OK"按钮，出现"Select nodes"拾取菜单。在 ANSYS 输入文本框中输入"nt-op"，按〈Enter〉键，然后单击"OK"按钮。

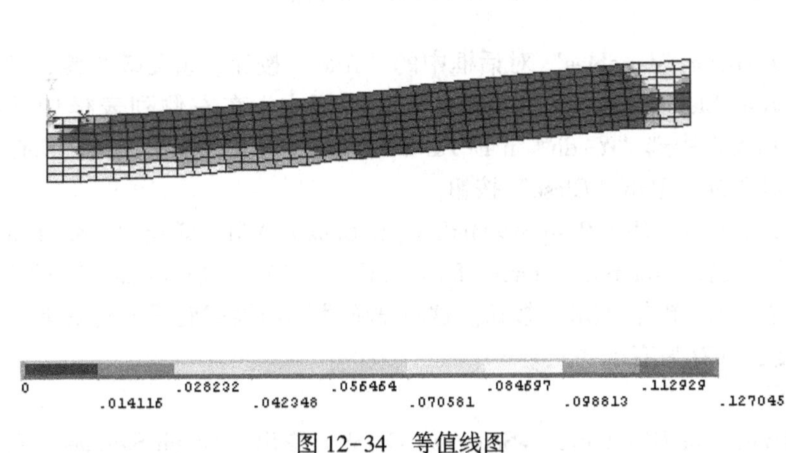

图 12-34　等值线图

图 12-35　"Select Entities"对话框

② 选择菜单 Utility Menu>Select>Entities，弹出"Select Entities"对话框。在第一个下拉列表框中选择"Elements"，在第二个下拉列表框中选择"Attached to"，验证是否选择了所有节点，然后单击"OK"按钮。

③ 选择菜单 Utility Menu>Select>Everything。

④ 选择菜单 Main Menu>TimeHist Postpro>Define Variables，弹出"Defined Time History Variables"对话框，单击"Add"按钮，弹出"Add Time-History Variable"对话框，如图 12-36 所示。

⑤ 在"Add Time-History Variable"对话框中单击"Element results"，再单击"OK"按钮，弹出"Define Elemental Data"拾取菜单。在图形窗口中拾取左上侧单元，单击"OK"按钮。弹出"Define Nodal Data"拾取菜单，拾取左上角单元的左上角节点，单击"OK"按钮。弹出"Define Element Results Variable "对话框，验证"reference number of the variable"为"2"，在左侧列表框中选择"Stress"，在右侧列表框中选择"Y-direction SY"，单击"OK"按钮。再次弹出"Defined Time-History Variables"对话框和第二个变量列表（ESOL），在对话框中应该显示单元号"281"，节点号"50"，项目"S"，元件"Y"，名"SY"。

⑥ 单击"Define Time History Variables"对话框中的"Add"按钮。重复⑤步骤，变量参考号为"3"。在"Define Element Results Variable"对话框中，在左侧列表框中选择"Strain-elastic"，在右侧列表框中选择"Y-dir" n EPEL Y"，单击"OK"按钮。

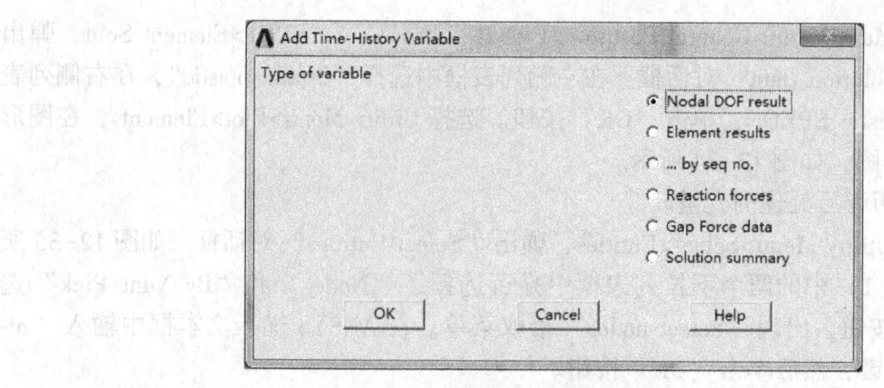

图 12-36 “Add Time-History Variable”对话框

⑦ 单击“Define Time History Variables”对话框中的“Add”按钮。重复⑤步骤，变量参考号为“4”。在“Define Element Results Variable”对话框中，在左侧列表框中选择“Strain-plastic”，在右侧列表框中选“Y-dir" n EPEL Y”，单击“OK”按钮，在“Defined Time-History Variables”对话框，单击“Close”按钮。

⑧ 选择菜单 Main Menu > TimeHist Postpro > Math Operations > Add，弹出“Add Time-History Variables”对话框，设置“reference number for result”为“5”，“1st variable”设置为“3”，“2nd variable”设置为 4，单击“OK”按钮。这将把弹性和塑性应变添加到变量“3”和“4”。其总和是总应变，并存为变量“5”。

3）显示时间历程结果。

① 选择菜单 Main Menu>TimeHist Postpro>Settings> Graph，弹出“Graph Settings”对话框，如图 12-37 所示。单击“Single variable”单选按钮，在“Single Variable no.”文本框中输入“5”，最后单击“OK”按钮。

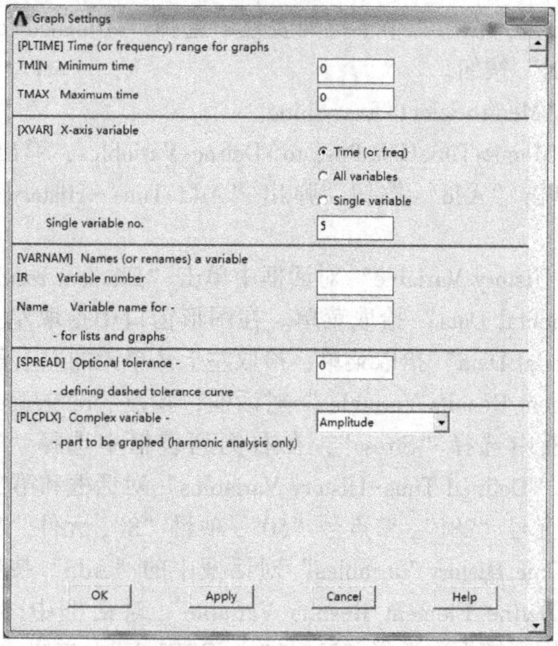

图 12-37 “Graph Settings”对话框

② 选择菜单 Utility Menu>PlotCtrls>Style>Graphs> Modify Axes，弹出“Axes Modifications for Graph Plots”对话框。在“X-axis label”文本框中，输入“Total Y-Strain”；在“Y-axis label”文本框中，输入“Y-Stress”，单击“OK”按钮。

③ 选择菜单 Main Menu>TimeHist Postpro> Graph Variables，弹出“Graph Time-History Variables”对话框。在第一个要显示的变量中输入“2”，单击“OK”按钮，出现如图 12-38 所示结果。

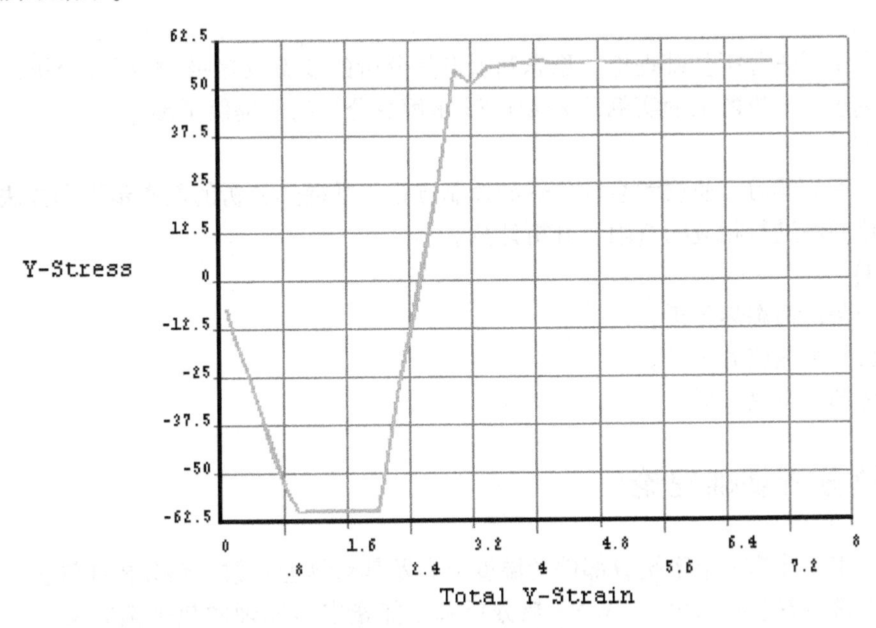

图 12-38　时间历程曲线

12.6　本章小结

本章介绍了引起非线性的原因、非线性分析的种类和 ANSYS 程序中非线性分析的方程求解特点；重点介绍了非线性静态及瞬态分析的基本步骤，并以“弹塑性圆板非线性分析”为例，进行了详细的操作讲解。

思考与练习

1. 试述 ANSYS 分析中几种非线性问题的特点。
2. 简述非线性问题的求解分析过程。

第13章 热 分 析

【内容】

本章介绍了热分析基础理论、稳态和瞬态热分析的步骤及热-结构耦合分析，并给出了热分析及热应力分析的工程实例，为 ANSYS 求解热分析问题提供了参考。

【目的】

通过本章的学习，使读者掌握传热的控制方程，掌握热分析的基本步骤和方法，能对工程中的传热问题进行相应的有限元分析计算。

【实例】

中空长圆筒稳态热分析。

中空长圆筒热应力分析。

铜块冷却瞬态热分析。

13.1 热分析基础理论

热分析用于计算一个系统或部件的温度分布及其热物理参数，热分析在许多工程应用和理论研究中扮演着重要角色。ANSYS 热分析基于能量守恒原理的热平衡方程，用有限元法计算各节点温度，并导出其他热物理参数。

13.1.1 热分析的有限元控制方程

1. 导热微分方程

$$\rho c\left(\frac{\partial T}{\partial t}+\boldsymbol{v}^{\mathrm{T}}\boldsymbol{L}T\right)=\boldsymbol{L}^{\mathrm{T}}\boldsymbol{q}+\dot{q} \tag{13-1}$$

式中，ρ 为密度；c 为比热容；T 为温度；t 为时间；$\boldsymbol{L}=\begin{pmatrix}\dfrac{\partial}{\partial x}\\ \dfrac{\partial}{\partial y}\\ \dfrac{\partial}{\partial z}\end{pmatrix}$ 为矢量操作符，其含义是对矢量求偏导数；$v=\begin{pmatrix}v_x\\ v_y\\ v_z\end{pmatrix}$ 为质量传热速度矢量，使用 R 命令输入 v_x、v_y、v_z，仅用于 PLANE55 和 SOLID70。$\boldsymbol{q}$ 为热流矢量（以 TFX、TFY 和 TFZ 符号输出）；$\dot{q}$ 为单位体积的热生成，可以使用 BF 或 BFE 命令输入。

此外，傅里叶定律将热流矢量和热梯度联系起来

$$\boldsymbol{q}=-\boldsymbol{D}\boldsymbol{L}T \tag{13-2}$$

式中，$\boldsymbol{D}=\begin{pmatrix} K_{xx} & 0 & 0 \\ 0 & K_{yy} & 0 \\ 0 & 0 & K_{zz} \end{pmatrix}$为热传导矩阵；$K_{xx}$、$K_{yy}$、$K_{zz}$分别代表单元 x，y 和 z 方向的导热系数。

把式（13-2）代入式（13-1），得

$$\rho c\left(\frac{\partial T}{\partial t}+\boldsymbol{v}^{\mathrm{T}}\boldsymbol{L}T\right)-L^{\mathrm{T}}(\boldsymbol{D}\boldsymbol{L}T)=\dot{q} \tag{13-3}$$

展开式（13-3），得

$$\begin{aligned}&\rho c\left(\frac{\partial T}{\partial t}+v_x\frac{\partial T}{\partial x}+v_y\frac{\partial T}{\partial y}+v_z\frac{\partial T}{\partial z}\right)=\\&\frac{\partial}{\partial x}\left(K_{xx}\frac{\partial T}{\partial x}\right)+\frac{\partial}{\partial y}\left(K_{yy}\frac{\partial T}{\partial y}\right)+\frac{\partial}{\partial z}\left(K_{zz}\frac{\partial T}{\partial z}\right)+\dot{q}\end{aligned} \tag{13-4}$$

式（13-4）假定只在总体笛卡儿坐标系中考虑所有的影响因素。

2. 边界条件

在实际工程中，需要考虑 3 种边界条件，假设这些边界条件覆盖全部单元。

1）在已知表面上指定温度条件，即

$$T=T^* \tag{13-5}$$

式中，T^* 为使用命令 D 设置的边界温度。

2）如图 13-1a 所示，在表面 S_1上指定热流条件，即

$$\boldsymbol{q}^{\mathrm{T}}\boldsymbol{n}=-q^* \tag{13-6}$$

式中，$\boldsymbol{n}$ 为外法向单位矢量；q^* 为使用 SF 命令或 SFE 命令设置的热流值。

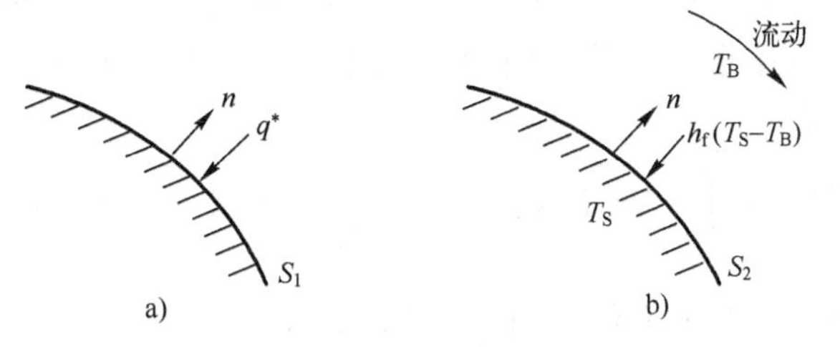

图 13-1　指定热流与指定对流

a）指定热流　b）指定对流

3）在表面 S_2上指定对流传热条件。指定表面 S_2上的对流传热，即牛顿冷却定律，如图 13-1b 所示。

$$\boldsymbol{q}^{\mathrm{T}}\boldsymbol{n}=h_{\mathrm{f}}(T_{\mathrm{S}}-T_{\mathrm{B}}) \tag{13-7}$$

式中，h_{f} 为固体与流体间的传热系数；T_{B} 为邻近流体的温度；T_{S} 为固体表面温度。

由式（13-2）、式（13-6）和式（13-7），得

$$\boldsymbol{n}^{\mathrm{T}}\boldsymbol{D}\boldsymbol{L}T=q^* \tag{13-8}$$

$$\boldsymbol{n}^{\mathrm{T}}\boldsymbol{D}\boldsymbol{L}T=h_{\mathrm{f}}(T_{\mathrm{B}}-T_{\mathrm{S}}) \tag{13-9}$$

在式（13-3）两边乘以一个虚温度，并进行积分，同时考虑式（13-8）和式

(13-9)，得

$$\int_{vol}\left(\rho c\delta T\left(\frac{\partial T}{\partial t}+\boldsymbol{v}^{\mathrm{T}}\boldsymbol{L}T\right)-\boldsymbol{L}^{\mathrm{T}}(\delta T)(\boldsymbol{D}\boldsymbol{L}T)\right)\mathrm{d}(vol)$$
$$=\int_{S_1}\delta Tq^*\mathrm{d}(S_1)+\int_{s_2}\delta Th_{\mathrm{f}}(T_{\mathrm{B}}-T_{\mathrm{S}})\mathrm{d}(S_2)+\int_{vol}\delta T\dot{q}\mathrm{d}(vol) \tag{13-10}$$

式中，vol 为单元体积；δT 为允许的虚温度。

温度 T 可以是空间和时间的函数，即

$$T=\boldsymbol{N}^{\mathrm{T}}\boldsymbol{T}_{\mathrm{e}} \tag{13-11}$$

式中，$T=T(x,y,z,t)$；$\boldsymbol{N}=\boldsymbol{N}(x,y,z)$ 为单元形函数，$\boldsymbol{T}_{\mathrm{e}}$ 为单元的节点温度矢量。

对式（13-11）进行关于时间 t 的微分，得

$$\frac{\partial T}{\partial t}=\boldsymbol{N}^{\mathrm{T}}\dot{\boldsymbol{T}}_{\mathrm{e}} \tag{13-12}$$

δT 与温度 T 有相同的表达式，即

$$\delta T=\delta\boldsymbol{T}_{\mathrm{e}}^{\mathrm{T}}\boldsymbol{N} \tag{13-13}$$

$\boldsymbol{L}T$ 可以写成

$$\boldsymbol{L}T=\boldsymbol{B}\boldsymbol{T}_{\mathrm{e}} \tag{13-14}$$

式中，$\boldsymbol{B}=\boldsymbol{L}\boldsymbol{N}^{\mathrm{T}}$。

综合考虑式（13-10）~式（13-14），得

$$\int_{vol}\rho c\delta\boldsymbol{T}_{\mathrm{e}}^{\mathrm{T}}NN^{\mathrm{T}}\dot{T}_{\mathrm{e}}\mathrm{d}(vol)+\int_{vol}\rho c\delta\boldsymbol{T}_{\mathrm{e}}^{\mathrm{T}}\boldsymbol{N}\boldsymbol{v}^{\mathrm{T}}\boldsymbol{B}\boldsymbol{T}_{\mathrm{e}}\mathrm{d}(vol)-\int_{vol}\delta\boldsymbol{T}_{\mathrm{e}}^{\mathrm{T}}\boldsymbol{B}^{\mathrm{T}}\boldsymbol{D}\boldsymbol{B}\boldsymbol{T}_{\mathrm{e}}\mathrm{d}(vol)$$
$$=\int_{S_1}\delta\boldsymbol{T}_{\mathrm{e}}^{\mathrm{T}}\boldsymbol{N}q^*\mathrm{d}(S_1)+\int_{S_2}\delta\boldsymbol{T}_{\mathrm{e}}^{\mathrm{T}}\boldsymbol{N}h_{\mathrm{f}}(T_{\mathrm{B}}-\boldsymbol{N}^{\mathrm{T}}\boldsymbol{T}_{\mathrm{e}})\mathrm{d}(S_2)+\int_{vol}\delta\boldsymbol{T}_{\mathrm{e}}^{\mathrm{T}}\boldsymbol{N}\dot{\boldsymbol{q}}\mathrm{d}(vol) \tag{13-15}$$

在式（13-15）中，假设密度 ρ 在单元内保持常数，比热容 c 和 $\dot{q}$ 可以在单元内部变化。由于 $\boldsymbol{T}_{\mathrm{e}}$，$\dot{\boldsymbol{T}}_{\mathrm{e}}$ 和 $\delta\boldsymbol{T}_{\mathrm{e}}$ 都是节点量，在单元内部不发生变化，因此可以从积分式中移出来，则式（13-15）可以简化为

$$\rho\int_{vol}c\boldsymbol{N}\boldsymbol{N}^{\mathrm{T}}\mathrm{d}(vol)\dot{T}_{\mathrm{e}}+\rho\int_{vol}c\boldsymbol{N}\boldsymbol{v}^{\mathrm{T}}\boldsymbol{B}d(vol)\boldsymbol{T}_{\mathrm{e}}-\int_{vol}\boldsymbol{B}^{\mathrm{T}}\boldsymbol{D}\boldsymbol{B}\mathrm{d}(vol)\boldsymbol{T}_{\mathrm{e}}+\int_{S_2}h_{\mathrm{f}}\boldsymbol{N}\boldsymbol{N}^{\mathrm{T}}\mathrm{d}(S_2)\boldsymbol{T}_{\mathrm{e}}$$
$$=\int_{S_1}\boldsymbol{N}q^*\mathrm{d}(S_1)+\int_{S_2}T_{\mathrm{B}}h_{\mathrm{f}}\boldsymbol{N}\mathrm{d}(S_2)+\int_{vol}\dot{q}\{N\}\mathrm{d}(vol) \tag{13-16}$$

式（13-16）还可以表示为

$$\boldsymbol{C}_{\mathrm{e}}^{t}\dot{\boldsymbol{T}}_{\mathrm{e}}+(\boldsymbol{K}_{\mathrm{e}}^{tm}+\boldsymbol{K}_{\mathrm{e}}^{tb}+\boldsymbol{K}_{\mathrm{e}}^{tc})\boldsymbol{T}_{\mathrm{e}}=\boldsymbol{Q}_{\mathrm{e}}^{f}+\boldsymbol{Q}_{\mathrm{e}}^{c}+\boldsymbol{Q}_{\mathrm{e}}^{g} \tag{13-17}$$

式中，$\boldsymbol{C}_{\mathrm{e}}^{t}=\rho\int_{vol}c\boldsymbol{N}\boldsymbol{N}^{\mathrm{T}}\mathrm{d}(vol)$ 为单元比热容矩阵；$\boldsymbol{K}_{\mathrm{e}}^{tm}=\rho\int_{vol}c\boldsymbol{N}\boldsymbol{v}^{\mathrm{T}}\boldsymbol{B}\mathrm{d}(vol)$ 为单元质量传送传导矩阵；$\boldsymbol{K}_{\mathrm{e}}^{tb}=\int_{vol}B^{\mathrm{T}}DB\mathrm{d}(vol)$ 为单元扩散导热矩阵；$\boldsymbol{K}_{\mathrm{e}}^{tc}=\int_{S_2}h_{\mathrm{f}}\boldsymbol{N}\boldsymbol{N}^{\mathrm{T}}\mathrm{d}(S_2)$，为单元对流面导热矩阵；$\boldsymbol{Q}_{\mathrm{e}}^{f}=\int_{S_1}\boldsymbol{N}q^*\mathrm{d}(S_1)$，为单元质量热流矢量；$\boldsymbol{Q}_{\mathrm{e}}^{c}=\int_{S_2}T_{\mathrm{B}}h_{\mathrm{f}}\boldsymbol{N}\mathrm{d}(S_2)$，为单元对流面热流矢量；$\boldsymbol{Q}_{\mathrm{e}}^{g}=\int_{vol}\dot{q}\boldsymbol{N}\mathrm{d}(vol)$，为单元生热率载荷。

由式（13-17）的单元列式，可以扩展到总体单元列式，即

$$C\dot{T}+K_TT=Q \tag{13-18}$$

式中，C 为总体比热容矩阵；$K_T=K^{tm}+K^{tb}+K^{tc}$ 为总体导热矩阵；$Q=Q^f+Q^c+Q^g$ 为总体热载荷矢量。

13.1.2 热分析的求解

1. 稳态问题求解

对于稳态热分析，式（13-18）退化为

$$K_TT=Q \tag{13-19}$$

稳态热分析还可分为线性问题和非线性问题。在线性问题中，总体导热矩阵 K_T 是一个常数矩阵，与温度没有关系，使用普通的求解方法就可以进行求解。对于非线性问题，总体导热矩阵和热载荷矩阵都可能不再是常数，而是与温度 T 有关的函数，其控制方程为

$$K_T(T)T=Q \tag{13-20}$$

对于这样的非线性问题，ANSYS 使用结构分析中的非线性求解方法求解。在计算过程中，程序只是把结构位移矩阵 u 替换为热分析中的温度矩阵 T，其求解方程的原理相同。

2. 瞬态问题求解

对于瞬态问题，传热过程与时间相关，控制方程是式（13-18）。对于式（13-18），ANSYS 只支持完全法求解功能。ANSYS 使用广义的梯形规则算法求解，即

$$T_{n+1}=T_n+(1-\theta)\Delta t\,\dot{T}+\theta\Delta t\,\dot{T}_{n+1} \tag{13-21}$$

式中，θ 为瞬态积分参数，可以使用 TINTP 命令输入；$\Delta t=t_{n+1}-t_n$；T 为时刻 t_n 时的节点温度；$\dot{T}_n$ 为时刻 t_n 时的节点温度变化率；$\dot{T}_{n+1}$ 为时刻 t_{n+1} 时的节点温度变化率。

在 t_{n+1} 时，式（13-18）可以写成

$$C\dot{T}_{n+1}+K_TT_{n+1}=Q \tag{13-22}$$

把式（13-21）代入式（13-22），得

$$\left(\frac{1}{\theta\Delta t}C+K_T\right)T_{n+1}=Q+C\left(\frac{1}{\theta\Delta t}T_n+\frac{1-\theta}{\theta}T_n\right) \tag{13-23}$$

式（13-23）同时考虑了瞬态热分析中的线性和非线性。一旦求解得到 $\{T_{n+1}\}$，则使用式（13-21）更新 $\{\dot{T}_{n+1}\}$。ANSYS 的默认时间积分参数 $\theta=0.5$，即使用 Crank-Nicholson 方法求解式（13-23），该方法具有二阶精度。当时间积分参数 $\theta=1$ 时，求解方法为后退欧拉法。对于所有 $\theta>0$ 的情况，求解方法都是隐式的。此外，θ 的可用范围为

$$\frac{1}{2}\leqslant\theta\leqslant1 \tag{13-24}$$

求解式（13-23），ANSYS 需要初始条件为 T_0 和 $\dot{T}_0$，即初始温度和初始温度变化率。ANSYS 的默认初始条件为 $T_0=\dot{T}_0=0$，对于施加非零的初始温度，可以使用命令 IC 输入或在瞬态分析之前进行一次稳态分析，获得瞬态分析的初始温度。

有限元热分析的目的就是在一定边界条件下，在模型区域求解由式（13-1）描述的微分方程，以获得相应的温度场。

13.2 稳态热分析

稳态热分析针对稳态加载下的温度分布进行计算，温度不随时间发生变化，其分析过程由建立有限元模型、激活稳态热分析、设置分析选项、定义载荷及载荷步、求解及后处理等组成。

13.2.1 建立有限元模型

首先是为分析制定工作名和标题，然后在前处理器（PREP7）中定义单元类型、单元实常数、材料属性及建立几何模型并建立有限元模型。此过程与前面几章过程相同，以下仅针对热分析中所用的单元进行介绍，其他不再赘述。

1. 热分析中的单元类型

一定要选择热分析单元，求解阶段才会进入热分析菜单，定义过程与前述相同。热分析涉及的单元类型约 40 种，其中纯粹用于热分析的有 13 种。

（1）线性单元

LINK33：三维两节点热传导单元。

LINK34：两节点热对流单元。

LINK31：两节点热辐射单元。

（2）2D 实体单元

PLANE55：四节点单元。

PLANE77：八节点单元。

PLANE35：三节点三角形单元。

PLANE75：四节点轴对称单元。

PLANE78：八节点轴对称单元。

（3）3D 实体单元

SOLID70：八节点六面体单元。

SOLID87：十节点四面体单元。

SOLID90：二十节点六面体单元。

SOLID278：八节点六面体单元。

SOLID279：二十节点六面体单元。

（4）壳单元

SHELL131：四节点单元。

SHELL132：八节点单元。

（5）点单元

MASS71：点单元。

在定义单元类型时，如果只需要进行热分析，可以根据分析的问题在以上单元类型中进行选择。

2. 定义温度相关的材料属性

首先定义温度表，然后定义对应的材料属性值。可通过下面的方法定义温度表。

命令：MPTEMP 或 MPTGEN

GUI：Main Menu>Preprocessor>Material Props>Material Models>Thermal

定义对应的材料属性，使用 MPDATA 命令，对与温度相关的对流传热系数也是通过上述的 GUI 路径和命令来定义的。

注意：如果以多项式的形式定义了与温度相关的膜系数，则在定义其他具有固定属性的材料之前，必须定义一个温度表。创建几何模型及划分网格的过程，可参看有关使用手册。

13.2.2 激活稳态热分析

命令：ANTYPE，STATIC，NEW

GUI：Main Menu> Solution>New Analysis

通过单击稳态热分析的激活菜单，弹出如图 13-2 所示的 “New Analysis” 对话框，选择 “Steady-State” 单选按钮，单击 “OK” 按钮，完成稳态热分析的激活。

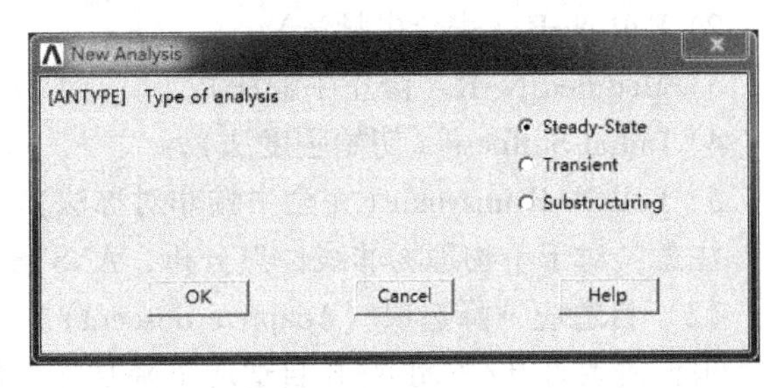

图 13-2 “New Analysis” 对话框

13.2.3 设置分析选项

命令：NROPT

GUI：Main Menu> Solution> Analysis Type> Analysis Options

通过菜单选择，弹出 “Static or Steady-State Analysis” 对话框，如图 13-3 所示。

Static or Steady-State Analysis
[NROPT] Newton-Raphson option — Program chosen
Adaptive descent — ON if necessary
[STAOPT] VT Speedup — No
[EQSLV] Equation solver — Program Chosen
Tolerance/Level -
- valid for all except Sparse Solver
Multiplier - 0
- valid only for Precondition CG
Matrix files - Delete upon FINISH
- valid only for Sparse
[MSAVE] Memory Save - Off
- valid only for Precondition CG
[PCGOPT] Level of Difficulty - Program Chosen
- valid only for Precondition CG
[PCGOPT] Reduced I/O - Program Chosen
- valid only for Precondition CG
[PCGOPT] Memory Mode - Program Chosen
- valid only for Precondition CG
[PIVCHECK] Pivots Check — On
- valid only for Sparse and PCG Solvers
OK Cancel Help

图 13-3 “Static or Steady-State Analysis” 对话框

1. 非线性求解算法设置

图 13-3 顶部所示为非线性求解算法设置面板，该面板中包括 3 个选项。

(1) 牛顿-拉普森选项（Newton-Raphson option）

该选项仅对非线性分析有用，用以定义在求解过程中切线矩阵的更新。ANSYS 提供了 5 个选项供选择。

1）Program-chosen（程序选择），该选项为默认值，在热分析中建议采用。

2）Full N-R（完全牛顿法）。

3）Modified N-R（修正牛顿法）。

4）Initial Stiffness（初始刚度法）。

5）Full N-R unsymm（完全牛顿非对称法）。

注意：对于单物理场非线性热分析，ANSYS 通常采用 Full N-R 算法。

(2) 自适应下降选项（Adaptive descent）

根据需要打开/关闭 N-R 自适应下降功能，该方法只对完全牛顿法有效。

(3) VT 加速选项（VT Speedup）

该选项会选择一个高级预测矫正器算法来减少总体迭代次数。

2. 方程求解器

图 13-3 下半部所示为方程求解器设置面板，“Equation solver”下拉列表框提供了多种方程求解器供选择。

1）Sparse solver（稀疏矩阵求解器），该求解器在静态和瞬态热分析时为默认选项。

2）Jacobi Conj Gradnt（雅克比共轭梯度求解器）。

3）Precondition CG（预条件共轭梯度求解器）。

4）Inc Cholesky CG（不完全乔里斯基共轭梯度法求解器）。

对于含相变的传热问题，建议采用 Sparse 求解器。

3. 温度偏移选项

温度偏移为当前所采用温度系统的零度与绝对零度之间的差值。温度偏移包含在相关单元计算中。偏移温度输入可以是摄氏度，也可以是华氏度，在进行热辐射分析时，要将当前温度值换算为绝对温度。

命令：TOFFST

GUI：Main Menu>Preprocessor>Radiation Opts>Radiosity Meth>Solution Opt

执行上面命令后可弹出如图 13-4 所示的对话框，在“[TOFFST] Temperature difference”文本框内输入温度偏移值，如果温度单位为摄氏度，则输入“273”；如果温度单位为华氏度，则输入“460”。

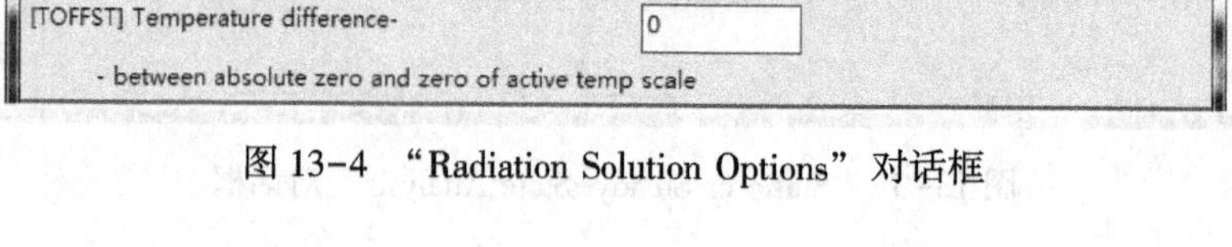

Radiation Solution Options

[STEF] Stefan-Boltzmann Const. 1.19e-011

[TOFFST] Temperature difference- 0

- between absolute zero and zero of active temp scale

图 13-4 “Radiation Solution Options”对话框

13.2.4 定义载荷

可以直接在实体模型或有限元模型上施加载荷和边界条件，这些载荷和边界条件可以是单值的，也可以是用表格或函数的方式来定义的。

1. 载荷类型

（1）恒定温度（TEMP）

通常作为自由度约束施加于温度已知的边界上。对于关键字设置为 KEYOPT(3)= 0 或 1 的 SHELL131 和 SHELL132 单元，当定义自由度约束时，程序使用 TBOT，TE2，TE3，…，TTOP 代替温度。

（2）热流率（HEAT）

热流率作为节点集中载荷，主要用于线单元模型中，如导热杆，这些线单元模型通常不能直接施加对流和热流密度载荷。如果输入的值为正，表示热流流入节点，即单孔获取热量；如果输入值为负，则与之相反。如果温度与热流率同时施加在同一节点上，则温度约束条件优先。对于 SHELL131 和 SHELL132 单元，设置 KEY0PT(3)= 0 或 1，则可以使用 HTOP 代替 HEAT 在节点处定义载荷。

如果在实体单元的某一节点上施加热流率，则此节点周围的单元应该密一些；特别是当与该节点相连的单元的导热系数差别很大时，尤其要注意此问题，否则可能会得到异常的温度值。因此，只要有可能，都应该使用热生成率或热流密度边界条件，这些热载荷即使是在网格较为粗糙时都能得到较好的结果。

（3）对流（CONV）

对流作为面载荷施加于分析模型的外表面上，用于计算模型与周围流体介质的热交换，它仅可施加于实体和壳模型上。对于线单元模型，可以通过对流杆单元（LINK34）来定义对流。可以使用表面效应单元 SURF151 和 SURF152 分析对流/辐射效应的热传导。该表面效应单元允许产生薄膜导热系数，也可以传递外部载荷，如从 CFX 到 ANSYS。

（4）热流密度（HFLUX）

热流密度也是一种面载荷。当通过单位面积的热流率已知或通过 FLOTRAN CFD 的计算可得到时，可以在模型相应的外表面或表面效应单元上施加热流密度。热流密度也仅适用于实体和壳单元。单元的表面可以施加热流密度，也可以施加对流，但 ANSYS 仅读取最后施加的面载荷进行计算。

（5）热生成率（HGEN）

热生成率作为体载荷施加于单元上，可以模拟单元内的热生成，如化学反应生热或电流生热，其单位是单位体积的热流率。

2. 载荷的加载方式

（1）定义温度约束

命令：D

GUI：Main Menu> Solution>Define Loads>Apply>Thermal>Temperature

（2）定义热流率

命令：F

GUI：Main Menu>Solution> Define Loads>Apply>Thermal>Heat Flow

(3) 定义对流

命令：SF

GUI：Main Menu>Solution> Define Loads>Apply>Thermal>Convection

(4) 定义热流密度

命令：SF

GUI：Main Menu>Solution> Define Loads>Apply>Thermal>Heat Flux

(5) 定义热生成率

命令：BF，BFE

GUI：Main Menu>Solution> Define Loads>Apply>Thermal>Heat Generate

3. 采用表格和函数施加载荷

在热分析中使用表格定义边界条件时，对不同的边界条件可以采用的自变量如下。

1）对固定温度、环境温度边界条件，自变量可以为时间和位置坐标。

2）对热流、热流密度及热生成，除时间及坐标外，温度也可作为自变量。

3）对对流传热系数而言，除上述自变量外还增加了速度作为自变量。

为了使用更加灵活的导热系数，可以使用函数的方式来定义边界条件。除了上述自变量外，函数边界条件还可用下面的参数作为函数的自变量，分别为表面温度（TS）、密度（材料属性 DENS）、比热容（材料属性 C）、导热系数（材料属性 KXX）、导热系数（材料属性 KYY）、导热系数（材料属性 KZZ）、黏度（材料属性 μ）、辐射率（材料属性），表格和函数加载的具体操作，请参见相关章节。

13.2.5 定义载荷步选项

对于具体热分析，可以使用时间/频率选项、非线性选项及输出控制。下面进行详细介绍。

1. 时间/频率选项

命令：TIME/NSUBST/DELTIM/KBC

GUI：Main Menu > Solution > Load Step Opts > Time/Frequenc > Time - Time Step/Time and Substeps

执行命令后弹出如图 13-5 所示的“Time and Time Step Options”对话框，下面对对话框中的 3 个选项进行介绍，其余采用默认设置。

(1) Time at end of load step（时间选项）

该选项定义载荷步的结束时间。虽然对于稳态热分析来说，时间选项并没有实际的物理意义，但它提供了一个方便的设置载荷步和载荷子步的方法。默认情况下，第一个载荷步结束的时间是 1.0，此后的载荷步对应的时间逐次加 1.0。

(2) Time step size（时间步大小）

对于非线性分析，该选项用来设置时间步大小或子步数量，并且时间步大小和子步数量互为导数关系，根据需要进行设置。

(3) Stepped or ramped b.c.（设置阶跃或斜坡加载）

如果定义阶跃载荷（Stepped），则载荷值在这个载荷步内保持不变。如果为斜坡加载荷（Ramped），则载荷值在当前载荷步的每一个子步内线性变化。

Time and Time Step Options
Time and Time Step Options
[TIME] Time at end of load step 0
[DELTIM] Time step size 0
[KBC] Stepped or ramped b.c.
Ramped
Stepped
[AUTOTS] Automatic time stepping
ON
OFF
Prog Chosen
[DELTIM] Minimum time step size 0
Maximum time step size 0
Use previous step size? Yes
[TSRES] Time step reset based on specific time points
Time points from :
No reset
Existing array
New array
Note: TSRES command is valid for thermal elements, thermal-electric elements, thermal surface effect elements and FLUID116, or any combination thereof.
OK Cancel Help

图 13-5 “Time and Time Step Options”对话框

2. 非线性选项

(1) 设置最大平衡迭代次数

命令：NEQIT

GUI：Main Menu > Solution > Load Step Opts>Nonlinear>Equilibrium Iter

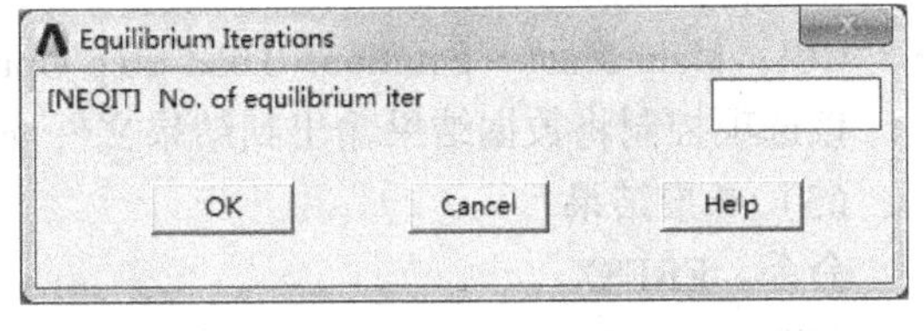

图 13-6 “Equilibrium Iterations”对话框

执行命令后，弹出如图 13-6 所示的“Equilibrium Iterations”对话框，在文本框中输入迭代次数。ANSYS 默认迭代次数为 25，对于大多数非线性热分析问题已经足够。

(2) 设置收敛容差

命令：CNVTOL

GUI：Main Menu> Solution> Load Step Opts>Nonlinear>Convergence Crit

只要运算满足所说明的收敛判据，程序就认为它收敛。收敛判据可以基于温度，也可以是热流率，或两者都有。在实际定义时，需要说明一个参考值（在 CNVTOL 命令的 VALUE 区域设置）和收敛容差（TOLER 区域设置），程序将 VALUE×TOLER 的值视为收敛判据。例如，如果说明温度的参考值为 500，容差为 0.001，那么收敛判据为 0.5 ℃。

对于温度，ANSYS 将连续两次平衡迭代之间节点上温度的变化量（$\Delta T=T_i-T_{i-1}$）与收敛准则进行比较来判断是否收敛。就上面的例子来说，如果在某两次平衡迭代之间，每个节点的温度变化都小于 0.5 ℃，则认为求解收敛。

对于热流率，ANSYS 比较不平衡载荷矢量与收敛标准。不平衡载荷矢量表示所施加的热流与内部计算热流之间的差值。ANSYS 推荐采用 VALUE 的默认值，TOLER 的默认值为 1.0E-3。

（3）设置求解结束选项

命令：NCNV

GUI：Main Menu> Solution> Load Step Opts>Nonlinear>Criteria to stop

如果在规定平衡迭代数内，其并不收敛，那么 ANSYS 程序会根据设置的终止选项，来决定程序是停止计算还是继续进行下一个载荷步。

（4）设置线性搜索选项

命令：LNSRCH

GUI：Main Menu>Solution> Load Step Opts>Nonlinear>Line Search

（5）设置预测-矫正选项

命令：PRED

GUI：Main Menu> Solution> Load Step Opts>Nonlinear>Predictor

该选项在每一子步的第一次迭代时，对自由度求解进行预测矫正。

3. 输出控制

（1）控制打印输出

命令：OUTPR

GUI：Main Menu> Solution> Load Step Opts>Nonlinear>Solu Printout

该选项控制将数据结果输出到打印输出文件 jobname. out 中。

（2）控制数据库和结果文件输出

命令：OUTRES

GUI：Main Menu> Solution> Load Step Opts>Output Ctrls>DB/Results File

该选项控制将数据结果输出到结果文件 jobname. rth 中。

（3）外推结果

命令：ERESX

GUI：Main Menu> Solution> Load Step Opts>Output Ctrls>Integration Pt

该选项可将单元积分点结果复制到节点上，而不是按常规的方式外推到节点上（默认采用外推方式）。

13.2.6 求解

将数据库备份到文件，这样便可在重新进入 ANSYS 后用命令 RESUME 来恢复以前建立的模型，开始求解计算。

命令：SOLVE

GUI：Main Menu>Solution>Current Ls

13.2.7 后处理

ANSYS 将热分析的结果写入热结果文件 jobname. rth 中，该文件包含如下数据。

1）基本数据：节点温度。

2）导出数据：节点及单元的热流密度（TFX、TFY、TFZ、TFSUM），节点及单元的热梯度（TGX、TGY、TGZ、TGSUM），单元热流率，节点的反作用热流率。可以采用通用后处理器 POST1 进行后处理。

13.3 瞬态热分析

瞬态热分析用于计算系统的温度场及其他热参数随时间发生的变化，工程中一般采用瞬态热分析计算温度场，并将温度场作为热载荷进行热机耦合分析。许多传热应用，如喷管、引擎堵塞、管路系统、压力容器等，都包含瞬态热分析。

瞬态热分析的基本步骤与稳态热分析类似，主要区别是，瞬态热分析中的载荷是随时间变化的。为了表达随时间变化的载荷，可使用提供的函数描述载荷-时间曲线，并将该函数作为载荷施加或将载荷-时间曲线分为载荷步。载荷-时间曲线中的每一个拐点为一个载荷步。图 13-7 所示为不同的载荷-时间变化曲线。

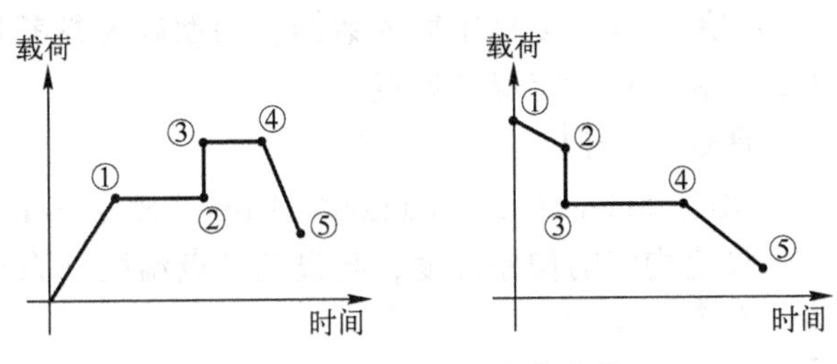

图 13-7 载荷-时间变化曲线

对于每一个载荷步，必须定义载荷值及时间值，同时还需定义其他载荷步选项，例如，载荷步为渐变或阶跃，自动时间步长等。定义完一个载荷步的所有信息后，将其写八载荷步文件，最后利用载荷步文件求解。瞬态热分析由建立有限元模型、激活瞬态热分析、建立初始条件、设置载荷步选项、求解及结果后处理等过程组成。

13.3.1 建立有限元模型

首先为分析指定作业名和标题。如果运行的是 GUI，可以在 Main Menu>Preferences 中对菜单进行过滤。然后进入前处理器（PREP7）完成以下工作：定义单元类型、定义需要的单元实常数、定义材料属性、建立几何实体和划分网格。此过程与前面章节所述相同。

13.3.2 激活瞬态热分析

命令：ANTYPE，STATIC，NEW

GUI：Main Menu>Solution>New Analysis

通过上述菜单操作，弹出如图 13-8 所示的“New Analysis”对话框。选择“Transient”单选按钮，单击“OK”按钮，完成瞬态热分析的激活。

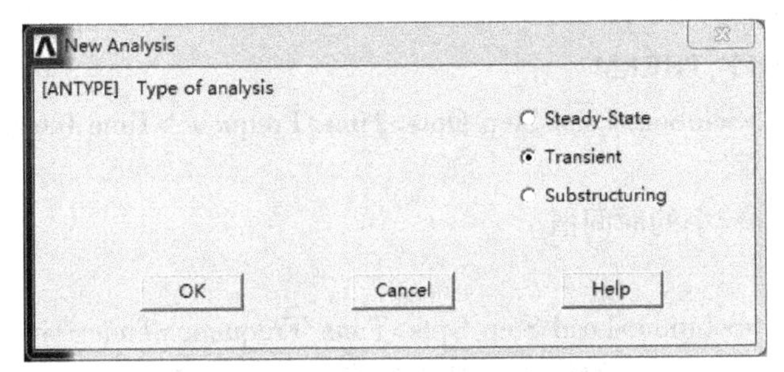

图 13-8 “New Analysis”对话框

13.3.3 建立初始条件

瞬态热分析的初始条件来自于对应的一个稳态计算结果，或者直接为所有节点设定初始温度。

1. 设置均匀的初始温度

如果已知模型初始时的环境温度，可用下面的方法来设定所有节点的初始温度。

命令：TUNIF

GUI：Main Menu>Solution>Define Loads>Apply>Thermal> Temperature>UniformTemp

如果不在对话框中输入数据，则默认为参考温度，参考温度的默认值为零。可以采用如下命令和菜单设定参考温度。

命令：TREF

GUI：Main Menu>Solution> Define Loads>Settings>Reference Temp

设定均匀的初始温度，与设定节点温度（自由度）不同，设定节点温度方法如下。

命令：D

GUI：Main Menu>Solution> Define Loads>Apply>Thermal>Temperature>On Nodes

初始均匀温度仅对分析的第一个子步有效，而设定节点温度将使节点温度在整个瞬态分析过程中均等于指定值，除非通过下列方法删除此约束。

命令：DDELE

GUI：Main Menu>Solution> Define Loads> Delete>Thermal>Temperature>On Nodes

2. 设置非均匀的初始温度

在瞬态热分析中，可以指定一个和一组初始温度不均匀的节点，方法如下。

命令：IC

GUI：Main Menu>Solution>Define Loads>Apply>Initia1Condit'n>Define

还可以对某些节点设定非均匀的初始温度，同时再设定其他节点的初始温度为均匀初始温度。要做到这点，只需要在为选择的节点定义不均匀温度之前，先定义均匀的温度。用以下命令可显示具有非均匀初始温度的节点。

命令：ICLIST

GUI：Main Menu>Solution>Define Loads>Apply>Initia1Condit'n>List Picked

如果初始温度场是不均匀的且又是未知的，则必须先作稳态热分析确定初始条件，步骤如下。

1）指定相应的稳态分析载荷，如温度约束、对流传热等。

2）关闭瞬态效应。

命令：TIMINT,OFF,THERM

GUI：Main Menu>Solution>Load Step Opts>Time/Frequenc>Time Integration>Amplitude Decay

3）定义一个通常较小的时间值。

命令：TIME

GUI：Main Menu>Solution>Load Step Opts>Time/Frequenc>Time-Time Step

4）定义斜坡或阶越载荷。如果使用斜坡载荷，则必须考虑相应的时间内产生的温度梯度效应，方法如下。

命令：KBC

GUI：Main Menu>Solution>Load Step Opts>Time/Frequenc>Time-Time Step

5）写入载荷步文件，方法如下。

命令：LSWRITE

GUI：Main Menu>Solution> Load Step Opts> Write LS File

对于第二个载荷步，要记住删除所有固定温度边界条件，除非能够判断哪些节点上的温度确实在整个瞬态分析过程中都保持不变。同时，执行“TIMINT，ON，THERM”命令，以打开瞬态效应。

13.3.4 设置载荷步选项

1. 设置时间步的策略

对于瞬态热分析，既可以用多个载荷步完成，也可以只用一个载荷步，采用表格边界条件并用一个数组参数定义时间点。表格边界条件方式仅适用于传热单元、热电单元、热表面效应单元、热流体单元及这些类型单元的部分组合。

1）如果采用载荷步结束时的时间，方法如下。

命令：TIME

GUI：Main Menu>Solution>Load Step Opts>Time/Frequenc>Time-Time Step

2）设定载荷变化方式。如果载荷值在这个载荷步是恒定的，则需要选择“阶跃”选项；如果载荷值随时间线性变化，则要选择“渐变”选项。

命令：KBC

GUI：Main Menu>Solution>Load Step Opts>Time/Frequenc>Time-Time Step

3）定义在本载荷步结束时的载荷数值。

4）将载荷步信息写入载荷步文件。

命令：LSWRITE

GUI：Main Menu>Solution>Load Step Opts>Write LS File

5）对于其他载荷步，重复步骤 1)~4）即可，直到所有的载荷都已经写入到载荷步文件中。例如，要删除部分载荷（非温度约束），最好将其设置为在一个微小的时间段中使值变为零，而不是直接删除。

6）如果采用表格参数定义载荷，则按以下步骤进行。

① 用 TABLE 类型的数组参数定义载荷特性。如载荷与时间的关系。

② 打开自动时间步长功能“AUTOTS，ON”，定义时间步长 DELTIM 或子步数。

③ 定义时间步重置选项。可以选择在求解中不重置时间步，或基于一个已定义好的时间数组重置时间步，或基于一个新的关键时间数组重置时间步，方法如下。

命令：TSRES

GUI：Main Menu>Solution>Load Step Opts>Time/Frequenc>Time-Time Step

如果选择用新数组并交互式运行，则程序要求填写一个 $n\times 1$ 的关键时间数组。如果以批处理方式运行，则必须在执行 TSRES 命令之前定义一个数组，其将时间步重置为由 DELTIM 或 NSUBST 命令定义的初始值。如果在应用时间步重置数组（TSRES 命令）的同时又采用了另外的时间值数组，则需确认。如果“FREQ”数组的时间值比在“TSRES”数组中所对应的最接近的时间值大，则大的数值至少应为由 DELTIM 或 NSUBST 命令定义的初始时间步增量。

TSRES 命令只有在设置了“AUTOTS,ON”的情况下才有效，如果采用固定时间步长“AUTOTS,OFF”，则 TSRES 被忽略。定义关键时间数组的方法如下。

命令：* DIM

GUI：Utility Menu>Parameters>Array parameters>Define/Edit

在关键时间数组中，时间值必须是升序排列的，并且不能超过由 TIME 命令定义的载荷步结束时间。在求解过程中，时间步可能会在数组定义的关键时刻点被重置。重置的大小基于命令 DELTIM，DTIME 或 NSUBST，NSBSTP 设置的初始时间步尺寸或子步数。

④ 用一个与关键时间数组类似的 $n\times1$ 数组参数来指定将哪些时刻的计算结果文件输出。如果是交互式运行程序，则可在此时创建一个数组或采用已有数组，如果是批处理方式运行程序，则必须在 OUTRES 命令之前定义该数组，方法如下。

命令：OUTRES

GUI：Main Menu>Solution> Load Step Opts> Ouput Ctrls>DB/Results File

2. 通用选项

(1)“求解控制”选项

该选项打开或关闭 ANSYS 内部的求解控制功能。如果打开，则通常只需定义子步数 NSUBST 或时间步长 DELTIM 及载荷步结束时间 TIME，其他的求解控制命令将由程序自动设置为最佳值。

命令：SOLCONTROL

GUI：Main Menu>Solution> Analysis Type> Sol'n Controls

(2)“时间”选项

该选项定义载荷步的结束时间。在默认情况下，第一个载荷步结束的时间是 1.0，此后的载荷步对应的时间将依次增加 1.0。

命令：TIME

GUI：Main Menu>Solution>Load Step Opts>Time/Frequenc>Time-Time Step

(3) 每个载荷步中子步的数量或时间步大小

在默认情况下，每个载荷步有一个子步。对于瞬态分析，在热梯度较大的区域，热流方向的最大单元尺寸和能够得到好结果的最小时间步长有一个关系。在时间步保持不变时，网格越密通常会得到更好的结果，但是，在网格尺寸不变的时候，子步越多，结果反而会变得更差。当采用自动时间步和带中节点的二次单元时，ANSYS 建议根据输入的载荷来控制最大的时间步长，根据下面的关系式来定义最小的时间步长

$$\mathrm{ITS}=\Delta^2/4\alpha \tag{13-25}$$

式中，Δ 为在热梯度最大处沿热流方向的单元长度；α 为扩散率，它等于导热系数 K 除以密度 ρ 与比热容 c 的乘积 [$\alpha=K/(\rho\times c)$]。

当采用带中节点的单元时，如果违反上述关系式，ANSYS 的计算会出现不希望的振荡，计算出的温度会在物理上超出可能的范围。如果不采用带中节点的单元，则一般不会计算出

振荡的温度分布，那么上述建议的最小时间步长就有些保守。

不要采用特别小的时间步长，特别是当建立初始条件时，在 ANSYS 中很小的数可能导致计算错误。例如，当一个问题的时间量级为10^{-2}时，时间步长为 1×10^{-10}，就可能产生数值错误。可用下列方式设置时间步长。

命令：NSUBST 或 DELTIM

GUI：Main Menu>Solution> Load Step Opts>Time/Frequenc>Time and Substeps

13.3.5 设置非线性选项

1. 单场非线性热分析

ANSYS 允许 3 种求解选项。“FULL” 选项对应于默认的 Full N-R 算法；“Quasi” 选项对应于在非线性热问题求解过程中有选择性地重构热矩阵（只有当非线性材料的性质改变量较大时，才需重构热矩阵），该选项在时间步内不执行平衡迭代，材料性质根据载荷步开始时的温度来确定。“Linear” 选项只在每个载荷步的第一个时间步内构建一个热矩阵，它只适用于进行快速求解，以得到一个近似的结果。

在 ANSYS 中这些选项可通过 THOPT 命令来选择，“Quasi” 和 “Linear” 选项直接生成总体热矩阵，只有 ICCG 和 JCG 求解器支持这种求解，可用 EQSLV 命令选择这些求解器。

对于“Quasi” 求解选项，必须定义用于矩阵重构的材料参数改变容差，默认的容差为 0.05，对应于材料参数变化 5%。“Quasi” 选项需设置一个单一的固定材料表及在最高和最低温度之间等分的温度指针，用以计算随温度变化的材料性质。因此，在采用该选项时，必须为固定材料表定义温度指针数及最高和最低温度，还可用 THOPT 命令定义其他非线性载荷选项。

命令：THOPT

GUI：Main Menu>Preprocessor>Loads>Analysis Type>Analysis Options

2. 非线性载荷步选项

（1） 平衡迭代次数

该选项设置每一子步允许的最大迭代次数，默认值为 25，对大多数非线性热分析问题已经足够。如果打开求解控制 “SOLCONTROL,ON”，则默认的迭代数为 15~26，可根据具体的物理问题而设置。

命令：NEQIT

GUI：Main Menu>Preprocessor>Loads>Load Step Opts>Nonlinear>Equilibrium Iter

（2） 自动时间步长

自动时间步长在瞬态分析中也称为时间步优化，它使程序自动确定子步之间的载荷增量。同时，它根据分析模型的响应情况，自动增、减时间步大小。在瞬态分析中，响应检测基于热特征值。对于 “THOPT，Quasi” 选项，时间步的修正也是基于求解过程中的材料参数变化情况。如果特征值小，就采用大的时间步，反之亦然。在确定下一个时间步长时，上一个时间步中所进行的平衡迭代数量也是要考虑的依据之一，同时也要考虑非线性单元的状态变化。

1）设置积分时间步长的上下限。

命令：DELTIM 或 NSUBST

GUI：Main Menu>Solution>Load Step Opts>Time/Frequenc>Time and Substeps

2）设置“自动时间步”选项。

命令：AUTOTS

GUI：Main Menu>Solution>Load Step Opts>Time/Frequenc>Time-Time step/Time and Step

3）调整自动时间步长中的积分参数。

命令：TINTP

GUI：Main Menu>Solution>Load Step Opts>Time/Frequenc>Time Integration

“时间积分效应”选项决定了是否包括结构惯性力、热容之类的瞬态效应。

4）打开或关闭瞬态效应。

命令：TIMINT

GUI：Main Menu>Solution> Load Step Opts>Time/Frequenc>Time Integration>Amplitude Decay

执行上述命令后，弹出如图 13-9 所示的“Time Integration Controls”对话框。时间积分效应默认是打开的，如果将其设为 OFF，ANSYS 将进行稳态分析。

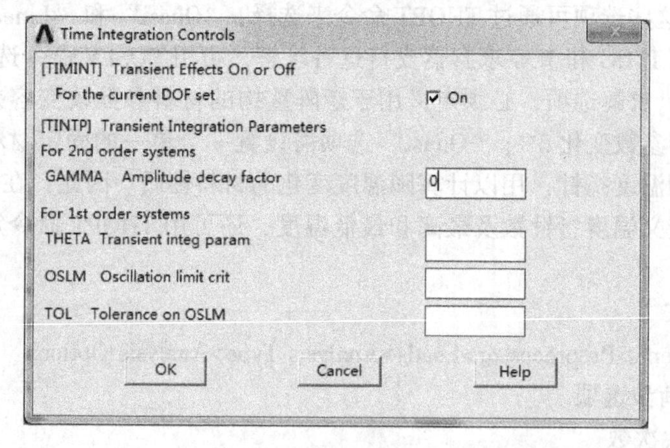

图 13-9 “Time Integration Control”对话框

（3）瞬态积分参数　对于图 13-9 中所示的瞬态积分参数控制，可根据求解的问题设定相关参数的控制标准。为尽量减少计算结果中的误差，可将参数 THETA 值设为 1。

命令：TINTP

GUI：Main Menu>Solution>Load Step Opts>Time/Frequenc>Time Integration

对收敛容差、求解结束、线性搜索、预测-矫正等选项的设置参见 13.2.5 节定义载荷步选项，输出控制和求解与稳态的方法一样。

13.3.6 后处理

ANSYS 提供两种后处理方式：通用后处理（POST1）和时间历程后处理（POST26）。时间历程后处理器（POST26）对随时间变化的变量进行操作，ANSYS 为每一个变量安排一个编号，第一号固定为时间。在时间历程后处理中，首先根据所需计算参数定义变量，然后控制相关的变化曲线。

13.4 热应力分析

当一个结构加热或冷却时，会发生膨胀或收缩。如果结构各部分之间膨胀收缩程度不同，或结构的膨胀、收缩受到限制，就会产生热应力。

13.4.1 热应力分析分类

ANSYS 提供 3 种热应力分析的方法分别如下。

1）在结构热应力分析中，直接定义节点的温度。如果所有节点的温度都已知，则可以通过命令直接定义节点温度。节点温度在热应力分析中作为体载荷，而不是节点自由度。

2）间接法。首先进行热分析，然后将求得的节点温度作为体载荷施加在结构应力分析中。

3）直接法。使用具有温度和位移自由度的耦合单元，同时得到热分析和结构应力分析的结果。

如果节点温度已知，适合第一种方法。但节点温度一般是不知道的，对于大多数问题，推荐使用间接法，因为这种方法可以使用所有热分析的功能和结构分析的功能。如果热分析是瞬态的，只需要找出温度梯度最大的时间点，并将此时间点的节点温度作为载荷施加到结构应力分析中去。如果热和结构的耦合是双向的，即热分析影响结构应力分析，同时结构变形又影响热分析（如大变形、接触等），则可以使用第三种直接法，即使用耦合单元。此外，只有第三种方法可以考虑其他分析领域（电磁、流体等）对热和结构的影响。

13.4.2 间接法进行热应力分析的步骤

采用间接法进行热力学分析，主要由以下步骤组成。

1）首先进行热分析。可以使用热分析的所有功能，包括热传导、热对流、热辐射和表面效应单元等，进行稳态或瞬态热分析，但要注意划分单元时要充分考虑结构分析的要求，如在应力可能集中的地方网格要密一些。如果进行瞬态分析，则在后处理中要找出热梯度最大的时间点或载荷步。

2）重新进入前处理，将热单元转换为相应的结构单元。通过菜单 Main Menu > Preprocessor> Element Type> switch Element Type，选择 Thermal to Struc。但要注意设定相应的单元选项。例如，热单元的轴对称不能自动转换到结构单元中，需要手工设置。在命令流中，可将原热单元的编号重新定义为结构单元，并设置相应的单元选项。设置结构分析中的材料属性（包括热膨胀系数）及前处理细节，如节点耦合、约束方程等。

3）读入热分析中的节点温度。通过菜单 Solution>Load Apply>Temperature>From Thermal Analysis，输入或选择热分析的结果文件名 *. rth。如果热分析是瞬态的，则需要输入热梯度最大时的时间点或载荷步。节点温度是作为体载荷施加的，可通过 Utility Menu>List>Load> Body Load >On all nodes 列表输出。

4）设置参考温度，Main Menu>Solution>Load Setting>Reference Temp。

5）进行求解、后处理。

13.5 热分析应用实例

本节以中空长圆筒为例进行稳态热分析和热应力分析，以铜块冷却为例进行瞬态热分析，使读者加深对本章内容的理解。

13.5.1 中空长圆筒稳态热分析实例

13.5.1 中空长圆筒稳态热分析实例

1. 问题描述

图 13-10 所示为一中空长圆筒，内径为 $r_i = 12.5$ mm，外径 $r_0 = 25$ mm。内表面温度 $T_i = 80$ ℃，外表面温度 $T_o = 20$ ℃，材料传热系数 $K_{xx} = 86.5$ W/m² · ℃。分析其截面温度分布。

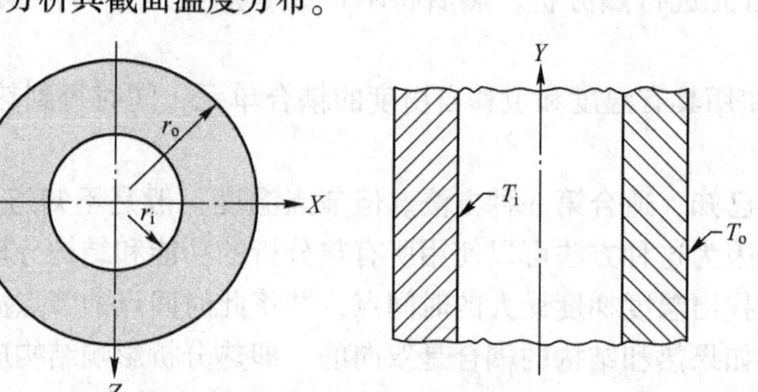

图 13-10 圆筒结构尺寸示意图

由于是轴对称模型，取长度为 12.5 mm，高度为 3 mm 的矩形截面以 Y 轴为对称轴进行建模并划分单元。

2. 操作步骤

（1）定义单元类型

选择 Plane182，并在 Options（选项）中设置 Element Behavior（K3）为 Axisymmetric（轴对称）。

（2）定义材料属性

通过菜单选择 Main Menu>Preprocessor>Material Props>Material Models 来定义材料属性，定义材料时选 Thermal>Conductivity>Isotropic，输入 $K_{xx} = 86.5$ W/m² · ℃。

（3）建立有限元模型

建立距离 Y 轴 12.5 mm，高 3 mm 的矩形，并划分网格，如图 13-11 所示。

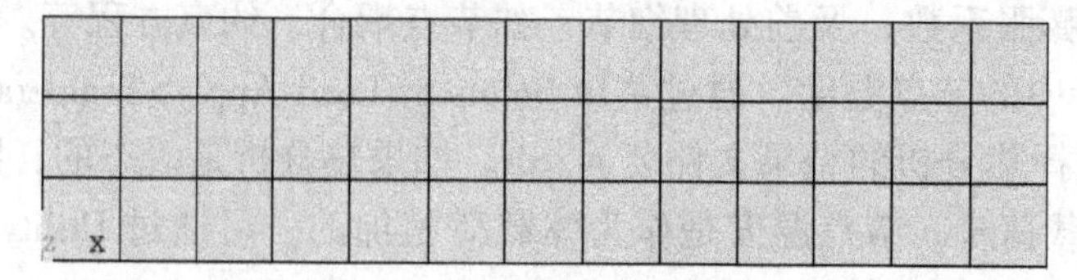

图 13-11 热分析有限元网格

（4）施加边界条件

通过菜单选择 Main Menu> Solution>Define Loads>Apply>Structual>Temperature>On Lines，

选择代表管内壁的左侧线，温度值设定为 80 ℃，选择代表管外壁的右侧线，温度值设定为 20 ℃。

（5）求解及后处理

如前述激活稳态热分析，求解当前载荷步，进入后处理，读取结果后并显示节点温度，如图 13-12 所示。

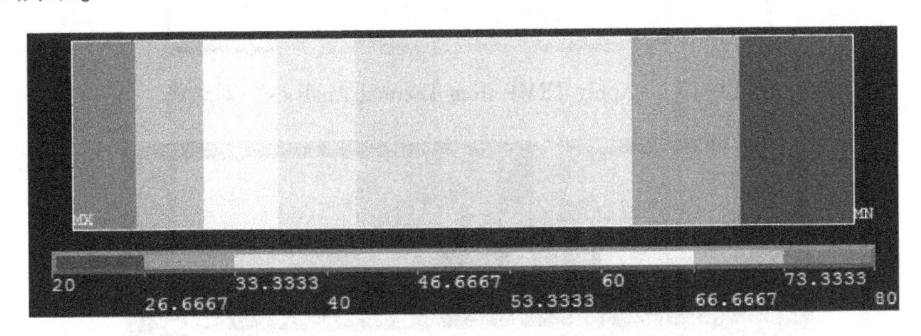

图 13-12　节点温度云图

13.5.2　中空长圆筒热应力分析实例

13.5.2　中空长圆筒热应力分析实例

对于上述问题，在热分析完成后，变热单元为结构单元，并改变单元选项，定义材料弹性模量、泊松比和热膨胀系数，将稳态热分析获得的节点温度作为温度载荷施加到模型上，再施加合适的结构约束，即可进行热应力分析，具体步骤如下。

1）将热分析问题改变为结构分析问题。通过菜单选择 Main Menu> Preprocessor> Element Type>Switch Element Type，选择“Thermal to Struc”，单元类型改为 Plane182。由于问题仍为轴对称问题，需要在 Options（选项）中设置 Element Behavior（K3）为 Axisymmetric（轴对称）。

2）定义结构材料特性参数。通过菜单选择 Main Menu>Preprocessor>Material Props>Material Models>Structural>Linear>Elastic>Isotropic，在相应位置输入弹性模量 EX=2.1e11 Pa，泊松比 PRXY=0.3。

3）定义结构材料热膨胀系数。通过菜单选择 Main Menu>Preprocessor>Material Props>Material Models>Structural>Thermal Expansion>Secant Coefficient>Isotropic，在相应位置输入热膨胀系数 ALPX=1.2e-5 ℃。如果要分析结构由于温度变化引起的热应力，必须输入材料的热膨胀系数。

4）施加温度载荷。通过菜单选择 Solution> Load Apply>Temperature>From Thermal Analysis，弹出如图 13-13 所示对话框，单击图中“Browse”按钮，在弹出的文件中找到热分析结果文件，单击“OK”按钮完成节点温度加载。然后如前所述设置参考温度为 20 ℃，应力场的计算将以 20 ℃为参考值计算温差并计算膨胀量和热应力。

5）添加必要的位移约束。选择 Solution>Load Apply>Displacement>On Nodes，选择模型左下侧节点，施加 Y 向固定约束。

6）求解，读取结果，显示节点应力云图，如图 13-14 所示。

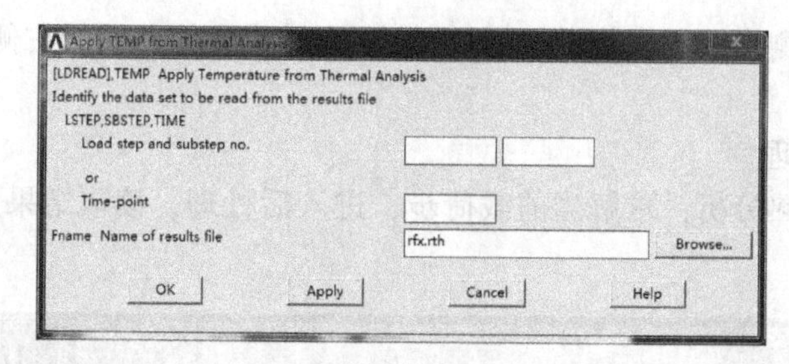

图 13-13 “Apply TEMP from Thermal Analysis” 对话框

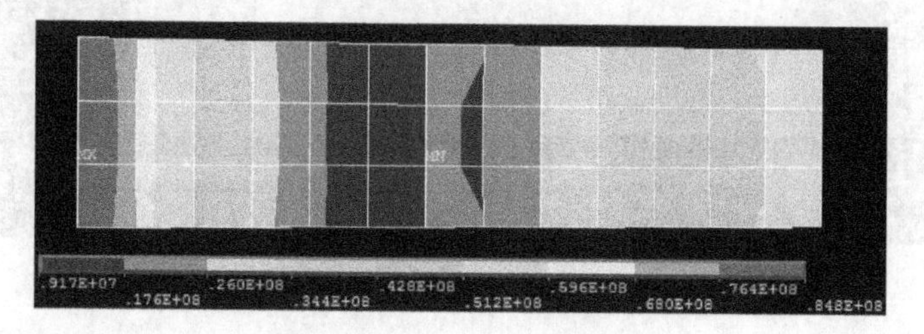

图 13-14 节点应力云图

13.5.3 铜块冷却瞬态热分析实例

13.5.3 铜块冷却瞬态热分析实例

1. 问题描述

图 13-15 所示为一个温度为 600 ℃的铜块，突然放入温度为 25 ℃的完全绝热的水箱中，忽略水的流动，试分析 1 h 后铜块的温度及铜块的温度变化情况。各材料的物理性能见表 13-1。

表 13-1 各材料的物理性能

	密度/kg · m^{-3}	导 热 系 数	比热容/[J/(kg · ℃)]
铜	8900	383	390
水	1000	2	4185

2. 操作步骤

(1) 修改作业名

选择菜单 Utility Menu>File>Change Jobname，弹出如图 13-16 所示的对话框，在“[/FILNAM] Enter new jobname”文本框中输入“Thermal”，单击“OK”按钮。

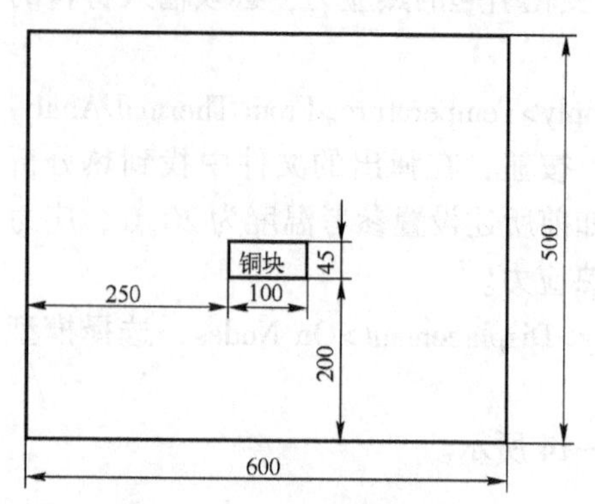

图 13-15 水箱和铜块尺寸

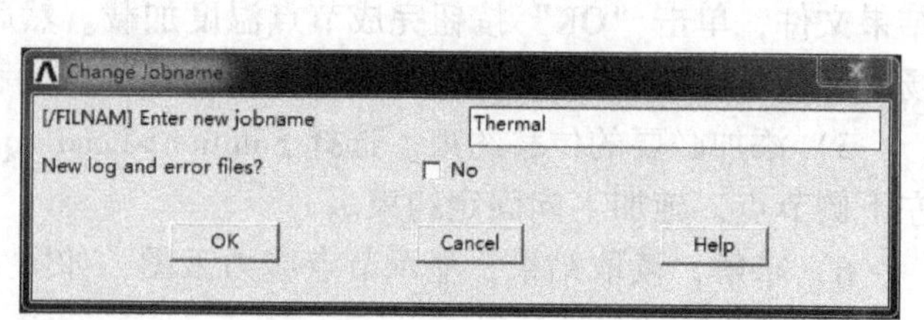

图 13-16 改变作业名

（2）添加单元类型

通过菜单选择 Main Menu>Preprocessor>Element Type >Add/Edit/Delete，弹出如图 13-17 所示的对话框。单击“Add”按钮，弹出如图 13-18 所示的对话框，在左侧列表中选择“Solid”，在右侧列表中选择“8node 77”，单击“OK”按钮，关闭对话框并返回“Element Types”对话框。

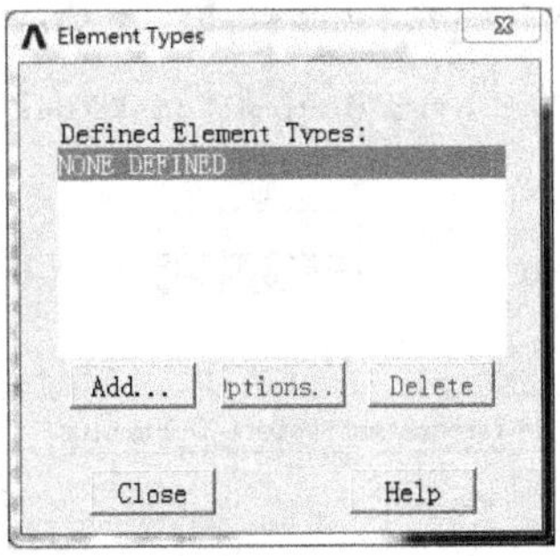

图 13-17 “Element Types”对话框

（3）定义材料特性

通过菜单选择 Main Menu>Preprocessor>Material Props >Material Models，弹出如图 13-19 所示的对话框。在右侧列表中依次选择 Thermal>Conductivity>Isotropic，弹出如图 13-20 所示的对话框。在“KXX”文本框中输入“383”（导热系数），单击“OK”按钮。在如图 13-19 所示的对话框右侧列表中双击“Specific Heat”选项，弹出如图 13-21 所示的对话框。在“C”文本框中输入“390”（比热容），单击“OK”按钮。双击如图 13-19 所示的对话框右侧列表中的“Density”选项，弹出如图 13-22 所示的对话框。在“DENS”文本框中输入“8900”（密度），单击“OK”按钮，完成铜的材料模型建立。单击如图 13-19 所示对话框的选项 Material>New Model，在弹出的“Define Material ID”对话框中单击“OK”按钮。重复以上步骤，定义水的导热系数为“2”，比热容为“4185”，密度为“1000”。最后关闭如图 13-19 所示的对话框。

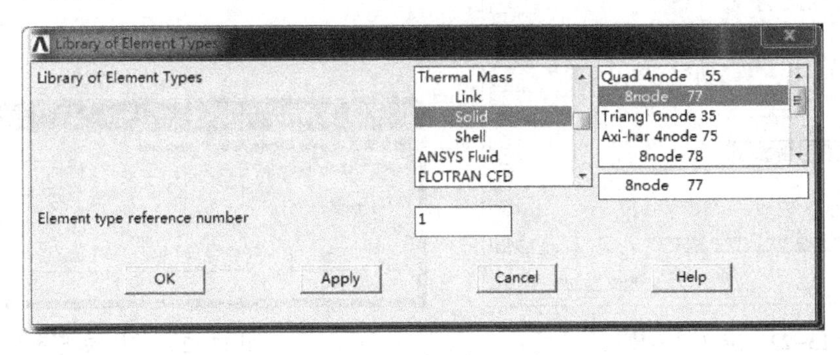

图 13-18 单元类型选择

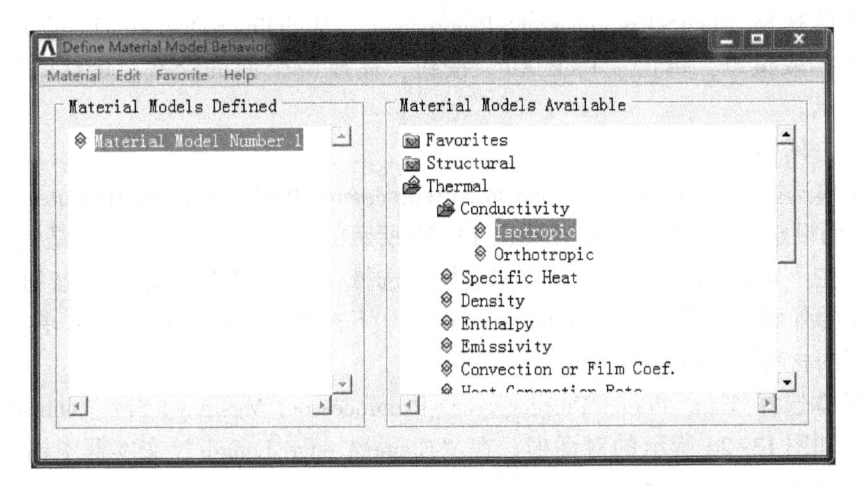

图 13-19 “Define Material Model Behavior”对话框

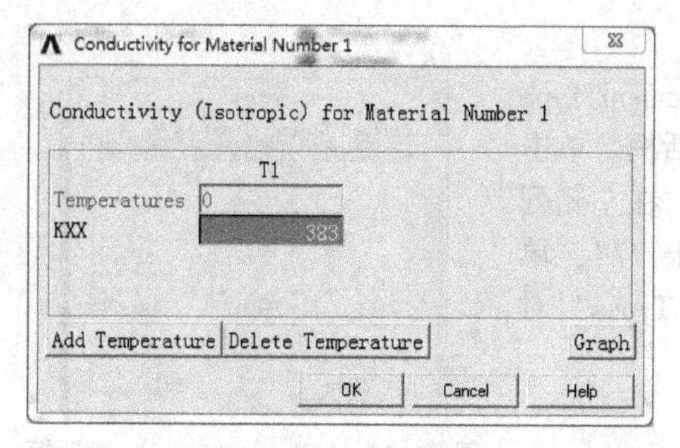

图 13-20　定义导热系数

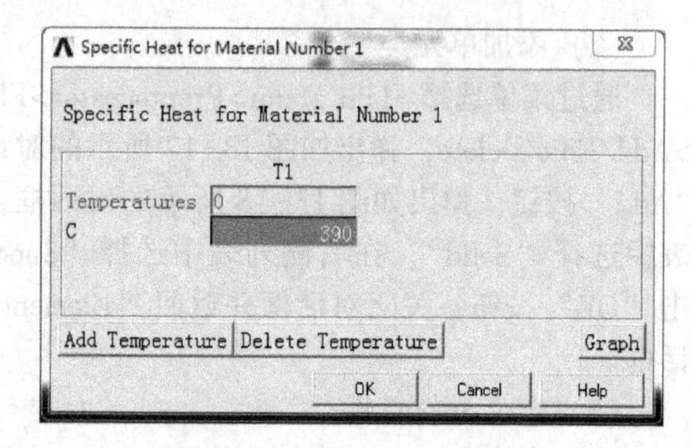

图 13-21　定义比热容系数

（4）建立几何模型

通过菜单选择 Main Menu > Preprocessor > Preprocessor > Modeling > Create > Areas > Rectangle>By Dimension，弹出如图 13-23 所示的对话框。在“X-coordinates”文本框中分别输入“0，0.6”，在“Y-coordinates”文本框中分别输入“0，0.5”，单击“Apply”按钮，再次弹出如图 13-23 所示的对话框，在“X-coordinates”文本框中分别输入“0.25，0.35”，在“Y-coordinates”文本框中分别输入“0.2，0.245”，单击“OK”按钮，完成面的建立。

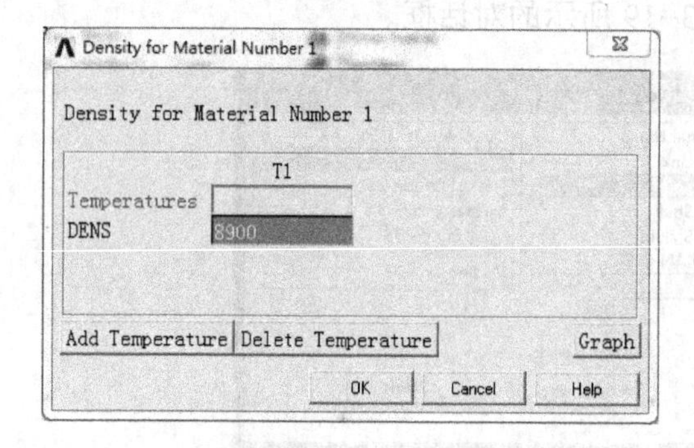

图 13-22　定义材料密度

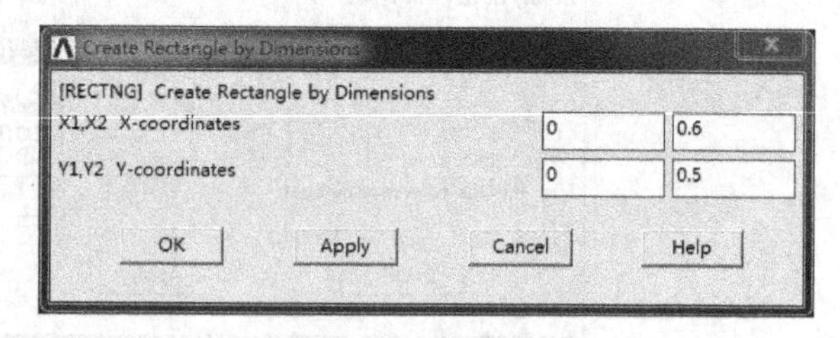

图 13-23　创建矩形面

通过菜单选择 Menu > Preprocessor > Preprocessor > Modeling > Operate > Booleans > Overlap > Areas，弹出拾取菜单，单击“Pick All”按钮，完成两个面的交叠。最终的几何模型如图 13-24 所示。

（5）划分网格

通过菜单选择 Main Menu>Preprocessor>Preprocessor>Meshing>Mesh Attributes>Picked Areas，给两个面设定对应的材料，弹出如图 13-25 所示的对话框。如果选择的是代表铜块的中间小矩形，在“Material number”下拉列表框中选择“1”，单击“Apply”按钮。如果选择的是代表水的外周大矩形，在“Material number”下拉列表框中选择“2”，单击“OK”按钮，完成面的材料属性赋值。

通过菜单选择 Main Menu > Preprocessor > Preprocessor > Meshing > Size Contrls > Lines > All Lines，弹出如图 13-26 所示的对话框，在“Element edge Length”文本框中输入“0.01”，单击“OK”按钮，完成单元尺寸的设置。

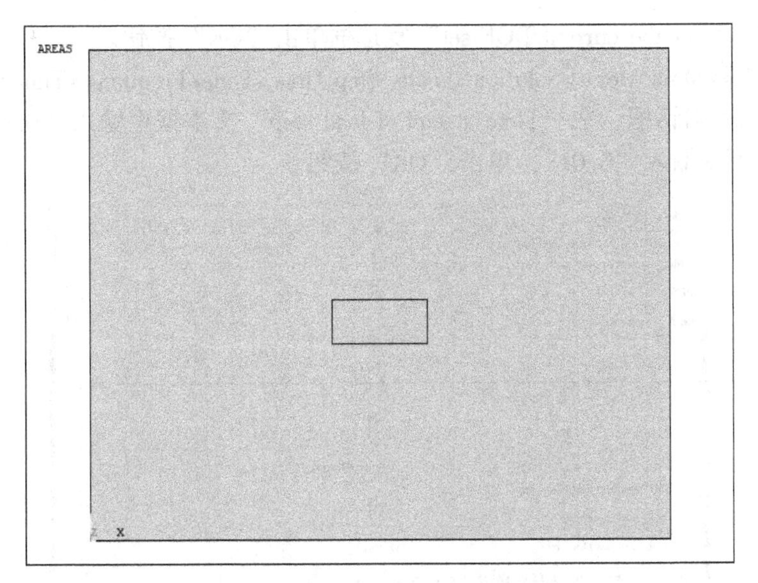

图 13-24　铜块及水箱的几何模型

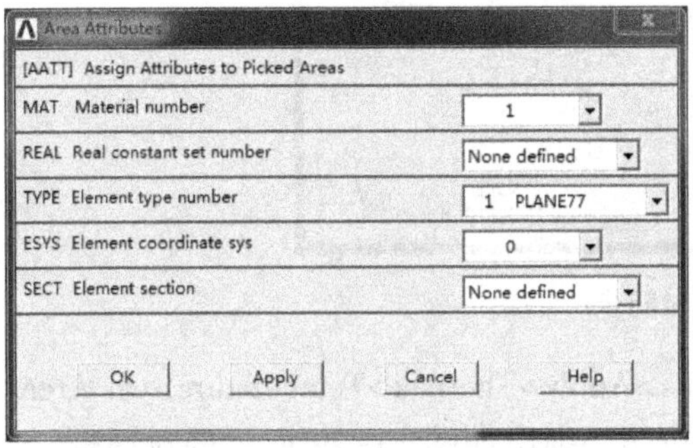

Area Attributes
[AATT] Assign Attributes to Picked Areas
MAT Material number 1
REAL Real constant set number None defined
TYPE Element type number 1 PLANE77
ESYS Element coordinate sys 0
SECT Element section None defined
OK Apply Cancel Help

图 13-25　对面进行材料属性赋值

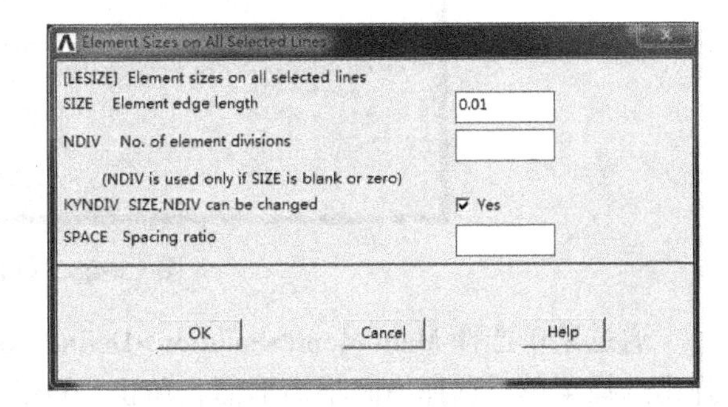

图 13-26　设置单元尺寸

通过菜单选择 Main Menu>Preprocessor>Preprocessor> Meshing>Mesh>Areas>Free，在弹出的对话框中单击“Pick All”按钮，模型划分网格，单击“OK”按钮关闭对话框。

（6）指定分析类型

通过菜单选择 Main Menu>Solution>Analysis Type>New Analysis，在弹出的对话框中选择“Type of Analysis”为“Transient”，单击“OK”按钮，在随后弹出的“Transient Analysis”对话框中，单击“OK”按钮。

（7）稳态分析获得初始温度场

通过菜单选择 Main Menu>Solution>Loads Step Opts>Time/Frequenc>Time Intergration > Amplitude Decay，弹出如图 13-27 所示的对话框，将“TIMINT”

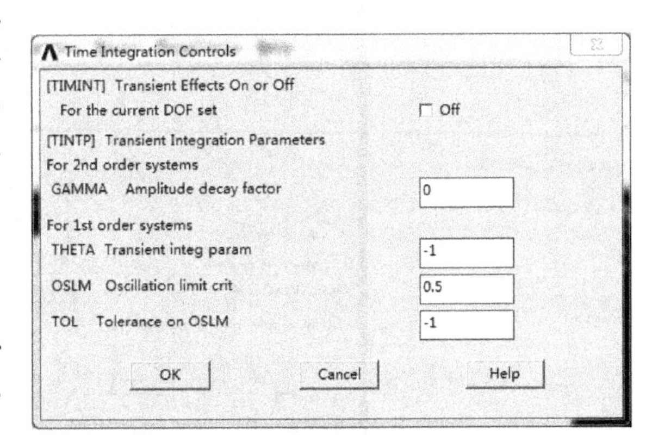

图 13-27　关闭积分开关

关闭，即不选中“For the current DOF set”复选框单击“OK”按钮。

通过菜单选择 Main Menu>Solution>Loads Step Opts>Time/Frequenc>Time>Time Step，弹出如图 13-28 所示对话框，在“Time at end of load step”文本框中输入“0.01”，在“Time step size”文本框中输入“0.01”，单击“OK”按钮。

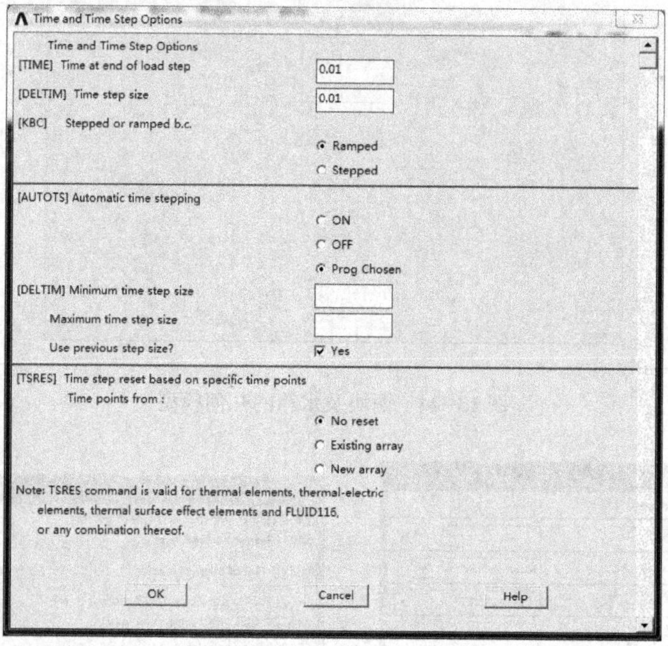

Time and Time Step Options
Time and Time Step Options
[TIME] Time at end of load step 0.01
[DELTIM] Time step size 0.01
[KBC] Stepped or ramped b.c.
Ramped
Stepped
[AUTOTS] Automatic time stepping
ON
OFF
Prog Chosen
[DELTIM] Minimum time step size
Maximum time step size
Use previous step size? Yes
[TSRES] Time step reset based on specific time points
Time points from :
No reset
Existing array
New array
Note: TSRES command is valid for thermal elements, thermal-electric elements, thermal surface effect elements and FLUID116, or any combination thereof.
OK Cancel Help

图 13-28　设置时间步

通过菜单选择 Main Menu>Solution>Define Loads>Apply>Thermal>Temperature>On Areas，弹出选择菜单，选择中间小矩形面，单击“OK”按钮，弹出如图 13-29 所示的对话框。在“DOFs to be constrained”列表中选择“TEMP”，在“Load TMEP value”文本框中输入“600”，单击“Apply”按钮，再次弹出选择菜单，选择大的矩形面，单击“OK”按钮，在“Load TMEP value”文本框中输入“25”，单击“OK”按钮。

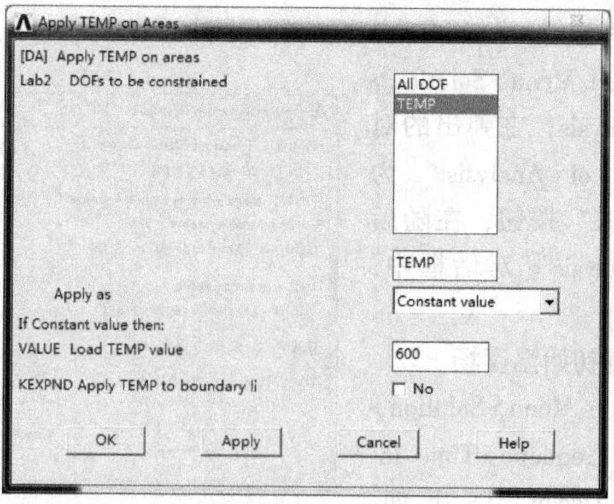

Apply TEMP on Areas
[DA] Apply TEMP on areas
Lab2 DOFs to be constrained
All DOF
TEMP
TEMP
Apply as Constant value
If Constant value then:
VALUE Load TEMP value 600
KEXPND Apply TEMP to boundary li No
OK Apply Cancel Help

图 13-29　施加温度约束条件

通过菜单选择 Main Menu>Solution>Solve>Current LS。在弹出的“Solve Current Load Step”对话框中单击“OK”按钮，进行稳态热分析求解，得到初始温度场。

（8）瞬态分析

通过菜单选择 Main Menu>Solution>Loads Step Opts>Time/Frequenc>Time-Time Step，弹出如图 13-30 所示的对话框。在“Time at end of load step”文本框中输入“3600”，在“Time step size”文本框中输入“20”，选中“ON”单选按钮，在“Minimum time step size”文本框中输入“5”，在“Maximum time step size”文本框中输入“200”，单击“OK”按钮。

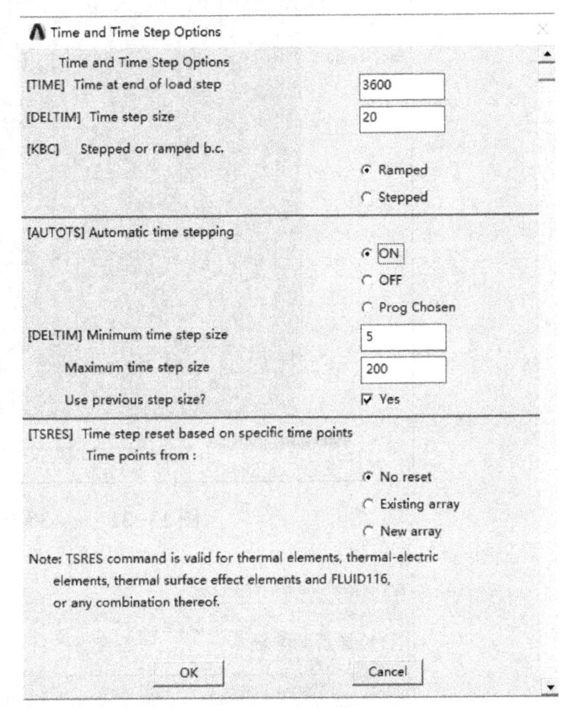

图 13-30　设置瞬态时间步

通过菜单选择 Main Menu>Solution>Loads Step Opts>Time/Frequenc>Time Intergration>Amplitude Decay，弹出如图 13-27 所示的对话框，将“[TIMINT]”打开，单击“OK”按钮。

通过菜单选择 Main Menu>Solution>Define Loads>Apply>Thermal>Temperature>On Areas。弹出选择菜单，单击“Pick All”按钮，在弹出的对话框中再单击“OK”按钮。

通过菜单选择 Main Menu>Solution>Load Step Opts> Output Ctrls>DB/Results File。弹出“Controls for Database and Results File Writing”对话框，在“Item”下拉列表框中选择“All Items”，再选择“Every substep”，单击“OK”按钮。

通过菜单选择 Main Menu>Solution>Solve>Current LS，在弹出的“Solve Current Load Step”对话框中单击“OK”按钮，对瞬态热分析进行求解。

（9）查看分析结果

通过菜单选择 Main Menu>General Postproc>Plot Results>Contour Plot>Nodal Solu，弹出“Contour Nodal Solution Data”对话框。在“Item Comp”两个列表中分别选择“DOFsolution”“Temperature TEMP”，单击“OK”按钮。温度场结果如图 13-31 所示。如果需要显示分析期间某时刻的温度场，可以选择 Main Menu>General Postproc>Read Results>By Pick 选项，在弹出的对话框中选择所需时刻即可。

通过菜单选择 Main Menu>TimeHist Postpro>Variables Viewer，弹出如图 13-32 所示对话框。单击“Add Data”按钮，弹出如图 13-33 所示的对话框。选择 Nodal Solution>DOF Solution>Nodal Temperature，“Variables Name”文本框中的“TEMP_2”可以按需要修改，单击“OK”按钮。弹出选择菜单。在有限元网格上选择铜块中心附近的节点，单击“OK”按钮。如果看不到网格，可以将图 13-32 所示对话框移动到屏幕下侧，显示出 ANSYS 主窗口，选择 Utility Menu>Plot>Elements，即可显示网格。

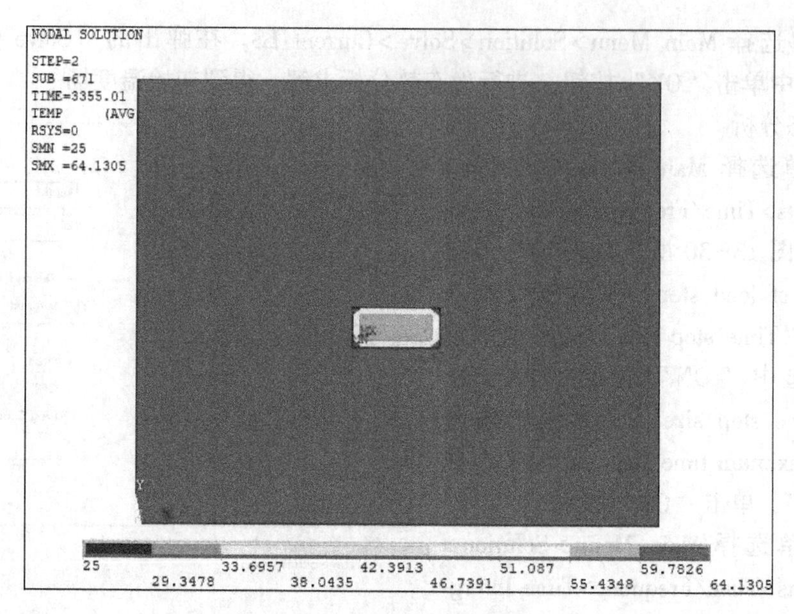

图 13-31　$t=3600$ 时刻温度场

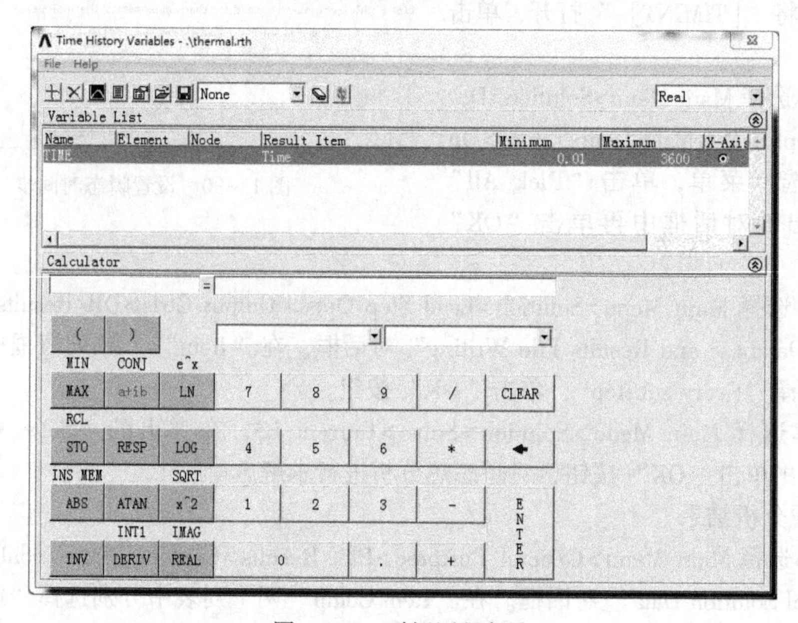

图 13-32　时间历程变量

在如图 13-32 所示的对话框中，选择“TEMP_2”为将要显示的变量，单击“Graph Data”按钮，结果如图 13-34 所示。

对于瞬态分析获得的温度场，将温度作为约束读入即可进行应力分析，其过程同中空长圆筒热应力分析。

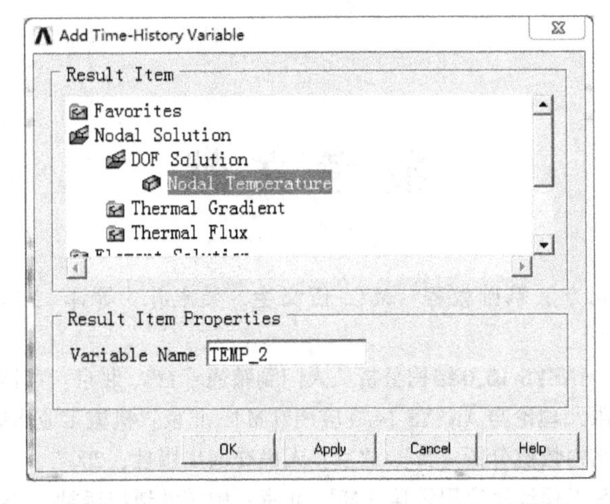

图 13-33 “Add Time-History Variable”对话框

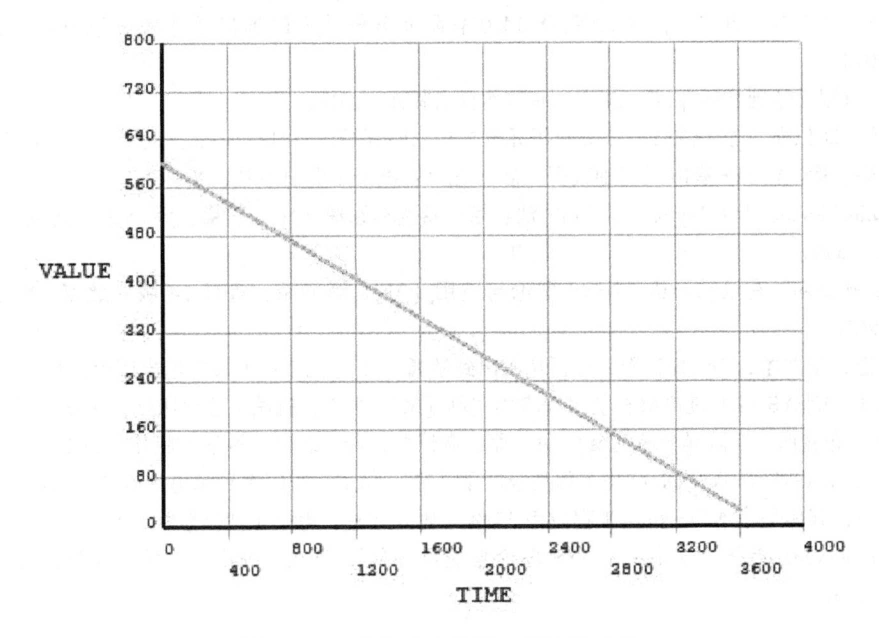

图 13-34 铜块中心附近点的温度变化

13.6 本章小结

本章首先介绍了热分析的基础理论，然后介绍了稳态热分析的步骤，瞬态热分析和热应力分析，最后通过实例对热分析及热应力分析进行了实练。

思考与练习

1. 理解热分析的概念和理论。
2. 简述稳态热分析、瞬态热分析及热应力分析的过程。

参考文献

[1] Daryl L Logan. 有限元方法基础教程［M］. 伍义生，吴永礼，等译 . 3 版 . 北京：电子工业出版社，2003.

[2] 段进，倪栋，王国业 . ANSYS 10. 0 结构分析从入门到精通［M］. 北京：兵器工业出版社，2006.

[3] 张洪信，管殿柱 . 有限元理论与 ANSYS 14. 0 应用［M］. 北京：机械工业出版社，2014.

[4] 王新敏 . ANSYS 工程结构数值分析［M］. 北京：人民交通出版社，2007.

[5] 武思宇，罗伟 . ANSYS 工程计算应用教程［M］. 北京：中国铁道出版社，2004.

[6] 龚曙光 . ANSYS 基础应用及范例解析［M］. 北京：机械工业出版社，2003.

[7] 张秀辉，胡仁喜，康士廷，等 . ANSYS 14. 0 有限元分析从入门到精通［M］. 北京：机械工业出版社，2013.

[8] 曾攀 . 有限元基础教程［M］. 北京：高等教育出版社，2013.

[9] 张洪松，胡仁喜，等 . ANSYS 13. 0 有限元分析从入门到精通［M］. 北京：机械工业出版社，2011.

[10] 王新荣，等 . ANSYS 有限元基础教程［M］. 北京：电子工业出版社，2011.

[11] O C Zienkiewicz, R L Taylor. 有限元方法：第一卷基本原理［M］. 曾攀，译 . 5 版 . 北京：清华大学出版社，2008.

[12] Saeed Moaveni. 有限元分析 ANSYS 理论与应用［M］. 李继荣，等译 . 4 版 . 北京：电子工业出版社，2015.

[13] 张应迁，张洪才 . ANSYS 有限元分析从入门到精通［M］. 北京：人民邮电出版社，2011.

[14] 张洪才 . ANSYS 14. 0 理论解析与工程应用实例［M］. 北京：机械工业出版社，2013.

[15] G · R · 布查南 . 有限元分析［M］. 董文军，谢伟松，译 . 北京：科学出版社，2002.

[16] 刘笑天 . ANSYS Workbench 结构工程高级应用［M］. 北京：中国水利水电出版社，2015.

[17] 高耀东，郭喜平 . ANSYS 机械工程应用 25 例［M］. 北京：电子工业出版社，2007.

[18] Saeed Moaveni. 有限元分析-ANSYS 理论与应用［M］. 王崧，等译 . 3 版 . 北京：电子工业出版社，2013.